U0184478

# 中国古典园林文献研究

韦雨涓 著

国家出版基金项目
NATIONAL PUBLICATION FOUNDATION

中国古代园林文学文献研究丛书

主编 李浩

陕西师范大学出版总社

图书代号　ZZ23N2181

**图书在版编目（CIP）数据**

中国古典园林文献研究 / 韦雨涓著. — 西安：陕西师范大学出版总社有限公司，2024.4

（中国古代园林文学文献研究丛书 / 李浩主编）

ISBN 978-7-5695-3498-6

Ⅰ.①中…　Ⅱ.①韦…　Ⅲ.①古典园林—文献资料—研究—中国　Ⅳ.①TU986.5

中国国家版本馆CIP数据核字（2023）第012029号

中国古典园林文献研究

ZHONGGUO GUDIAN YUANLIN WENXIAN YANJIU

韦雨涓　著

出版统筹　刘东风　郭永新
执行编辑　刘　定　郑若萍
责任编辑　张　姣
责任校对　谢勇蝶
封面设计　周伟伟
出版发行　陕西师范大学出版总社
（西安市长安南路199号　邮编 710062）
网　　址　http://www.snupg.com
印　　刷　中煤地西安地图制印有限公司
开　　本　720 mm × 1020 mm　1/16
印　　张　22.75
插　　页　2
字　　数　337千
版　　次　2024年4月第1版
印　　次　2024年4月第1次印刷
书　　号　ISBN 978-7-5695-3498-6
定　　价　98.00元

读者购书、书店添货或发现印装质量问题，请与本公司营销部联系、调换。
电话：（029）85307864　85303629　　传真：（029）85303879

# 总　序

李　浩

经过全体同人六年多的不懈努力，“中国古代园林文学文献研究”丛书第一辑九部著作终于付梓，奉献给学界同道和广大读者。作为这个项目的组织策划者，我同作者朋友和出版社伙伴一样高兴，在与大家分享这份厚重果实的同时，也想借此机会说说本丛书获准国家出版基金立项与出版的缘由。

## 一

本丛书是由我主持的国家社科基金重大项目“中国古代园林文学文献整理与研究”(18ZD240)的阶段性成果。在项目开题论证时，大家就对推出研究成果有一些初步设想，建议项目组成员将已经完成的成果或正在进行的项目，汇集成为系列丛书。承蒙陕西师范大学出版总社刘东风社长和大众文化出版中心郭永新主任的错爱，项目组决定委托陕西师范大学出版总社来出版丛书和最终成果。丛书第一辑的策划还荣获了国家出版基金项目的资助，为重大项目锦上添花，也激励着大家把书稿写好，把出版工作做好。

本辑共九部书稿，计三百余万字。其中有中国古典园林文化的通论性研究。如曹林娣先生的《园林撷华——中华园林文化解读》，从中华园林文化的宏观历史视野，探讨中国园林特有的审美趣味、风度、精神追求和标识，整体阐释园林文化，探索中华园林“有法无式”的创新精神，是曹老师毕生研究园林文化的学术结晶。王毅先生的《溪山无尽——风景美学与中国古典建筑、园林、山水画、工艺美术》，以中国古典园林与风景文化为研究对象，从建筑、园林、绘画、工艺美术等多重角度，呈现中国古典园林的多重审美内涵。王毅先生研究园林文化起步早，成果多，他强调实地考察，又能够结合多学科透视，移步换形，常有妙思异想，启人良多。

本丛书中也有园林文学文献的考察、断代园林个案以及专题研究，研究视角多元。如曹淑娟先生的《流变中的书写——山阴祁氏家族与寓山园林论述》，是她明代文人研究系列成果之一，以晚明文士祁彪佳及其寓山园林为具体案例，探究文人主体生命与园林兴废间交涵互摄的紧密关系。在已有成果的基础上，又有许多新创获。韦雨涓《中国古典园林文献研究》属于园林文献的梳理性研究，立足于原始文献，对主体性园林文献和附属性园林文献进行梳理研究，一书在手，便对园林文献的整体情况了然于胸。张薇《扬州郑氏园林与文学》研究17至18世纪扬州郑氏家族园林与文学创作，探讨人、园、文之间的关系。罗燕萍《宋词园林文献考述及研究》和董雁《明清戏曲与园林文化》，则分别从词、戏曲等不同文体出发，研究园林对文学形式和内容的影响。岳立松《清代园林集景的文化书写》，是清代园林集景文化的专题研究，解析清代园林集景的文学渊源、品题、书写范式，呈现清代园林集景的审美和文化内涵。房本文《经济视角下的唐代文人园林生活研究》，从园林经济的独特视角探讨唐代园林经济与文人生活之间的关系，通过个案来研究唐代文人的园林生活和心态。

作为一套完整的丛书和重大课题的阶段性成果，全书统一要求，统一体例，这应该是一个基本的共识。但本丛书不满足于此，没有限制作者的学术创造和专业擅长，而是特别强调保护各位学者的研究个性，所以收入丛书的各册长短略有差异，论述方式也因论题的不同，随类赋形，各呈异彩。

本丛书与本课题还有一个特点，就是将学术研究课题的完成与人才培养结合起来。我们给每位子课题首席专家配备一位青年学者，作为学术助理与首席专家对接，在课题推进和专家撰稿过程中，要求青年学者做好服务工作。还有部分稿件是我曾经指导过的博硕士论文的修改稿，收入本丛书的房本文所著《经济视角下的唐代文人园林生活研究》、张薇所著《扬州郑氏园林与文学》就属这一类。还有未收入本丛书的十多位年轻朋友的成果，基本是随我读书时学位论文的修改稿，我在《唐园说》一书自序中已经交代过了，这里就不再赘述。

本丛书既立足于文学本体，又注重学科交叉；既有宏观概述，又有个案或专题的深耕。作者老中青三代各呈异彩，两岸学人共同探骊采珠。应该说，该成果代表了园林文学文化的最新奉献，也从古典园林的角度为打造园林学科创新发展、构建中国自主知识体系，进行了有益的尝试。

## 二

中国古典园林是中华优秀传统文化的重要组成部分，是外在的精美佳构与内在丰富文化内涵的完美统一，也是最能体现中国特色、中国风格、中国气派的艺术形式之一。早期的园林研究，主要是造园者的专擅，如李诫《营造法式》、计成《园冶》、陈从周《说园》等，后来逐渐扩展到古代建筑史和建筑理论学者、农林科学家等。20世纪后半叶，从事古代文史研究的学者也陆续加盟到这一领域，如中国社会科学院前有吴世昌先生，后有王毅研究员，苏州教育学院有金学智教授，苏州大学有曹林娣教授，台湾大学有曹淑娟教授，台北大学有侯迺慧教授等。

本丛书的作者以及这个课题的参与者，主要是以文史研究为专业背景的一批学者。其中的曹林娣先生原来研究中国古典文献，但很早就转向园林文化，在狭义的园林圈中享有很高的学术声誉。赵厚均教授虽然较年轻，但与园林文献界的老辈一直有很好的合作。还有为园林学教学撰写教材而声名鹊起的储兆文。我们认为，表面上看，这是学者因学术研究的需要而不断拓展新领域，不断转战新的学术阵地所引发的，但本质上还是学术自身的特点，或者说学术所研究的对象自身的特点所决定的。

法国埃德加·莫兰在《复杂性理论与教育问题》一书中有这样的论述："科学的学科在以前的发展一直是愈益分割和隔离知识的领域，以致打碎了人类的重大探询，总是指向他们的自然实体：宇宙、自然、生命和处于最高界限的人类。新的科学如生态学、地球科学和宇宙学都是多学科的和跨学科的：它们的对象不是一个部门或一个区段，而是一个复杂的系统，形成一个有组织的整体。它们重建了从相互作用、反馈作用、相互—反馈作用出发构成的总体，这些总体构成了自我组织的复杂实体。同时，它们复苏了自然的实体：宇宙（宇宙学）、地球（地球科学）、自然（生态学）、人类（经由研究原人进化的漫长过程的新史前学加以说明）。"[①] 从科学发展史来看，跨学科、交叉学科是未来学术增长的一个重要方向，本丛书和本课题的研究，不过是"预流"时代，先着一鞭，试验性地践行了这一学术规律。

## 三

人类在物理空间中的创造与时间之间存有一个悖论：一方面，人类极尽巧思，创造出无数的宫殿、广场、庙宇、园林等；另一方面，再精美坚固的创造物，也经受不起时间长河的冲刷、腐蚀、风化而坍塌、坏毁，最后被掩埋，所谓尘归尘，土归土，来源于自然，又回归于自然。苏轼就曾在《墨妙亭记》中言："凡有物必归于尽，而恃形以为固者，尤不可长。"

人类的精神创造，虽然也会有变化，但比起物化的创造，还是能够更长

① 埃德加·莫兰：《复杂性理论与教育问题》，陈一壮译，北京大学出版社，2004年，第114—115页。

时段地存留。李白《江上吟》言："屈平词赋悬日月，楚王台榭空山丘。"作为精神类创造的"屈平词赋"可以直接转化为文化记忆，但作为物理存在的"楚王台榭"以及历史上的吴王苏台、乌衣巷的王谢庭堂，都要经过物理空间中的坏毁，然后凭借着"屈平词赋"和其他诗文类的书写刻录，才能进入记忆的序列，间接地保存下来。

中国古人正是意识到了物不恒久，故有意识地以文存园，以文传园，建园、居园、游园皆作文以纪事抒怀，所以留下了众多的园林文学作品，而这些作品具有超越时空的特质，作为一种文化记忆延续了园林物理空间意义上的生命。

前人游览园林景观后可能会留下书法、文学、绘画作品，也就是文化记忆，后人在凭吊名胜时，同时会阅读前代的文化记忆类作品，会留下另一些感怀类作品，一如孟浩然《与诸子登岘山》所说的"羊公碑尚在，读罢泪沾襟"。这样就形成了一个追忆的系列、一个文化的链条，我们又称之为伟大的传统。[①] 对中国古典园林而言，也存在这样的现象，后人游赏前代园林或者凭吊园林遗迹，会形诸吟咏，流传后世，于是形成文化链条。

我曾引用扬·阿斯曼"文化记忆"的理论解释此现象，在扬·阿斯曼看来，"文化记忆的角色，它们起到了承载过去的作用。此外，这些建筑物构成了文字和图画的载体，我们可以称此为石头般坚固的记忆，它们不仅向人展示了过去，而且为人预示了永恒的未来。从以上例子中可以归纳出两点结论：其一，文化记忆与过去和未来均有关联；其二，死亡即人们有关生命有限的知识在其中发挥了关键的作用。借助文化记忆，古代的人建构了超过上千年的时间视域。不同于其他生命，只有人意识到今生会终结，而只有借助建构起来的时间视域，人才有可能抵消这一有限性"[②]。

研究记忆类的文化遗存，恰好是我们文史研究者所擅长的。从这个意

---

① 宇文所安：《追忆：中国古典文学中的往事再现》，郑学勤译，生活·读书·新知三联书店，2004年。

② 扬·阿斯曼：《"文化记忆"理论的形成和建构》，金寿福译，载《光明日报》2016年3月26日第11版。

义上说，文史研究者加盟到园林史领域，不仅给园林古建领域带来了新思维、新材料、新工具和新方法，而且极大地拓展了研究的边界，原来几个学科都弃之如敝屣、被视为边缘地带的园林文学，将被开辟为一个广大的交叉学科。

明人杨慎的名句“青山依旧在，几度夕阳红”（《廿一史弹词》），靠着通俗讲史小说《三国演义》的引用为人所知，又靠着现代影视的改编，几乎家喻户晓。有人说这两句应该倒置着说：几度夕阳红？青山依旧在。但杨慎真要这样写的话，就落入了刘禹锡已有的窠臼：“人世几回伤往事，山形依旧枕寒流。”（《西塞山怀古》）

还是黄庭坚能做翻案文章，他在《王厚颂二首》（其二）中说：“夕阳尽处望清闲，想见千岩细菊斑。人得交游是风月，天开图画即江山。”由江山如画，到江山即画，再到江山如园，江山即园，是园林艺术史上的另外一个重大话题，即山水的作品化过程。在这一过程中，自然中的山水、诗文中的山水、园林中的山水、绘画中的山水，究竟是如何互相启发、互相影响，又是如何开拓出各自的别样时空和独特境界的？这里面仍有很多值得深入思考的话题。我们希望在本丛书的第二辑、第三辑能够更多地拓宽视野，研讨园林文化领域更深入专精的问题。作为介绍这一辑园林文学文献丛书的一篇短文，已经有些跑题了，就此打住吧。

2023年12月28日草成

# 目　录

# 绪　论

## 一、研究对象与意义

### （一）研究对象

中国园林历史悠久，已有三千多年的历史。在漫长的发展过程中，积累了丰富的园林文献。园林文献，顾名思义，指所有记录、说明、描写、歌颂中国古典园林及园林生活的文字及图画。依据对园林表现的深度和广度，园林文献可分为主体性园林文献和附属性园林文献。另就文献体裁及内容侧重点而言，主体性园林文献又可细分为园论、园记、园画三类；附属性园林文献则分为园林诗词、园林匾联、花谱石谱、零散园林史料四类，这些也是本书的研究对象。

严格意义上讲，园论专著只有一部《园冶》。另《长物志》的《室庐》《花木》篇，《闲情偶寄》的《居室部》《种植部》也有部分关于造园的论述，前人往往将两书视同造园学著作。实际上，两书写作目的并非仅为造园，造园文字只占全书很小的一部分，与《园冶》不可同日而语，所以本书将之附列在《园冶》之后，一并作为园论类文献加以论述。

园记，即有关园林及园林生活的文章。一般是指以记叙为主的散体文，但园记产生之后、成熟园记产生之前有特殊史料价值的园赋，也作为园记在本书讨论之列。历代园记数量庞大，是园林文献的主体部分，本书将对其做重点讨论。

园画，指画面内容与园林有关的中国古代绘画。按载体材质及成画方式，主要可分为卷轴画、版画、画像砖等；园林诗词，指以园林为吟咏对象的诗词；园林匾联，指悬挂于园林中的匾额、楹联；花谱石谱，指以介绍园林花卉、观赏石为主的谱录类著作；零散园林史料指散见于方志、笔记、史书、小说中的一些有关园林及园林生活的只言片语。

## （二）书中涉及的基本概念界定

### 1. 园林

“园林”一词最早产生于何时？园林学界比较一致的意见是始见于南北朝时期。张家骥在《中国造园论》中说：“‘园林’一词，最早见诸文字者，是在西晋（200 年）以后的诗文中”[①]。周维权也在《中国古典园林史》“园林的转折期—魏、晋、南北朝”一章的小结中说：“园林一词已出现在当时的诗文中。”[②] 其实，早在东汉班彪的《游居赋》中就已出现“园林”：“享鸟鱼之瑞命，瞻淇澳之园林。”[③] 只不过到魏晋南北朝之后，含有“园林”一词的诗文数量明显增多而已。如西晋张翰的“暮春和气应，白日照园林”[④]，西晋左思的“驰骛翔园林”[⑤]，南朝宋何承天的“饮啄虽勤苦，不愿栖园林”[⑥]，东晋陶渊明的“静念园林好，人间良可辞”[⑦]，北魏杨衒之的《洛阳伽蓝记》载

---

① 张家骥：《中国造园论》，山西人民出版社，1991年，第11页。

② 周维权：《中国古典园林史》，清华大学出版社，2008年，第3版，第169页。

③ 欧阳询：《艺文类聚·人部十二·游览》，上海古籍出版社，1982年，第507页。

④ 张翰：《杂诗三首》，见逯钦立辑校：《先秦汉魏晋南北朝诗》，中华书局，1983年，第737页。

⑤ 左思：《娇女诗》，见《先秦汉魏晋南北朝诗》，第736页。

⑥ 何承天：《雉子游原泽篇》，见《先秦汉魏晋南北朝诗》，第1208页。

⑦ 陶渊明：《庚子岁五月中从都还阻风于规林》之二，见《陶渊明全集》，上海古籍出版社，1998年，第14页。

"司农张伦等五宅。……惟伦最为豪侈。……园林山池之美，诸王莫及"[①]，等等。

实际上，在"园林"一词产生之前及之后，园林还有很多其他的称谓，比如囿、圃、苑、苑囿、园池、山池、园亭、山居、山庄、别墅、别业、林圃、园圃、林泉、草堂、林亭、山亭等等，有时甚至以点带面，只用园林中的一个建筑名称来代称园，如宋苏舜钦在苏州所建园林就称沧浪亭。为行文方便，本书对"园林"使用两种概念。第一种是学科概念，即现代学科分类中的园林学之"园林"；另一种是历史概念，即上面所列举的历代产生的圃、苑、园池、山池、园亭等各种园林别称。当文中泛指园林文献时使用前者，当在具体历史语境中讨论园林文献时则使用后者。

学界之前有关园林的定义有多种，至今还没有形成一个统一的说法。如陈植说："在建筑物周围，布置景物，配置花木，所构成的幽美环境，谓之'园林'。"[②]陈从周认为："中国园林是由建筑、山水、花木等组合而成的一个综合艺术品，富有诗情画意。"[③]张家骥提出："园林，是以自然山水为主题思想，以花木、水石、建筑等为物质表现手段，在有限的空间里，创造出视觉无尽的，具有高度自然精神境界的环境。"[④]童寯则别出心裁，将"園"字拆开做了象形解释："'囗'者围墙也。'土'者形似屋宇平面，可代表亭榭。'口'字居中为池。'𧘇'在前似石似树。"[⑤]

上述几种定义虽然表述上略有差异，但实际上并没有根本性分歧，其关键词都含有"建筑""花木""水（池）石（山）"。笔者不欲纠结于字词，简而言之，本书所谓园林，就是由花木、建筑、水石等构成的供人休闲娱乐的场所，且这个场所通常有边界，这个边界可以是人工砌筑的围墙，也可以是水流或树林等自然形成的屏障，甚至只是舆地图上一个笼统的轮廓线。

---

① 杨衒之撰，周祖谟校释：《洛阳伽蓝记校释》卷二，中华书局，2010年，第2版，第74页。

② 文震亨原著，陈植校注：《长物志校注》，杨超伯校订，江苏科学技术出版社，1984年，第54页。

③ 陈从周：《说园》，见《梓翁说园》，北京出版社，2011年，第2版，第2页。

④《中国造园论》，第28页。

⑤ 童寯：《江南园林志》，中国建筑工业出版社，1984年，第2版，第7页。

因此历代产生的皇家园林、私家园林、衙署园林、寺庙园林、有亭榭及人工培植的花木的公共园林[①]都在本书研究范围之内，但不包括面积庞大的自然风景名胜区，比如武夷山风景区，尽管有的著作曾将之归为古典园林[②]。

2. 园林要素

为明确园林文献的范围，还有必要进一步对园林要素做一界定。

园林学界一般将建筑、花木、山水作为园林的三个基本要素，如上文所引陈从周对园林的定义。也有将山水拆开，分为建筑、花木、理水、叠山四个要素，如周维权在《中国古典园林史》中指出："山、水、植物、建筑乃是构成园林的四个基本要素。"[③]刘敦桢在《苏州古典园林·总论》中也将苏州园林分成"理水、叠山、建筑、花木"四个部分来介绍[④]。还有学者将园林动物也列为园林的基本要素之一，比如杨鸿勋在《江南园林论》中论园林景象的构成要素，就列出地表塑造（筑山、叠石、理水）、建筑经营、植物配置、动物点缀四类[⑤]。

前辈研究者尽管对园林要素进行了界定，但在园林研究的实践中并没有严格遵照自己的理论。因为要素是指"构成事物的必要因素"[⑥]，即是"必要因素"，就不可缺少。如果按照杨鸿勋的"四要素"来界定，那么只有植物的纯植物园肯定不能称为园林，而杨鸿勋自己却说："植物是自然要素中的基本内容，各国都有只着重表现植物美的园林作品"[⑦]。显然，在杨氏看

---

① 为进一步明确公共园林的概念，现举例说明唐代元结的《右溪记》、宋代欧阳修的《丰乐亭记》中所记就是公共园林。唐元结所记是一处以右溪为主要景点的公共园林，溪畔建有亭宇，种植了松桂和香草；而宋欧阳修所记则是以丰乐亭为主要景点的公共园林，建亭之后，欧阳修又取五代吴越将领刘金宅园旧石菱溪石立于亭之南北，还在亭子周围栽花种竹，韩琦所赠十株细芍药亦在其列。

② 如《中国历代园林图文精选》第2辑（同济大学出版社，2005年）曾收入宋代刘斧的《武夷山·大王峰》。尽管武夷山可能也建有亭榭和人工培植的花木，但是至少这一篇目没有涉及，所以其不在本书讨论的园林文献之列。

③ 《中国古典园林史》，第5页。

④ 刘敦桢：《苏州古典园林》，中国建筑工业出版社，2005年，第20—53页。

⑤ 杨鸿勋：《江南园林论》，上海人民出版社，1994年，第24—224页。

⑥ 辞海编辑委员会编：《辞海》，上海辞书出版社，1989年，第2070页。

⑦ 《江南园林论》，第23页。

来，植物园也是园林，尽管大部分植物园里并没有筑山、叠石、理水，甚至也没有景观建筑。

纵观园林史，典型的中国古典园林原则上须具备建筑、花木、山水三个因素。否则，只有建筑则是纯住宅，只有花木则成为苗圃，只有山水就变成自然风景区了。有人工豢养的动物点缀，园林景观无疑会更为丰富，但没有这些动物也不会降低园林的美感——何况即使没有人工豢养的动物，只要有花木，总是会招致鸟雀、蜜蜂、蝴蝶等小动物，只是这些都无须特意布置。正如周维权所言："一般园林也有动物（如禽鸟鱼虫之类）的饲养，但它对园林景观所起的作用仅属小品的性质，不必单独列为一项基本要素。"①

3．园林文献

本书所说园林文献，主要包括园论、园记、园画、园林诗词、园林匾联、花谱石谱、零散园林史料。当然，像散曲等其他文学作品也可能涉及园林，但这些作品中描写园林风景的文字多是泛指，并非实际描写，文献参考意义不大，所以不在本书研究范围之内。

参照上文对园林要素的界定，本书所研究的园林文献内容涵盖园林要素的每一方面，即凡涉及园林建筑、叠山理水、花木的文字图画都在本书研究范围之内。

本书所指园林文献的时限为先秦至清末。《诗经·大雅·灵台》、《诗经·小雅·鹤鸣》②开歌咏王家园林之先河，《孟子·梁惠王下》中已有关于"文王之囿"的描述，西汉时出现独立的单篇园林文献——枚乘的《梁王菟园赋》、司马相如的《上林赋》，总的来说，先秦至两汉时期的园林文献仍以零散史料为主。从魏晋南北朝开始，独立单篇增多，还产生了园林文献史上第一首以园名题的园林诗——曹植的《西园公宴》，尽管这个时期园林文

① 《中国古典园林史》，第5页（旁注）。

② 方玉润云："园字是全诗眼目，前后景物皆园中所有。"陈子展云："《鹤鸣》，似是一篇《小园赋》，为后世田园山水一派诗之滥觞。"见陈子展撰述：《诗经直解》，范祥雍、杜月村校阅，复旦大学出版社，1983年，第616—617页。

献的数量相对还较少，但由于此期园林文献的特殊性，并不妨碍将之定性为承上启下的时期。唐代中期，成熟的园记出现，不论是园记还是园林诗，数量均有显著增长，进入园林文献繁荣发展的时期；宋元明清四代的园林文献不仅数量庞大，园林文献的构成也呈现异彩纷呈的态势，除了园记、园诗，其他诸如园词、各类花谱、园林匾联、造园学专著等相继出现，极大地丰富了古典园林文献的宝库。有关各时期园林文献的详细情况将在后面各章节详细展开，此处不赘述。

限于体裁，园林诗词、园林匾联、花谱石谱、零散园林史料等所传递的园林信息相对有限，考证园林时多作为园记的辅助参考，因此统称为附属性园林文献，不作为本书讨论的重点。本书重点讨论的是园论专著《园冶》、园记、园画，即所谓的主体性园林文献。

### （三）研究意义

唐宋名园何止千座，但为人熟知者不过辋川、平泉、沧浪、沈园等，再就是宋李格非《洛阳名园记》中的十九座园林。这些园林之所以享有盛名，皆是园以文存的缘故。砖木为主的中国古建筑，即使没有兵燹战乱等人为破坏，如果不及时修缮，也极易朽腐。加之园林维护费用不菲，一旦园主家道中落，名园也只落得或易主或荒芜的结局。我国现存古典园林大多建于明清，明以前园林能保存下来的只是部分遗物甚至遗迹而已。如建于隋唐的绛守居园池，园内建筑景点历代都有改变，现存洄涟亭、半亭等为清代遗构；南宋陆游曾吟咏的沈园现仅残存葫芦池、土丘和水井；其他如汉建章宫太液池和昆明池、唐大明宫蓬莱池，则仅能从地形上约略推测其大致范围①。

可以说，园林能否名垂后世，全赖文献有无记载。古建园林专家陈从周即“深叹园与记不可分也”，认为“园所以兴游，文所以记事，两者相得

① 汪菊渊：《中国古代园林史》，中国建筑工业出版社，2012年，第2版，前言第7页。

益彰”①，以园记为代表的园林文献的重要性可见一斑。鉴于明以前园林基本无存，明清留下来的园林也屡经改动不复旧貌，园林文献遂成为今人研究古典园林的首要途径。但是，除专著之外，园林文献数量多，分布极散，对于研究古典园林者而言，检索殊为不便。

对园林文献的整理与研究是园林研究的前提和基础，建筑或园林专业的人士如果不熟悉文献学的方法和理论，想在浩如烟海的中国典籍中查找园林文献，无异于大海捞针。本书拟利用古典文献的方法和视角对中国古典园林文献进行全面梳理，为园林文献编制目录，并对园林文献细分门类，力求提纲挈领，建立一个尽量科学的园林文献体系，为园林研究者提供便利。这是本书的写作目的，也是写作意义之一。

前人已对园林文献展开多方面研究，既有对园论专著《园冶》的版本考订及校勘，也有对园记、园画、园林诗词的关注和研究。但总体而言，现有研究还停留在个别文献上，缺乏对园林文献的系统分析、整体观照，此前还无人从文献学的角度对园林文献进行研究，笔者试图弥补这一学术空白，在大量占有园林文献的基础上，从园林文献的形式和内容两方面对园林文献展开研究，并最终提炼出中国古典园林艺术的思想特性。这是本书的写作意义之二。

## 二、研究现状述评

### （一）主体性园林文献

#### 1. 园论类文献

对《园冶》的研究始于20世纪30年代，并一直持续到现在。按研究侧

① 陈从周：《〈中国历代名园记选注〉序》，见陈植、张公弛选注：《中国历代名园记选注》，陈从周校阅，安徽科学技术出版社，1983年。

重点大体可以分为五类。

第一类，围绕《园冶》的版本、校勘注释及作者身世的考证。著作有陈植的《园冶注释》（中国建筑工业出版社，1981、1988 年），张家骥的《园冶全释——世界最古造园学名著研究》（山西人民出版社，1993 年），刘乾先的《园林说译注》（吉林文史出版社，1998 年），赵农的《园冶图说》（山东画报出版社，2003 年），张国栋的《园冶新解》（化学工业出版社，2009 年），吴肇钊、陈艳、吴迪的《园冶图释》（中国建筑工业出版社，2012），王绍增的《园冶读本》（中国建筑工业出版社，2013 年），金学智的《园冶多维探析》（中国建筑工业出版社，2017 年）。论文主要有余树勋的《计成和〈园冶〉》（载《园艺学报》1963 年第 1 期），曹汛的《计成研究——为纪念计成诞生四百周年而作》（载《建筑师》1982 年第 13 期），《〈园冶注释〉疑义举析》（载《建筑历史与理论》1982 年第 3、4 辑），赵一鹤的《对〈园冶注释〉某些译文的商榷》（载《新建筑》1985 年第 2 期），邹博爱的《与〈园冶注释〉注家商榷》（载《华中建筑》1995 年第 1 期），王绍增的《〈园冶〉析读——兼评张家骥先生〈园冶全释 · 序言〉》（载《中国园林》1998 年第 2 期），梁敦睦的《〈园冶全释〉商榷》（载《中国园林》1998 年第 1、3、5 期，1999 年第 1、3 期），沈昌华、沈春荣的《走近计成》（载《江苏地方志》2004 年第 2 期），孙鹄的《计成和〈园冶〉》（载《苏州杂志》2004 年第 1 期），梁洁的《〈园冶〉若干明刻本与日抄本辨析》（载《中国出版》2016 年第 11 期）。

第二类，从文化学、美学的角度对《园冶》进行探讨。著作有魏士衡的《〈园冶〉研究——兼探中国园林美学本质》（中国建筑工业出版社，1997 年）、张薇的《〈园冶〉文化论》（人民出版社，2006 年）、李世葵的《〈园冶〉园林美学研究》（人民出版社，2010 年）。论文主要有潘宝明的《〈园冶〉价值论》[《扬州大学学报（人文社会科学版）》2001 年第 4 期]，汤李娜的《〈园冶〉设计美学研究》（武汉理工大学 2010 年硕士学位论文），朱琳的《计成〈园冶〉的美学分析》（载《现代园艺》2014 年第 8 期），刘亚平的《论〈园冶〉的准生态文化体系》（载《鄱阳湖学刊》2016 年第 5 期）、《〈园冶〉造园美学思想研究》（武汉大学 2017 年硕士学位论文），李前进的《〈园冶〉中的生态美学思想研究》(载《现代园艺》2016年第12期),刘蔓的《〈园冶〉的“周易”哲学思想探究》[载《美与时代(城市版)》2017年第4期],江渝的《〈园冶〉审美创造论》(载《美与时代》2018年第1期),李鹏的《计成〈园冶〉的文学价值》(云南师范大学2018年硕士学位论文)。

第三类,侧重于同类著作的比较研究。如段建强的《〈园冶〉与〈一家言·居室器玩部〉造园意象比较研究》(郑州大学2006年硕士学位论文),王劲韬的《〈园冶〉与〈作庭记〉的比较研究》(载《中国园林》2010年第3期),张文娟的《从〈作庭记〉与〈园冶〉比较中看中国古代造园演变》(载《山西建筑》2010年第17期),王美仙的《〈园冶〉〈长物志〉中的植物景观及其思想表达研究》(载《建筑与文化》2015年第9期),任兰红、张大玉、丁磊的《〈园冶〉与〈长物志〉关于“掇山理水”章节比较研究》(载《中国园林》2018年第8期)。

第四类,侧重于文本的细读。如王鲁民、黄向球的《对〈园冶〉叙述方式的探讨》(载《建筑师》2007年第4期),彭圣芳的《〈园冶〉的类型学解读》(载《装饰》2010年第5期),韩久海的《从古画论到〈园冶〉看中国传统园林建筑理论的内涵》(载《天津职业院校联合学报》2015年第3期),贾珺的《〈园冶〉“陆云精艺”句再析》(载《中国园林》2015年第2期),曹盼、周晨的《基于〈园冶〉释读开展“园林文学”课程教学的实践》(载《中国林业教育》2017年第5期)。

第五类,从设计的角度进行解析。如郑爽的《〈园冶〉设计思想研究》(武汉理工大学2008年硕士学位论文),熊伟的《〈园冶〉新读——兼论晚明时期江南园林营造特点》(南京艺术学院2012年博士学位论文),王永厚的《文震亨及其〈长物志〉评介》(载《中国园林》1992年第1期),谢华的《〈长物志〉造园思想研究》(武汉理工大学2010年博士学位论文),李元的《〈长物志〉园居营造理论及其文化意义研究》(北京林业大学2010年博士学位论文),欧阳立琼、张勃、傅凡的《〈园冶〉〈长物志〉〈闲情偶寄〉论选石的异同》(载《华中建筑》2015年第9期),胡露瑶、郑文俊的《〈园冶〉植景设计理法探析》(载《中国园林》2018年第12期),蔡军的《〈园冶〉建筑类型考》(载《建筑师》2018年第2期),郭逸文的《“体”与“宜”——论〈园冶·掇山〉分类中的二元体系》(载《中国园林》2019年第6期),严敏的《〈园冶〉之声景研究》(载《新建筑》2019年第6期),宋蕊的《计成〈园冶〉对明清私家园林掇山艺术的贡献与影响》(湖北美术学院2019年硕士学位论文)。

**2. 园记类文献**[①]

园记类文献的研究起步较早,但偏重于对历代园记的搜集整理。早在明代,王世贞就编成《古今名园墅编》(此书今已不存,从现存的“序”可知此书收园记、园诗、园赋等),是为园林文献整理的滥觞,可惜此风未在清代流传。

对历代园记的系统整理,始于20世纪初。1933年,陈诒绂所著《金陵园墅志》由南京翰文书店出版,是现代人整理区域性园记的开端。除南京,区域性园记搜集整理工作较成熟的还有苏州、扬州,分别出现了邵忠、李瑾选编的《苏州历代名园记·苏州园林重修记》(中国林业出版社,2004年),顾一平编的《扬州名园记》(广陵书社,2011年)。20世纪末到21世纪初,园记整理达到高潮,出现了一批总集性的园记整理著作:一是陈植、张公弛选注的《中国历代名园记选注》;二是陈从周、蒋启霆选编的《园综》;三是赵雪倩、刘伟等编注的《中国历代园林图文精选》。

1983年,安徽科学技术出版社出版了由陈植、张公弛选注的《中国历代名园记选注》。该书收园记57篇,所选皆为有名、有记、有园林实景描写且有文采者,各园沿革、故事、园主介绍附于篇末[②]。受《中国历代名园记选注》启发,也有感于区区几十篇园记不足以反映中国传统园林文学的面貌[③],陈从周、蒋启霆二人采摭群书,得西晋至清末园记322篇,编成《园综》

---

① 此部分内容,笔者已整理成《中国古典园林文献的整理与出版》一文,载《中国出版》2013年第8期。

② 为提高造园专业学生文学欣赏水平并增强其写作能力,陈植曾建议在大学造园系开设“历代造园文选”课,并主编了配套教材《中国历代造园文选》(黄山书社,1992年),该书收周初至清末园记76篇。因与其他几书篇目基本重复,篇幅所限,此处不再对其做单独介绍。

③ 见刘天华《〈园综〉后记》。刘天华曾师从陈从周造园。

一书。书稿 20 世纪 90 年代中期已完成，直到 2004 年才由同济大学出版社出版。在出版《园综》的基础上，同济大学出版社又于 2005 至 2006 年出版了《中国历代园林图文精选》丛书。丛书共分 5 辑，第 1 辑选先秦至南唐园林文献 158 篇；第 2 辑选宋元园林文献 84 篇；第 3 辑选明代园林文献 152 篇；第 4 辑收录《园冶》全书，《长物志》卷一《室庐》、卷三《水石》，《闲情偶寄 · 居室部》；第 5 辑选清代园林文献 244 篇。

三部著作各有特色。《中国历代名园记选注》的贡献不在于数量，而在于体例的创构。《中国历代名园记选注》确立了严格的收录原则，即所收园记均须是有名、有记、有园林实景描写且有文采者（这也是其收录过少的原因所在），且每篇均注明编选出处。编者还为每篇园记撰写了提要，简述园子沿革、有关故事及园主有关事行。《中国历代名园记选注》所创体例，既能够反映文献分布规律，方便后人按图索骥进一步检索，又能使读者较为全面地了解园史。这些基本都被后来者继承，发轫之功卓著。

陈从周和蒋启霆二人历时数年，博稽载册，在《中国历代名园记选注》的基础上又增补 265 篇。园林文献搜集至此虽未穷尽，亦可称洋洋大观。观其出处，有的摘自类书、丛书，有的自文集、笔记、方志中钩稽，有的则直接抄录碑文、珍贵手卷，正如编者自言“是在文字的夹缝中找”。当时书籍稀缺，也没有现在网络检索的便利，两位编者均已年届古稀，仅凭个人之力，披沙拣金，几经删复补漏得 322 篇，搜寻工作之艰辛可以想见。此书按地域区分，眉目清楚，有助于读者了解园林分布特点。惜各篇没有按时间先后编次，个别歧出，不免美中不足。

《中国历代园林图文精选》丛书得今日科技之助，检索条件是前人无法相比的。数位对园林感兴趣的年轻学者历时五年，收集历代园林文献 638 篇。除宋代、明代，其他各朝园林文献几乎网罗殆尽，是三部著作中收录最多者。《中国历代园林图文精选》丛书的特色在于编入大量图片，相比文字，园图及园林题材的绘画能更直观地表现园林艺术，予人更多美感与精神享受，这是之前两部著作所不具备的。

除了上面所列举的专著，论文方面主要有何国冶的《屈原笔下描绘的楚国古园林》(载《广东园林》1994年第4期),刘颖慧的《人生山水色,山水生予色——从〈逸老园记〉看蒲松龄的闲适心态》(载《古典文学知识》2002年第2期),许平的《从〈草堂记〉、〈池上篇〉看白居易园林设计中的“天人合一”观》[载《南京艺术学院学报(美术与设计版)》2006年第3期],李浩的《〈洛阳名园记〉与唐宋园史研究》(载《理论月刊》2007年第3期),祁志祥的《柳宗元园记创作刍议》(载《文学遗产》2007年第5期),刘曦、董丽的《试论先秦文学作品中的园林景观》[载《北京林业大学学报(社会科学版)》2008年第3期],尧云的《〈娄东园林志〉初探》(同济大学2008年硕士学位论文),赵卫斌的《唐代园记和园林散文研究》(西北大学2009年硕士学位论文),陈彩华的《辛弃疾山水园林词的审美意识》(载《考试周刊》2011年第2期),李久太、高伟的《明代园记中的层进台空间深析》(载《中国园艺文摘》2011年第9期),林嵩的《〈洛阳名园记〉与古典园林的唐宋变革》(载《中国典籍与文化》2017年第2期),邬秀杰、周曦、张凯莉的《从〈弇山园记〉中研析王世贞宅园的造园艺术》(载《建筑与文化》2016年第11期),岳立松的《明清乌有园记的书写策略与意义探寻》[载《海南师范大学学报(社会科学版)》2016年第12期],杜春兰、杨黎潇的《以文说园——从中国园记看唐宋园林理水特征》(载《建筑与文化》2018年第7期),郭建慧、刘晓喻、晁琦等的《〈洛阳名园记〉之刘氏园归属考辨》(载《中国园林》2019年第2期)。

此前对园记的研究主要停留在园记的搜集整理方面,缺乏对园记的系统分类、深层分析、整体观照;单篇论文侧重于对名人作品的研究,着眼点实际更侧重于作者,对作者不太出名的园记研究不够;此前的园记研究,多从造园学角度探讨园记所体现的造园思想,对园记中呈现的对园林及园林生活的描写与表现、对园林及园林生活的歌颂、对造园史的勾勒和梳理、对景观命名方式的记录和反映等方面缺乏深入挖掘,这些将是本书研究的重点。

3. 园画类文献

园画类文献中,著作主要有郭俊纶的《清代园林图录》(上海人民美术出版社,1993年),台北故宫博物院的《园林名画特展图录》(台北故宫博物院，1987年），赵思毅、张赟的《中国文人画与文人写意园林》（中国电力出版社，2006年），董寿琪的《苏州园林山水画选》（上海三联书店，2007年），孟白、刘托、周奕扬的《中国古典风景园林图汇》（学苑出版社，2008年），朱广宇的《图解界画中传统园林建筑及装饰》（机械工业出版社，2012年），高居翰、黄晓、刘珊珊的《不朽的林泉：中国古代园林绘画》（生活·读书·新知三联书店，2012年）。论文主要有王世仁的《"勺园修禊图"中所见的一些中国庭园布置手法》（载《文物参考资料》1957年第6期），潘深亮的《吕文英、吕纪合作〈竹园寿集图〉浅析》（载《故宫博物院院刊》1988年第4期），郑力的《园林山水画刍议》（载《新美术》2000年第1期），金双的《山水画与文人园》［载《苏州大学学报（工科版）》2003年第3期］，吴晓明的《明代中后期园林题材绘画的研究》（中央美术学院2004年博士学位论文），张兰、包志毅的《山水画与中国古典园林》（载《华中建筑》2005年第S1期），邱春林的《叶燮对"园林模仿绘画"成规的质疑》［载《福建农林大学学报（哲学社会科学版）》2005年第2期］，李晓丹、王其亨的《清康熙年间意大利传教士马国贤及避暑山庄铜版画》（载《故宫博物院院刊》2006年第3期），刘晓陶、黄丹麾的《试论"以画入园"在中国古代文人写意山水园中的体现》（载《中国园林》2007年第3期），张凤梧的《样式雷圆明园图档综合研究》（天津大学2009年博士学位论文），胡浩的《宋画〈水殿招凉图〉中的建筑研究》（北京林业大学2009年硕士学位论文），洪志祥的《浅议传统山水画对中国园林的影响》［载《绍兴文理学院学报（哲学社会科学）》2011年第2期］，郭明友的《中国古代园林画的文献价值》（载《民族艺术研究》2014年第5期），顾明智的《绘画再现与造园思想——以明代张宏〈止园图册〉与吴亮〈止园记〉对比为例》［载《南京艺术学院学报（美术与设计）》2015年第5期］，侯晓春、杜道伟的《论古今园林绘画的实景意识——从张宏的止园图谈起》（载《西北美术》2016年第3期），刘珊珊、黄晓的《风雅的养成——园林画中的古代女性教育》（载《中国园林》2019年第3期），王佳丽的《明清时期版画与园林著述中园林环境关系探究》（西北农林科技大学2019年硕士学位论文）。

## （二）附属性园林文献

### 1. 园林诗词

对园林诗的研究主要有胡建升的《杨万里园林诗歌研究》（南昌大学2005年硕士学位论文），孙明君的《谢灵运的庄园山水诗》[载《北京大学学报（哲学社会科学版）》2006年第4期]，王睿的《论韩愈的园林诗》（载《周口师范学院学报》2008年第1期），杨晓山的《私人领域的变形：唐宋诗歌中的园林与玩好》（文韬译，江苏人民出版社，2009年），阎峰的《唐代士人园林诗研究》（黑龙江大学2009年硕士学位论文），王书艳的《唐代园林诗中的"窗"》（西北大学2009年硕士学位论文），马玉的《唐代长安园林与唐诗》（西北大学2010年硕士学位论文），张丽丽的《唐代园林诗研究》（南京师范大学2011年硕士学位论文），韦臻的《唐代园林诗意象研究》（广西师范大学2011年硕士学位论文），徐志华的《唐代园林诗述略》（中国社会出版社，2011年）。对园林词的研究主要有徐海梅的《南宋园林词研究》（华中科技大学2006年硕士论文），罗燕萍的《宋词与园林》（苏州大学2006年博士学位论文），王慧敏的《宋词与亭台楼阁考论》（苏州大学2008年博士学位论文），何淑滨的《辛弃疾园林词研究》（中南大学2011年硕士学位论文），杨晓丽的《二晏园林词研究》（中南大学2011年硕士学位论文）。综合性研究有丁俊清的《中国古典园林与古诗词》[载《同济大学学报（人文、社会科学版）》1991年第1期]，雷艳平的《苏轼园林文学研究》（湖南科技大学2010年硕士学位论文），王书艳的《唐人构园与诗歌的互动研究》（上海师范大学2013年博士学位论文），李小奇的《唐诗对宋代园林空间艺术建构的影响——以宋代园记散文为考察中心》[载《暨南学报（哲学社会科学版）》2016年第4期]，王凯、梁红、赵鸣的《唐宋园林诗词文化和园林意境研究》（载《建筑与文化》2016年第10期），詹红星、唐熙媛、吴永彬的《不同时期的中国诗词文化与古典园林意境探究》（载《现代园艺》2017年第15期），汪洋的《论辛弃疾的园林词》（载《长沙大学学报》2017年第4期），罗燕萍的《场域、意境与生命——论宋代园林与诗歌及诗人的关系》

[载《内蒙古大学学报(哲学社会科学版)》2019年第3期]、《巴蜀园林与唐五代诗人及诗歌关系之探讨》(载《南京师范大学文学院学报》2019年第3期)。

2. 园林匾联

对园林匾联的研究主要有舒苑的《避暑山庄康熙三十六景——额联漫话》[载《承德师专学报(社会科学版)》1989年第1至4期],曹林娣的《苏州园林匾额楹联鉴赏》(华夏出版社,1991年)、《略论苏州园林的文人品题》(载《铁道师院学报》1992年第1期),夏成钢的《湖山品题——颐和园匾额楹联解读》(中国建筑工业出版社,2009年),范晓蕾的《江南私家园林楹联匾额的艺术特点》[载《大众文艺(理论)》2009年第6期],赵丽的《北海匾额楹联现状分析与意境解读》(载《古建园林技术》2011年第2期),李文君的《西苑三海楹联匾额通解》(岳麓书社,2013年),杨可涵的《山水有清音——从江南古典园林匾额看文人造园心境》(载《中国美术》2015年第6期)。

3. 花谱石谱

对花谱的研究主要有陈耀华的《我国古文献中的嫁接和扦插——〈园林苗圃学〉读书笔记之一》(见《北京林业大学社会科学论文集》,1989年),冯秋季、管成学的《论宋代园艺古籍》及《论宋代园艺古籍(续)》(载《农业考古》1992年第1、3期),陈平平的《中国宋代牡丹谱录种类考略》(载《南京晓庄学院学报》2000年第4期),张倩、牛淑平的《〈花药园记〉简介》(载《中医文献杂志》2009年第4期)。石谱研究有俞莹的《从泰园石谱看传统供石收藏》(载《收藏家》2003年第11期)、刘清明的《〈云林石谱〉之赏石观》(载《宝藏》2007年第2期)。观赏石文献整理著作有陈东升的《中华古代石谱石文石诗大观》(中国文化出版社,2009年)、张文浩的《张谦德〈瓶花谱〉"天趣"美学观念疏解》(载《农业考古》2014年第6期)、葛小寒的《交往与知识:明代花谱撰写中的两个面向》(载《云南社会科学》2019年第5期)。

4. 零散园林史料

对零散园林史料的研究主要有杨嘉佑的《明代江南造园之风与士大夫生活——读明人潘允端〈玉华堂日记〉札记》(载《社会科学战线》1981年第3期),陈左高的《日记中的中国园林史料》(载《社会科学战线》1983年第2期），梁敦睦的《从〈红楼梦〉写大观园看曹雪芹的园林艺术思想》（载《红楼梦学刊》1987年第3期），曹昌彬、曾庆华的《从大观园探曹雪芹的造园思想》（载《古建园林技术》1989年第1至4期），王伟康的《〈儒林外史〉与扬州园林》（载《东南文化》1999年第4期），关传友的《从〈扬州画舫录〉看徽商在扬州的造园活动》（载《黄山学院学报》2003年第4期），胡悦的《古典文学名著〈红楼梦〉园林艺术研究》（西南林学院2007年硕士学位论文），关华山的《〈红楼梦〉中的建筑与园林》（百花文艺出版社，2008年），王湜华的《〈红楼梦〉作者的造园思想蠡测》（载《红楼梦学刊》2009年第5期），郭丽的《唐代小说中的园林研究》（西北大学2009年硕士学位论文），刘娟的《从贾母看窗谈中国古典园林的窗文化》（载《潍坊学院学报》2011年第2期），张鹏、刘晓明的《对宋代园林中"登高观山"观念的诠释》（载《建筑与文化》2016年第8期），刘凤丹、江俊浩、胡广的《中国寺庙园林植物配置规律分析》[载《浙江理工大学学报（社会科学版）》2019年第5期]。

由以上分析可以得知：园论类园林文献的整理比较完备，尤其是专著《园冶》，目前所出各种版本已不下十种；园记类文献，除宋代、明代和清代需加以补录外，其他未见者为数已不多，不必再费时费力专门搜罗；园画类文献的搜集整理也较充分，但还只限于卷轴画方面，对于版画等其他园画关注不够。下一步，应把园林诗词、园林匾联、零散园林史料纳入整理计划，以朝代为纲各出专辑。

文献整理的最终目的是研究，除了文献搜集，直接建立在文献基础上，对文献进行排比、分析、钩稽的研究性工作，属于较高层面的文献整理范畴，这部分工作已经不同程度地展开，但仍有很大的整理空间，分析如下：

其一，按行政区划，对园林文献进行分区域的整理，对某一区域园林进行考录。目前此方面整理研究工作做得较充分的有苏州、扬州、北京。苏州有魏嘉瓒的《苏州历代园林录》（燕山出版社，1992年），此书收录现存文献中有园貌介绍的园林近800处。扬州有朱江的《扬州园林品赏录》（上海文化出版社，1984年），作者从各种文献中钩稽扬州园林270余处，1985年又发表《续录》一篇，以笔记体的形式予以补遗。北京有贾珺的《北京私家园林志》(清华大学出版社,2009 年),结构上分为三个部分,附录“故园钩沉”对 300 多处历代北京私家园林进行梳理、考证、记录。中国地域辽阔,除苏州、扬州、北京之外,洛阳、西安、徽州、岭南均存在过为数不少的园林,期待专家学者对这些地区的园林文献加以整理。

其二,以朝代为纲,尽可能地占有园林文献,对一代之园林加以考录。目前学界对唐代园林文献研究较为充分,有李浩的《唐代园林别业考录》(上海古籍出版社,2005 年),此书主要辑录、考订唐代园林别业之空间位置、园主姓氏、造园时间等,并以简注今地名形式确定其地理位置,还对园主官职、封爵、谥号、科第、排行、地望及字号等加以考证。相比园林考录之类的专著,年表更能简洁明了地勾勒各代园林概况。已有刘庭风的《晚清园林历史年表》(载《中国园林》2004 年第 4 期),刘庭风、李长华、万婷婷的《上古园林年表》(载《中国园林》2005 年第 5 期),刘庭风、刘庆惠、陈毅嘉的《秦汉园林史年表》(载《中国园林》2006 年第 3 期)。

当前古典园林文献研究的不足主要有:一是还停留在文献的搜集整理阶段,对园林文献缺少系统科学的分类;二是偏重于对个别园林文献的文本分析,缺乏对各类文献的系统分析、整体观照;三是偏重于静态的个案研究,缺少对园林文献动态的学术史考辨;四是老一辈研究者多是建筑学、造园学出身,自陈从周从文学跨界到古建园林并取得卓著成就后,从事园林研究的现代学者队伍不但涉及建筑、园林,更扩至绘画艺术、古代史、古代文学等多个学科领域,但还没有人从文献学的角度对园林文献做整体的梳理、归纳、考辨。

## 三、研究方法及结构

本书采用史论结合的方法进行写作,立足于原始文献的考辨与论证,力争将文献考辨与理论建构有机结合起来。除此,个别地方会采用统计分析的方法。

在具体写作过程中，一方面将从学术史的角度对各时期园林文献进行追溯，尽可能科学地为园林文献分门别类，并编制园记、园画、花谱石谱目录；另一方面，还将侧重分析影响较大、较有代表性的园林文献，提炼各阶段、各类园林文献的特点，总结园林文献的发展规律，剖析园林文献所反映的园林史、文化史，从而揭示中国古典园林艺术的思想特性。

本书结构如下：第一至三章论述主体性园林文献，第一章主要介绍《园冶》的作者与内容体例、版本流传及著录收藏，《长物志》《闲情偶寄》附后；第二章介绍园记类文献，先就园记的概念、园记的兴起及发展、园记的写作方法及目的、现存园记的概况及园记类型做简要概述，再从园记对园林的描写与表现、园记对园林生活的再现与歌颂、园记对造园史的勾勒和梳理、园记对景观命名方式的记录和反映等四个方面具体展开论述，最后讨论园记的主题；第三章主要介绍园画类文献，先概述园林与绘画的关系、园画的分类，再分析有代表性的园画，就园画对园林的表现及对园林生活的再现进行探讨。第四章论述附属性园林文献，共分四节，分别对园林诗词、园林匾联、花谱石谱及零散园林史料做简要分析。结语部分讨论异类园林文献的统一性，并对中国古典园林的艺术思想特性加以提炼概括。附录为“园林文献知见录”，分园记目录、园画目录、花谱石谱目录三部分，共二十七张表格，旨在为园林研究者提供文献检索的便利。

# 第一章　以《园冶》为核心的园论类文献考论

尽管历代帝王和文人士大夫对园林钟爱有加，但受“形而上者谓之道，形而下者谓之器”思想的影响，工艺在中国传统社会中一直被统治者看作“薄技小器”，难登大雅之堂。传统技艺主要靠工匠口耳相传承袭，很少形成文字，更别谈上升为理论了，造园亦如此，在中国园林漫长的发展过程中，仅留下一部造园理论专著——《园冶》。除《园冶》之外，有些书虽非造园专著，也有部分内容涉及造园，如《长物志》和《闲情偶寄》。

## 一、《园冶》的作者与内容体例

### （一）《园冶》的作者计成

明末造园艺人计成，恐造园技艺失传，晚年将其平生造园经验写成《园冶》。此书完成于崇祯四年（1631），初版于崇祯八年（1635）。因受阮大铖作序的影响，在当时及后世影响不大。《园冶》成书后，除与计成同时的郑元勋和阮大铖，鲜有人提及。

#### 1. 计成其人

关于计成其人，历史文献没有留下足够的记载，计成的身世至今仍是一个谜。今人只能从《园冶》一书的《自序》《自识》(计成)、《题词》(郑元勋)、《冶叙》(阮大铖)及阮大铖《计无否理石兼阅其诗》等数篇文献中了解计成的大概生平。

计成"少以绘名,性好搜奇,最喜关仝、荆浩笔意,每宗之"[①],早年在外游历,后来在润州(今江苏镇江)定居,因为一次偶然的机会,表现出惊人的叠山天分,名声大噪。达官富贾慕名延请计成为他们叠山造园,于是计成跨入职业叠山师的行列,先后为吴又于和汪士衡造园。明崇祯四年(1631),计成将毕生造园经验写成《园牧》,后来在曹履吉(号元甫)的建议下改名为《园冶》。计成有两子,名为长生、长吉,此书本是为他们而写,但在崇祯八年(1635)计成五十四岁的时候,两个儿子还未成年,遂"合为世便"[②],将《园冶》付梓。

通过郑元勋的《题词》、阮大铖的《冶叙》可知,计成与郑元勋交好,也与阮大铖[③]有过来往,还曾经为郑元勋的影园做过规划改造。除此之外,再无计成的直接史料。此前研究者也多次实地考察,希望能对计成的身世有更多了解,但大多无功而返,仅《走近计成》一文的作者稍有突破,但结论是否正确,还有待商榷。

沈昌华、沈春荣在2004年发表了《走近计成》[④]一文,文中提出计成与周永年是同一人,并将计成和周永年的生平列表比较。从表中可以看到,计、周二人确实有很多相似的地方,如二人均生于明万历十年(1582),都与当时的文坛领袖钱谦益交善[⑤],但也不排除作者臆想的成分。比如,计成在《自识》中提到两子长生、长吉,但周永年没有儿子,有个堂侄叫长生,

---

① 计成:《自序》,见计成原著,陈植注释:《园冶注释》,杨伯超校订,陈从周校阅,中国建筑工业出版社,1988年,第2版,第42页。

② 计成:《自识》,见《园冶注释》,第248页。

③ 据苏格兰夏丽森《计成与阮大铖的关系及〈园冶〉的出版》(载《中国园林》2013年第2期,第49—52页)一文考证,计成可能曾为阮大铖之父阮以巽在南京造过假园。

④ 载《江苏地方志》2004年第2期,第56—59页。

⑤ 镇江市地方志编纂委员会编:《镇江市志》第65卷《人物》,上海社会科学院出版社,1993年,第1618页。

于是作者就猜想计成把堂侄当儿子看待。另外让人不解的是，周永年为什么要化名为计成？作者解释是因为周永年自认为出身名门望族靠造园为生不光彩，必须隐姓埋名，因此弟兄与好友也对此讳莫如深。这种解释并不能自圆其说，因为在明代中期以后，造园之风盛行，知名叠山师不仅显赫一时，报酬也极为可观，明人徐树丕在《识小录》中对此有所记载："（周时臣之子延策）工垒石，太平时江南大家延之作假山，每日束修一金。"[①] 而像张涟（字南垣）这样的叠山巨匠，主人即使花高价钱也不一定能够延请到，吴伟业《张南垣传》里的一段话可以作证："群公交书走币，岁无虑数十家，有不能应者，用为大恨，顾一见君，惊喜欢笑如初。"[②] 张涟与计成几乎同时，但稍晚于计成，也是幼时习画，后来以替别人叠山为业，与计成经历相仿。张涟也与钱谦益、吴伟业关系友善，钱谦益的拂水山庄即张涟代为筹划，吴伟业不但请张涟为自己造园，还曾为张作传，可见对张的赏识和敬重。计成所处的时代，由于商业的发展，造园叠山逐渐职业化，叠山师得到文人名流的认可和尊重，地位与从前的工匠有天壤之别。郑元勋和阮大铖都是当时地方名流，二人对计成非常推重，郑元勋将《园冶》比之经典《考工记》[③]，阮大铖更以"哲匠""神工"呼之[④]。按理说，如果周永年就是计成的话，实在没有必要隐姓埋名，完全可以让《园冶》连同其《虎丘志》《中吴志余》《松陵别乘》等著作一起光明正大地流传后世。

在没有确凿的证据出现之前，计成的身世还是一个谜，希冀后来者能够早日破解。

**2. 计成的籍贯及归隐地**

《园冶》明刻本正文首页著者栏题"松陵计成无否父著"，阮大铖《冶叙》中曾说"'冶'之者松陵计无否"，进一步证实计成的籍贯为"松陵"。

---

① 徐树丕：《识小录》卷四，见《丛书集成续编》第89册《子部》，上海书店出版社，1994年，影印本，第1065页。

② 吴伟业：《吴梅村全集》卷五二，李学颖集评标校，上海古籍出版社，1990年，第1060页。

③ 郑元勋：《题词》，见《园冶注释》，第38页。

④ 阮大铖：《宴汪中翰士衡园亭》四首之三，见《咏怀堂诗集·外集乙部》，《续修四库全书》第1374册，上海古籍出版社，2002年，第478页。

考之《明一统志》卷八“苏州府”条：吴江“一名松江，又名松陵江”[1]。《明史·地理志》也云：“吴淞江，亦曰松江，亦曰松陵江”[2]。可知计成为苏州府吴江县人。罗哲文在《园冶注释》第2版重排本“总序”中称：计成童年在同里会川桥边生活过，据说曾有旧居五进三十五间，后一直由其后裔计重兰等居住。同里镇政府也于2000年10月将计成故居予以挂牌保护，把计成列入同里名人馆并绘制了计成的画像，苏州吴江垂虹景区内也设立了计成纪念馆。但是计成的故居是否就在同里镇？1975年，陈从周曾到吴江实地调查，没有任何收获。据说陈从周曾在同里镇上遇到一家开照相馆的计姓人家，自称是计成的后代，并持有计氏家谱一份。但是在陈从周写于1978年的《跋陈植教授〈园冶注释〉》中并没有提及此事，可见他当时是持否定态度的，否则他长途跋涉去调查，遇有重大线索不会只字不提。1991年陈从周又去同里考察，只是提议在所谓的计成后代旧居原址上建造“计亭”以作留念。

《走近计成》一文否定了计成故里在同里的说法，认为应在吴江松陵镇，故宅位于松陵镇辉德湾。但是现在所能见到的吴江地方志，不管是同里还是松陵，都没有关于计成的蛛丝马迹。

在《园冶·自序》中，计成自言早年游历在外，“中岁归吴，择居润州”。润州即如今的江苏镇江市，正如计成所说，“环润皆佳山水”，金山、焦山、北固山沿江夹峙，风光旖旎，尤其北固山古有“天下第一江山”之称，历来受到文人墨客的青睐。王安石著名的《泊船瓜洲》就是途经北固山对面的瓜州时写就的；辛弃疾在镇江知府任上数次登临北固山上的北固亭，触景生情，留下脍炙人口的《南乡子·登京口北固亭有怀》和《永遇乐·京口北固亭怀古》，抒发自己壮志难酬的情怀。年少时即以绘画闻名的计成，可谓慧眼识佳山水，为自己的后半生寻得良好的栖息之地。同时也正是在润州，计成开启了自己叠山造园的另一条谋生之道。

---

① 李贤、彭时：《明一统志》，见永瑢、纪昀：《景印文渊阁四库全书》第472册，台湾商务印书馆，1986年，影印本，第213页。

② 张廷玉等：《明史》卷四〇，中华书局，1974年，第919页。

## （二）《园冶》的内容和体例

《园冶》全书分三卷。第一卷除《兴造论》《园说》，又按造园顺序分相地、立基、屋宇、装折四部分；第二卷主要讨论栏杆，并列出100种栏杆图式；第三卷介绍门窗、墙垣、铺地、掇山、选石、借景。从立基到选石，所有环节都属于造园过程，《兴造论》《园说》和结尾的借景部分所阐述的，虽并不属于直接造园过程，却与造园密切相关。《兴造论》《园说》类似今天的设计标准或规划手册，对造园规划及施工起理论指导作用。总而言之，作为造园学专著的《园冶》，是计成对前人经验的继承和扬弃，更是对自己造园心得、体会与经验的总结。

全书约14000字，行文骈散结合，附各种图式235幅。一般在大段议论的时候，全篇用四六句式的骈文，如《园说》"凉亭浮白，冰调竹树风生；暖阁偎红，雪煮炉铛涛沸"[①]之类；简短的介绍说明性的文字则用散句，如《园冶·屋宇·馆》："散寄之居，曰'馆'，可以通别居者。今书房亦称'馆'，客舍为'假馆'。"[②]前人每论及《园冶》，总遗憾其语言深奥，四六骈文难懂。实际上，《园冶》并非全用骈文，而以散文句式居多。对于这些散句，稍有古文基础者即可读懂。有的地方甚至特别口语化，比如《园冶·掇山·金鱼缸》记："如理山石池法，用糙缸一只，或两只，并排作底。或埋、半埋，将山石周围理其上，仍以油灰抿固缸口。如法养鱼，胜缸中小山。"[③]《园冶》之所以让读者望而生畏，主要原因在于部分词语的释义存在模棱两可的情况，特别当涉及造园过程中土木工程的专业术语时，普通读者，尤其是没有古文基础的工程人员或是没有专业基础的园林爱好者，确实不容易参透，这也是《园冶》各种注释本层出不穷的原因所在。

① 《园冶注释》，第51页。
② 《园冶注释》，第85页。
③ 《园冶注释》，第215页。

# 二、《园冶》版本考

《园冶》一书可谓命运多舛，成书之时正值明清易代的乱世，之后的三百年间，由于种种原因，在国内一度沉寂无闻。20 世纪初，我国造园学家陈植赴日本求学，在其师本多静六处始见这一奇书，回国之后广为搜求却无果。直到 20 世纪 30 年代初，《园冶》在国内再版，才引起学界的广泛关注。

## （一）版本源流考

关于《园冶》的版本[①]，存在争议的地方主要有两个：第一，《园冶》在国内是否只在明崇祯八年刊刻过？第二，《夺天工》《木经全书》是否是《园冶》在日本改名出版的？

对于这两个问题，以前研究者多沿袭陈植意见，认为《园冶》只有明崇祯八年刊本，《夺天工》《木经全书》是其在日本改名出版的。但是比较现存的《园冶》版本可知，除明崇祯八年的初刻本，《园冶》在清代还曾再刊过，而且不止一种翻刻本；现藏日本的《夺天工》和《木经全书》也并非在日本改名出版的，而是通过商船出口到日本的。《夺天工》卷首的“华日堂藏书”“卓荦观群书”收藏印记、《木经全书》卷首的“隆盛堂”牌记透露了版本信息。

日本现藏“华日堂”系列抄本的单位主要有京都大学、东京大学、国立国会图书馆、国立公文书馆（原内阁文库）。据笔者考证，华日堂乃清初文人伍涵芬家堂名。伍涵芬，字芝轩，临安於潜（今在浙江西北部）人，康熙丁卯（1687）举人，著有《说诗乐趣》二十卷、《读书乐趣》八卷，《四库全书

① 此部分文字，已整理成《造园奇书〈园冶〉的出版及版本源流考》一文，载《中国出版》2014年第5期。备注：此文最初写作于2014年，时无缘得见《园冶多维探析》（中国建筑工业出版社，2017年）。此书作者金学智认为中国国家图书馆（简称国图）藏本为1635年出版。

总目提要》收有这两部著作[①]。《说诗乐趣》有康熙四十年（1701）华日堂刻本，《中国古籍善本书目》著录；《读书乐趣》有康熙三十七年（1698）华日堂刻本，山东省图书馆藏，另有乾隆十年（1745）华日堂刻本，现藏首都图书馆。[②]

日本国立国会图书馆所藏抄本书名页摹“卓荦观群书”印，此印是清代藏书家谢浦泰的藏书印。谢浦泰，字心传，江苏太仓人，无心功名，喜藏书抄书，自编《四书阐注》十九卷，《文献家通考》中著录[③]。谢氏藏书印颇多，常用的主要有“娄东谢氏家藏”“好鸟枝头亦朋友”“落花水面皆文章”“卓荦观群书”等，中国国家图书馆所藏明万历刻本《石田先生集》即原属谢氏藏书，书内正钤“卓荦观群书”章。由此可知，日本国立国会图书馆所藏《园冶》抄本之底本即属谢浦泰家藏本。

《浙江图书馆古籍善本书目》所著录宋朱熹的《晋阳四书》（十九卷），为清康熙五十二年隆盛堂刻本，考之活动年代，此隆盛堂当即《木经全书》之牌记中的“隆盛堂”。隆盛堂乃我国清代今山西太原（古晋阳城遗址所在地）一刻书坊，刻书活动从康熙朝一直持续到道光年间，还刻有《彩霞仙馆新赋汇抄》（道光八年）。

日本学者大庭修，曾对日本江户时期（1603—1867）汉籍通过船舶输入日本的历史进行研究，著有《江户时代中国典籍流播日本之研究》一书。由此书提供的信息可知，长崎是日本江户时代中日两国唯一的交易港口，除向日本输入丝织品、药材、染料、皮革外，宁波和南京两地的商船还向日本贩运书籍。日本学者桥川时雄受大庭修启发，查到《园冶》输入日本的记录：1712 年（清康熙五十一年），一部四册本《园冶》输入日本；1701 年（清康熙四十年），一部三册本《名园巧式夺天工》输入日本；1735 年（清乾

---

① 《说诗乐趣》，著录于《四库全书总目提要》卷一九七集部五十诗文评类存目；《读书乐趣》，著录于《四库全书总目提要》卷一三三子部四十三杂家类存目十。

② 柯愈春：《清人诗文集总目提要》，北京古籍出版社，2001年，第422页。

③ 郑伟章：《文献家通考》（清—现代），中华书局，1999年，第189页。

隆元年），四部《夺天工》输入日本。[①]《夺天工》即《园冶》的华日堂翻刻本。这份出口记录同时也可以进一步证明，《夺天工》是在中国改名出版后运抵日本的。

这只是有记录可查的三次，还有没记录在案的，《园冶》改名翻刻的另一个版本《木经全书》就是一例。桥川时雄战后回到日本，在东京的一家旧书店偶然发现《木经全书》，遂将之与日本内阁文库所藏明崇祯版《园冶》加以校勘，并于 1972 年以解说《园冶》的形式影印出版。

上文所说桥川时雄，曾在中国居住了三十多年，还是营造学社早期成员之一，《喜咏轩丛书》本《园冶》的底本还是桥川时雄做中介促成的。大概经过是：日本美术史学家大村西崖与营造学社成员之一的叶瀚交好，大村 1921 年去北京时，把日本内阁文库藏有明版《园冶》的消息告知叶瀚，叶又告知同事桥川时雄，桥川时雄又转告当时营造学社的社长朱启钤、编纂之一阚铎，于是朱启钤请桥川时雄代为在日本设法寻找《园冶》的抄本，[②]桥川时雄不负重托，为朱启钤觅得一影印本。与此同时，朱又得知北京图书馆新购一明版《园冶》残卷，于是组织人员对两个本子进行校勘，校勘未完，陶湘（兰泉）就提前将其收入《喜咏轩丛书》影印出版。从此，沉寂三百年的《园冶》又在国内重新流传。

总而言之，《园冶》并非只有明崇祯八年刻本，在清代曾经再版过；《夺天工》和《木经全书》是在国内改名翻刻后运抵日本的，并非到日本之后改名出版的。

## （二）现存版本概述

根据《园冶》所附阮大铖《冶叙》及计成《自序》可知，此书完成于崇祯

---

① 计成：《园冶》，桥川时雄解说，渡边书店，1970年，第33—35页，转引自李桓：《〈园冶〉在日本的传播及其在现代造园学中的意义》，载《中国园林》2013年第1期，第65页。

② 《园冶》，第2—7页，转引自傅凡、李红：《朱启钤先生对〈园冶〉重刊的贡献》，载《中国园林》2013年第7期，第121—122页。

四年（1631），初版于崇祯八年（1635）。目前所知的版本有以下几种[①]。

**1. 国内所见《园冶》版本**

（1）崇祯八年（1635）木刻本。存一卷，缺第二、三卷，两册。半页九行，行十八字，白口，四周单边，无鱼尾。版心上镌书名，中镌卷次，下镌页码。前有阮大铖《冶叙》，钤有“长乐郑振铎西谛藏书”“北京图书馆藏”“礼畊堂藏”印。“冶叙”二字后是“鹿圃”长方木记，阮大铖题名后刻“阮印大铖”“石巢”木记各一，叙末刻“皖城刘炤刻”一行五字；《冶叙》之后是郑元勋《园冶题词》，郑元勋署名之后刻“郑印元勋”“超宗氏”方形木记；再后是计成《自序》，首钤“平叔审定”，计成署名下刻篆书阳文“计成之印”及阴文“否道人”木记各一；《冶叙》和《园冶题词》都是手写体；正文首页自上而下钤“长乐郑振铎西谛藏书”及“钱唐夏平叔珍藏”印，文中还钤有“礼畊堂藏”印；卷一第二十七页钤“钱唐夏平叔珍藏”印；卷一尾（第五十六页）钤“长乐郑氏藏书之印”“北京图书馆藏”印。现藏中国国家图书馆。

（2）翻拍明刻本胶卷。存一、二卷，缺第三卷。阮大铖《冶叙》为手写体，阮氏署名后刻有篆书阳文“阮印大铖”及“石巢”木记各一，叙末刻“皖城刘炤刻”一行五字；计成《自序》署名下刻篆书阳文“计成之印”及阴文“否道人”木记各一；《自序》后为郑元勋《园冶题词》。卷末刻圆形楷书阳文“安庆阮衙藏版，如有翻印千里必治”牌记及方形篆书阳文“扈冶堂图书记”木记各一。现藏中国国家图书馆。

（3）明版日抄本。全三卷，《冶叙》《题词》《自序》顺序与崇祯刻本不同，《题词》在前，后面依次是《冶叙》《自序》。书名页中题“夺天工”三个大字，右上题“松陵计无否先生著”一行八字，左上影写“卓荦观群书”印，

---

① 主要根据陈植的《〈园冶注释〉序》（第1、2版共两篇）、《重印〈园冶〉序》，杨超伯的《〈园冶注释〉校勘记》（简称《校勘记》），朱启钤的《重刊园冶序》，阚铎的《园冶识语》等文章及国图藏书总结，并参考李桓《〈园冶〉在日本的传播及其在现代造园学中的意义》，傅凡、李红《朱启钤先生对〈园冶〉重刊的贡献》，金学智《园冶多维探析》等论著，另还查询了日本的国立公文书馆、国立国会图书馆、东京大学图书馆、京都大学图书馆等馆藏目录。

左下题“华日堂藏书”一行五字，右下影写“华日堂”印；《题词》首钤“北京图书馆藏”“湘碧山房珍宝”印，尾影写“郑元勋印”及“超宗氏”印；《冶叙》首影写“鹿圃”印，尾影写“阮大铖印”“石巢”印；《自序》首钤“平叔审定”印，尾影写“计成之印”“否道人”印；《目录》首钤“藏园”印（此本应是傅增湘《藏园订补郘亭知见传本书目》所据以补录的本子）；卷一首钤“江安傅沅叔藏书记”印；卷二首钤“爱岳麓藏书”印、“湘碧山房珍藏”印（另有一印模糊不辨）；书尾钤“北京图书馆藏”印、“江安傅氏藏园鉴定书籍之印”及“无”“否”印。现藏中国国家图书馆。

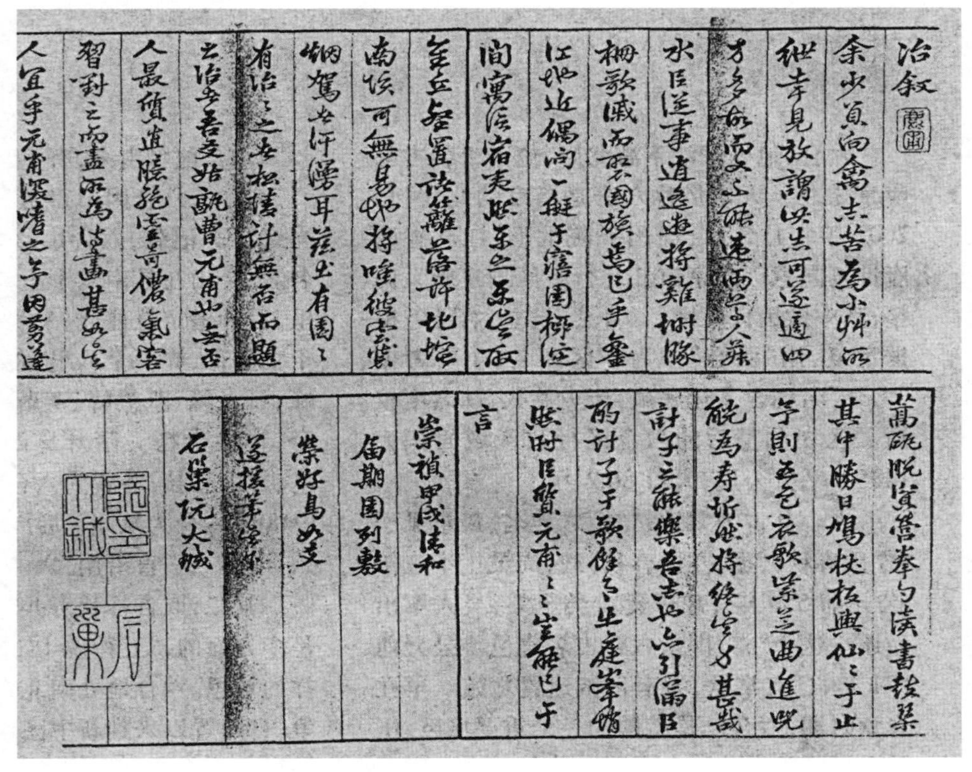

图 1-1 《园冶 · 冶叙》

（4）《喜咏轩丛书》本。民国版本学家董康、营造学社创始人朱启钤先后从日本获得残本，后又得北京图书馆新购残卷补成三卷，朱启钤校录未完，民国二十年，陶湘据以影印。[①]此本一册，半页十三行，行二十五字，白口，四周单边。内封题“涉园陶氏依崇祯本重印 / 辛未三月书潜题”，双色石印。

（5）营造学社本。民国学者阚铎将《喜咏轩丛书》本《园冶》寄往日本，在日本学者村田治郎帮助下与日本内阁文库藏本[②]对校，于民国二十一年铅印出版，插图均为单线形式，京城印书局印制。此本三卷，一册，每半页十行，行二十三字，黑口，四周单边，单黑鱼尾。版心中镌书名卷次，下镌“营造学社”。前列民国二十年朱启钤《重刊〈园冶〉序》、阚铎《〈园冶〉识语》、阮大铖《冶叙》、计成《自序》、郑元勋《题词》。牌记为“共和壬申中国营造学社依明崇祯甲戌安庆阮氏刻本重校印”。

（6）大连右文阁铅印本。此本与营造学社本实为一个系列。“九一八”事变之后，阚铎从营造学社退出，赴满洲任奉山铁路局局长兼“四兆”铁路局局长，后又在满日文化协会做动员学者，从事博物馆建设、古书复制等工作，在此期间，将营造学社原有《园冶》校改本在大连右文阁铅印重版，此版本至今国内未见，应与营造学社本同。曾任日本东京高等造园学校校长的上原敬二所著《解说园冶》即以此本为底本。

（7）城建本。新中国成立之后，应各方面推荐，城市建设出版社欲再版《园冶》，托陈植代为搜求底本，陈植从园艺专家陆费执处借得营造学社本，1957 年影印。因为此本是新中国成立后第一次正式出版的，受到学界重视。此本附勘误表一页。

（8）油印本。陈植的《园冶注释》在 1981 年正式出版前，曾托陈从周校阅。在没有条件出版的情况下，为了多留副本，陈从周托园林专家程绪珂、严玲璋于 1976 年将《园冶注释》油印。

（9）注释本。即陈植的《园冶注释》，中国建筑工业出版社 1981 年竖排繁体版。此本改城建本及营造学社本中许多漏字、误字、断句标点的失误。

---

① 第一、二卷当据国图（时称北图）藏胶卷影印，第三卷据朱启钤家藏“影写本”影印。

② 当是据昭和四十六年（1971）《改定内阁文库汉籍分类目录》所著录者：《园冶》三卷，明计成，明崇祯七序刊，枫（红叶山文库）子七六函四。

1988年再版时又参照明版（三卷全）照片、上原敬二的《解说园冶》做了部分订正。此本成为以后研究《园冶》的权威版本。

（10）全释本。张家骥的《园冶全释》，山西人民出版社1993年版。此本主要针对1981年的《园冶注释》中注解未尽的地方加以重新阐释，并将曹汛《〈园冶注释〉疑义举析》一文的相关部分作为参照录于注后。为便于读者阅读，先列译文，后列原文、注释、分析、按语及参考文字。

（11）译注本。刘乾先的《园林说译注》，吉林文史出版社1998年版。

（12）图说本。赵农的《园冶图说》，山东画报出版社2003年版。此本以1988年注释本为底本，并采用明清园林建筑实物照片及相关绘画作品进行图释解说，将《园冶》中异体字、繁体字，一律按《新华字典》《辞海》规范的简化字进行简化。①

（13）新解本。张国栋的《园冶新解》，化学工业出版社2009年版。

（14）图释本。吴肇钊、陈艳、吴迪的《园冶图释》，中国建筑工业出版社2012年版。作者凭借多年园林设计实践经验，结合现存江南古典园林实例，以图绘形式解读《园冶》，中英文双语对照形式出版。

（15）读本本。王绍增的《园冶读本》，中国建筑工业出版社2013年版。此本重在普及，作者结合文史典故与风景园林建设实践方面的经验，对已出版的各种译注版本中仍存在的令人困惑的地方一一解读。

（16）探析本。金学智的《园冶多维探析》，中国建筑工业出版社2017年版。作者历时七年，首次以日本内阁本为底本，前后采用了十个版本比勘，补苴罅漏，对《园冶》展开多维探析，并做了极为详尽的注释，此本可谓集大成之作。

（17）《园冶》明版影印本。中国建筑工业出版社2018年版，影印日本国立公文书馆所藏明版《园冶》，并选取部分古代园林图为隔页插图、拉页图，印制精美。失传三百多年的完整《园冶》明刊本在国内得以重刊。

---

① 后又增补部分园林实景照片，改名为《图文新解园冶》于2018年出版。

### 2. 日本所见《园冶》版本

（1）日本国立国会图书馆藏本。

其一，仅一、二卷。卷一全，为华日堂翻刻《名园巧式夺天工》之抄本。半页九行，行十八字。卷首上钤“帝国图书馆藏”方形红章，下另有一圆形红章：“帝国”二字居中，四周是“昭和十五·一一·二八·购入”字样；另有影写的篆书“华日堂藏书”“卓荦观群书”印记各一，楷书“华日堂藏书”一行五字；书名页之后即郑元勋《园冶题词》，《园冶题词》首页上半部钤“白井氏藏书”印，下有一鱼一篓象形红章；郑元勋署名之后影写“郑印元勋”“超宗氏”方形印记各一。《园冶题词》后为阮大铖《冶叙》，“冶叙”二字后影写“鹿圃”长方形印记，叙末影写“阮印大铖”“石巢”印记各一及“皖城刘炤刻”一行五字。《冶叙》后为计成《自序》，署名下影写楷书“计成之印”及“否道人”印。卷二错简，有的地方实为卷三，从《园冶·铺地》之“鹅子地”末行“狮毬，犹类狗者可笑”始，至“攒六方式”终，下接《园冶·门窗》“圈门式”、“上下圈式”（无入角式、长八方式、执圭式、葫芦式、莲瓣式、如意式）再接“贝叶式”，又到“剑环式”（无汉瓶式一至四、蓍草瓶式、花觚式、月窗式）、“片月式”、“八方式”（错为“八户式”），又跳至《园冶·铺地》之“诸砖地”的“毬门式”“波纹式”，又跳到《园冶·栏杆》的“笔管式”直至《栏杆》结尾；卷二首页钤“帝国图书馆藏”方形红章，下另有一圆形红章“帝国”二字居中，四周是“昭和十七·十一·五·购入”字样，下钤篆书“白井光”[①]方形红章。

其二，江户写本，三卷，三册。

其三，日本写本，三卷，三册。

（2）日本国立公文书馆藏本。三册，明崇祯八年（1635）刻本，原为日本德川幕府红叶山文库藏本。卷末刻圆形楷书阳文“安庆阮衙藏版，如有翻印千里必治”牌记及方形篆书阳文“扈冶堂图书记”木记各一。阮叙末刻“皖城刘炤刻”一行五字。公文书馆另有日本宽政七年（1795，清乾隆

---

① 据《日本藏书印鉴》可知，白氏为白井光太郎（1863—1932），日本植物学家。参见林申清：《日本藏书印鉴》，北京图书馆出版社，2000年，第36页。

六十年）写本三册，旧为日本林罗山为首的林家家藏。

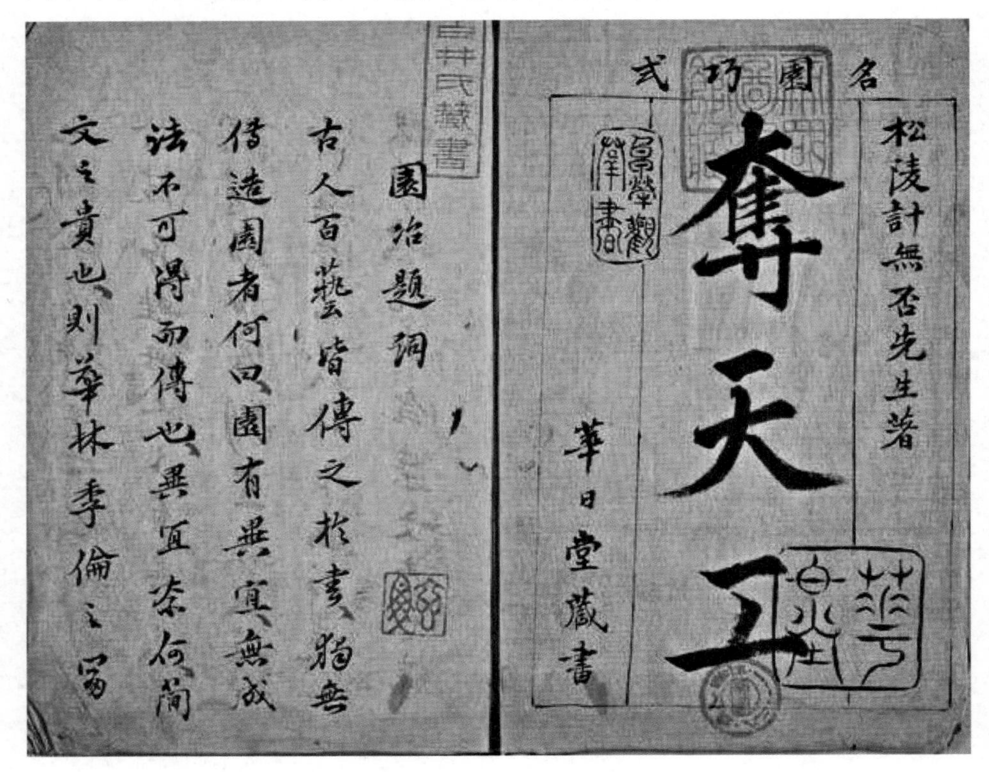
名園巧式
松陵計無否先生著
奪天工
華日堂藏書

園冶題詞
古人百藝皆傳之於書獨無
傳造園者何曰園有異宜無成
法不可得而傳也異宜奈何簡
文之貴也則華林季倫之富

图 1–2 《夺天工》书影

（3）东京大学藏本。三卷，江户末、明治初写本，一册，又名《夺天工》，华日堂藏书，印记有“森文库”“鸥外藏书”。

（4）京都大学藏本。手稿本，又名《夺天工》，存一卷（卷二）。

（5）《木经全书》本。桥川时雄藏宽政七年（1795，清乾隆六十年）以前隆盛堂翻刻《木经全书》本，1970 年日本渡边书店据以影印。

（6）佐藤昌《〈园冶〉研究》。日本造园修景协会 1986 年版。

另外，随着《园冶》在国外知名度的提高及影响力的扩大，1988 年，《园冶》英译本出版，1997 年《园冶》法译本出版。

## 三、《园冶》的著录与收藏

民国学者阚铎在《园冶识语》中云："有清三百年来，除李笠翁《闲情偶寄》有一语道及，此外未见著录。"[①]据笔者考证，有清一代除李渔（号笠翁）外，见过《园冶》一书的还有上文提到的伍涵芬、谢浦泰，以及《振绮堂书录》的撰写者朱文藻、振绮堂的主人汪宪及其部分后人。

振绮堂是创建于清乾隆年间的著名藏书楼。创始人汪宪，字千陂，号鱼亭，钱塘（今浙江杭州）人，乾隆十年（1745）进士，官刑部主事，迁陕西员外郎。平时好藏书，遇有人售书，往往不惜高价收购。其藏书之所称振绮堂，与吴焯的瓶花斋藏书楼相近。汪宪与当时杭州的鲍廷博、朱文藻及严可均等学者藏书家常相往来。朱文藻曾馆于汪家数年，代汪氏将汪氏藏书编为《振绮堂书录》[②]，此书子部杂艺术类著录《园冶》[③]。汪氏通常会在所藏图书上钤印，比如"汪鱼亭藏阅书""桐轩主人藏书印"等，中国国家图书馆所藏《园冶》无汪氏藏书印记，应当不是汪氏振绮堂旧藏。

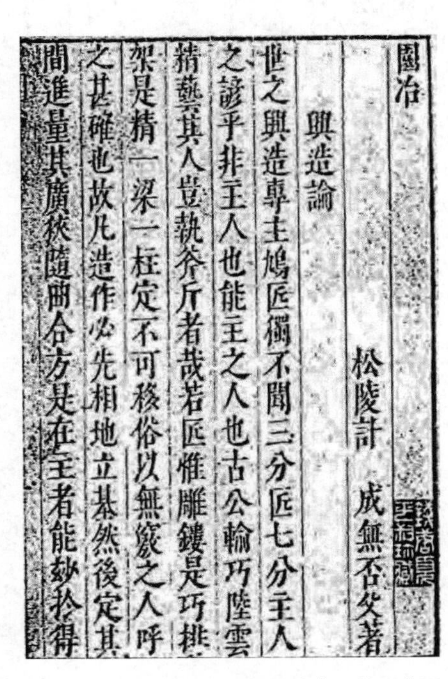
園冶　松陵計　成無否父著

興造論

世之興造專主鳩匠獨不聞三分匠七分主人之諺乎非主人也能主之人也古公輸巧陸雲精藝其人豈執斧斤者哉若匠惟雕鏤是巧排架是精一梁一柱定不可移俗以無竅之人呼之甚確也故凡造作必先相地立基然後定其間進量其廣狹隨曲合方是在主者能妙於得

图 1-3 《明代版本图录初编》所收录《园冶》书影

继《振绮堂书录》之后，近代藏书

① 《园冶注释》，第23页。

② 清道光间刻本，6册。

③ 旧题"汪远孙"编——《古籍版本题记索引》一书中，误"汪远孙"为"王远孙"。参见罗伟国、胡平：《古籍版本题记索引》，上海书店，1991年。据《振绮堂书目》卷尾汪曾唯跋，编者应为朱文藻。《山西文献总目提要·晋藏珍稀善本一》卷一五收录《振绮堂书录》。

園冶

興造論

松陵計成無否父著

世之興造專主鳩匠獨不聞三分匠七分主人之諺乎非主人也能主之人也古公輸巧陸雲精藝其人豈執斧斤者哉若匠惟雕鏤是巧排架是精一梁一柱定不可移俗以無竅之人呼之甚確也故凡造作必先相地立基然後定其間進量其廣狹隨曲合方是在主者能妙於得

图 1-4 《中国古籍版刻图志》所收录《园冶》书影

家傅增湘在《藏园订补郘亭知见传本书目》中补录《园冶》日抄本三卷[1]，现此抄本收藏在中国国家图书馆。

现中国国家图书馆所藏明本《园冶》仅一卷，多处钤“长乐郑振铎西谛藏书”和“钱唐夏平叔珍藏”印。出版于 1941 年的《明代版本图录初编》，收录明版《园冶》，此时《园冶》正文首页还只有“钱唐夏平叔珍藏”印。1961 年出版的《中国版刻图录》也收入《园冶》此页书影[2]，但是在夏氏藏书印上方已经多出郑氏藏书印。据此推断，郑振铎入藏此书的时间当在 1940 年后。郑振铎 1958 年逝世后，家属将其遗藏书籍捐献中国国家图书馆。[3]1963 年，据郑氏所捐藏书编制的《西谛书目》出版，《园冶》名列其中。笔者曾遍查《西谛书跋》《西谛书话》等书，没有查到有关《园冶》收藏始末的信息。夏平叔事迹不详，当是一位活跃在清末民初的浙江籍书商或收藏家，但是在浙江省图书馆的浙江籍藏书家中没有收录此人。除了《园冶》，夏氏还收藏过汲古阁本《西京杂记》一帙六卷（钤“钱唐夏平叔旧藏”印）、《五经算术》（钤“钱唐夏平叔珍

① 《藏园订补郘亭知见传本书目》卷六史部十三政书类“考工之属”著录为：《园冶》三卷，明计成撰，日本抄本，此书日本有明刊本。参见莫友芝撰，傅增湘订补：《藏园订补郘亭知见传本书目》，傅熹年整理，中华书局，1993年，第40页。

② 北京图书馆编：《中国版刻图录》第1册，文物出版社，1961年，第79页。另《中国古籍版刻图志》也有此书书影。参见熊小明编：《中国古籍版刻图志》，湖北人民出版社，2007年，第96页。

③ 《郑部长遗藏书籍交接情况汇报》，转引自李致忠：《郑振铎与国家图书馆》，载《国家图书馆学刊》2009年第2期，第11页。

藏”印）。据夏氏藏书印可知,《园冶》是夏氏比较珍爱的一本藏书。

## 四、《园冶》的校勘与注释

自20世纪30年代《园冶》重新在国内刊印，由于版本的不完善，对《园冶》进行校勘注释就成为半个多世纪来《园冶》研究的首要工作。在《喜咏轩丛书》本中已经开始了校勘工作，但是由于底本不足，加之校勘并未完成，还存在图式不理想等问题。营造学社本是在《喜咏轩丛书》本的基础上与日本内阁文库藏本对校过的，但是问题依旧不少，所以造园专家陈植萌生重新注释《园冶》的念头。下面将主要就《园冶注释》进行分析，因为其他的版本或许存在释义不同的地方，但基本未涉及校勘问题。

### （一）校勘成就

《园冶注释》凝结了当时建筑学界、园林学界诸多学者的心血，是一本集体力量的结晶之作。具体分工如下：建筑学家刘敦桢、童寯负责建筑名词的注释；农史专家杨超伯负责典实查补、文字商榷、版本校订；古建专家刘致平负责校阅；古建园林专家陈从周负责审阅全书。此本改城建本及营造学社本中许多漏字、误字、断句标点的失误。杨超伯还为此书撰写了校勘记。此书1988年再版时参照明版（三卷全）照片、上原敬二的《解说园冶》做了部分订正。此本成为以后研究《园冶》的权威版本。[①]

《园冶注释》对原书中文字的脱衍、断句的差误、考证的失实等若干问题进行了校勘和订正。文字脱衍方面，如《自序》末句“崇祯辛未之秋杪否道人暇于扈冶堂中题”句前脱一“时”字，据明刻本补。断句差误方面，如

① 本书以《园冶注释》第2版作为讨论对象。

《自序》"合乔木参差山腰墙根嵌石"，应在"山腰"二字下加逗号；卷三《铺地》"惟厅堂广厦中，铺一概磨砖"的"中"字应属下句；等等。考证失实方面，主要是针对阚铎《园冶识语》中的几个问题进行辨证，如根据康熙《仪真县志》、阮大铖诗等考证銮江在今江苏仪征县；据康熙《仪真县志》、清施润章的《荣园诗》推测汪士衡即汪机，寤园即荣园。

## （二）校勘方法

《园冶注释》中采用了多种校勘方法，陈垣所总结的校勘四法皆有体现。为了叙述方便，笔者拟依据陈垣校勘四法对《园冶注释》的校勘工作择要做分类说明。

### 1. 对校法

所谓对校法，即以同一书的祖本或别本互相对照，比较异同。《园冶注释》以城建本为底本，明刻本、《喜咏轩丛书》本为参校本。例如按照明刻本，将郑元勋的《题词》调至计成的《自序》之前、阮大铖的《冶叙》之后；卷一《兴造论》中"一梁一柱"，据明刻本改为"一架一柱"。

### 2. 本校法

所谓本校法，即以本书前后文字互相对照，比较异同。如卷三《掇山·园山》"而就厅前三峰，楼面一壁而已"，原书均为"厅前一壁，楼面三峰"，误，今按《厅山》《楼山》改正。

### 3. 他校法

所谓他校法，即以他书校本书。如卷一《屋宇·室》中"古云，自半已前，实为室"，句中"前"字据《说文解字·系传》改为"后"。

### 4. 理校法

所谓理校法，即在无参考文献的情况下，校对者经过综合考虑，凭经验或常识判断书中是非。如卷一《屋宇·五架梁》"又小五架梁，亭、榭、书房可构"，原本作"书楼"，疑为"书房"，改；再如卷三的《掇山·内室山》"宜坚固者，恐孩戏之预防也"，"防"，原书作"妨"，误，当作"防"，改。

## （三）校勘及注释的不足

尽管《园冶注释》有筚路蓝缕之功，但在注释中仍存有不足甚至失误之处。赵一鹤《对〈园冶注释〉某些译文的商榷》[①]涉及校勘的有6处，曹汛写于1982年的《〈园冶注释〉疑义举析》中列举问题多达140条。两文主要针对《园冶注释》第1版提出商榷。除此之外，《园冶注释》第2版还存在着以下几点不足。

### 1. 底本选择欠妥

在具体校勘工作中，选取底本至关重要。如果某书存在多种版本，当以初刻本为底本；如果没有初刻本，要尽量选择刊刻年代较早者，因为在不断的翻刻和传抄当中，错误往往会因循下去，甚至越来越多。

《园冶注释》第1版，以城建本为底本，《喜咏轩丛书》本、营造学社本为参校本，没有选择国内已有的明刻本（原中国国家图书馆存刻本一卷，胶卷一、二卷）及日抄本[②]；《园冶注释》第2版修订时，在已经获得明刻本照片的情况下，仍以《园冶注释》第1版为底本，以明刻本为参校本，不免本末倒置。

### 2. 人物张冠李戴

如《题词》"简文之贵也，则华林"句，源出《世说新语·言语》：简文帝入华林园，顾谓左右曰"会心处，不必在远。翳然林水，便自有濠、濮间想也"[③]。但注释将"简文帝"误为南北朝时梁简文帝萧纲（503—551）[④]，实际应为东晋简文帝司马昱（320—372）。虽然二人帝号相同，也同是在位两年，看似容易混淆，其实不然，因为《世说新语》的作者刘义庆是南朝刘宋宗室，所以此书中的简文帝不可能是比刘义庆（403—444）晚百年的梁简文帝萧纲。

---

① 载《新建筑》1985年第2期，第65—68页。

② 从《〈园冶注释〉校勘记》得知，杨超伯试图找人去借，说明他是知道这些版本存在的，但是根据后来的校勘情况，还是没有采用这几种版本。

③ 余嘉锡：《世说新语笺疏》，周祖谟、余淑宜整理，中华书局，1983年，第120页。

④ 《园冶注释》，第39页。

### 3. 年代换算失误

如《题词》末句的“崇祯乙亥年”括注为“公元一六一五”[①]，实际应为1635年；注释中郑元勋的生卒年换算也有误，如郑元勋“生于明万历三十六年。（公元一五四四年）……甲申（公元一六四四年）为人误杀，年仅四十有六”[②]。此句有两处错误：首先，“（公元一五四四年）”是对前面的“万历三十六年”作注，所以括号前句号应删，而且明万历三十六年也不是1544年，而是1608年；其次，如果郑元勋享年四十六而卒年不误的话，生年必不是明万历三十六年，而是明万历二十六年（1598）。

### 4. 编校差错

这主要是《园冶注释》第2版出版单位及责编的失误，与著作者无关。比如在版权页，竟然把校订人“杨超伯”误为“杨伯超”；《〈园冶注释〉校勘记》后附的陈植《补志》中将撰写《计成研究》及《〈园冶注释〉疑义举析》等文章的作者“曹汛”误为“曹汎”[③]；《自序》中提到的“吴又于”，正文中还是“于”，到注释中就变成“予”了[④]；等等。

## 五、其他造园论著

除《园冶》之外，《长物志》和《闲情偶寄》中还有部分文字涉及造园。按照四部分类法，这两本著作都被归在子部杂家类[⑤]，虽不是专论造园的著作，但它们又与园林密切相关。二书中有些部分恰能补《园冶》之不足，如文震亨论室内布置（几榻、位置）、李渔论联匾。计成、文震亨、李渔三人

① 《园冶注释》，第39页。
② 《园冶注释》，第41页。
③ 《园冶注释》，第15页。
④ 《园冶注释》，第42、45页。
⑤ 《四库全书》收《长物志》，《续修四库全书》收《闲情偶寄》，二书都被归于子部杂家类。

生活的时代相近[①]，有些观点亦可相互印证、对比分析。

## （一）《长物志》

### 1. 成书体例及内容

明末文震亨所作《长物志》共十二卷，分室庐、花木、水石、禽鱼、书画、几榻、器具、衣饰、舟车、位置、蔬果、香茗十二类。内容包罗广泛，大体如明沈春泽《〈长物志〉序》中所言："标榜林壑，品题酒茗，收藏位置图史、杯铛之属"[②]。四库馆臣评其书"凡闲适玩好之事，纤悉毕具，大致远以赵希鹄《洞天清录》为渊源，近以屠隆《考槃余事》为参佐。明季山人墨客，多以是相夸，所谓清供者是也。然矫言雅尚，反增俗态者有焉。惟震亨世以书画擅名，耳濡目染，与众本殊，故所言收藏赏鉴诸法，亦具有条理。所谓王谢家儿，虽复不端正者，亦奕奕有一种风气欤"[③]。其中与园林密切相关者为《室庐》《花木》《水石》《禽鱼》《几榻》《器具》《位置》七卷。

《室庐》细分门、阶、窗、栏干、照壁、堂、山斋、丈室、佛堂、桥、茶寮、琴室、浴室、街径、庭除、楼阁、台，最末为海论；《花木》选牡丹、芍药、玉兰、海棠等园林常见花木四十六种，后附瓶花、盆玩。

水石则先水后石。《水类》细分广池、小池、瀑布、凿井、天泉、地泉、流水、丹泉八种，《石类》先总论品石，后就灵璧石、英石、太湖石、尧峰石、昆山石、锦川、将乐、羊肚石、土玛瑙、大理石、永石十一种做介绍；禽介绍鹤、鸂鶒等六种禽类，鱼就朱鱼、鱼类、蓝鱼、白鱼、鱼尾、观鱼、吸水、水缸做介绍。

《几榻》主要就短榻、几、禅椅、天然几、书桌、壁桌、方桌等二十种日常用具的材质、结构、用途做介绍，有时穿插对用具的优劣品评；《器具》

---

① 计成（1582—？），文震亨（1585—1645），李渔（1611—1680）。

② 《长物志校注》，第10页。

③ 纪昀总纂：《四库全书总目提要》卷一二三子部三十三杂家类七，河北人民出版社，2000年，第3169页。

包括从事焚香、写字作画、参禅打坐等活动所需的五十七种器具，末附铜玉雕刻窑器；《位置》记述坐几、坐具、椅榻屏架、亭榭等十一种。这三卷所记物品及其摆放位置，正可以弥补《园冶》对此方面未做关注的不足，从而更具参考价值。读此书，可知明末园林内家具布置及园林生活所需器具概况。

**2．造园实践及理论**

文震亨作此书目的乃是“惧吴人心手日变”[1]，不能知琐杂细碎之“长物”的来历法度，以致风雅不能传承，并非仅为园林。但不可否认，此书又与园林有着千丝万缕的联系。尤其是《花木》《水石》卷多次提及“园林（山园、林园）”。如《长物志·花木》卷中：

> 常见人家园林中，必以竹为屏，牵五色蔷薇于上。
>
> 此花四月开，九月歇，俗称“百日红”。山园植之，可称“耐久朋”。
>
> 编篱野岸，不妨间植，必称林园佳友，未之敢许也。
>
> 他如石楠、冬青、杉、柏，皆邱垅间物，非园林所尚也。
>
> 银杏株叶扶疏，新绿时最可爱。吴中刹宇及旧家名园，大有合抱者，新植似不必。[2]

再如《长物志·水石》卷：

> 石令人古，水令人远。园林水石，最不可无。
>
> 山居引泉，从高而下，为瀑布稍易，园林中欲作此，须截竹长短不一，尽承檐溜。[3]

---

① 《长物志校注》，第11页。

② 《长物志校注》，第53、58、66、69、72页。

③ 《长物志校注》，第102、105页。

实际上，文家世代喜好园林，祖、父辈先后建有玉磬山房、停云馆、塔影园、衡山草堂、兰雪斋、云驭阁、桐花院等园林。文震亨曾祖文徵明还是一位造园高手，曾参与设计拙政园、紫芝园。现存的苏州园林艺圃（时称“药圃”）曾属于文震亨兄长文震孟所有。文震亨也曾为自己建造香草垞，此园是在他人废园基础上改造而成的，有婵娟堂、绣铗堂、笼鹅阁、斜月廊、众香廊、啸台、玉局斋、乔柯、曲沼等近二十处景观。明人沈春泽言“即余日者过子，盘礴累日，婵娟为堂、玉局为斋，令人不胜描画”[①]，清人顾苓也赞其“所居香草垞，水草清华，房栊窈窕”[②]。除香草垞，文震亨还经营过碧浪园（苏州西郊）、水嬉堂（南京）。可见《长物志》有关园林的写作并非人云亦云，而是长期园居生活体验加之造园实践的经验之谈。

《长物志》中处处标榜“韵事”，排斥“恶俗”。如《长物志 · 居室》提倡“宁古无时，宁朴无巧，宁俭无俗”[③]；《长物志 · 花木》“桃”条言“若桃柳相间，便俗”[④]；《长物志 · 水石》也强调“池旁植垂柳，忌桃杏间种”[⑤]，这恰与计成《园冶 · 相地 · 郊野地》提倡的“溪湾柳间栽桃”[⑥]之论相左，二人志趣之不同，可见一斑。

文震亨还非常重视景物布置的画意，这当与其出身绘画世家不无关系。除了在《长物志》中专设《书画》一卷，文震亨还在其他卷中不时加以强调：比如花木需“四时不断，皆入图画”[⑦]，水池“最广处可置水阁，必如图画中者佳”[⑧]。这点倒是与计成不谋而合，《园冶 · 园说》曾言“刹宇隐环窗，仿佛片图小李；岩峦堆劈石，参差半壁大痴”[⑨]，非常重视园内造景的画意。

有一点需要注意，因为出身簪缨世族之家，栽花种竹之琐事，自有园丁

---

① 《长物志校注》，第11页。
② 顾苓：《塔影园集 · 武英殿中书舍人致仕文公行状》，转引自《长物志校注》，第440页。
③ 《长物志校注》，第37页。
④ 《长物志校注》，第48页。
⑤ 《长物志校注》，第103页。
⑥ 《园冶注释》，第64页。
⑦ 《长物志校注》，第41页。
⑧ 《长物志校注》，第103页。
⑨ 《园冶注释》，第51页。

代劳，所以文震亨并不具备花木培植的经验，仅是站在观赏者的角度而发议论。对此，文震亨并不讳言，在《长物志·花木》“菊”条就说得非常直白：“种菊有六要二防之法：谓胎养、土宜、扶植、雨旸、修葺、灌溉，防虫，及雀作窠时，必来摘叶，此皆园丁所宜知，又非吾辈事也。”[①]

3. 现存主要版本

（1）明刻本。现藏中国国家图书馆、天一阁博物院、上海图书馆等处。

（2）清刻本。现藏上海图书馆、北京师范大学图书馆等处。

（3）清抄本。现藏上海图书馆、复旦大学图书馆等处。

## （二）《闲情偶寄》

1. 成书体例及内容

《闲情偶寄》成书于清康熙十年（1671），清代李渔著。全书共分词曲、演习、声容、居室、器玩、饮馔、种植、颐养八部，内容尤为丰富，论及生活的各个方面，称得上是一部小型的百科全书，也是李渔一生艺术和生活经验的结晶。八个部类中与园林有关者主要是《居室部》《种植部》,《颐养部·行乐》也有一些篇章涉及园林，比如《看花听鸟》《蓄养禽鱼》《浇灌竹木》等。

《闲情偶寄·居室部》主要分房舍、窗栏、墙壁、联匾、山石五部分。虽称居室实则专为园林而写，这从《居室部·房舍》篇正文前的总论中可以得知。李渔在文中自诩生平有两绝技，一为“辨审音乐”，一为“置造园亭”。[②] 而《居室部》即是李渔对自己造园技能之阐发。笠翁自言：“创造园亭，因地制宜，不拘成见，一榱一桷，必令出自己裁，使经其地、入其室者，如读湖上笠翁之书，虽乏高才，颇饶别致，岂非圣明之世，文物之邦，一点缀太平之具哉？噫，吾老矣，不足用也。请以崖略付之简篇，供嗜痂者采

① 《长物志校注》，第78页。

② 李渔：《闲情偶寄》，江巨荣、卢寿荣校注，上海古籍出版社，2000年，第181页。

择。”[1]这与计成在《园冶·自识》中所言写作初衷类似。

《闲情偶寄·种植部》分木本、藤本、草本、众卉、竹木五部分。每写一种植物，都仿佛为此种植物立传，语言生动传神，有时想法古怪，看似无厘头，通读之后，又觉确实有理。李渔对部分花木深爱至骨，有时为赏花而节衣缩食，甚至典当衣饰也在所不惜，非常人可比。

另外，李渔的语言生动有趣，通俗易懂，人物声口毕肖，讲到得意之处，作者沾沾自喜之态如在眼前，但并不让人生厌，只觉其率真可爱。《闲情偶寄》的语言恰与《园冶》的语言形成鲜明对比，展现了闲情小品与学术著作迥然不同的行文风格。

**2. 造园实践及理论**

不像明清一般文人那样对造园仅泛泛而论，李渔不但有造园实践，且在当时及后世颇具盛名。除了早年在家乡构筑的伊山别业、且停亭，中年建造的武林小筑（杭州）、芥子园（南京），晚年归隐杭州之后修建的层园（又名“今又园”，未建成李渔即去世），还有游幕四方时为顾主设计的园林，像惠园（在今北京，园属郑亲王府）[2]、半亩园（在今北京，园主贾汉复，园中叠山被誉为“京城之冠”）[3]等，在当时都曾名噪一时。借助达官贵人的雄厚财力，李渔的造园才华得以充分施展。

《闲情偶寄·居室部·墙壁》中曾提到《园冶》，可见李渔是清代为数不多的几个见过《园冶》的人之一，但全书也仅此一处。李渔在书中也没有提到前代或同代的造园能手，包括《园冶》的作者计成。令人费解的是，李渔还在《闲情偶寄·居室部·山石》中说“故从来叠山名手，俱非能诗善绘之人”[4]，这不太符合事实，计成（1582—？）、张涟（1587—1673）等叠山巨匠都擅长丹青，且据阮大铖诗文可知，计成不仅“能诗”，诗还写得相当不错。

---

① 《闲情偶寄·居室部·房舍》，第181页。

② 钱泳：《履园丛话·园亭》，中华书局，张伟校点，1979年，第520页。

③ 麟庆著文，汪春泉等绘画：《鸿雪因缘图记》第3集“半亩营园”条，影印道光二十七年扬州重刻本，北京古籍出版社，1984年。

④ 《闲情偶寄·居室部》，第220页。

李渔的不少观点往往和计成不谋而合，如李渔主张“开窗莫妙于借景”[①]，这与计成“园林巧于因借”的理论一脉相承，同时李渔又将其发扬光大——由园移之于窗。李渔曾不无得意地说：“借景之法，予能得其三昧。”[②]这并非虚言，李渔曾发明便面窗、尺幅窗（又名“无心画”）、梅窗诸窗式，并一一为之绘制精美的示意图，还配上详细的制作说明，比之《园冶》只有示意图而无文字解说，更便于人们仿效。因为《园冶》中没有提及匾联，现代研究者往往引以为憾，《闲情偶寄》的“联匾”部分正可补《园冶》之缺失。书中详细介绍了蕉叶联、此君联、碑文额、手卷额、册页匾、虚白匾、石光匾、秋叶匾等八种联匾的制作方式，并绘有示意图。

李渔一向自视甚高，不愿拾人牙慧，虽有些地方难以突破前人窠臼，但也不是一成不变地因袭，如《居室部·山石》言“山石之美者俱在透、漏、瘦三字”[③]。这种观点当然并不新鲜，早在宋代，米芾就提出“瘦、皱、漏、透”四字相石法，之后苏轼又补充一个“丑”字，和李渔同时代的张岱（1597—1679）曾将其归结为“瘦、皱、漏、透、丑、痴”六字。李渔的独特之处，在于他对前人的只言片语给出具体的解释——“此通于彼，彼通于此，若有道路可行，所谓透也；石上有眼，四面玲珑，所谓漏也；壁立当空，孤峙无倚，所谓瘦也。”[④]如此还不算透彻，李渔接着进一步提出自己的见解：“然透、瘦二字在在宜然，漏则不应太甚。若处处有眼，则似窑内烧成之瓦器，有尺寸限在其中，一隙不容偶闭者矣。塞极而通，偶然一见，始与石性相符。……瘦小之山，全要顶宽麓窄，……石眼忌圆，……石纹石色，取其相同。”[⑤]这不仅进一步明确了相石标准，丰富了已有赏石文化，也顺理成章地给其赏石理论贴上李氏标签，使后世观赏石研究者无法忽视李渔对石文化所做的贡献，这也是李渔的过人之处。

① 《闲情偶寄·居室部·窗栏》，第193页。
② 《闲情偶寄·居室部·窗栏》，第193页。
③ 《闲情偶寄·居室部·山石》，第223页。
④ 《闲情偶寄·居室部·山石》，第225页。
⑤ 《闲情偶寄·居室部·山石》，第225页。

但《闲情偶寄》毕竟不是专门讨论造园的专著，文人笔墨情趣的成分居多，缺乏较系统的理论支撑。

3．现存主要版本

（1）《笠翁偶集》（六卷）本。清康熙十年刻本，现藏上海图书馆。

（2）《笠翁一家言全集》（十六卷）本。清雍正八年（1730）芥子园刻本。现藏中国国家图书馆、首都图书馆等处。

## 六、《园冶》未涉及匾额原因探究

《园冶》未涉及匾联这一园林中不可或缺的因素，引起一些学者的疑惑与兴趣，他们先后提出自己的见解与猜想。审视这些观点，笔者发现有一些并不能自圆其说。[①]

### （一）匾额悬于柱、额的起源时间

张家骥《中国造园论》中有这么一段话：

> 将匾联配合悬于柱、额的做法，大约在清代才盛行起来。
>
> 明末计成著《园冶》从设计到施工，细处谈到栏杆的花饰和铺地的图案，对匾联却未著一字。到清康熙十年（1671），李渔著《闲情偶寄》，在“居室部”中，才对匾联专加论述。由此可证，即使明代已有“楹联”，还没有成为园林建筑和景境意匠的一种必要手段，但在清代“楹联”就成为园林中不可或缺的东西了。[②]

---

① 此部分内容，笔者已整理成《〈园冶〉未涉及匾联原因探究》一文，载《广东园林》2015年第6期。

② 《中国造园论》，第140页。

将匾联配合悬于柱、额的做法，真的到清代才盛行吗？恐不尽然。首先来看匾。

《说文解字·册部》记："扁，署也。从户、册。户册者，署门户之文也。"[①]《后汉书·百官志五》说："凡有孝子顺孙，贞女义妇，让财救患，及学士为民法式者，皆扁表其门，以兴善行。"[②]可见至少在汉代匾额就已出现。另外，《世说新语·巧艺》有魏明帝让韦诞（字仲将）为其新建殿登梯题榜的记载，刘孝标注引卫恒《四体书势》曰："诞善楷书，魏宫观多诞所题。明帝立陵霄观，误先钉榜，乃笼盛诞，辘轳长絙引上，使就题之，去地二十五丈，诞甚危。"[③]这里的"榜"即为匾额[④]。通过这段注释至少可以得到两方面的信息，一是当时"宫观"（皇家园林）必题字，否则不会不顾题字人之安危，使其"去地二十五丈"补题；二是当时的"榜"是先题字后再钉到建筑物上的。这说明早在曹魏（至少是宋或梁）时"匾"已悬于"额"。

再说"联"，即楹联，指"悬挂在建筑正面明间正贴柱子上的对联"[⑤]，是对联的一种。最初的对联又称春联，是贴在门上的，至于柱子上的楹联何时出现的，至今仍无定论。宋陶岳的《五代史补·契盈属对》说：僧契盈，一旦陪吴越王游碧波亭，时潮水初满，舟楫辐辏，望之不见其首尾。王喜曰："吴国地去京师三千余里，而谁知一水之利，有如此耶！"契盈对曰："可谓'三千里外一条水，十二时中两度潮。'"[⑥]据说契盈的对联当时就被题在碧波亭柱子上，这个典故也一再被楹联著作所引用，借以证明楹联在宋初已经存在，这副对联也被称为"中国第一副名胜联"[⑦]。

张薇在《〈园冶〉文化论》中提出宋代的园林中题联就尤为普遍，还举例来证明，是否果真如此呢？

---

① 许慎：《说文解字·册部》，中华书局，1963年，第48页。

② 范晔：《后汉书》卷二八《百官志五》，李贤等注，中华书局，1965年，第3624页。

③ 《世说新语笺疏》，第716页。

④ 汉语大字典编辑委员会编：《汉语大字典》第2卷，四川辞书出版社，1987年，第1268页。

⑤ 张家骥编著：《中国园林艺术大辞典》，山西教育出版社，1997年，第415页。

⑥ 转引自陈尚君：《旧五代史新辑会证》第11册，复旦大学出版社，2005年，第4067页。

⑦ 杜华平：《楹联——谐和之美》，青岛出版社，2014年，第197—198页。

张薇的原文是：

> 在宋代的园林中题联已经是很普遍了。北宋苏舜钦所造沧浪亭，题有许多联语，如著名的“藕香水榭”联云：短艇得鱼撑月去，小轩临水为花开。“沧浪亭”联语：清风明月本无价，近水远山俱有情。[①]

实际上第一联的作者并非宋人，而是清代齐梅麓（下联集自苏轼《再和杨公济梅花》十绝）[②]；第二联是集宋人的诗句不假（上联出自欧阳修《沧浪亭》诗，下联出自苏舜钦《过苏州》诗），但集者并非宋人，而是清代梁章钜[③]。孤证本不足以定论，何况伪证？所以宋代园林题联已很普遍的结论恐怕不宜贸然得出。

虽然文献中见到的最早的园林楹联出现于宋代——宋周密《癸辛杂识·别集下》“药洲园馆”条，记载了园中三副桃符，门桃符为“喜有宽闲为小隐，粗将止足报明时”，二小亭桃符为“直将云影天光里，便作柳边花下看”“桃花流水之曲，绿阴芳草之间”——但笔者目前只搜集到这一条线索，暂不足以说明宋代园林中楹联已很普遍。

元末顾瑛曾为其园林玉山佳处中的每一处景点都撰有楹联（顾瑛自称为“题句”，四库馆臣称为“春题”）[④]，如“玉山草堂”联为“瘦影在窗梅得月，凉阴满席竹笼烟”[⑤]，“玉山佳处”联为“翠痕新得月，玉气暖为云”（马九

---

① 张薇：《〈园冶〉文化论》，人民出版社，2006年，第362页。但《宋诗鉴赏辞典》苏舜钦诗《过苏州》本为“近水远山皆有情”，非“俱”字。参见缪钺、霍松林、周振甫等：《宋诗鉴赏辞典》，上海辞书出版社，1987年，第142页。

② 钱剑夫主编：《中国古今对联大观》，上海文化出版社，1993年，第196页；解维汉编选：《中国亭台楼阁楹联精选》，陕西人民出版社，2006年，第99页。

③ 《楹联丛话》：“余因辑《沧浪亭志》得集句一联云：‘清风明月本无价，近水遥山皆有情。’”参见梁章矩：《楹联丛话》，上海书店，1981年，第74页。

④ 《四库全书总目提要》云：“其所居池馆之盛，甲于东南。一时胜流，多从之游宴，因裒其诗文为此集，各以地名为纲，……每一地各先载其题额之人，次载瑛所自作春题，而以序记、诗词之类各分系其后。”参见《四库全书总目提要》卷一八八集部四十一总集类三。

⑤ 顾瑛：《玉山名胜集》卷一，见《景印文渊阁四库全书》第1369册，第6页。

霄篆颜）[1]。与计成同时的吴玄（计成曾为其建宅园）在《率道人素草》卷四《骈语》中即收其自撰联语云："世上几盘棋，天玄地黄，看纵横于局外；时下一杯酒，风清月白，落谈笑于樽前"（匾额为"白眼为看他"）[2]。明代祁彪佳《越中园亭记》"曲池"条记海樵陈山人读书处"联扁多海樵手笔"[3]；明代文人如唐寅、沈周、文徵明、徐渭、董其昌、左光斗、徐霞客、史可法、金圣叹、陈洪绶等均创作了数量可观的居室联[4]。在明代的《三国演义》《水浒传》《金瓶梅》《警世通言》《西湖二集》等小说中，也不乏楹联之作，其中尤以《金瓶梅》中的最具代表性，有十余副之多，其中包括西门庆夏日纳凉的翡翠轩联、西门庆家的大门及书房联、玉皇庙的流星门和大殿联、野外酒馆招牌联、妓女爱月的居室爱月轩联、林太太招宣府大厅及后堂联、文秀才的书房联、泰山碧霞宫联等等。

与计成同时代的刘侗、于奕正所撰《帝京景物略》[5]有一篇写定国公园，为强调此园的质朴，作者用了这样几句描写：

> 环北湖之园，定园始，故朴莫先定园者。……土垣不垩，土池不甃，堂不阁不亭，树不花不实，不配不行，……入门，古屋三楹，榜曰"太师圃"，自三字外，额无扁，柱无联，壁无诗片。……藕花一塘，隔岸数石，乱而卧，土墙生苔，如山脚到涧边，不记在人家圃。[6]

这反过来可以理解为，当时园林中普遍是"额有扁，柱有联，壁有诗片"的。

简而言之，宋代园林中已出现楹联，至少在元末明初，园林楹联已经盛

① 《玉山名胜集》卷二，见《景印文渊阁四库全书》第1369册，第14页。

② 吴玄：《率道人素草》，转引自曹汛：《〈园冶注释〉疑义举析》，载《建筑历史与理论》1982年第3、4辑，第98页。

③ 陈从周、蒋启霆选编：《园综》，赵厚均注释，同济大学出版社，2004年，第401页。

④ 梁石：《怎样作厅堂居室联》，西苑出版社，2003年，第102—104页。

⑤ 此书从准备到完成历时六年，于1635年定稿并付印；《园冶》写定于1631年，1635年刊行，此书可做计成生活时代的社会背景史料。巧的是，计成在《园冶·自序》中提到自己曾"游燕及楚，中岁归吴"，而"燕"正是今北京及河北一带，"楚"则泛指湖北、湖南一带，而刘侗为湖北人，于奕正为宛平（今属北京）人。

⑥ 刘侗、于奕正：《帝京景物略》，孙小力校注，上海古籍出版社，2001年，第43—44页。

行，并成为园林中不可或缺的因素，并非晚至清代。

### （二）《园冶》中不提匾联的原因

张薇在《〈园冶〉文化论》一书中表达了自己的疑惑：

> 计成作为造园家，在《园冶》中未更多地涉及匾额、楹联等书法字幅，也许是有意的。那么有何动机呢？因为《园冶》不是造园"规划"，更不是造园手册，而是造园论著，所以理当论及字幅在造园艺术与审美价值中的应有地位、主要作用、理论构思、审美要求等等基本问题。这是研究《园冶》文化时还应深入探讨的一个问题。……没有对景题、楹联、匾额等造园必备的精神建构要素展开阐述，这当是《园冶》的一大缺憾。同时也是一个值得研究的"谜"。[①]

没提匾联，是否真是《园冶》的缺憾呢？这真是一个谜吗？如果换一个角度，也许情况就不同了。

从工程实际分工来看，就像今天的建筑安装工程不包括内装修工程一样，事实上，匾联是不属于古代造园施工过程的，匾联题拟及悬挂通常要等到造园竣工后，由园主人邀文人雅士或率门人清客来品题，前者如郑元勋的影园景题，后者如《红楼梦》中的大观园景题。

郑元勋《影园自记》记载，"影园"二字是董其昌题，"玉勾草堂"由其"家冢宰"题，"菰芦中"由社友题，等等。在造园规划施工时还全赖"计无否善解人意，意之所向，指挥匠石，百不失一"[②]，但等影园建成题咏时，已不见计成踪影。《红楼梦》第十七回"大观园试才题对额　荣国府归省庆元宵"，贾珍向贾政汇报："园内工程俱已告竣，……只等老爷瞧了，或有不妥之处，再行改造，好题匾额对联的。"[③] 这就明确表明题匾额对联是要等到造园竣工后的。大观园营造之初，"全亏一个胡老名公，号山子野，一一筹

---

① 《〈园冶〉文化论》，第362页。

② 《中国历代名园记选注》，第224页。

③ 曹雪芹、高鹗：《红楼梦》，中华书局，2014年，第218页。

画起造”[①]，但造园完工后，哪还用得着山子野？作为园主人的贾政、贾宝玉及其率领的一帮门人清客才是真正的主角。山子野的身份与计成极其相似。实际上，这种分工，除了工序的先后有别，也反映出社会地位的差异与等级尊卑观念。

现在分析《园冶》的文本。全书一开头是《兴造论》和《园说》，接下来则按施工次序依次详述造园的各个环节。相地是造园前地形勘察；从立基到屋宇、装折、栏杆、门窗部分，涉及的是园林的建筑安装；墙垣、铺地、掇山、选石部分，则是室外工程。从立基到选石，所有环节都属于造园过程，《兴造论》《园说》和结尾的借景部分所阐述的，虽并不属于直接造园过程，却与造园密切相关。《兴造论》《园说》，如同今天的设计标准或规划手册，对造园规划及施工起理论指导作用。借景的问题，虽在整体规划前就已考虑，但只有等造园结束了，才能具体感知实际效果，所以放在最后顺理成章，可看作整个工程完工的总结报告。作为造园指导书，计成的工作到此实际已可结束。

另外，《园冶》为什么就不能是“造园手册”呢？从书末的《自识》中可以看出：计成慨叹生不逢时，二子年幼不能承继父业，故利用空闲著书以免技艺失传。《园冶》最初定名本非“园冶”，而是“园牧”（有经管构制之意）[②]，这都表现出计成原本著书的自我定位。可以说，计成著书的目的主要是传艺，观其书内容也正体现了这一目的，看作“造园手册”是无可厚非的。计成其人，在他所生活的时代，社会地位并不高，不过是“传食朱门”的一介寒士而已。虽因造园技艺超群受到官僚富贾的赞誉，但这些都不能改变其卑微的社会地位。我国自古不重技艺，计成与今日成名成家者相比，社会地位是不可同日而语的。计成著此书的目的除恐技艺之不传外，也为“合为世便”[③]，所以其在著书时，并不一定因“是造园论著”，有“当论及字幅在造园艺术与审美价值中的应有地位、主要作用、理论构思、审美

---

① 《红楼梦》，第225—226页。

② 计成：《园冶图说》，赵农注释，山东画报出版社，2003年，第5页。

③ 《园冶图说》，第263页。

要求等等基本问题”那么高的思想觉悟，这显然是以今人之眼光审视古人，确有不妥。应该把作者还原到他所处的历史环境中去研究，才不至偏颇。

如果因为匾额、楹联对园林很重要，就应该在《园冶》中论及，那么，园林中的家具、玩器、字画陈设又何尝不重要呢？但《园冶》并没提及这些，难道就可以说当时园林中这些东西不盛行吗？实际的情况是，匾额、楹联与玩器、瓶供、字画同属居室装饰品，是不包括在造园过程中的，就如同现代家庭中的电视墙、壁纸装饰等软装，属于内装修，而不是建筑安装工程的。虽然古今建筑样式不同，工艺也有差别，但施工工序却是古今同概：总要先立基，再起屋，再装修，最后室内摆设。造园也如此。

总而言之，计成所生活的时代，匾、联已经与建筑额、柱结合并盛行，并不像张家骥猜测的“在清代才盛行起来”，也不是张薇认为的“在宋代的园林中题联已经是很普遍了”[①]。《园冶》之所以未提及匾额、楹联，是分工不同使然。

① 至少目前还没有确凿证据证明。宋人文集中甚多“句”，即对联。宋代方志，如《方舆胜览》《舆地纪胜》等也记载了甚多联语，但并没有确切说明这些对联是题在楹柱上的。笔者曾遍查《全宋文》中数百篇园、亭记，未见述及柱联者。

# 第二章 园记类文献考论

《园冶》虽然重要，但毕竟晚出，且仅凭一部著作也不能囊括古典园林的所有问题，若要对古典园林做更深入的研究，还需借助众多的历代园记来支撑。唐朝中期以后，随着园林数量的激增，园记这一文体逐渐兴起，至宋代此类文章已蔚为大观。据笔者统计，自唐中期至清末园记多达一千四百余篇。

## 一、概述

### （一）园记的概念

园记，即记述园林及园林生活的文章。标题通常为“某某园记”或“游某某园记”，前者如宋司马光的《独乐园记》、清钱大昕的《网师园记》，后者如元刘因的《游高氏园记》、明刘定之的《游梁氏园记》。这类题名较规整的园记，占历代园记的绝大多数。园记产生之后、成熟园记产生之前有参考价值的园赋，也一并放在此章论述，如西汉枚乘的《梁王菟园赋》、北周庾信的《小园赋》、北魏姜质的《亭山赋》等。

有些园记是纯粹的记叙文，大多数的园记则是夹叙夹议，开头或结尾总要发表自己的一番感慨，或是针对园林，或是根本与园林无关。

纯记叙性的园记如《履园丛话》中所记壶隐园：

> 壶隐园在常熟县西门内致道观西南，明左都御史陈察旧第。嘉庆十年，吴竹桥礼部长君曼堂得之，筑为亭台，颇有旨趣，其后即虞山也。越数年复得彭家场空地，亦明时邑人钱允辉南皋别业旧址，造为小筑，田园种竹养鱼，亦清幽可憩。[①]

可以看出，这篇园记中没有议论性的文字，是纯粹的记叙文。

大部分的园记属于夹叙夹议性质，有的记叙多于议论，如明王心一的《归田园居记》，几乎全篇都是有关建园始末及园中景点的记叙，只有最后一段有几句议论假山风格；有的园记只有寥寥几句述及园林，如宋欧阳修的《李秀才东园亭记》，开篇大段议论园亭所在地"随"的历史沿革及地理方位，下段则追忆年幼时所见李氏园，着重记述李氏园的人事变迁及今昔对比，至于园亭内的景物则仅"佳木美草"四字一带而过。这也是应人恳请作园记的通常写法——作者往往没见过园林本身，或仅仅听闻或仅见图画，为了不驳园主面子，只能"顾左右而言他"，使文章不至于显得太单薄。

园记一般是指以记叙为主的散体文，但有的园记也喜欢用赋体，如南唐徐铉的《毗陵郡公南原亭馆记》一共有六个自然段，除开头、结尾两段，其余均用四六赋体。

鉴于园记数量庞大，情况复杂，还有必要对某些特殊情况做一解说。

**1. 特殊的园记**

（1）标题中并未出现"园记"二字。如明祁彪佳的《寓山注》、清何焯的《题潭上书屋》等。

（2）园林中的亭台楼阁记。一种情况是记中的园林有切实可考的名字，如清姜宸英的《小有堂记》所记实为叶奕苞的半茧园，清孙天寅的《西畴阁记》所记为蒋深的绣谷园；另一种情况是记中的园林是没有名字的公共园林，如唐元结的《右溪记》、宋欧阳修的《丰乐亭记》。反之，没有涉及园林

① 《履园丛话·园林》，第530页。

的亭台楼阁记，则不在本书讨论的园记范围之内，如唐元结的《寒亭记》。

（3）园图题记。除了记述作画缘由，园图题记一般还会描述园林景物或对园林加以介绍，如清张英的《涉园图记》、清袁起的《随园图说》。

（4）与园有关的诗赋或文章的序跋。如西晋石崇的《金谷诗序》、唐白居易的《池上篇并序》、明胡恒的《〈越中园亭记〉序》、清朱彝尊的《水木明瑟园赋并序》、清赵一清的《〈春草园小记〉跋》等，这些文章独立成篇，且篇幅相对较长，提供园林信息的功能与园记相似。

2．园与园记对应情况

（1）一园多记

其一，标题同。如果作者为同一人，则不同的园记往往记述的侧重点不同，如明王稚登先后作《兰墅记》《兰墅后记》，前篇记建置，后篇记流传；清汪琬的《艺圃记》《艺圃后记》，前篇重在介绍园主人事功及园林归属沿革，后篇主要是介绍园中亭台楼阁布置，前篇重议论，后篇重记叙。也有作者不同的，如明黄汝亨和李维桢都曾作《绎幕园记》，宋苏舜钦和明归有光都作有《沧浪亭记》。求记者往往对园记的分工有较为明晰的认识，如明僧人文瑛所居大云庵本为宋苏舜钦沧浪亭旧址，文瑛在向归有光求记时就说："子美之《记》，记亭之胜也，请子记我所以为亭者。"[①]

其二，标题不同。一种情况是一园同时有多个名字，如明陈继儒的《许秘书园记》和明钟惺的《梅花墅记》所记为同一园，是明人许自昌建于甫里的园林；清朱彝尊的《水木明瑟园赋并序》和清何焯的《题潬上书屋》所记也为同一园，此园为陆稹在上沙的别业，园名"水木明瑟"，潬上书屋是园中书屋；再如清范来宗的《寒碧庄记》和明刘恕的《含青楼记》《石林小院说》所记都是刘恕在苏州所建的留园。另一种情况是不同历史时期的同一园，如明文徵明的《王氏拙政园记》、明王心一的《归田园居记》、清沈德潜的《复园记》，三篇园记所记的是不同时期的拙政园。

---

① 归有光：《沧浪亭记》，见《震川集》卷一五，《景印文渊阁四库全书》第1289册，第244页。

（2）一题多园

其一，非同时的同一个园。虽经历代重修，园貌也已经大不相同，但园名未改，如宋苏舜钦的《沧浪亭记》、明归有光的《沧浪亭记》所记虽都是苏州沧浪亭，但归有光笔下的沧浪亭已非苏舜钦旧园，而是僧人文瑛在废墟上重建之沧浪亭。

其二，不同地的两个园。如清顾苓的《塔影园记》所记塔影园位于苏州虎丘便山桥南，本为文肇祉所筑别墅，后归顾苓；清沈德潜的《塔影园记》所记则为蒋重光所筑别墅，在虎丘东南。

## （二）园记的兴起及发展

目前学界公认的最早的园记是唐樊宗师的《绛守居园池记》。但任何新事物的诞生都不是一蹴而就的，园记也不例外。为了掌握园记这一文体发展的脉络，有必要对《绛守居园池记》之前的园林文学作品进行梳理。

实际上，如果不拘于文章的标题中是否有"记"字，那么最早的园记可以追溯到西汉枚乘的《梁王菟园赋》。西汉文帝之子梁王刘武，好治宫室园苑，菟园便是其所筑园苑中最为出名者。此赋作于枚乘为梁王宾客期间，全文五百字左右，开篇先介绍菟园周围环境及地理位置："修竹檀栾，夹持水旋。菟园并驰道，临广衍"；次铺叙园内物种之丰富："枝巢穴藏，被塘临谷……翱翔群熙，交颈接翼"；最后夸饰园中春夏之交"马车接轸而驰，逐轮错毂"的游赏盛况及"从容安步，斗鸡走马，俯仰钓射，烹熬炮炙"的园居生活。[①] 客观地说，此文已经具备了一篇园记的主要元素，只是采用了赋体。

传为六朝人或唐人所作的《三辅黄图》，记载了秦汉长安宫殿苑囿池沼等古迹。在"汉上林苑"条中有一段介绍茂陵富民袁广汉的私家园林，篇幅很短，只有百余字，先介绍园主人茂陵富民袁广汉概况，"藏镪巨万，家

---

① 陈元龙辑：《历代赋汇》卷八四《室宇》，北京图书馆出版社，1999年，第591—593页。

僮八九百人”[①]；次说明园林的所在位置及方圆大小；再次描述园内山水之盛，建筑之壮观，以及珍禽异兽、奇树异草之丰富；最后交代园林的命运：“广汉后有罪诛，没入为官园，鸟兽草木，皆移入上苑中。”[②]可以看出，此文与后来的园记在写法上基本没有差别，只是没有单独成篇而已。此后类似园记的文学作品还有西晋石崇的《金谷诗序》《思归引序》，晋宋之际谢灵运的《山居赋》，北周庾信的《小园赋》，唐杜宝的《大业杂记》中所记隋西苑、王维的《辋川集并序》、于邵[③]的《游李校书花药园序》、李翰[④]的《尉迟长史草堂记》。这些作品已经具备了园记的基本要素，只是限于体裁或文章名称未被看作正式的园记。

《绛守居园池记》作于唐穆宗长庆三年（823）五月十七日，樊宗师时任绛州刺史。绛，即今山西新绛县，唐时为绛州；守居，即刺史居住之所，守居园池即刺史居所附属的园林，属于衙署园林。这座园池最初是隋地方官员梁轨开渠引水灌溉农田的附属物。樊宗师著述很多，但只此文和《绵州越王楼诗序》流传下来。樊文当时就号称“涩体”，这篇园记堪称代表，全文共七百七十七字，文字古怪，艰涩难读，就连欧阳修也直呼“异哉樊子怪可吁，心欲独出无古初。掀荒搜幽入有无，一语佶屈百盘行”[⑤]。董逌在《广川书跋》里称曾见此文旧碑后有樊宗师自注，“其文仍不尽可解”，“故好奇者多为之注”[⑥]。宋有王晟、刘忱注，元有赵仁举、吴师道、许谦注，明又有赵师尹注，清有张子特、管庭芬、胡世安、孙之騄、张庚注。现当代有岑仲勉的《〈绛守居园池记〉集释》（见《岑仲勉史学论文集》，中华书局，1990年），赵鸣、张洁的《〈绛守居园池记〉释义》（载《中国园林》2000年第4期），彭小乐的《〈绛守居园池记〉校注》（华中科技大学2009年硕士学位论文）。

---

① 何清谷校注：《三辅黄图校注》卷四，三秦出版社，1995年，第220页。

② 《三辅黄图校注》卷四，第220页。

③ 生卒年不详，唐玄宗天宝末年进士。

④ 大历中卒。

⑤ 北京大学古文献研究所编：《全宋诗》卷二八三，北京大学出版社，1991年，第3595页。

⑥ 《四库全书总目提要》卷一五〇集部三别集类三，第3887页。

一篇园记能够得到如此多人的青睐，在整个园林文献研究史上也是绝无仅有的，著名如宋李格非的《洛阳名园记》也难以望其项背。如果说《绛守居园池记》是单记某一园林的“单园记”之祖，那么《洛阳名园记》则是第一篇将多个园林汇集到一起的“群园记”。

《洛阳名园记》作于北宋绍圣二年（1095），南宋陈振孙《直斋书录解题》、晁公武《郡斋读书志》均有著录。今存《百川学海》本、《宝颜堂秘笈》本、《津逮秘书》本、文渊阁《四库全书》本。李格非写此文初衷并非为名园立传，而是目睹朝廷达官贵人纸醉金迷的生活有感而发。正如李格非本人的《书洛阳名园记后》云：“园囿之兴废者，洛阳盛衰之候也。且天下之治乱候于洛阳之盛衰，而知洛阳之盛衰，候于园囿之兴废而得，则《名园记》之作，余岂徒然哉！呜呼，公卿大夫方进于朝，放乎一己之私以自为而忘天下之治，忽欲退享，此得乎唐之末路是矣。”[①] 南宋邵博读《洛阳名园记》“至流涕”，称赞李格非“知言”[②]，正是有感于这篇园记预言一般的深刻洞察力。《洛阳名园记》之后陆续出现了一些仿作，如宋周密的《吴兴园林记》、明王世贞的《游金陵诸园记》《太仓诸园小记》《游练川云间松陵诸园记》、明祁彪佳的《越中园亭记》等等。《洛阳名园记》为赓续之作奠定了基调，也为后世耽于园林享乐者敲响了警钟，在中国古典园林文献史上占有重要的一席之地。鉴于《洛阳名园记》对洛阳园林在芜没之后仍能名传后世所起的作用，后世文人往往自觉为园林作记。明王世贞撰《游金陵诸园记》，就是因为有感于洛阳名园虽“久已消灭，无可踪迹，独幸有文叔之《记》以永人目”[③]。

《绛守居园池记》和《洛阳名园记》很早就有单行本流传，比较容易查找，而其他园记则散见于各种文集、史传和方志中，缺乏系统性，给研究者带来诸多不便。下面章节将对园记的搜集与整理做专门论述，在此不赘述。

---

① 曾枣庄、刘琳主编：《全宋文》卷二七九二，上海辞书出版社，2006年，第129册，第283页。

② 〔宋〕邵伯温、邵博：《邵氏闻见录　邵氏闻见后录》，王根林校点，上海古籍出版社，2012年，第239页。

③ 〔明〕王世贞：《弇州四部稿·续稿》卷六四，见《景印文渊阁四库全书》第1282册，第834页。

## （三）园记的写作方法及目的

### 1. 写作方法

按照园内景观次序写作，是最常见的一种园记写法。园记作者须对所写园林非常熟悉，通常由园主自己作记，或者由与园主关系密切并对园林了如指掌的亲友作记。这类园记对园林景物的描写细致翔实，有很高的史料参考价值。开篇通常会简要介绍园的大致地理方位及园周边景致，然后按照由外到内、由主到次或由总体到局部的顺序描写园内景观。现以明王世贞的《弇山园记》为例，略作说明。

《弇山园记》前后共有八篇，写完八篇之后，王世贞还意犹未尽，又写了《题弇园八记后》，交代弇山园的由来及自己的园林见解，并在篇尾告诫子孙能守则守，不能守即可转卖，实际上也是一篇园记。第一篇是总论，除去开头交代园林方位，结尾抒发感慨，文章主体由“园之有”“园之概”“园之胜”“园之乐”“园之苦”及“园名的由来”六部分组成；第二篇至第八篇分别以园内某一主要景点为叙述对象：第二篇介绍从园门弇州到会心处的景致，第三篇介绍从会心处经知津桥越过水池到萃胜桥的景致，第四篇到第六篇分别介绍西弇、中弇、东弇的景致，第七篇介绍园主珍藏“九友”的尔雅楼及琅琊别墅，第八篇以弇山园中最胜处——水景煞尾。弇山园在清初已毁，所幸的是，当地政府根据传世的《弇山园图》[①]及王世贞本人的《弇山园记》重新复建了弇山园，园记中所提到的弇山堂、嘉树亭、小罨画溪、分胜亭、小飞虹、九曲桥、琅琊别墅等景观均得以重现。

同是按照园内景观次序描写，但不同的园记往往侧重点各有不同。像《弇山园记》之类，较侧重于园内景观描写。除记录景点名称，还交代园内植物种类及水石状貌。如写弇山堂：“堂五楹翼然，名之‘弇山’，语具前《记》。其阳旷朗为平台，可以收全月，左右各植玉兰五株，花时交映如雪山、琼岛，采而入煎，啖之芳脆激齿。堂之北，海棠、棠梨各二株，大可两

---

① 《弇山园图稿》为明造园名家张南阳所设计。

拱余，繁卉妖艳，种种献媚。又北，枕莲池，东西可七丈许，南北半之。每春时，坐二种棠树下，不酒而醉；长夏醉而临池，不茗而醒。”[①] 另外一类园记，则主要罗列景点名称，几乎不涉及园内植物、水石的配置情况，可视为纯粹的说明文。如清吴长元记西苑：“自阅古楼转而东，则邀山亭、酣古堂。循石洞而东，则写妙石室。东复为洞，行数百武，曰盘岚精舍。转北为环碧楼，下为嵌岩室。”[②] 此类园记数量较少，但其写法特殊，特举例说明。

除此之外，还有部分园记是通过摘录书信或转述别人的话组织成文的。如宋欧阳修的《真州东园记》中描写真州东园的部分文字，就是转述造园主事者之一许子春的话。这类园记通常是受人所托，作者多半没有实地到过园林，不了解写作对象的具体情况，但是碍于情面又不便拒绝，于是就采取了这种两全其美的办法——既偿还了文字债，又避免了闭门造车的嫌疑。园主求记的时候，也考虑到作者的实际困难，于是就出现以图求记的现象。如明于慎行在《城南别业图记》中记载园主杜日章“走使三千里，以图求记”[③]，明黄汝亨写《绎幕园记》时也未到园，是主人“图而告之”。

还有的园记几乎通篇不涉及园林景物描写，往往开篇点题之后，就借题发挥，抒发感慨。如明周忱的《西园菊隐记》，据园记可知，作者不但没有到过西园，而且与园主罗子礼也不相识，罗子礼托人代为求记，既没到过园也没有园图，周忱只好顾左右而言他：首段简单介绍罗君在西园“植菊数十本，开轩以面之，幅巾杖履，徜徉其间”[④]；次段则记述自己赋闲在家时的所见所闻，并以“好菊如子礼者”的长老及崇尚金谷、平泉的“豪杰子弟”做对比，抒发盛衰兴废之感慨。

---

① 《弇州四部稿·续稿》卷五九，见《景印文渊阁四库全书》第1282册，第770页。

② 吴长元辑：《宸垣识略》卷四，北京古籍出版社，1982年，第69页。

③ 于慎行：《谷城山馆文集》卷一三，见四库全书存目丛书编纂委员会编：《四库全书存目丛书》集部第147册，齐鲁书社，1997年，第463页。

④ 周忱：《双崖文集》卷一，见四库未收书辑刊编纂委员会编：《四库未收书辑刊》第6辑第30册，北京出版社，1998年，第286页。

### 2. 写作目的

（1）志兴衰

宋李格非的《洛阳名园记》堪为此类园记的代表。后世园记作者多自觉遵从志兴衰的使命，记述园林时不忘劝诫园主。如明于慎行在《城南别业图记》中，以杜甫的《陪郑广文游何将军山林》诗为引子，说明太平之时将军雅尚园林，但不久就遭遇安史之乱的史实，委婉劝诫园主："故世家名将得以其隙，修山林文史之娱，此可为深幸，而亦可为长思者矣。"[①] 明宋濂的《环翠亭记》中所记环翠亭在战乱中被摧毁，明朝定鼎之后，又被复建如初。这件事使本来对亭榭兴废可以占验时势之盛衰持怀疑态度的宋濂，开始转变观点，由衷信服，并由此生发开去："观仲孚（园主）熙熙以乐其生，则江右诸郡可知。江右诸郡如斯，则天下之广又从可知矣。是则斯亭之重构，非特为仲孚继善而喜，实可以卜世道之向治，三代之盛，诚可期也。"[②]

（2）传后世

"园以文传"，唐宋以后，人们逐渐认识到园记的重要性，开始有意识地为名园作记或为园求记，唐独孤及写《卢郎中浔阳竹亭记》，就是因为"公欲其迹之可久，故命余为志"[③]。唐白居易作《太湖石记》，也是担心千百载后，这些太湖石散在天壤之内，没人能够知道，故"欲使将来与我同好者，睹斯石，览斯文，知公之嗜石之自"[④]。

明王世贞有感于洛阳名园"久已消灭，无可踪迹，独幸有文叔之《记》以永人目"[⑤]，而金陵诸园，却还没有记，于是作《游金陵诸园记》。王世贞的堂弟王世望目睹山园的荒芜倾败，为不能维护先人留下的产业而深感愧疚，后从《洛阳名园记》得到启发："文其可以已哉？夫园之不吾长有也，

---

① 《谷城山馆文集》卷一三，见《四库全书存目丛书》集部第147册，第464页。

② 宋濂：《文宪集》卷三，见《景印文渊阁四库全书》第1223册，第321页。

③ 董诰等编：《全唐文》卷三八九《独孤及六》，中华书局，1983年，第3953页。

④ 《全唐文》卷六七六《白居易二十一》，第6910页。

⑤ 王世贞：《游金陵诸园记》，见《弇州四部稿·续稿》卷六四，《景印文渊阁四库全书》第1282册，第834页。

吾知之，而子之文长在天地，吾亦知之。”[①] 遂请王世贞作记，是为《先伯父静庵公山园记》。明唐汝询家有偕老园，唐父亡故后，因唐氏兄弟散居各处，偕老园无人照管，不到三年，园中“花木台榭无一存者”[②]，为使后人知有此园，唐汝询遂作《偕老园记》。

除要使名园传之后世而为文外，古人还有一个重要的目的，就是希望当时游园的人及游园盛况也能为后人所铭记。宋陆游作《阅古泉记》，正是应韩侂胄之请：“君为我记此泉，使后知吾辈之游，亦一胜也。”[③] 明刘凤则希望借《吴氏园池记》“使他时人慕之”，而自己能“得与相如、邹、枚、庄夫子之属并传”[④]。清王灼写《游歙西徐氏园记》，也是希望“后人知有斯园之胜，并知有斯园今日之游”[⑤]，遂在文后一一列出同游人姓名。

（3）施劝诫

一种是告诫子孙。有的是要子孙守护珍惜，如唐李德裕的《平泉山居诫子孙记》；有的却反其道而行，要子孙相时而动，能守则守，不能守就及时善贾而沽，如明王世贞的《题弇园八记后》。

另一种是对友人提出忠告。明黄汝亨在《绎幕园记》中，一面赞美园主的园林，一面勉励园主宋公应效力君上，为民谋福，以伊尹、吕尚为楷模，不要贪恋家园，羡慕那些“面场圃而话桑麻”的“独适其适者”[⑥]。

还有的劝诫对象并非实指，旨在警诫世人。如明张师绎在目睹众多园林不数十年即芜败或易手他人之后，在《学园记》中说：“近为权贵之所侵牟，远为狐兔之所营窟，十园而九。……且夫陵谷变迁，高卑失位，天地不能长久，而乎园乎？”[⑦] 纵观园林史，此言确实切中要害。

---

① 《先伯父静庵公山园记》，见《弇州四部稿》卷七四，《景印文渊阁四库全书》第1280册，第260页。

② 唐汝询：《偕老园记》，见《酉阳山人编蓬后集》卷一二，《四库全书存目丛书》集部第192册，第776页。

③ 陆游：《渭南文集·放翁逸稿》卷上，见《景印文渊阁四库全书》第1163册，第715页。

④ 刘凤：《刘子威集》卷四三，见《四库全书存目丛书》集部第120册，第458页。

⑤ 陈植主编：《中国历代造园文选》，黄山书社，1992年，第288页。

⑥ 黄汝亨：《寓林集》卷八，见《续修四库全书》第1369册，第82—83页。

⑦ 张师绎：《月鹿堂文集》卷七，见《四库未收书辑刊》第6辑第30册，第115页。

（4）阐宏旨

“古之制器物，造宫室，或有铭颂，以昭其义。”[①] 为使人知晓为园之深意，往往需要为园作记。明焦竑作《五岳园记》，就是出于这种目的：“是役也，其用虽小，所明者大，非余纪之，曷示后人？”[②] 明徐学谟认为鸰适园的园主秦凤楼名园之义“未易与俗人言也”[③]，于是作《鸰适园记》予以说明。明姜埰的《颐圃记》主要记园的前两位主人居园事迹、园名由来及寓意寄托，以阐明自己名园为“颐圃”而“守穷约”的心志。

（5）寻寄托

宋朱熹的《云谷记》所记云谷是朱熹位于建阳芦山之巅的一处别业，虽然风景秀丽，但因路途遥远，朱熹每岁只能去一两次，只好聊以诗文自慰：“顾今诚有所未暇，姑记其山水之胜如此，并为之诗，将使画者图之，时览观焉，以自慰也。”[④] 明陈所蕴在外地为官，追忆园中景物写成《日涉园记》，欲以当“卧游”。明徐学谟的《归有园记》写于“会迫楚役”之际，即将别去，遂将西园改名归有园，希望“他日退而归于是也”[⑤]。

（6）明肇始

宋欧阳修的《真州东园记》中许子春求欧阳修写园记的原因就是：“不为之记，则后孰知其自吾三人者始也？”[⑥]

（7）充史料

有些园记有意识地为后人编辑地方志或史书提供资料。如明汪道昆的《遂园记》：“余旨其言，以为达生；载笔书之，以授闾史。”[⑦] 明徐学谟作《鸰

---

① 欧阳詹：《二公亭记》，见《全唐文》，第6037页。

② 焦竑：《焦氏澹园续集》卷四，见四库禁毁书丛刊编纂委员会：《四库禁毁书丛刊》集部第61册，北京出版社，1997年，第609页。

③ 徐学谟：《归有园稿·文编》卷五，见《四库全书存目丛书》集部第125册，第501页。

④ 朱熹撰，朱玉辑：《朱子文集大全类编·记集》卷四，见《四库全书存目丛书》集部第19册，第17页。

⑤ 徐学谟：《徐氏海隅集·文编》卷一〇，见《四库全书存目丛书》集部第124册，第512页。

⑥ 《全宋文》卷七四〇，第35册，第120页。

⑦ 《太函集》卷七七，见《续修四库全书》第1347册，第642页。

适园记》也为“书之以质诸掌记”[①]。

总而言之，不论园记作者的初衷是什么，都与古人重视“立言”的传统不无关系，《左传》提出的“三不朽”——太上有立德，其次有立功，其次有立言，虽久不废，此之谓不朽——始终是士人奋斗的目标。既然栖身园林，立德、立功的愿望已经成为泡影，那么只有求助于“立言”来实现“其身既没，其言尚存”[②]的不朽愿望。

## （四）现存园记概况及类型

### 1. 现存园记概况

据笔者统计，现存历代园记1457篇。若以园记作者所在的时代为界，则明代园记数量最多，宋、清次之，元、唐、金、南北朝又次之，汉代数量最少，只有2篇且均为园赋；若以所记园林的地域为界[③]，则江苏最多，共计290篇，此外，20篇之上的有浙江、北京、河南、安徽、河北、上海六地，其余省份数量较少。具体情况详见下表：

表2-1　各时代园记统计

| 时代 | 数量（篇） | 备注 |
| --- | --- | --- |
| 汉 | 2 | 园赋 |
| 南北朝 | 17 | 园赋、诗赋序各4篇 |
| 唐、五代 | 90 | |
| 宋 | 384 | |
| 金 | 23 | |
| 元 | 143 | |
| 明 | 424 | |
| 清 | 374 | |
| 合计 | 1457 | |

① 《归有园稿·文编》卷五，见《四库全书存目丛书》集部第125册，第501页。

② 孔颖达：《春秋左传正义》卷二三，见《续修四库全书》第117册，第619页。

③ 以现行行政区界划分。由于很多园记所写园林的具体地域归属无法确定，此部分只占所有园记的40%。

表 2–2 各地域园记统计

| 地域 | 数量（篇） | 备注 |
| --- | --- | --- |
| 甘肃 | 1 | |
| 宁夏 | 1 | |
| 台湾 | 1 | |
| 贵州 | 2 | |
| 湖南 | 2 | |
| 四川 | 2 | |
| 广东 | 3 | |
| 山西 | 5 | |
| 陕西 | 7 | |
| 福建 | 8 | |
| 广西 | 11 | |
| 湖北 | 16 | |
| 山东 | 18 | |
| 江西 | 20 | |
| 上海 | 23 | |
| 河北 | 21 | |
| 安徽 | 25 | |
| 北京 | 33 | |
| 河南 | 34 | |
| 浙江 | 61 | |
| 江苏 | 290 | |
| 合计 | 584 | |

本书附录列有更详细的园记目录，每篇园记都尽可能著录了文献出处，可供参考。

2. 园记类型

园记的类型有很多种，不同的划分标准会得到不同的一组园记类别。如按照所记园林的多寡，园记可分为单园记和群园记，上文所说的《绛守居园池记》和《洛阳名园记》便是代表。从作者的角度划分，园记又可以分为主人自作和他人所作，如《弇山园记》是王世贞为自己的弇山园所作园记，《太仓诸园小记》则是王世贞为他人的园林所作；其中他人所作园记又分主动作和被动作，主动作者往往是作者自己游园后有感而发的产物，被动作者则往往是有声望者应园主人请求所作，主人的目的多半是希望园以文传——自己的园林能够借写作者的名望流传后世，前者如明孙国光的《游勺园记》，后者如宋欧阳修的《李秀才东园亭记》。按照园林与写作者在时间维度上的不同，可以划分为同时人作和后代人追述，前者如宋陆游为韩侂胄所作的《南园记》，后者如清钱泳记北宋艮岳所作的《履园丛话 · 古迹 · 艮岳》。大多数园记所描述的园林都是实际存在的，另有一类园记数量虽少，却非常特别——这类园记记载的是虚幻的园林，像明刘士龙的《乌有园记》、明张师绎的《学园记》、清黄周星的《将就园记》。

本着抓大放小的原则，本节将重点按照园记内容对园记进行分类。园记的内容大体包括园址、建园时间、园主事功、创建或新修之缘由、造园过程及所费时日金钱、园林命名由来、园林历史变迁及归属沿革、园内主要景点和特色建筑及植物、日常园居生活、游园盛况、造园观点及园林品评、与园有关的逸闻趣事及诗词楹联等。一般的园记只围绕上面所举的某一项或几项展开记述。园记的内容很芜杂，为行文方便，笔者主要从园记对园林的描写与表现、园记对园林生活的再现与歌颂、园记对造园史的勾勒和梳理、园记对景观命名方式的记录和反映四个方面对园记展开研究。

## 二、园记对园林的描写与表现

在多媒体缺乏的时代，园记的主要功能是为园林存照留念，园林景物的描写遂成为大部分园记的要素之一。园记中所描述的园林景物，广义上可以分为园林外部景观（园林借景）和园林内部景观（亭台楼阁、假山池沼、植物配置）两大类。对园林外部景观的描写一般比较简略，往往一笔带过，如西汉枚乘的《梁王菟园赋》介绍菟园周围景致："修竹檀栾，夹池水旋。菟园并驰道，临广衍"[①]，南唐徐铉的《毗陵郡公南原亭馆记》描述南

① 《历代赋汇》卷八四《室宇》，第591页。

原亭馆："其地却据峻岭，俯瞰长江"[①]。稍微详细些的，也是为了衬托所写园林，如明王世贞的《弇山园记》开头便介绍周围景观："其（隆福寺）前有方池，延袤二十亩，左右旧圃夹之，池渺渺受烟月，令人有苕、霅间想。寺之右，即吾'弇山园'也，亦名'弇州园'。前横清溪甚狭，而夹岸皆植垂柳，荫枝樛互如一本。溪南张氏腴田数亩，至麦寒禾暖之日，黄云铺野，时时作饼饵香……此皆辅吾园之胜者也。"[②]但像如此翔实描述园林外部景观的，在园记当中毕竟非常少见，笔者不再做进一步论述，而将重点放在分析园林内部景观上面。

在描述园林景观时，就写作方法及所写景物的不同，又可分为写实、写意两种。写实类园记所描述的景观比较接近实际，相对客观，文献参考价值大，翔实者甚至可以根据园记文字画出园林的大样图。这类园记采用的写作方式主要是说明加记叙，作者多是园主本人或其至亲好友，如明王世贞的《弇山园记》、清袁枚的《随园记》，均属于园主自作园记；臣子（或下级）在描述帝王（或上级）园苑的时候，往往不敢造次，或出于恭敬而据实描写，如南宋陈随应的《南渡行宫记》、元陶宗仪的《元大都宫苑》。

写意，本指中国画的一种画法。主要特点是不求工细形似，注重以精练之笔勾勒景物的神态，抒发作者的情趣。此处借指所写园林景物虽然实际存在，但文中仅泛泛而写，根据园记无法辨识园中植被的数量、位置。如唐于邵在《游李校书花药园序》中描写园内芍药花景："不知斯地几十步，但观其缥缈霞错，葱茏烟布，密叶层映，虚根不摇，珠点夕露，金燃晓光。而后花发五色，色带深浅；丛生一香，香有近远，色若锦绣，酷如芝兰，动皆袭人，静则夺目。"[③]写实、写意并无优劣之分，只是艺术手法有别。泛写的景致往往更能引人联想，文学性高于纪实性。

对园林的景观描写主要是围绕园林三大要素——建筑、花木、山水——展开的。

---

① 《全宋文》卷二四，第2册，第230页。

② 《弇州四部稿·续稿》卷五九，见《景印文渊阁四库全书》第1282册，第767页。

③ 《全唐文》，第4347页。

## （一）建筑

园林建筑是园林中人文要素的主要载体，其数量和种类的多寡，是园林区别于自然风景名胜的重要砝码。园林中的建筑主要是指亭、台、楼、阁、堂、馆、斋、室、榭、厅、廊、轩、舫等。一般的园记，通常按照游园次序罗列建筑名称，或是描写建筑周围的景色，间或交代建筑方位或名字的来历，一般不会就建筑本身大费笔墨。如明陈所蕴的《日涉园记》说："入门，榆柳夹道，远山峰突出墙头，双扉南启，尔雅堂在焉。堂东折而北，度飞云桥，为竹素堂。南面一巨浸，叠太湖石为山，一峰高可二十寻，名曰过云。山上层楼，颜曰来鹤，昔有双鹤自天而下，故云。"[①] 下面以亭为例做简要论述。

在所有园林建筑中，亭最能作为园林的代表。浓缩了"如翚斯飞"式中国古建筑精华的亭，形制多样，或方或圆或笠或扇，或三角四角或六角八角，或如梅花或如十字，无不轻盈灵动，古朴典雅，不论是临水而立，还是高踞山巅，或是深隐林间，均能与天然图画般的古典园林相得益彰，起到点景、引景的作用。关于写亭的园记，历代数量并不均衡，大致而言，唐宋园记中，单独写亭的比较多，共一百余篇，占唐宋园记总数的百分之二十强，而元明清三代加起来，专门写亭的园记不过七十余篇，仅占三代园记总数的百分之八左右，显然，不论是从数量上还是比例上都远远低于唐宋。这也从一定程度上说明，亭在唐宋园林中占有重要的地位。由此，唐宋时期多以"园亭""山亭""池亭""林亭""亭馆""溪亭""亭院"等代称园林也就不难理解了。

亭在唐宋园林中备受重视，究其原因，主要有以下两点。

其一，亭本身的优点和功能使然。亭[②] 原本只是供行人休憩歇脚的，在魏晋时期被广泛建于风景秀丽的地方，以备游观（如绍兴的兰亭、华林园

---

① 俞樾、方宗诚：《同治上海县志》卷二八，清同治十年刻本，第20页。

② 《释名》卷五《释宫室》记载："亭，停也，亦人所停集也。"见刘熙：《释名》，明毕效钦刻本（日本早稻田大学藏），第7页。

中的临涧亭)。随着唐代私家园林的增多，相比于“楼则重构，功用倍也；观亦再成，勤劳厚也。台烦版筑，榭加栏槛，畅耳目，达神气，就则就矣，量其材力，实犹有蠹”，亭有更多的优势：“藉之于人，则与楼、观、台、榭同；制之于人，则与楼、观、台、榭殊：无重构再成之糜费，加版筑槛栏之可处。”[①] 这些“事约而用博”的优点使亭在众多建筑物中脱颖而出，逐渐得到贤人君子的青睐，成为唐宋园林中不可或缺的重要点景建筑。到了唐代，亭的功能也不再局限于“可以列宾筵，可以施管磬”，还被赋予“春台视和气，夏日居高明，秋以阅农功，冬以观肃成”等“布和求瘼”[②] 的政治功能，这在凡事讲究伦理等级的中国古代，亭在园林建筑中的地位无疑是被大大提高了。

其二，以木构建筑为主的大木作技术，在宋代臻于极盛。北宋末年刊印的《营造法式》，就是当时建筑设计及施工经验的结晶之作。在此书中，亭榭隶属于建筑等级最高的殿阁一类。水涨船高，亭的式样及形制不断翻陈出新，在园林中的应用也更为广泛。宋代苏舜钦干脆以亭名园，将自己在苏州郊外的园林起名“沧浪亭”，亭在园中的主体地位更是不可撼动。

然而，技术的发展有时又是一把双刃剑。工匠技术水平的提高，一方面为亭的建造推广提供了坚实的技术保障，另一方面也推动了其他建筑形式的改良和创新，这就不可避免地给亭带来竞争压力。再加上南宋偏安一隅，相对地少人多，自然要靠增大建筑密度来解决这个矛盾，以往园林内只建一座或几座亭子来点景、引景的情况不再满足需要，园林中除亭之外的楼阁轩榭渐多，亭在园林中一枝独秀的局面被打破。如宋苏舜钦在《沧浪亭记》中所记园中建筑只一沧浪亭，宋蔡确在《北园记》中所记北园建筑也只翠云亭、射亭及缥缈台三处。到了明清，园林中建筑总体呈逐渐增多趋势，以拙政园为例，明嘉靖年间，王献臣建成的拙政园园内面积约二百亩，建筑较今日稀疏，屡被人作为“建筑密度低”的典范，但也有“堂

① 欧阳詹：《二公亭记》，见《全唐文》，第6036页。
② 李绅：《四望亭记》，见《全唐文》，第7125页。

一，楼一，为亭六，轩槛、池台、坞涧之属二十有三”[①]；到明末崇祯年间王心一时期（时名归田园居，今拙政园东部），园内面积三十余亩，仅建筑就有秫香楼、泛红轩、漱石亭、迎秀阁、兰雪堂、芙蓉榭、山余馆、饲兰馆、延绿亭、梅亭、放眼亭、流翠亭、紫藤坞、竹香廊等近二十座；到清光绪年间张履谦时期（时名补园，今拙政园西部），园内面积仅十八亩，却穿插着三十六鸳鸯馆、与谁同坐轩、倒影楼、笠亭、留听阁、宜两亭、水廊、塔影亭、浮翠阁、鸳鸯厅等十余处建筑。另外，明清园林以宅园居多，园内建筑除要保证观赏性外，还要兼顾居住的功能性，这对于通常四面敞开的亭而言，势必不能满足需要。这也许是唐宋之后专写亭的园记数量减少的原因所在。

园记中的建筑描写大都很简略，即使是专门的亭记，对所写之亭往往也只是一笔带过，将主要篇幅用来交代建亭的前因后果、周围景致或游玩始末。如宋苏舜钦的《沧浪亭记》仅“构亭北埼，号沧浪焉”[②]一句及亭，宋欧阳修的《醉翁亭记》也只有一句：“峰回路转，有亭翼然临于泉上者，醉翁亭也。”[③]可谓“醉翁之记不在亭”。且涉及园林建筑的文字多数只侧重描述建筑的外观，很少交代室内布置，即使有，也很笼统。如明刘凤的《郭园记》中“升其堂，陈列器皆洁雅可喜”[④]。稍详者，也不过如明王世贞在《澹圃记》中描述明志堂内“设石屏、几榻、琴书、觞弈之类”[⑤]。

除了建筑描写，明清园记中还出现就建筑的形制及建筑之间的搭配进行评论者。如明李若讷《含清园记》中说：“北为堂三楹，前人题曰‘观我轩’。轩之右，苑亭绰约，前与篱接，笼烟搴云，兼可受月。故轩不得亭，便无风致，亭不得轩，倏然者觉无栖止，其布置良有意。”[⑥]

① 文徵明：《王氏拙政园记》，见赵厚均、杨鉴生编注：《中国历代园林图文精选》第3辑，刘伟配图，同济大学出版社，2005年，第159页。

② 《全宋文》卷八七八，第41册，第83页。

③ 《全宋文》卷七三九，第35册，第115页。

④ 《刘子威集》卷四三，见《四库全书存目丛书》集部第120册，第451页。

⑤ 《弇州四部稿·续稿》卷六〇，见《景印文渊阁四库全书》第1282册，第789页。

⑥ 李若讷：《四品稿》卷六，见《四库禁毁书丛刊》集部第10册，第257页。

## （二）花木

作为园林三要素之一，花木是最能予人美感、愉悦者。相对园林建筑和山水而言，花木的可塑性较强，季节的变换、岁月的痕迹，往往于花木体现得最直观，因此也最易触动人的心灵、左右人的情绪。可以说，在园林三要素之中，花木是园林的灵魂，与人的关系最为密切，这也是园林通常又被称作花园的原因所在。园记中总少不了花木描写，但在大多数的园记中，植物只是描写对象的一部分，像唐李德裕在《平泉山居草木记》中记六十多种草木的情况则属特例。

### 1. 程式化描写

园记中的花木描写一般比较简略，或者罗列植物名称、数量，如明郑元勋记影园："趾水际者，尽芙蓉；土者，梅、玉兰、垂丝海棠、绯白桃；石隙种兰、蕙、虞美人、良姜、洛阳诸草花。"[①] 明王世贞记弇山园："循池而南，其荫皆竹，藩之，曰'琼瑶坞'，坞内皆种红白缥梅、四色桃百本，李仅二十之一。"[②] 或者结合季节变换描写以植物为主的景色，如明王心一记归田园居内延绿亭周围景色："每至春月，山茶如火，玉兰如雪，而老梅数十树，偃蹇屈曲，独傲冰霜，如见高士之态焉。"[③] 明屠隆记蕺山文园："芳春绿叶红蕤，烂若霞绮；盛夏莲花出水，风动雨浥，清芬触鼻；秋来芙蓉满堤，黄菊盈把，幽意飒然。霜霰既零，卉木凋伤，庭橘深绿，朱实累累，节序参变，景物并佳。"[④] 园记即使涉及植物的形态、色彩，也多是泛写，写荷花则"芬葩灼灼"，写荇藻则"翠带柅柅"，写桃则"白雪红霞""万锦云集"，写梨则"娇香冷艳""疏秀入画"，写梅则"清馥逼人""雪香云蔚"，写竹则"琅玕翠碧""苍翠欲滴"，等等。

---

① 郑元勋：《影园自记》，见《园综》，第90页。

② 王世贞：《弇山园记》，见《弇州四部稿·续稿》卷五九，《景印文渊阁四库全书》第1282册，第770页。

③ 王心一：《归田园居记》，见《园综》，第232—233页。

④ 屠隆：《蕺山文园记》，见《栖真馆集》卷二〇，《续修四库全书》第1360册，第594页。

园记中的植物描写呈现出符号化的趋势，中国传统文化中的诗文、典故被提炼、融合在句中。很难评价这种写法的优劣，对于那些熟悉中国古典文化、具有一定文学修养的读者来说，这种写法能以最精练的语言传达出丰富的意蕴，与此种植物有关的诗句和典故都会瞬间涌现，予人以视觉、听觉、嗅觉等多方面的联想；但对于一般的读者而言，这种写法无疑过于简略，语言的程式化导致所写花木不能给人留下较为深刻直观的印象，缺乏亲切感，作者的喜好也很难被准确传达出来。

2. 花木比德

草木在古人眼里往往并非单纯的植物，常被人为附加上种种比德思想。这点与西方园艺重视植物本体大相径庭。大体而言，中国古人的植物观是功利的。表面上写的是植物的荣枯，真正要表达的却是人事的浮沉。不可否认，大部分园记作者是真正热爱所写植物的，但浸润在"文以载道"思想氛围中的传统中国文人，常不自觉地以社会学家自居，很难从纯粹的植物学角度来描写花木。比如唐白居易在《养竹记》中就将竹子比德君子——表面是在赞美竹子，实际是要托物寓人，希望当政者任用贤良。明江盈科的《两君子亭记》中的"君子"指竹与莲："草木之中，尤爱竹与莲，盖亦因其比德于君子尔。"[①] 也是此类。

中国古典园林中的植物种类虽然非常丰富，但是能入文人法眼的通常就是竹、梅、松、菊、莲等几种，其中竹子最受文人青睐，成为后世园林中的必备景观元素。这在南方园林不算难事，因为竹子本属南方植物，但是北方园林要想拥有一丛绿竹并非易事。明唐顺之在《任光禄竹溪记》中就提到，京师官宦富家之园于海外奇花异石"无所不致"，"而所不能致者惟竹"，以至"苟可致一竹，辄不惜数千钱"。[②] 相较其他植物，园记中写竹子的也为最多。

竹子的历史非常悠久。早在殷商时代，就出现了一座以种竹为主的皇

① 《中国历代园林图文精选》第3辑，第41页。

② 唐顺之：《荆川集》卷八，见《景印文渊阁四库全书》第1276册，第373页。

家园林淇园，《诗经》里就有赞美竹子的诗句："瞻彼淇奥，绿竹猗猗。"[①] 南朝宋时还出现了有关竹子的专著《竹谱》。竹子确实有其他植物无法比拟的种种优点："其声宜风，有如鸣泉；宜雨，有如碎玉；宜雪，有如洒珠。夏日之阴如偃盖，秋月之影如披画，烟笼如黛，露压如醉，四时之景，无不可喜。"[②] 难怪《世说新语》里"何可一日无此君"的晋代名士王子猷对竹子的痴迷到了无以复加的地步，其人其事也最终以典故的形式长驻中国文化史，受到后世文人的追捧。

异代王子猷们又不同程度地发挥酝酿，赋予竹子种种美德。园记中赞美竹子者比比皆是，如唐白居易在《养竹记》中大赞竹子"本固、性直、心空、节贞"的贤德，唐刘岩夫在《植竹记》中将竹子的美德归纳为八种："劲本坚节，不受霜雪，刚也；绿叶凄凄，翠�浮浮，柔也；虚心而直，无所隐蔽，忠也；不孤根以挺耸，必相依以林秀，义也；虽春阳气王，终不与众木斗荣，谦也；四时一贯，荣衰不殊，恒也；垂蕡实以迟凤，乐贤也；岁擢笋以成干，近德也。"[③]

古人出于对竹子的喜爱，赋予其种种美德后，竹子在人们眼里便不仅仅是自然界的一种植物。园记中表面是在议论竹子，实际上是托物喻人。明唐顺之在《任光禄竹溪记》中就借赞美竹子来衬托园主的不同凡俗，"凛然有偃蹇孤特之气"[④]。

### 3. 花木造型

说起中国古典园林的植物，一般的园林史都简单以"入画"概括，这里的"画"指的是中国传统的水墨山水画。在中国山水画中，每一棵树的存在都讲求画意成景，并不是随便画上几笔。中国古典园林师法山水画，对园中的植物配置，忌讳呆板、刻意的布置和拟物造型。确实，在存世的中

① 《诗经·卫风·淇奥》，见周振甫译注：《诗经译注》，中华书局，2010年，第2版，第73页。注：一说此处的"绿竹"为两种植物，"绿"为荩草，"竹"为萹蓄，参见谭庆禄：《东乡草木记》，青岛出版社，2014年，第90页。

② 《两君子亭记》，见《中国历代园林图文精选》第3辑，第41页。

③ 《全唐文》，第6901、7638页。

④ 《荆川集》卷八，见《景印文渊阁四库全书》第1276册，第374页。

国古典园林里，除一些盆景园及近几十年新造的园景外，花木种植极少排列成行。古人造园，非常注重单株植物的姿态及三两植物的搭配。需要从植的花木，一般仅限于竹子、桂花、芍药、荷花、桃树、杏树等，或取其态，或取其香，或取其色，不一而足，且多半以获取远观效果为宜，其布置也并非简单的排列组合，而要“虽由人作，宛自天开”，追求自然画境。像西方园林中将植物修剪成各种规整的几何形状或动物形状的方式，则往往被视为矫揉造作，不足效尤。

上述只是就中国古典园林的大体而言，凡事都有例外，园林花木也如此。现就古典园林花木容易被人忽略的几点特色做一分析。

实际上，在中国古典园林里，并非完全拒绝植物造型，自宋代开始，就屡见对植物肖形的描写。如南宋吴自牧在《梦粱录・园囿》中就记载南宋临安以擅长培育花卉而著称的东、西马塍诸圃“皆植怪松异桧，四时奇花，精巧窠儿，多为龙蟠凤舞飞禽走兽之状，每日市于都城，好事者多买之，以备观赏也”①。后世园记中也不乏花木造型的例子，明王世贞在《先伯父静庵公山园记》中记载：“入园，松亭翼然已，屈松柏为左右屏已，又屈松柏为鹤鹿者各二。”② 清常茂徕在《寿春园》中所记寿春园又名百花园，本为明代王府花园，其园中园龙窝园中就以木犀、松柏等编成墙垣，又以茨松结为楼宇，荼蘼、木香搭设亭棚，园中“塔松森天，锦柏满园，松狮、柏鹤，遇风吹动，张口展翅，活泼如生”③。古典园林中除了排斥植物造型，甚至对天生有着几何造型的树种也往往敬而远之，上文提到的塔松即其中一种。塔松，其实是雪松，因树冠呈尖塔状，亦名塔松。由于雪松终年常绿，成长速度快，容易短期成景，遂成为现代公园里的必备植物，但在传统古典园林中，雪松却并不受宠，甚至罕见。相比有着规整几何造型的雪松，古人更钟情于自然虬曲苍古的白皮松和油松。但从这篇园记中我们得知，尽管雪

---

① 吴自牧：《梦粱录》卷一九《园囿》，浙江人民出版社，1984年，第179页。

② 《先伯父静庵公山园记》，见《弇州四部稿》卷七四，《景印文渊阁四库全书》第1280册，第259页。

③ 《中国历代造园文选》，第254页。

松在古典园林中栽培不广，但也并非完全绝迹。

尽管计成在《园冶》一书中将花木编屏列为造园大忌，认为编篱比花屏更多野致[①]，但在明清园林中，以木香、蔷薇等攀缘植物编成花径的做法曾经风靡一时，就连大文士王世贞也不能免俗，在其弇山园中布置了一条惹香径："入门，则皆织竹为高垣，旁蔓红白蔷薇、荼蘼、月季、丁香之属，花时雕绘满眼，左右丛发，不飔而馥。"[②]在文人雅士看来，"花时小青鬟冒雾露采撷，一入丛中，便不可踪迹"[③]的情状，充满了生活趣味。其他如求志园的采芳径、拙政园的蔷薇径、归有园的百花径，皆属此种。

4. 花木选择

据现存园记可知，古人造园对花木的选择主要有两种倾向。

其一，网罗奇花异木，崇多尚奇。以汉武帝、宋徽宗为代表，为了将天下奇花异木尽纳御苑中，他们不惜草菅人命。宋徽宗修建艮岳时，在平江（今江苏苏州）设应奉局，并组建"花石纲"运送天下珍异花木竹石，"所费动以亿万计。调民搜岩剔薮，幽隐不置，一花一木，曾经黄封护视，稍不谨则加之以罪。……二浙奇竹异花，……湖湘文竹，四川佳果异木之属，皆越海渡江，凿城郭而至"[④]。除了帝王，官员或平民中财力雄厚者也常以蓄养花卉名品为乐。如唐李德裕在平泉山居别墅中，种植奇花异木六十多种，北宋李格非的《洛阳名园记·李氏仁丰园》中记载："洛中园圃，花木有至千种者。"[⑤]

其二，花木不求异，适宜为主。如明唐汝询的《偕老园记》所记偕老园，"所植卉不求异，惟取先后不绝。尝曰：欧阳公云'我欲四时携酒去，

---

① 《园冶·相地·城市地》："芍药宜栏，蔷薇未架；不妨凭石，最厌编屏；未久重修"。《园冶·墙垣》："夫编篱斯胜花屏，似多野致"。参见《园冶注释》，第60、184页。

② 《弇山园记》，见《弇州四部稿·续稿》卷五九，《景印文渊阁四库全书》第1282册，第768页。

③ 徐学谟：《归有园记》，见《徐氏海隅集·文编》卷一〇，《四库全书存目丛书》集部第124册，第513页。

④ 张淏：《艮岳记》，见《全宋文》卷七〇三五，第308册，第231页。

⑤ 《邵氏闻见后录》卷二五，第243页。

莫教一日不开花'，我无杖头钱以沽酒，而花朵在目，亦足了一生矣"[①]。记中这位老先生夫唱妇随，偕老园中三十年，每到花开，必邀亲友或邻僧觞饮其下，还以菊花为友，每秋时，环植菊花于书斋，啸咏其间，经月不出。清沈德潜的《勺湖记》所记方氏园中，凡人世贵重难得的花木都不在考虑之内。明江盈科的《两君子亭记》所记之园也不过以竹、莲为主。有的园中甚至只有一种植物，如明竹安园中只有竹子："园之大，不及半亩，未有花木，并无台榭，望之若无足所谓园者。"[②]

### （三）山水

"仁者乐山，智者乐水。"自从由圣人牵线，和仁、智攀上亲戚后，山水就不再是单纯的自然物，承载着人们各种见仁见智的情感与愿望。古人也往往看山不是山，看水不是水，"一峰则太华千寻，一勺则江湖万里"[③]，"三山五岳、百洞千壑，覼缕簇缩，尽在其中"[④]。自有园林，山水便与之形影不离，如果将园林比作人，那么山水就是其骨架和血液。明文震亨说："石令人古，水令人远。园林水石，最不可无。"[⑤]明邹迪光甚至认为"园林之胜，惟是山与水二物"[⑥]。

自然界的佳山水往往可遇不可求，属于"势之所不能争，智之所不能干，而道德之所不能感化，文章之所不能增美者"[⑦]。明王思任认为"凡功名富贵，有不难满圆人意者；而惟山水之缘，定多缺陷"[⑧]，并总结了山水不能尽如人意的八种"不快"。

---

① 《酉阳山人编蓬后集》卷一二，见《四库全书存目丛书》集部第192册，第776页。

② 郑二阳：《郑中丞公益楼集》卷二，见《四库未收书辑刊》第6辑第22册，第607页。

③ 《长物志校注》，第102页。

④ 《太湖石记》，见《全唐文》，第6910页。

⑤ 《长物志校注》，第102页。

⑥ 邹迪光：《愚公谷记》，见《石语斋集》卷一八，《四库全书存目丛书》集部第159册，第293页。

⑦ 王思任：《淇园图序》，见《谑庵文饭小品》卷五，《续修四库全书》第1368册，第221页。

⑧ 《淇园图序》，见《谑庵文饭小品》卷五，《续修四库全书》第1368册，第221页。

### 1. 山

园中能得真山固然好，但自然界的山往往并不易得。况且，有时真山未必合人心意，所谓“太远则无近情，太近则无远韵”，难得正好“不远不近，若即若离”，达到“其景易收，其胜可构而就”[①]的效果。“幽斋磊石，原非得已，不能致身岩下与木石居，故以一拳代山，一勺代水，所谓无聊之极思也。”[②]于是，假山应运而生，成为园林的宠儿。在造园过程中，叠山是最为重要的工序，叠山师水平的高低往往决定了造园的成功与否，因此，叠山师在造园过程中起着举足轻重的作用，往往成为造园的主导人物。明清造园大师张南阳、张涟、计成、戈裕良等无不以善叠假山闻名。

园林假山的由来，要追溯到“海上三神山”的传说，梦想长生不老的汉武帝，在太液池中置“蓬莱、方丈、瀛洲、壶梁，象海中神山龟鱼之属”[③]，开启了园林假山的先例。尽管后代帝王一直将这种“一池三山”的模式在宫苑中延续下来，但到了后来，显然已经变成一种形式而已，他们本身并不相信长生不老的神话。清高宗弘历在《圆明园四十景小序 · 方壶胜境》中直言：“海上三神山，舟到风辄引去，徒虚语耳。”[④]不但戳穿了谎言，还清醒地认识到“要知金银为宫阙，亦何异人寰？即景即仙，自在我室，何事远求？”[⑤]

最初的假山，是以真山为参照物的，不论是规模还是造型都似真山。东汉梁冀“广开园囿，采土筑山，十里九坂，以像二崤，深林绝涧，有若自然”[⑥]，北魏张伦“造景阳山，有若自然”[⑦]。除了用土堆砌，早在西汉时，已经开始叠石为山，西汉茂陵富民袁广汉“构石为山，高十余丈，连延数里”[⑧]。

---

① 《愚公谷记》，见《石语斋集》卷一八，《四库全书存目丛书》集部第159册，第284页。
② 《闲情偶寄 · 居室部 · 山石》，第220页。
③ 司马迁：《史记》卷二八《封禅书》，中华书局，1982年，第2版，第1402页。
④ 《中国历代造园文选》，第211页。
⑤ 《中国历代造园文选》，第211页。
⑥ 《后汉书》卷三四《梁统列传》，第1182页。
⑦ 《洛阳伽蓝记校释》卷二，第74页。
⑧ 《三辅黄图校注》卷四，第220页。

限于财力和地理条件，后世私家园林中假山体量一般较小，如宋卫泾园中“一山连亘二十亩，位置四十余亭”[①]之大的假山，明清园林中已不见。

正所谓“仁者乐山。好石乃乐山之意”[②]，自中唐起，文人将对山的喜好移情于石。在园林中罗列奇石，成为一种风尚。唐牛僧孺广泛搜罗太湖石，置于“东第南墅”中，“待之如宾友，亲之如贤哲，重之如宝玉，爱之如儿孙”[③]。唐李德裕在平泉山居内集怪石品种甚多，告诫儿孙不得以“一树一石”予人。唐白居易珍爱为官三任所得怪石，将其与灵鹤、紫菱、白莲同置履道里宅园内，并写作了中国历史上第一篇赏石作品《太湖石记》。宋徽宗赵佶不惜劳民伤财，动用全国人力、物力建造艮岳，并将其中“瑰奇特异”之石封侯赐号……自宋赵希鹄首次将怪石列入文房四玩之中后，一度栖身户外的奇石登堂入室，成为文人案头清供：“虽一拳之多，蕴千岩之秀。大可列于园馆，小或置于几案。如观嵩少，而面龟蒙，坐生清思。”[④]赏石之风炽热，致使奇石身价倍增，宋米芾就曾以一方研山石换得海岳庵宅园地基。

除了欣赏石的姿态，人们还对石的纹理着迷。唐李德裕平泉山居内有一醒酒石，“以水沃之，有林木自然之状”，另有一平石，“以手摩之，皆隐隐见云霞、龙凤、草树之形”[⑤]；宋苏轼所珍爱的雪浪石，也是因其纹理似雪浪而得名。

园记中描写假山或异石，多用比喻，如唐白居易在《太湖石记》中所记：“有盘拗秀出，如灵邱鲜云者，有端严挺立，如真官神人者，有缜润削成，如珪瓒者，有廉棱锐刿，如剑戟者。又有如虬如凤，若跧若动，将翔将踊，如鬼如兽，若行若骤，将攫将斗。”[⑥]明汪道昆记曲水园中怪石：“石如雕几，如枯株，如垂天云，如月满魄，如轩，如峙，如喙，如伏兔，如翔风，如

① 周密：《癸辛杂识》，王根林校点，上海古籍出版社，2012年，第7页。

② 孔传：《云林石谱·原序》，见杜绾：《云林石谱》，陈云轶译注，重庆出版社，2009年，第1页。

③ 《太湖石记》，见《全唐文》，第6910页。

④ 《云林石谱·原序》，见《云林石谱》，第1页。

⑤ 康骈：《剧谈录》，上海古籍出版社，2012年，第160页。

⑥ 《全唐文》，第6910页。

姑射神人，如举袖，如舞腰，如荷戟。”[1]

园记除了对假山或奇石做直接描写，有时还会议论。如明王世贞的《先伯父静庵公山园记》：“山之胜不可尽数，大抵石巧于取态，果树巧于蔽亏，卉草巧于承睐，亭馆巧于据胜而已。”[2]将假山作为一个总体，分述其附属部分的功用。

2. 水

除了带给园主江湖之思，水的存在还有其实际的用途：灌园及营造氛围。园中各种花草树木若是缺水，则生长都不能保证，更谈不上景观的营造了。园中无水，就像人体没有血液，徒有毛发皮肤仍旧不能存活。有了水，园中就有了灵动之气，可以水中望月临流赋诗，可以把竿垂钓细数游鱼，拂堤杨柳可以醉春烟，映日荷花可以别样红，锦鳞可以逐花争上游……因此，凡是造园，必以得水为第一要务，有时甚至完全以水的数量和质量来评定园的优劣。以明代无锡惠山为例，因为周边风景秀丽，私家园林星罗棋布，各园“莫不以泉胜”[3]，得泉之多少与取泉之工拙往往直接决定了园林的名气大小。明钟惺更是以水为园，在其眼中，“三吴之水皆为园”——“出江行三吴，不复知有江。入舟，舍舟，其象大氐皆园也。乌乎园？园于水。水之上下左右，高者为台，深者为室，虚者为亭，曲者为廊，横者为渡，竖者为石，动植者为花鸟，往来者为游人，无非园者”[4]。

园林中的池、湖、瀑、泉、溪、涧、井，都是水的不同呈现形式。池、井，多属人为，园记中常言“穿池”“凿井”，即状此类；湖、瀑、溪、涧可天然亦可人工，以天然为贵，唐白居易庐山草堂东之瀑布，昏晓如练色，夜中如环佩鸣琴，则为可遇不可求之天然尤物；而泉则全赖天工，非人力可以穿凿，如明慧山王氏园引慧山泉“灌池中，砰訇礚硡，昼夜不绝声，其声不

① 汪道昆：《曲水园记》，见《太函集》卷七二，《续修四库全书》第1347册，第595页。

② 《弇州四部稿》卷七四，见《景印文渊阁四库全书》第1280册，第259页。

③ 王稚登：《寄畅园记》，见《园综》，第174页。

④ 钟惺：《梅花墅记》，见《隐秀轩集》卷二一，《四库禁毁书丛刊》集部第48册，第358页。

以旱潦为大小”[①]。

在水的各种形式中，以园池在园林中最为常见。园池，可方可曲，大体唐宋时以方池居多，明末之后，曲池独擅胜场，也有不方不圆，随地形而定之形状不规则者。池水的存在，为莲荷菱荇、金鲫锦鲤提供了赖以生存的环境，也为垂钓、泛舟等休闲娱乐活动提供了前提，增添了园居生活的情趣。

园记中写水，角度不一。有的侧重于水之静态，如明焦竑在《冶麓园记》中所记：“把杯临流，徘徊月上，则迥然别一境界矣。澄碧如镜，空中靓洁，倒影插波，下上异态。时冶城笙箫歌啸，自天而降，与水声林木相应答。”[②]有的侧重于水之动态，如唐白居易的《草堂记》写崖上泉：“脉分线悬，自檐注砌，累累如贯珠，霏微如雨露，滴沥飘洒，随风远去。”[③]

有的侧重于水的品格，如唐柳宗元在《愚溪诗序》里所写愚溪，是柳宗元被贬为永州司马时所建宅园内景点：“夫水，智者乐也，……溪虽莫利于世，而善鉴万类，清莹秀澈，锵鸣金石，能使愚者喜笑眷慕，乐而不能去也。予虽不合于俗，亦颇以文墨自慰，漱涤万物，牢笼百态，而无所避之。以愚辞歌愚溪，则茫然而不违，昏然而同归，超鸿蒙，混希夷，寂寥而莫我知也。”[④]名义上写愚溪，实际托物喻人，抒发了自己抑郁难耐的心情。

有的侧重于水之名贵，如宋陆游在《阅古泉记》中记述了韩侂胄宅园内的一处胜地：“其尤绝之地曰‘阅古泉’，……霖雨不溢，久旱不涸。其甘饴蜜，其寒冰雪，其泓止明静，可鉴鬓发。至游尘堕叶，若常有神物呵护屏除者，朝暮雨旸，无时不镜如也。泉上有小亭，亭中置瓿，可饮可濯，尤于烹茗酿酒为宜。他名泉俱莫逮。”[⑤]

有的侧重于描写映照在水中的山光云影、皓月晨星，水中荇藻横斜的

---

① 王世贞：《游慧山东西二王园记》，见《弇州四部稿·续稿》卷六三，《景印文渊阁四库全书》第1282册，第823页。

② 焦竑：《焦氏澹园集》卷二一，见《四库禁毁书丛刊》集部第61册，第226页。

③ 《全唐文》，第6900页。

④ 《全唐文》，第5846页。

⑤ 《渭南文集·放翁逸稿》卷上，见《景印文渊阁四库全书》第1163册，第715页。

曼妙、游鱼跳波的生意，如清沈德潜的《勺湖记》中所记。

一泓清池，数折栏槛，增加了园林的景深层次，使园林灵动妩媚，也引人低首静观，思悟齐物养生之理，这是古典园林置水景的主要目的，亦是园记作者所要传达的基本讯息。

## 三、园记对园林生活的再现与歌颂

从先秦诸子开始，就不断有人对园池苑囿持排斥态度，甚至将园林生活与耽于享乐画上等号，认为修建苑囿台榭不但劳民伤财，还会使国家民族陷入危亡境地。

韩非子、墨子、孟子等人都曾不同程度地反对君主修建园池苑囿。韩非子将君主“好宫室台榭陂池”作为国家“亡征”[①]之一，《韩非子》记载，当年越国讨伐吴国的直接原因是“闻吴王筑如皇之台，掘深池，罢苦百姓，煎靡财货，以尽民力，余来为民诛之”[②]。墨子将“城郭沟池不可守，而治宫室”作为危害国家的“七患”之第一患，《墨子·辞过》云：“是故圣王作为宫室，便于生，不以为观乐也；……当今之主，其为宫室，则与此异矣，必厚作敛于百姓，暴夺民衣食之财，以为宫室台榭曲直之望，……故国贫而民难治也。”[③]孟子一方面劝诫君主要“与民同乐”，一方面也对君主“弃田以为园囿”的做法深感忧虑：“尧舜既没，圣人之道衰，暴君代作，坏宫室以为污池，民无所安息；弃田以为园囿，使民不得衣食。邪说暴行又作，园囿、污池、沛泽多而禽兽至。”[④]

但是，历代帝王从没有真正放弃园池苑囿带来的享受，这也从侧面反

---

① 高华平、王齐洲、张三夕译注：《韩非子·亡征》，中华书局，2010年，第147页。
② 《韩非子·外储说》，第409页。
③ 谭家健、孙中原注译：《墨子今注今译》，商务印书馆，2009年，第26页。
④ 《孟子·滕文公下》，见杨伯峻译注：《孟子译注》，中华书局，2008年，第115—116页。

映了园林生活对他们强大的吸引力。如清乾隆帝弘历就认为“夫帝王临朝视政之暇，必有游观旷览之地”，在《圆明园后记》中极力夸饰圆明园“实天保地灵之区”，“帝王豫游之地，无以逾此”，虽也明白“然得其宜，宜以养性而陶情；失其宜，适以玩物而丧志”的道理，且寄语后世子孙，希望他们不要“重费民财以创建园囿”。[①]但事实证明，这不过是乾隆帝自欺欺人的妄想，他的后世子孙也正像他自己一样，从未停止过对园囿的扩建增修。单就圆明园而言，自康熙至咸丰六帝前后经营达一百五十余年（1709—1860），景点也由雍正三年（1725）的二十八景增至一百四十五景，圆明园最终成为一座“万园之园”。

后世文人也往往避重就轻，绝口不提韩非子等人的反对言论，而常引《诗经》中的游赏宴乐诗及孔颜乐处、庄子优游林下的典故为自己享受园林生活“正名”。园记当中随处可见歌颂园林生活的语句，宋代朱长文甚至声称：“虽三事之位，万钟之禄，不足以易吾乐也。”[②]朱长文在自己的乐圃园中过着“朝则诵羲、文之《易》，孔氏之《春秋》，索《诗》、《书》之精微，明《礼》、《乐》之度数；夕则泛览群史，历观百氏，考古人是非，正前史得失。当其暇也，曳杖逍遥，陟高临深。飞翰不惊，皓鹤前引。揭厉于浅流，踌躇于平皋，种木灌园，寒耕暑耘”[③]的园林生活，乐此不疲。明张鼐甚至将园居生活看作一种“事业”，认为园居者在园林中“日观事理，涤志气，以大其蓄而施之于用”[④]，与《庄子》中那只需要“六月息”而最终“抟扶摇而上”的大鹏殊途同归。

古人如此迷恋园林，说到底，还是因为园林确实有其不可替代的功能。园林之于人，大而言之，能够消解生命的疲顿、摆脱尘世的困扰；小而言之，可以怡情养性、愉悦心情，春之日，可“导和纳粹，畅人血气”，夏之

---

① 《中国历代造园文选》，第201页。

② 《全宋文》卷二〇二五，第93册，第162页。

③ 《全宋文》卷二〇二五，第93册，第162页。

④ 张鼐：《题尔遐园居序》，见《宝日堂初集》卷一〇，《四库禁毁书丛刊》集部第76册，第268页。

日，可“蠲烦析酲，起人心情”。[①]在“仰观山，俯听泉，傍睨竹树云石”[②]的过程中，人的身心得到极大的放松，外适内和，心灵随之被净化。反之，如果整日处于“居处芜”“耳目泥”的环境中，势必“神不灵”“思虑昏”。[③]另外，园林不但能够满足人们游览山水的需求，还能避免出游带来的种种不便和缺陷——为五岳游，“无以资屝屦”；为五湖游，“无以资舟樯”；为大人游，“不能为趑趄”；为少年游，“不能为跅弛”[④]。

然而，要想抛却俗务，优游林泉，也并非易事。即使权倾朝野、富可敌国，也往往身不由己。虽有“高亭大榭，花木之渊”，也常常无福消受，望园兴叹之余，“唯展园图看”。宋李格非即有感于开国元勋赵普在洛阳的宅园常年“以扃钥为常”，慨叹“盖天之于宴闲，每自吝惜，疑甚于声名爵位”。[⑤]为官者要等到致仕归田之后，赋闲者则也要等到养亲育小的责任完成，才可以真正解脱，这也是园记中常引“向平”典故的原因。那位在子女婚嫁之后，漫游五岳名山、不知所终的东汉高士向子平，成为世人羡慕并争相效仿的对象。唐白居易在《草堂记》中就表达了类似愿望：“弟妹婚嫁毕，司马岁秩满，出处行止，得以自遂，则必左手引妻子，右手抱琴书，终老于斯，以成就我平生之志。”[⑥]宋朱熹在《云谷记》中云：“自今以往，十年之外，嫁娶亦当粗毕，即断家事，灭景此山。”[⑦]金赵秉文在《遂初园记》中也说：“加我数年，年登六秩，一男三女，婚娶都毕，乞身南归，为园亭主人，断量家事，勿相关白，当如我死也。”[⑧]

当然，也并不是所有的园居生活都那么令人愉悦，至少在明王世贞的眼里，就有不能为外人道的“居园之苦”：“守相达官，干旄过从，势不可

---

① 白居易：《冷泉亭记》，见《全唐文》，第6910页。
② 白居易：《草堂记》，见《全唐文》，第6900页。
③ 符载：《梵阁寺常准上人精院记》，见《全唐文》，第7059页。
④ 汪道昆：《遂园记》，见《太函集》卷七七，《续修四库全书》第1347册，第640页。
⑤ 《洛阳名园记·赵韩王园》，见《邵氏闻见后录》卷二五，第243页。
⑥ 《全唐文》，第6901页。
⑦ 《朱子文集大全类编·记集》卷四，见《四库全书存目丛书》集部第19册，第17页。
⑧ 《园综》，第29页。

却，摄衣冠而从之，呵殿之声，风景为杀。性畏烹宰，盘筵饾饤，竟夕不休。”[①]但就连这种“苦”也多少带着炫耀的意味——并不是所有人都有资格体验到这种“苦”，拥有一座能如此吸引达官贵人的园林，绝非一般人所能做到。

人们通过园记表达自己对园林生活的歌颂的同时，也再现了不同时代不同地域异彩纷呈的园林生活。概括起来，就内容的不同，可以将园林生活分为两大类：众乐乐与独乐乐。此处只是借用《孟子·梁惠王下》中的词语，意思与原文不尽相同。此处借众乐乐来表示众人在园林中集会宴乐式的园林生活，通常这种活动具有一定的轰动效应，往往要兴师动众，而且并不是随时随地都能够举行，需要一定的人力、物力，甚至需要天时、地利、人和三者都具备。相对而言，独乐乐代表的则是人们在园林中的日常生活，此处的“独”并非指一人，只是表示参与者的范围较小且较为私密，可以是园居者一个人，也可以加上三两至亲好友。

### （一）众乐乐——园林中的集会宴乐

#### 1. 祓禊觞饮，临流赋诗

自东晋永和九年（353）王羲之等人在兰亭集会之后，不独《兰亭集序》传诵千古，曲水流觞也成为一件风雅之事，不断被历代文人仿效。后世园林中不乏这种意境的营造，如明山东平原县绎幕园中的兰亭、苏州天平山庄的小兰亭、泰州日涉园中的修禊亭、无锡寄畅园中的曲涧、清浙江海宁安澜园中的曲水流觞，均为修禊之用。就连帝王也要附庸风雅，在皇家园林中建造曲水流觞的景观：《宋书·礼志》载“魏明帝天渊池南，设流杯石沟，燕群臣”[②]；东晋华林园内建有祓禊堂、流杯渠；南朝宋文帝刘义隆更是

---

① 《弇山园记》，见《弇州四部稿·续稿》卷五九，《景印文渊阁四库全书》第1282册，第767、768页。

② 沈约：《宋书》卷一五，中华书局，1974年，第386页。

身体力行，于元嘉十一年（434）三月，率百官祓禊宴饮于北苑[①]，群臣赋诗助兴，颜延之作《三月三日曲水诗序》记叙这次盛会；无独有偶，南齐永明九年（491），齐世祖高湛也率群臣禊饮芳林园，并命“竟陵八友”之一的王融作《三月三日曲水诗序》，这篇文章在当时就极负盛名，北魏使者甚至觉得比颜延之那篇有过之而无不及[②]。

曲水流觞之处，一般都会建造一座亭子供人歇息，比如兰亭。后世一般将这种亭子称为流杯亭或禊赏亭。在早期，流杯渠一般设在亭子外，直接选择野外流水曲折处，或利用自然地势稍加改造使其比较近于自然，当年王羲之等人就在清流激湍旁列坐觞饮。宋明以降，园林内的流杯渠则多直接在亭内地面凿成，如现存的北京乾隆花园内的禊赏亭流杯渠。设置在亭内的流杯渠，由于场地的局限，象征的意义高于实用功能。人数较多的修禊活动，通常利用的都是室外流杯渠。后世逐渐丰富了流杯渠的样式，宋李诫的《营造法式》中就有国字形、风字形流杯渠图样，乾隆花园内的流杯渠，从南往北看为龙头形，从北往南看为虎头形。

宋胡宿在《流杯亭记》中记载了一处位于许昌的公共园林“西湖”。湖中有清暑堂，湖边有会景亭，会景亭之北还有十亩果园，园内有净居堂，净居堂之北为迷鱼池，流杯亭即建在迷鱼池畔，“西北置阏砻石作渠，析溟上流，曲折凡二百步许，弯环转激，注于亭中”[③]，可见流杯渠是建在亭外的。此文还描写了曲水流觞时的场景：“车骑夙驾，冠盖大集。贤侯莅止，嘉宾就序，朱鲔登俎，渌醅在樽，流波不停，来觞无算。人具醉止，莫不华藻篇章间作，足以续永和之韵矣。”[④]记述官员宴乐之事，园记作者往往要代为“正名”。此文就赞美宴游召集者——许昌地方官李公“宣风阜俗，怡神乐职，以余力治亭榭，以暇日饮宾友，式宴以乐，既惠且和”[⑤]，又搬出《诗

① 在南京，后改称乐游苑。

② 萧子显：《南齐书》卷四七《王融传》，中华书局，1972年，第821页。

③ 《全宋文》卷四六六，第22册，第202页。

④ 《全宋文》卷四六六，第22册，第202页。

⑤ 《全宋文》卷四六六，第22册，第202页。

经·小雅·鹿鸣》来证明宴乐"和人心而通政道"。如此一来，官员宴乐不但渊源有自，还是为政之所需，巧妙地堵上了悠悠之口。

宋代文人洪适，在其家乡鄱阳营建了一座别墅园，名"盘洲"。园内布置了一处曲水供修禊之用："于垄上。导涧，……般涧水，剔九曲，荫以并闾之屋。垒石象山，杯出岩下，九突离坐，杯来前而遇坎者浮罚爵。"[①] 在《盘洲记》中，洪适还详细描写了曲水流觞时的情景："改席再会，则参用柳子序饮之法，以'水流心不竞，云在意俱迟'为签。坐上以序识其一，置签于杯而反之，随波并进，人不可私。迟顿却行，后来者或居上，殿者饮，止而沉者亦饮。当其时，或并饮，或累筹，亲宾被酒，童稚舞笑，不知落霞飞鹜之相催也。"[②] 流觞时的欢歌笑语，如在目前。

园林修禊的风尚一直延续到清末，清陈康祺在《郎潜纪闻》"遂园耆年禊饮图"条记载了康熙三十三年（1694）上巳日徐乾学、尤侗等十二人在昆山徐氏遂园会饮事，画家禹之鼎作《遂园耆年禊饮图》以记之。

**2. 宴游休心，与民同乐**

从汉代开始，官员就享有休公休假的权利。西汉官员五日一休，名"休沐"，全年约计可休七十天。唐代官员十日一休，即王勃在《滕王阁序》中所言的"十旬休暇"，全年约计可休三十天。宋代官员休假制度基本沿袭唐代，但较唐代更宽松，官员假日增多。据文献记载，宋代官员不仅有旬假，还有五十多个节假日，除去重要节日须参加朝廷盛典，全年可休五六十天。元代官员假日缩减，全年计可休十五六天。明初官员假日大多被取消，到中后期才逐渐增多，月假三天，另有元旦、元宵、中元、冬至等节令假期十来天。清代前期基本沿袭明代，到后期发生了变化。

休假期间，官员除在家休整或探亲访友，其余时间，如遇良辰美景，多半会率众出游。唐宋时期，官员往往会在办公处所营造衙署园林或在所辖区域风景秀丽的地方，因势利导，修建公共园林，这种情况在唐宋园记中屡见不鲜。如唐白居易的《白蘋洲五亭记》记湖州刺史杨汉公在城东南白

① 洪适：《盘洲记》，见《全宋文》卷四七四三，第213册，第380页。

② 《全宋文》卷四七四三，第213册，第380页。

蘋洲“疏四渠，浚二池，树三园，构五亭”[①]，其余如南唐薛文美的《泾县小厅记》，宋欧阳修的《真州东园记》、韩琦的《相州新修园池记》、刘敞的《东平乐郊池亭记》、刘攽的《兖州美章园记》、叶适的《湖州胜赏楼记》等等，所记园林都属此类。

历代园记中常见官员游园的记载。如唐欧阳詹在《曲江池记》中描述了上至皇族官员下至普通民众游览曲江的热闹情景：“皇皇后辟，振振都人，遇佳辰于令月，就妙赏乎胜趣。九重绣毂，翼六龙而毕降；千门锦帐，同五侯而偕至。泛菊则因高乎断岸，祓禊则就洁乎芳沚。戏舟载酒，或在中流；清芬入襟，沉昏以涤；寒光炫目，贞白以生；丝竹骈罗，缇绮交错。五色结章于下地，八音成文于上空。砰輷沸渭，神仙奏钧天于赤水；飀蔼敷俞，天人曳云霓于元都。其洗虑延欢，俾人怡怿，有如此者。”[②]

欧阳詹的《二公亭记》中也记载了一段地方官员与民同乐的佳话：先是泉州太守席相与别驾姜公辅在城郭之东选得一奇阜以备游观，此地“高不至崇，庳不至夷，形势广袤，四隅若一。含之以澄湖万顷，挹之以危峰千岭，点圆水之心，当奔崖之前，如钟之纽，状鳌之首”[③]，风景秀丽，自然天成。自此“二公止旌舆以回睇，假渔舟而上陟。幕烟茵草，玩怿移日”[④]。正所谓“上有所好，下必效焉”，连父母官都如此钟爱的地方，环境必定不同寻常，于是“邑人踵公游于斯者如市”[⑤]。这个本来人迹罕至的地方，因为得到地方官员的青睐，迅速变成旅游胜地。此文所记的二位地方长官虽然“心谋意筹，有建亭之算，而未之言也”[⑥]，州人感激他们对此地的善政，于是就有邑人联名上书县尹要求在此地建亭，得到应允。亭子建成之后，鉴于“地为二公而见，亭从二公而建”[⑦]，遂取名“二公亭”。

---

① 《全唐文》，第6913页。
② 《全唐文》，第6034页。
③ 《全唐文》，第6036页。
④ 《全唐文》，第6036页。
⑤ 《全唐文》，第6036页。
⑥ 《全唐文》，第6036页。
⑦ 《全唐文》，第6037页。

身为地方官员，利用公休假日出外游观，本无可厚非，但碍于舆论，出游者总不免要找个冠冕堂皇的理由为自己开脱，好像不如此，就不能够理直气壮地游玩一样。园记当中每每写到官员在任所修建亭台楼榭等游观建筑之前，多要加上“政清讼简”“年获丰茂”“日多暇豫”等字样。主持兴修的官员也往往被美化成能“除弊兴利”的“良吏”，唐白居易的《白蘋洲五亭记》中所记湖州刺史杨汉公堪为此类良吏代表。这位杨公“前牧舒，舒人治；今牧湖，湖人康。康之由革弊兴利，若改茶法、变税书之类是也。利兴，故府有羡财；政成，故居多暇日。繇是以余力济高情，成胜概”[①]。为了拔高杨刺史的政绩，白居易甚至不惜以贬低前代地方官来衬托，如批评“昔谢（灵运）、柳（恽）为郡，乐山水，多高情，不闻善政”[②]。此举引起宋代叶适的不忿，叶适在《湖州胜赏楼记》中为柳恽打抱不平曰“白居易论谢、柳乐山水，多高情，不闻善政。按史，恽守吴兴，前后十年，其政清净，吏民所怀，病去而乞留千余人”，继而批评“居易偶不详也”。[③]

除了替兴修者极力撇清，说明其并非“以不急之务夺民时”而荒废政事，园记作者往往还要再代为建构一个较为妥当的理论来支撑。如唐柳宗元在《零陵三亭记》中所言：“邑之有观游，或者以为非政，是大不然。夫气烦则虑乱，视壅则志滞。君子必有游息之物，高明之具，使之清宁平夷，恒若有余，然后理达而事成。”[④]竟堂而皇之地将游观与为政扯上关系。为使自己的观点站住脚，柳宗元又抬出古人做论据：“在昔裨谌谋野而获，宓子弹琴而理。乱虑滞志，无所容入。”[⑤]但柳宗元自己其实是明白这种游乐的实质的，所以也不免底气不足，提出自己的顾虑：“则夫观游者，果为政之具欤？薛之志，其果出于是欤？及其弊也，则以玩替政，以荒去理。”[⑥]最终不得不草草以希冀作结：“使继是者咸有薛之志，则邑民之福，其可既

① 《全唐文》，第6912页。
② 《全唐文》，第6912页。
③ 叶适：《湖州胜赏楼记》，见《全宋文》卷六四九六，第286册，第127页。
④ 《全唐文》，第5865页。
⑤ 《全唐文》，第5865页。
⑥ 《全唐文》，第5865页。

乎？予爱其始而欲久其道，乃撰其事以书于石。薛拜手曰：‘吾志也。’遂刻之。”[①] 柳宗元在另一篇园记《永州韦使君新堂记》中，则借他人之口，为韦使君粉饰：“见公之作，知公之志。公之因土而得胜，岂不欲因俗以成化？公之择恶而取美，岂不欲除残而佑仁？公之蠲浊而流清，岂不欲废贪而立廉？公之居高以望远，岂不欲家抚而户晓？夫然，则是堂也，岂独草木土石水泉之适欤？山原林麓之观欤？将使继公之理者，视其细知其大也。”[②]

在对待官员宴游的问题上，相比柳宗元的模棱两可，宋代韩琦则显得非常自信。在《定州众春园记》中，韩琦阐明了衙署园林的合理性：“天下郡县无远迩大小，位署之外，必有园池台榭观游之所，以通四时之乐。”[③] 韩琦甚至对不兴修衙署园林的官员大加斥责，批评他们有私心：“前人勤而兴之，后辄废焉者，盖私于其心，惟己之利者之所为也。彼私而利者，不过曰：‘吾之所治，传舍焉耳，满岁则委之而去。苟前之所为，尚足以容吾寝食、饮笑于其间可矣，何必劳而葺之，以利后人，而使好事者以为勤人而务不急，徒取戾焉？吾不为也！’”[④]

韩琦一面批评那些官员自私自利的行为不可取，一面又赞扬“公于其心，而达众之情者”：“公于其心，而达众之情者则不然。夫官之修职，农之服田，工之治器，商之通货，早暮汲汲以忧其业，皆所以奉助公上而养其室家。当良辰嘉节，岂无一日之适以休其心乎！孔子曰‘百日之蜡，一日之泽’，子贡且犹不知，况私而自利者哉！中山之地，自唐天宝失御，盗据戎猾，兵革残困，民不知为生之乐者百有余年。至我朝而后始见太平，亭障一清，生类蕃息。不有时序观游之所，俾是四民间有一日之适，以乐太平之事，而知累圣仁育之深者，守臣之过也。非公于其心，而达众之情者，又

① 《全唐文》，第5865页。

② 《全唐文》，第5863页。

③ 《全宋文》卷八五四，第40册，第37页。

④ 《全宋文》卷八五四，第40册，第37页。

安及此乎？”[1]韩琦把兴修园池看作地方执政者“宣布上恩”——代君上抚慰民众的必要措施，民众闲时能有游乐去处才能彰显统治者的仁爱。人们只需“视园之废兴”，便可窥见“为政者之用心”，将园池兴废作为考核官员政绩的一个间接标准，这也是宋代衙署园林兴盛的一个重要原因。

到了明代中后期，官员耽于享乐，认为“官暇不可无园趣”[2]，“簿书有暇，辄命觞咏寄傲，或薙荒畦，扩隙壤”，以至“六曹皆有园，以供游憩”[3]。清朱彝尊分析了官员造园成风的原因，并对其积极方面进行了肯定：“古大臣秉国政，往往治园囿于都下。盖身任天下之重，则虑无不周，虑周则劳，劳则宜有以佚之，缓其心，葆其力，以应事机之无穷，非仅资游览燕嬉之适而已。”[4]

**3. 诗酒文会，园林雅集**

唐武宗会昌五年（845），白居易等九人在洛阳履道里宅园集会，世称“香山九老会”。之所以冠名香山，是因白居易晚年号香山居士，并非如前人臆测的那样是在香山集会，这从白居易的《九老图诗并序》可以获知：“会昌五年三月，胡、吉、刘、郑、卢、张等六贤，于东都敝居履道坊合尚齿之会。其年夏，又有二老，年貌绝伦，同归故乡，亦来斯会。续命书姓名年齿，写其形貌，附于图右，与前七老，题为九老图，仍以一绝赠之。”[5]

此次聚会，影响甚大，后世屡有效仿者。宋文彦博、富弼等人在洛阳举行的“耆英会”，就是其中比较有影响的一例。司马光的《洛阳耆英会序》云：“昔白乐天在洛，与高年者八人游，时人慕之，为《九老图》传于世。宋兴，洛中诸老继而为之者凡再矣，皆图形普明僧舍。”[6]关于此次集会，宋邵雍的《邵氏闻见录》中有详细记录：“元丰五年，文潞公以太尉留守西都。时富韩公以司徒致仕，潞公慕唐白乐天九老会，乃集洛中卿大夫年德高者

① 《全宋文》卷八五四，第40册，第37—38页。
② 李若讷：《含清园记》，见《四品稿》卷六，《四库禁毁书丛刊》集部第10册，第257页。
③ 范景文：《衎园小记》，见《文忠集》卷七，《景印文渊阁四库全书》第1295册，第538页。
④ 朱彝尊：《万柳堂记》，见朱彝尊：《曝书亭集》卷六六，世界书局，1937年，第768页。
⑤ 彭定求等编：《全唐诗》卷四六二，中华书局，1960年，第5262页。
⑥ 马峦、顾栋高：《司马光年谱》，冯惠民点校，中华书局，1990年，第186页。

为耆英会。以洛中风俗尚齿不尚官，就资胜院建大厦曰‘耆英堂’，命闽人郑奂绘像其中。……潞公以地主携妓乐就富公宅作第一会。……洛阳多名园古刹，有水竹林亭之胜，诸老须眉皓白，衣冠甚伟，每宴集，都人随观之。”[①] 可见第一次聚会是在富弼的宅园中进行的，宋李格非在《洛阳名园记》中所记的“富郑公园”即属富弼，此园在洛阳道德坊，是富弼致仕之后颐养天年的地方，园内有四景堂、探春亭、通津桥、方流亭、紫筠堂、荫樾亭、赏幽台、重波轩、土筠洞、水筠洞、石筠洞、榭筠洞、丛玉亭、披风亭、漪岚亭、夹竹亭、兼山亭、梅台、天光台、卧云堂等景点，亭台花木皆由富弼“目营心匠”[②]，景物富丽，深受时人称道。“耆英会”倡导者之一文潞公文彦博在洛阳也有园池，《洛阳名园记》中所记“东园”（也作“东田”）即为文彦博所有，此园与文彦博宅第不相连属，素以水胜，“泛舟游者，如在江湖间也”[③]。文彦博虽九十岁高龄仍扶杖优游其中，可见对此园的喜爱程度。据载，文潞公还是洛阳园林的拯救者：元丰初年，朝廷曾一度禁止伊、洛之水入城，以致洛阳“诸园为废，花木皆枯死，故都形势遂减”[④]，直到元丰四年（1081），文彦博留守西京，“以漕河故道湮塞，复引伊、洛水入城，……洛城园圃复盛”[⑤]。

除了洛阳的“耆英会”，宋代还有一次著名的雅集——“西园雅集”。西园是驸马王诜的宅园，王诜本人能诗擅画，精于鉴赏，广收历代法书名画贮于家中宝绘阁，苏轼曾为其作《宝绘堂记》记之。一时名流如苏轼、米芾、黄庭坚、秦观等莫不与其友善，时常出入西园。元丰初年，一次雅集后，王诜请画家李公麟（字伯时）将集会盛况描绘成图，是为《西园雅集图》。米芾作《西园雅集图记》记载了这一盛事：“其乌帽、黄道服，捉笔而书者为东坡先生；仙桃巾紫裘而坐观者为王晋卿；……孤松盘郁，上有凌

① 《邵氏闻见录》卷一〇，第58页。
② 《邵氏闻见后录》卷二〇，第239—240页。
③ 《邵氏闻见后录》卷二五，第243页。
④ 《邵氏闻见录》卷一〇，第57页。
⑤ 《邵氏闻见录》卷一〇，第58页。

霄缠络，红绿相间。下有大石案，陈设古器瑶琴，芭蕉围绕。……前有髯头顽童捧古研而立，后有锦石桥竹径，缭绕于清溪深处。翠阴茂密中，有袈裟坐蒲团而说《无生论》者，为圆通大师；旁有幅巾褐衣而谛听者，为刘巨济。二人并坐于怪石之上，下有激湍潨流于大溪之中。水石潺湲，风竹相吞，炉烟方袅，草木自馨。人间清旷之乐，不过于此。”[①] 参加集会的文人雅士在园中写诗作画、读书赏石、拨阮讲经等，极园林宴游之乐。

元末顾瑛在昆山建有园林玉山佳处，“池馆之盛，甲于东南，一时胜流，多从之游宴”[②]。元至正十二年（1352）孟夏，顾瑛等在玉山雅集，参与者之一熊梦祥记下了当时之情状：“时适当中秋之夕，天宇清霁，月色满地，楼台花木，隐映高下。……乃张筵设席，女乐杂沓，纵酒尽欢。……玉山复擘古阮，侪于胡琴，丝竹并歌声相为表里，浬然有古雅之意，予亦以玉箫和之。酒既醉，玉山乃以‘攀桂仰天高’为韵，分阄赋诗，诗成者兴趣横生，模写风景，殆无不备。复画为图，书所赋诗于上，亦足纪一时之胜。”[③] 元末杨维祯在《玉山雅集图记》一文中还对历代文人雅集进行品评：“夫主客交并，文酒宴赏，代有之矣。而称美于世者，仅山阴之兰亭、洛阳之西园耳，金谷、龙山而次弗论也。然而兰亭过于清，则隘；西园过于华，则靡；清而不隘也，华而不靡也，若今玉山之集者非欤？”[④] 自负如此，当时盛况可以想见。

宋元之后，园林雅集渐渐成为风尚，被后代文人不断演绎，名称虽有所不同，其实质则大体一致。清钱泳在《履园丛话》中所记康熙三十八年（1699）尤侗、朱彝尊等在绣谷园中作送春会[⑤]，清梁章钜在《浪迹续谈》中所记康熙年间的宫僚雅集[⑥]、道光年间在苏州沧浪亭的小沧浪七友集，都是唐宋以来文人雅集的余绪。

---

① 《全宋文》卷二六〇三，第121册，第41—42页。

② 《四库全书总目提要》卷一八八集部四十一总集类三，第5151页。

③ 顾瑛：《分题诗序》，见《玉山名胜集》卷七，《景印文渊阁四库全书》第1369册，第115—116页。

④ 杨维祯：《玉山雅集志》卷二，见《景印文渊阁四库全书》第1369册，第18页。

⑤ 《履园丛话》卷二〇《园林》，第525页。

⑥ 宫僚雅集的产物“宫僚雅集杯”今仍在世，雅昌2014年春季艺术品拍卖会曾展出拍卖，编号0715。http://auction.artron.net/paimai-art0033960715/，2019-03-16。

#### 4. 征歌度曲，拍曲演剧

自有园林，音乐即成为园居生活中不可缺少的一部分。汉上林苑里“荆吴郑卫之声，韶濩武象之乐”不绝于耳[①]。晋石崇金谷园内琴瑟笙筑“道路并作”[②]；唐白居易洛阳履道里宅园里不时有乐童“合奏《霓裳散序》”[③]。宋姜夔著名的《暗香》《疏影》词曲即作于范成大石湖别墅中，范成大欣喜之余，将一歌女送给姜夔，遂有了“小红低唱我吹箫”的名句。元末玉山佳处，则是“百戏之祖”昆曲的发源地——昆山腔的创始人顾坚，曾是玉山佳处主人顾瑛的座上客、玉山雅集的主要参与者之一。明施绍莘工词曲，常将西佘山园四时风景谱成小词，教歌童演唱，客至，则“出以侑酒，兼佐以箫管弦索，花影杯前，松风杖底，红牙隽舌，歌声入云”[④]。清末的苏州补园主人张履谦，雅好昆曲，礼聘“江南曲圣”俞粟庐教儿孙拍曲，其子昆曲大师俞振飞儿时即生活在补园中。俞振飞和张家后人经常在补园内的三十六鸳鸯馆和十八曼陀罗花馆拍曲演剧。明清园林中的水榭、凉亭、水阁非常适合拍曲演剧，明祁彪佳寓山园的远山堂、潘允端豫园的乐寿堂，清顾文彬怡园的藕香榭、瞿远村网师园（时俗称“瞿园”）的濯缨水阁都曾经是盛极一时的演剧场所。

昆曲的爱好者，往往也是园林的爱好者。明末戏曲理论家、藏书家祁彪佳，就对园林怀有不可遏制的“痴癖”，在建造寓山园的两年里，“朝而出，暮而归，偶有家冗，皆于烛下了之，枕上望晨光乍吐，即呼奚奴驾舟，三里之遥，恨不促之于跬步。祈寒盛暑，体粟汗浃，不以为苦。虽遇大风雨，舟未尝一日不出”[⑤]，其造园如痴如狂的迫切之状可以想见。园建成后，

---

① 司马相如：《上林赋》，见萧统编：《文选》卷二二，李善注，中华书局，1977年，第128页。
② 石崇：《金谷诗序》，见严可均编：《全上古三代秦汉三国六朝文·全晋文》卷三三，中华书局，1965年，第1651页。
③ 白居易：《池上篇并序》，见白居易著，谢思炜校注：《白居易文集校注》卷三二，中华书局，2011年，第1887页。
④ 施绍莘：《西佘山居记》，见《秋水庵花影集》卷三，《四库全书存目丛书》集部第422册，第220页。
⑤ 祁彪佳：《寓山注》，见《中国历代园林图文精选》第3辑，第235页。

祁彪佳虽已"橐中如洗"，仍不言悔。其戏曲评论著作《远山堂曲品》和《远山堂剧品》中的远山堂，即寓山园内的一处建筑。清代戏曲家李渔更是自诩辨审音乐和置造园亭为生平两绝技。昆曲的经典剧目通常也以园林为背景，如汤显祖的《牡丹亭》、吴炳的《西园记》、高濂的《玉簪记》、李渔的《风筝误》等，剧中主人公的爱情故事无不发生在园林中。"不到园林，怎知春色如许"，风景优美的园林，为才子佳人营造了一个浪漫的环境氛围，对他们爱情的萌生起到一定的催化作用。

在园林中观剧，是明清园林主人日常生活的重要事项，每逢寿诞、节庆、祀神、还愿、聚会之事，往往都要在宅园中演剧，这在明清小说如《金瓶梅》《红楼梦》中多有描写。除了延请专业戏班，财力雄厚的园主通常还会蓄养家班：无锡愚公谷园主人邹迪光"专事欢娱，或携妓出游，或点优演剧"[①]，所蓄家班为江南名班，"优童数十，极一时之选"[②]；豫园主人潘允端不仅亲自去苏州选买艺人组成家班，兴之所至，还常化妆上台客串，几至"无日不开宴，无日不观剧"[③]；绍兴张氏是世家望族，祖孙三代均"适意园亭，陶情丝竹"，张岱更是爱戏成痴，每见"一出好戏，恨不得法锦包裹，传之不朽"[④]。张家先后拥有可餐班、武陵班、梯仙班、吴郡班、苏小小班、茂苑班六个家班。其他如金陵西园主人吴用先的五凤班、娄东南园主人王锡爵家班、绍兴寓山园主人祁彪佳家班、苏州天平山庄主人范长白家班、如皋水绘园主人冒襄家班、常熟小辋川主人钱岱家班、无锡寄畅园主人秦松龄家班等等，不胜枚举。清余怀在《寄畅园闻歌记》中描写了寄畅园内家班演剧情景："太史留仙（秦松龄字留仙）则挟歌者六七人，乘画舫，抱乐器，凌波而至，会于寄畅之园。于是天际秋冬，木叶微脱；循长廊而观止水，倚峭壁以听响泉。而六七人者，……列坐文石，或弹或吹。须臾歌喉

---

① 黄印：《锡金识小录》卷一〇，转引自齐森华、陈多、叶长海主编：《中国曲学大辞典》，浙江教育出版社，1997年，第850页。

② 《锡金识小录》卷一〇，转引自《中国曲学大辞典》，第850页。

③ 潘允端：《玉华堂日记》，转引自高春明主编：《上海艺术史》上册，上海人民美术出版社，2002年，第53页。

④ 张岱：《陶庵梦忆》卷六《彭天锡串戏》，马兴荣点校，中华书局，2007年，第71页。

乍转，累累如贯珠，行云不流，万籁俱寂。……是夕分韵赋诗，三更乃罢酒。……良辅（指昆曲音乐家魏良辅）之道，终盛于梁溪”[①]。

诞生在园林中的昆曲，文辞典雅，身段优美，音节抑扬顿挫，唱腔清晰婉转，与讲求诗情画意的园林相得益彰。两种艺术互相渗透，珠联璧合，相互辉映，具有很高的契合度，堪称古典艺术中的双璧。昆曲的兴衰在某种程度上是与园林密切相关的，明清园林见证了昆曲的发展历程。

## （二）独乐乐——日常园居

除上述多人参加的聚会外，园记中描写更多的是日常园居生活。文人笔下的日常园居生活可谓丰富多彩。南宋词人张炎的曾祖父张镃在《赏心乐事》中详细记述了自己一年十二个月的园林生活，概括起来，主要是节日（气）家宴、赏花斗草、曲水修禊、品赏瓜果、踏春、泛舟、观灯、赏雪、打球、打秋千、煮酒、斗茶、礼佛放生、观鱼、避暑纳凉、观稼、看云、观潮、赏月。真可谓良辰美景、赏心乐事，尽享园林清福。

张镃出身显赫，曾祖父是南宋“中兴四将”之一循王张俊。靠父祖余荫，张镃从小就过着锦衣玉食、富贵闲雅的生活。张镃本人能诗擅画，雅好园林声乐，周密曾盛赞其家“园池声妓服玩之丽甲天下”[②]。张镃与尤袤、杨万里、辛弃疾、姜夔等文人友善。从张镃的另一篇园记《桂隐百课》中，我们约略可见其园林盛况：园内有明确记载的景点就达九十余处。

当然，这是个特例，一般人家的园林规模是难以望其项背的，其园居生活也要简单得多。为行文方便，下面将对园记中描写的日常园居生活加以提炼概括，以求纲举目张，大体还原古人日常园居生活。

### 1. 著书立说，安度晚年

宋司马光因与王安石政见不和，退居洛阳，“自伤不得与众同”[③]，熙宁

---

① 转引自吴新雷：《游“秦园”访秦观墓》，载《古典文学知识》2007年第5期，第85页。

② 周密：《齐东野语》卷二〇《张功甫豪侈》，张茂鹏点校，中华书局，1983年，第374页。

③ 马永卿：《元城语录》卷中，见《景印文渊阁四库全书》第863册，第374页。

六年（1073）在洛阳尊贤坊建独乐园。司马光在定居洛阳之前已经开始编修《资治通鉴》，退居洛阳之时也以书局自随，继续编修。自治平三年（1066）设立书局，至元丰七年（1084）书成，历时十九年，虽有刘恕、刘攽、范祖禹等协修，但从发凡起例至删削定稿，司马光无不付出巨大心血，至于书稿的修改润色、是非定夺，司马光更是亲力亲为，日力不足，就继之以夜，长期的呕心沥血，耗尽了司马光的毕生精力，以致积劳成疾，成书不到两年，司马光便与世长辞。

司马光在编书的十九年中有十二年是在独乐园中度过的。除了读书著书，司马光鲜有其他嗜好，但却对莳花灌园情有独钟。初到洛阳时，司马光所居廨舍东面有一处小园，地方很小，也无亭台楼阁，司马光就自己动手栽花种竹，并以花庵名之。在给友人邵雍的《花庵诗寄邵尧夫》诗题注中对此有所交代："时任西京留台，廨舍东新开小园，无亭榭，乃构木插竹多种，酴醾宝相及牵牛、扁豆诸蔓延之物，使蒙幂其上，如栋宇之状，以为游涉休息之所，名曰'花庵'。"[①]此地虽小，且只是临时住所，都要费心布置一番，司马光的造园热情可见一斑。两年后，司马光买田二十亩，才得以正式施展手脚，建造属于自己的独乐园。司马光一生生活简朴，所建独乐园也极为简陋，在时人李格非眼里此园"卑小，不可与它园班"，园中建筑形制也可以用一个"小"字来概括："其曰'读书堂'者，数椽屋；'浇花亭'者，益小；'弄水''种竹轩'者，尤小；'见山台'者，高不过寻丈；曰'钓鱼庵''采药圃'者，又特结竹梢蔓草为之。"[②]尽管如此，此园却赢得当时及后世人的极大兴趣，据宋人马永卿的《元城语录》记载，独乐园虽"在洛中诸园最为简素"，但"人以公之故春时必游"[③]，春时游人很多，以至于花园子仅用游人施予的一半茶汤钱就在园中增建了一座亭子。正如李格非所言："所以为人钦慕者，不在乎园耳！"[④]

---

① 《全宋诗》卷五〇〇，第6052页。

② 《洛阳名园记·独乐园》，见《邵氏闻见后录》卷二五，第244—245页。

③ 《元城语录》卷中，见《景印文渊阁四库全书》第863册，第374页。

④ 《洛阳名园记·独乐园》，见《邵氏闻见后录》卷二五，第245页。

独乐园尽管卑小，却并不影响司马光对它的挚爱。十几年的园居生活，使司马光得到前所未有的慰藉。在《独乐园记》中，司马光充满深情地描述了自得其乐的园居生活："迂叟平日多处堂中读书，……志倦体疲，则投竿取鱼，执衽采药，决渠灌花，操斧剖竹，濯热盥手，临高纵目，逍遥相羊，唯意所适。明月时至，清风自来，行无所牵，止无所柅，耳目肺肠，悉为己有。踽踽焉，洋洋焉，不知天壤之间复有何乐可以代此也。"①

宋沈括晚年居住在润州城东南的梦溪园，这是一个北西南三面环水的山地园。园中有百花堆、毂轩、花堆阁、岸老堂、梦溪、苍峡亭、竹坞、杏嘴、萧萧堂、深斋、远亭等景观。也是在此园中，沈括写成《梦溪笔谈》一书。沈括的园居生活并不寂寞，除了写作，沈括还不时"渔于泉，舫于渊，俯仰于茂竹美荫之间"，尚友"三悦"——陶潜、白居易、李约，流连"九客"——琴、棋、禅、墨、丹、茶、吟、谈、酒，过着恬淡的隐居生活，安享晚年。

**2. 公退之暇，消遣世虑**

官场如战场，稍有不慎，就有可能惹祸上身。朝中的拉帮结派、党争龃龉，同僚间的明争暗斗、尔虞我诈，历朝历代都不能避免。比起日常公务，这些更让人殚精竭虑，疲于应对。为了排遣心中的忧愁和郁闷，官员们往往会投身园林，以此获得安慰，使身心得以休息调养。宋王禹偁在《黄州新建小竹楼记》中就表现了这种情形："公退之暇，披鹤氅，戴华阳巾，手执《周易》一卷，焚香默坐，销遣世虑"，享受那种"江山之外，第见风帆沙鸟、烟云竹树而已。……送夕阳，迎素月"的谪居生活。②

明张嘉谟在《后乐园记》中更为详细地披露了官员的园居生活细节，后乐园的修建者巡抚王某："每坐台视事后，间憩园亭。或披图籍、阅古今，或焚香理琴，或凭眺观鱼，或为文赋诗，或玩盈虚，或命弓矢，徘徊徙倚于林塘花鸟之间，以寄远思。"③

自命清高的官员，每视吏事为俗务，也希望能有一处清幽胜地，一洗凡

---

① 《全宋文》卷一二二四，第56册，第237页。

② 《全宋文》卷一五七，第8册，第79页。

③ 《中国历代园林图文精选》第3辑，第49页。

尘。明黄汝亨就在治所福胜寺旁筑玉版居，公退之暇，独自往还，“觉山阴道不远，亦自忘其吏之为俗。借境汰情，似于其中不无小胜”[①]。

官员在享受园居生活的同时，往往不忘为自身寻找合理的理由。如明苏志皋在《枹罕园记》中一面描述自己“政暇，登堂，徜徉理咏，音调足以陶性灵，发幽思。又或仰窥俯瞰，则雪山掩映，原隰郁茂”[②]的闲适园居生活，一面重申：“予虽流离转徙，尚有师帅之责，庸讵无所事事邪？若夫花卉荟蔚，泉鸟鸣嗽，娱目悦耳，斯园之末也。园成，名之曰‘枹罕’，欲与斯民同享太平之盛而不知流离转徙为何物，复不知老之将至也！於戏，时有盛衰，地有兴废，方其颓垣断础，睇眄荒凉，今不独如前所云，而亦足为州治之巨防。后之君子，尚相与念之，以无坠厥芳，实斯园之遭也。”[③]不仅表达了与民同乐的愿望，还对后任官吏施以劝勉。

**3. 怡老娱亲，其乐融融**

有些园林是以“愉悦老亲”的名义修建的，如明潘允端在上海修建豫园是为了“时奉老亲觞咏其间”[④]，明郑元勋在扬州修建影园、明钱岱在常熟修建小辋川都是为了便于膝前承欢、照顾父母。百善孝为先，传统中国人将孝道贯穿在点滴生活中，自有园林之后，奉亲游园也成为尽孝的一种方式。

明方凤的《游郑氏园记》记述了尚宝卿刘克柔在众友人的陪伴下，侍奉其父游郑氏园的情景：“四面推窗，花香草色杂集巾裾，诸君次第奉卮酒为封君寿，欢笑酬酢，礼意合洽，歌声清激。酒半酣，客迤逦循桥而南，列胡床柳下墉上，且歌且酌，封君颓然就醉。克柔每顾封君欢颜，则喜色可掬，若将婆娑起舞然者，亦就醉。”[⑤]活脱脱刻画出一个孝子形象。

明汪道昆在《荆园记》中则描写了孙氏弟兄三人侍奉失明老母游园情景：“长君率仲季與母周游，母春秋高，以耄废视，所至递诘诸子：‘紫荆花

---

① 黄汝亨：《玉版居记》，见《寓林集》卷九，《四库禁毁书丛刊》集部第42册，第226页。

② 苏志皋：《寒村集》卷三，见《四库全书存目丛书》集部第99册，第308页。

③ 《寒村集》卷三，见《四库全书存目丛书》集部第99册，第308页。

④ 《同治上海县志》卷二八，第16页。

⑤ 方凤：《改亭存稿》卷三，见《续修四库全书》第1338册，第318页。

乎？’曰：‘花矣。’‘茂乎？’曰：‘茂矣。’‘梅花乎？’曰：‘花矣。’……母适其适，于于然若在瑶池。诸子递上觞，母归矣。既归，则喁喁交敬母已。”[①]诸子奉母殷勤之状如在目前。

4. 修心养性，借境汰情

相对来说，前面介绍的三种，属于比较典型且具有一定特色的日常园居生活。除此，更多的园居生活看似比较平淡无奇，却对园居者有着巨大的吸引力，是园居者修心养性、优游林泉的具体体现。

或读书园中。如明宋仪望“性苦嗜书”，退仕后，于南园修建一“书屋”，名为屋，实有一楼一轩，楼内藏“伏羲以来经籍、子史百家、佛老、方伎、韬略、星历诸书”数千卷，“斯籀以还，金石篆隶、遗墨名绘”数十家。园主自秋涉春“辄偃息其上，期以孟月读经，仲季之月览百家子史，旁搜曲引，思有以折衷于圣人……少倦则散步园中，踞坐轩下。岫烟岭云之所变幻，浴凫飞雁之所翔集，岩花石溜之所吐激，耳听目接，心旷神怡，可以乐而忘老也哉！”[②]

或灌园莳花。如明唐汝询《偕老园记》所记偕老园“栽竹半之，半植杂卉，菊又半之。杂卉之外，树橙橘、香橼之属，秋得其实，冬取其荫，望之森然。苍翠之色，俺映数里”，其父“每晨起，一小童汲水，手自灌园。灌已，操一编坐竹下，课童删草培花，及剪竹木之繁者，知有园而已，不问园外事也”。[③]

或荡舟啸歌。如宋苏舜钦在《沧浪亭记》中描写道：“时榜小舟，幅巾以往，至则洒然忘其归。觞而浩歌，踞而仰啸，野老不至，鱼鸟共乐。”[④]远离官场险恶，过着离群索居的生活，精神得到极大放松。

或聚徒讲学。如宋韩元吉的《武夷精舍记》记载朱熹率领众弟子在武夷山五曲隐屏峰下，修筑武夷精舍之事。武夷精舍是朱熹讲学的地方，属

① 《太函集》卷七七，见《续修四库全书》第1347册，第643页。
② 宋仪望：《南园书屋记》，见《华阳馆文集》卷五，《四库全书存目丛书》集部第116册，第341页。
③ 《酉阳山人编蓬后集》卷一二，见《四库全书存目丛书》集部第192册，第776页。
④ 《全宋文》卷八七八，第41册，第83—84页。

于书院园林，内有仁智堂、隐求室、止宿寮、石门坞、观善斋、寒馆楼、晚对亭、钓矶、茶灶、渔艇等建筑及景点。《武夷精舍记》直接描写朱熹师生书院生活的只有寥寥数语："挟书而诵，取古诗三百篇及楚人之词哦而歌之，得酒啸咏……讲书肄业，琴歌酒赋，莫不在是。"[①] 然又比之孔子登泰山游舞雩，令人不难想象朱熹师徒醉心孔颜之乐的生活情境。朱熹自己在《云谷记》中也表达了自己归隐云谷的愿望及对隐居生活的憧憬："耕山钓水，养性读书弹琴鼓缶，以咏先生之风，亦足以乐而忘死矣。"[②]

## 四、园记对造园史的勾勒和梳理

如果以"你站在桥上看风景，看风景的人在楼上看你"的诗句作比，园林是"风景"、园记作者是"在桥上"的人，那么园记研究者就是"在楼上"的人，尽管观看的风景都是园林，但园记研究者看到的风景里多了园记作者及园记；在写作园记时，园记作者是观看园林的主体，在研究园记时，园记作者及园记则同园林一样成了被研究的对象，研究者才是主体。简而言之，园记对造园史的勾勒和梳理，包含两层意思：一方面，园记作者在园记中有意识地勾勒和梳理造园史；另一方面，通过园记勾勒和梳理造园史——园记对个体或群体园林的记录为后人研究园林提供了文献帮助。要了解唐之前的宫苑及私家园林，只有参照史书、笔记及诗歌中的记载，因并非专为记园，这些涉及园林的文字往往只有寥寥几句，语焉不详。中唐之后，园记的出现最大限度地保有了园林的真面目，宋李格非的《洛阳名园记》，至今仍是了解宋初洛阳园林最重要的文献。园记的内容非常丰富，包含园址、建园时间、园主事功、创建或新修之缘由、造园过程及所费时日金钱、园林命名由来、园林历史变迁及归属沿革、园内主要景点、特色建筑

---

① 转引自祝穆：《方舆胜览》卷一一，祝洙增订，中华书局，2003年，第191页。

② 《朱子文集大全类编·记集》卷四，见《四库全书存目丛书》集部第19册，第17页。

及植物、日常园居生活、游园盛况、造园观点及园林品评、与园有关的逸闻趣事及诗词楹联等等。今人根据这些记载，可以大体考证园林的沿革及景点布局概况。当代几部园林史著作，如陈植的《中国造园史》、张家骥的《中国造园史》、周维权的《中国古典园林史》无不是以园记为重要文献依据，勾勒和梳理中国古典园林造园史的，笔者在此不复赘述，重点讨论园记作者在园记中对造园史的勾勒和梳理。

园记是各种园林文献中记录园林史料最为详细者。所谓造园史，广义上指整个中国古典园林的建造史，狭义上指个体园林的建造史，前者是根据后者提炼概括而成的。单园记记述的自然是个体园林，群园记里虽记载了多个园林，但这些园林都同属于同一地域或不同地域同一个时间维度。本书研究的是狭义的造园史。

从词义上讲，造园史指造园及造园的发展过程，也指对造园的记录、诠释和研究文字。按照先后顺序，造园包括造园前的准备，如选址、规划、备料、物色工匠等；造园过程，如亭台楼阁的建造、叠山、理水、花木配置等；造园后续工作，如家具布置、器物摆设、楹联匾额的拟定和悬挂等；另外，还包括造园完成后园林的概况介绍及评价。一般园记侧重于介绍造园前的准备和造园完成后园林的概况，对造园过程及后续工作往往一笔带过或者完全忽略。造园的发展过程，包括某一个体园林的沿革，某一地、某一时代的园林建造情况（规模、风尚、数量、特色）。

园记本身就是对造园的记录、诠释和研究，对造园史的勾勒和梳理主要体现在以下几个方面：追溯园林的源头、对个体园林沿革的勾勒、对区域园林及古今名园的梳理、造园工匠考录。

### （一）追溯园林的源头

今人普遍认同先秦时期的囿、台、园圃是园林的三个源头[①]。古人虽未

---

① 如周维权在《中国古典园林史》中就将囿、台、园圃作为园林的三个源头，见该书第44页。

对此做明确说明，但在园记中，常不自觉地追溯园林的源头。

谢灵运在《山居赋》中给各种不同的居处下定义："古巢居穴处曰岩栖，栋宇居山曰山居，在林野曰丘园，在郊郭曰城傍，四者不同，可以理推。"①谢灵运虽然不是在阐述园林的源头，但是至少从中我们可以知道，在晋宋之际，人们已经对后来被纳入园林范畴的"山居""丘园"有了明确的区分。

明刘凤认为"自古尧为囿游，于是有园之名"，将"囿"作为园林的起源，并将园林解释为"所以树艺蕃育而眺临遣放、舒写适意者也"。②可见，刘凤所认为的园林，既可产生经济效益又具游赏功能。清钱大昕在《网师园记》中也对园林的发展历史做了简要探讨："古人为园以树果，为圃以种菜。《诗》三百篇，言园者，曰：'有桃'，'有棘'，'有树檀'，非以侈游观之美也，汉魏而下，'西园'冠盖之游，一时夸为盛事；而士大夫亦各有家园，罗致花石，以豪举相尚。至宋，而洛阳名园之《记》，传播艺林矣。"③钱大昕从功能角度入手，将先秦的园、圃与后世的园林区别开来，认为到汉魏时期才真正产生"侈游观之美"的园林。

除了辨析园林的源头，古人也注意到了园林在不同历史时期的发展状态。园林的发展催生了园记这一文体的出现，大体而言，园记的数量是和园林的繁盛程度成正比的。《洛阳名园记》的影响力很大，有人甚至据此以为："夫园自洛阳始盛"④。

### （二）对个体园林沿革的勾勒

古人重视文化的传承有序，对园林亦然。在园记中屡屡试图勾勒园林的归属沿革，就缘于这种文化惯性。

① 《宋书》卷六七《谢灵运传》，第1754页。

② 刘凤：《吴氏园池记》，见《刘子威集》卷四三，《四库全书存目丛书》集部第120册，第456页。

③ 《园综》，第263页。

④ 朱长春：《天游园记》，见《朱太复文集》卷二六，《续修四库全书》第1361册，第430页。

有的园记作者对所记园林非常熟悉，并亲见其易主，则记园之沿革就比较翔实可信。如明王稚登先后写过《兰墅记》和《兰墅后记》。写《兰墅记》时，兰墅尚属其友吴幼元，十四年后再作《兰墅后记》时，兰墅已经转手吴之矩。《兰墅记》侧重记建置，《兰墅后记》则侧重记流传——交代兰墅之“传所由来”。

有的则因年代久远，园林遗迹已不存，只能向在世老人询问或干脆做一番“纸上考古”。宋朱长文的乐圃，清乾隆中期曾归毕沅（时为陕西巡抚），为此，钱泳还辑《乐圃小志》二卷作为贺礼送给毕沅。钱泳在《履园丛话·园林·乐圃》中交代了自己考订的乐圃归属沿革：五代时为广陵王钱氏金谷园，宋时朱长文扩建为乐圃[①]，元时为张适所居，明成化间归杜东原[②]，后又归申时行[③]，后归毕沅。实际上，在毕沅之前，此园还有好几个主人：先后是慕天颜（清康熙年间，名“慕家花园”）、席椿、陈元龙、尉志斌。毕沅所得部分实际为申时行宅园的赐闲堂和东园部分[④]，合称“小灵岩山馆”[⑤]，也称“毕园”，此园已拆毁无存。

有的园记作者则将文献考古与实地考察并用。如清钱大昕记网师园：“带城桥之南，宋时为史氏万卷楼故址，于南园、沧浪亭相望。有巷曰网师者，本名王思，曩三十年前，宋光禄悫庭购其地置别业，为归老之计，因以网师自号，并颜其园，盖托于‘渔隐’之义，亦取巷名音相似也。光禄既没，……瞿君远村……遂买而有之。”[⑥]

即使园记中并没有特意考证园林的历史，但若把历代记载同一园林的园记排比起来，此园的大体归属沿革也不辨自明。以苏州沧浪亭为例，宋

---

① 朱长文之祖母得之，其父光禄卿朱公倬进一步改建，人称“朱光禄园”。

② 名“东园”。

③ 明万历十九年（1591），申时行购得，建有赐闲堂，明末其孙申继葵在西面增建西园，原有部分遂被称为“东园”。

④ 西园为董国华购得，作为养老之所，清宣统年间，此园归刘氏，称“遂园”，民国二十年（1931），刘氏后裔将此园售予吴姓商人，民国二十六年（1937），又被叶氏购得，建为荫庐。

⑤ 相对毕沅在苏州灵岩山下西施洞所建别墅灵岩山馆而言。

⑥ 钱大昕：《网师园记》，见陈文和主编：《嘉定钱大昕全集·潜研堂文集补编》，江苏古籍出版社，1997年，第4—5页。

苏舜钦作《沧浪亭记》的时候，就曾“访诸旧老”，得知沧浪亭基址本为吴越王近戚孙承祐的池馆所在地；南宋范成大曾访问过沧浪亭，彼时，沧浪亭已经几易其主：“子美死，屡易主，后为章申公家所有。广其故地为大阁，又为堂山上。……建炎狄难，归韩蕲王家。”[①] 可见沧浪亭虽在，已不复旧时模样。明归有光在《沧浪亭记》中又补充说明了沧浪亭在元明的大体归属：“浮图文瑛，居‘大云庵’，环水，即苏子美‘沧浪亭’地也。……苏子美始建‘沧浪亭’。最后，禅者居之，此‘沧浪亭’为‘大云庵’也。有庵以来二百年，文瑛寻古遗事，复子美之构于荒烟残灭之余，此‘大云庵’为‘沧浪亭’也。”[②] 清宋荦、吴存礼、梁章钜、张树声先后为官苏州，均曾重修沧浪亭，并分别作《重修沧浪亭记》。从四篇园记中可以得知沧浪亭在清康熙、道光、同治年间的大体情况。从宋苏舜钦至清张树声，数篇园记，将沧浪亭的沿革归属交代得较为清楚。当然，大多数园林并没有如此幸运，遗迹既已不存，文献记载又极为有限，只能永远消失在历史的荒烟蔓草之中，不可寻觅。

### （三）对区域园林及古今名园的梳理

宋李格非的《洛阳名园记》，开启记述区域园林的先声。相比后世的园记，《洛阳名园记》中每篇园记的篇幅较为短小，主要介绍园林的归属沿革、主要景观、园主事迹，间或对所写园林进行对比或评价，言辞间不时流露出世事兴废之叹。所写的十九座园林，虽基本都是显宦名臣在洛阳的私家园林，但也有个别例外，如花圃性质的天王院花园子、寺庙园林大字寺园。

李格非记洛阳名园的本意是“志兴衰”，但在其后的仿作中，这种色彩逐渐淡化，更侧重于为一地园林存史。这一方面是因为私家园林数量激增，不容忽视，另一方面也是受方志文化的影响：我国方志文化源远流长，最早可以追溯到《尚书 · 禹贡》和《山海经》，历代统治者都非常重视舆地

① 范成大：《吴郡志》卷一四《园亭》，陆振岳点校，江苏古籍出版社，1999年，第188页。
② 《震川集》卷一五，见《景印文渊阁四库全书》第1289册，第244页。

文献，唐代已经出现由朝廷诏令编纂的全国性总志《元和郡县图志》，到了宋代，地方志的体例渐趋成熟，内容越来越丰富，有关一地的自然及社会概况被分门别类地记载下来，南宋中期的《舆地纪胜》一书中已出现景物一门，园林亭馆间有记载。在比《舆地纪胜》晚十余年的《方舆胜览》中，涉及园林的门类更多，除浙西路临安府、江东路建康府专辟“苑囿”条外，其他州（军）涉及园林的名目则芜杂繁多，如池馆、园亭、亭圃、园池、亭阁、亭榭、堂亭、楼阁等等。受这种传统的影响，园记作者在写作园记的时候，常常不自觉地为地方志的编写积攒素材。如明徐学谟写作《鸫适园记》的目的就是“姑书之以质诸掌记”[①]。明汪道昆在《遂园记》结尾也阐明写作旨意：“载笔书之，以授闾史。”[②]明李维桢的《隚洲园记》云：“邑无名园，名园自兹始。余故为记而表章之，后有好事者可述、可作焉。”[③]

实际上，后人并没有因为读了《洛阳名园记》而吸取教训，从而减少对园林的占有与渴望。他们更多地是将《洛阳名园记》作为了解宋代洛阳园林的史料来看。明王世贞根据《洛阳名园记》得出结论：“洛中有水、有竹、有花、有松柏，而无石，文叔《记》中，不称有垒石为峰岭者。”[④]并不无得意地断定作为明朝定鼎之地的金陵，园池远胜“弱宋”之洛阳。因为遗憾“独园池不尽称于通人若李文叔者”[⑤]，遂作《游金陵诸园记》，以期能与《洛阳名园记》同列青史。

大部分群园记，记载的都是当时现存的园林，如前述《洛阳名园记》和《金陵诸园记》。另有一类群园记，除了记述现有园林，还对以往园林进行稽考，宋范成大的《吴郡志·园亭》所记就是苏州历代存在过的园林。以晋顾辟疆园为例：

---

① 《归有园稿·文编》卷五，见《四库全书存目丛书》集部第125册，第501页。

② 《太函集》卷七七，见《续修四库全书》第1347册，第642页。

③ 李维桢：《大泌山房集》卷五七，见《四库全书存目丛书》集部第151册，第736页。

④ 《游金陵诸园记》，见《弇州四部稿·续稿》卷六四，《景印文渊阁四库全书》第1282册，第834页。

⑤ 《游金陵诸园记》，见《弇州四部稿·续稿》卷六四，《景印文渊阁四库全书》第1282册，第834页。

> 晋辟疆园，自西晋以来传之。池馆林泉之胜，号吴中第一。辟疆，姓顾氏。晋唐人题咏甚多。陆羽诗云："辟疆旧园林，怪石纷相向。"陆龟蒙云："吴之辟疆园，在昔胜概敌。"皮日休云："更葺园中景，应为顾辟疆。"本朝张伯玉云："于公门馆辟疆园，放荡襟怀水石间。"今莫知遗迹所在。考龟蒙之诗，则在唐为任晦园亭，今任园亦不可考矣。[①]

可见对于那些遗迹不存的园林，作者采取了"纸上考古"的方法——从诗文中稽考有关园林的点滴线索。明祁彪佳的《越中园亭记》也属此类，此记共分六部分，第一部分即名为"考古"，所记一百处园亭都是祁彪佳从历代诗文中稽考所得。

除了写作群园记来梳理区域园林，古人还曾试图整理历代园林文献。明王世贞即有感于"园墅不转盼而能易姓，不易世而能使其遗踪逸迹泯没于荒烟夕照间"，后人只有通过阅读文辞才可以对以往名园"目营然而若有睹，足跃然而思欲陟者"[②]，于是致力于园林文献的搜集整理，并将之编辑成册，是为《古今名园墅编》，可惜此书已不存，仅留一序。

据明陈继儒的《园史序》知，其友费无学曾撰《园史》一书。费无学，本名费元禄[③]，存世著作有《晁采馆清课》二卷，四库馆臣言："铅山之河口有五湖，其一曰官湖，即晁采湖也。元禄构馆其上，因以为名。是书皆记其馆中景物及游赏闲适之事。"[④]费元禄平生喜游览名山大川，其家先有晁采园、甲秀园，又自建日涉园。《园史》已佚，陈《园史序》云："大抵言志类萧大圜，诫子类徐勉。逍遥磅礴，文采隽逸。能写其中之味，与方外之乐"[⑤]。据笔者查考，成书于万历年间（1573—1620）的《刘氏鸿书》曾引用《园史》中一段文字：

---

① 《吴郡志》卷一四，第186页。

② 王世贞：《〈古今名园墅编〉序》，见《弇州四部稿·续稿》卷四六，《景印文渊阁四库全书》第1282册，第602页。

③ 一作"录"，字学卿，江西铅山人，屡次赴考均落第，以为自己学问欠佳，遂号"无学"。

④ 《四库全书总目提要》卷一三〇子部四十杂家类七，第3343页。

⑤ 《中国历代园林图文精选》第3辑，第385页。

桃三年而实，李四年，梅十二年，银杏三十年，桃十年而实小。李寿三十年，荔枝寿三百年，柳一岁而丈，三岁而椽柞，十年而椽，二十年而構，竹六十年一易根，铁树六十年而一花，海枣五年而一实，筰阳孤竹三年而一笋，南陵金盘云草一岁而一节，蓍草七十年而益一茎；奚毒一岁为侧字，二岁为乌喙，三岁为附子，四岁为乌头，五岁为天雄；人参千岁为小儿，枸杞千岁为犬子，松脂千岁为茯苓，枫脂千岁为琥珀，蓍草千岁而神，栝根千岁为口口。[1]

可惜引文只有一处，尚不能断定是否即费元禄所作《园史》，还有待进一步考证。

## （四）造园工匠考录

计成在《园冶》中主张造园须"三分匠，七分主人"[2]，这"主人"并不是指园主，而是主事之人，也就是通常所说的叠山师。十分占七分，叠山师在造园工程中的作用可见一斑。当然，如果园主风雅多识，懂得经营布局，则可与叠山师一起谋划布局，这个"主人"也未尝不可包括园主。如明陈所蕴"雅好泉石，先后所裒太湖、英石、武康诸奇石以万计"[3]，后请到叠山大师张南阳（又名张山人），相与商略在废圃中葺治日涉园，后因"三楚江防，治兵促急，不得已以一籍授山人经始，山人按籍经营十有二年"[4]，此处的"籍"疑为以图为主但有文字说明的图籍，当是陈所蕴和张南阳在造园之前所设计的园林规划草图。为了使所造园林能够达到陈所蕴的要求，当其不在场的时候，最保险经济的办法莫过于让张山人按图籍施工，这样，大体就可保证园林建成后不会与园主初衷有太大差异。所以在张南阳去世

---

① 文中佚文或为"坐人"，《抱朴子·内篇》（《平津馆丛书》本）卷一一《仙药》有"千岁之栝木，其下根如坐人"句。参见刘仲达：《刘氏鸿书》卷八一七《总论》，见《四库全书存目丛书》集部第1239册，第481页。

② 《园冶注释·兴造论》，第47页。

③ 《同治上海县志》卷二八，第20页。

④ 《同治上海县志》卷二八，第20页。

后，日涉园营造事宜虽又由另一叠山师曹谅接手，但并没有影响日涉园的总体风格。在这里，园主陈所蕴对日涉园的影响似乎更大一些。

如果园主不懂规划，全权委托普通工师匠人，则很可能导致“水不得潆带之情，山不领迴接之势，草与木不适掩映之容”[①]，最终达不到日涉成趣的目的。即使主人胸有丘壑，但毕竟不能亲自操刀上阵，具体工事还须委托匠人来实施，如上述陈所蕴造日涉园，要托付张、曹二人。如遇能工巧匠，自然主客皆大欢喜；如遇糊涂匠人，园主即使操心费力，往往也不能尽如人意。也即明郑元勋所说的：“主人有丘壑矣，而意不能喻之工，工人能守，不能创，拘牵绳墨，以屈主人，不得不尽贬其丘壑以徇”[②]。在说到影园建造之所以能有“八月而粗具”的神速时，郑元勋总结其原因：其一是因为营园基址、材料都已具备，而自己又胸有成竹；其二则是因为“计无否善解人意，意之所向，指挥匠石，百不失一，故无毁画之恨”[③]。可见，若园主、造园主事者合力，会使造园事半功倍。

但像计成那样从心不从法，能使顽者巧、滞者通者，实在可遇不可求，普通工匠更是难以望其项背。有精英化趋向的文献载体在披沙拣金的过程中，也将普通工匠过滤掉，只记下寥寥几位著名的能工巧匠、叠山高手。

在南北朝之前的文献中，还不见造园工匠名字的记录。宫室苑囿的兴造，常举督导者或主人名字，而对实际参与建造者绝口不提。如《史记·殷本纪》载“帝纣……益广沙丘苑台，多取野兽蜚鸟置其中”[④]，《西京杂记》载“萧相国营未央宫”[⑤]，《三辅黄图》载“梁孝王好营宫室、苑囿之乐，作曜华宫，筑兔园”[⑥]，《后汉书》载“冀乃大起第舍，……又广开园囿，采土筑山”[⑦]。

---

① 《园冶注释·题词》，第37页。

② 《园冶注释·题词》，第37页。

③ 《影园自记》，见《园综》，第92页。

④ 《史记》卷三，第105页。

⑤ 刘歆：《西京杂记》卷一，葛洪集，王根林校点，上海古籍出版社，2012年，第1页。

⑥ 《三辅黄图校注》卷三，第208页。

⑦ 《后汉书》卷三四《梁统列传》，第1181—1182页。

即使说到主事者，也往往以“匠人”（先秦）[1]、“匠作大将”（汉）一语带过，不涉及具体姓名。

南北朝时，史书中始出现有关造园主事者的介绍。如《魏书·恩幸传》记茹皓：“皓性微工巧，多所兴立。为山于天渊池西，采掘北邙及南山佳石。徙竹汝颍，罗莳其间；经构楼馆，列于上下。树草栽木，颇有野致。”[2]但之后的唐宋元明清时期，造园工匠的事迹并没有随着园记的成熟而增多，园记中仅见零星记载。

如唐武少仪在《王处士凿山引瀑记》中所记琅琊人王易简，敦厚廉直，淡泊名利，又具精识雅鉴，深得岐国公杜佑[3]赏识，屡被引为座上客。杜佑好游山玩水，遇到良辰美景，必载酒携宾宴饮于长安城南樊川别墅。别墅园里原本有许多细小的泉眼水流，但“沥沙壤而潜耗，注未成瀑，浮不胜杯”[4]，于是王易简主动请缨，重为谋划，“周相地形，幽寻水脉，目指颐谕”[5]，疏微导壅，凿山引瀑，终于使此处“不易旧所，别成新趣”[6]。自此，杜佑于此处优游宴饮，流连忘返，比往常更甚。

明王世贞的弇山园中有大型叠石假山，分中弇、西弇、东弇，“大抵‘中弇’以石胜，而‘东弇’以目境胜。‘东弇’之石，不能当‘中弇’十二，而目境乃蓰之。‘中弇’尽人巧，而‘东弇’时见天趣”[7]，主持中、西弇的是著名叠山师张南阳，督导东弇的则是叠山师吴生。王世贞在《弇山园记》中称“二弇之优劣，即二生之优劣，然各以其胜角，莫能辨也”[8]，可见叠山师吴

---

① 属于《考工记》中所说的“审曲面执，以饬五材”的“百工”之一。

② 魏收：《魏书》卷九三，中华书局，1974年，第2001页。

③ 杜佑即唐代诗人杜牧的祖父，不仅是一位政治家，还是一位史学家，曾花费三十五年的时间著成《通典》。杜佑为官六十年，历玄、肃、代、德、顺、宪六朝，位至宰相，元和元年（806）被封为岐国公。

④ 《全唐文》，第6187页。

⑤ 《全唐文》，第6187页。

⑥ 《全唐文》，第6187页。

⑦ 《弇山园记》，见《弇州四部稿·续稿》卷五九，《景印文渊阁四库全书》第1282册，第776页。

⑧ 《弇州四部稿》卷五九，见《景印文渊阁四库全书》第1282册，第776页。

生水平也很高，几与张南阳不相上下。

明张凤翼的《乐志园记》载，吴门许晋安有巧思，善叠假山，为张凤翼选佳太湖石，在乐志园池中梯岩架壑，布局出"横岭侧峰，径渡参差，洞穴窈窕，层折而上"[①]之佳景。明王心一的归田园居，园内东南叠石采用湖石，仿赵孟頫画意，西北叠石采用尧峰石，模拟黄公望画意，"位置其远近浅深，而属之善手陈似云，三年而工始竟"[②]。

上述园记中所记造园工匠吴生、许晋安、陈似云、曹谅，均是当时叠山高手，可惜文献记载有限，其事迹只能暂付阙如。

园记中造园工匠记录不多，究其原因，主要有三点：

其一，在古代，民众被分为"士农工商"四类，工匠的地位很低，虽然其排在商人之前，但是财力雄厚的商人往往可以用金钱来换取更高的社会地位，工匠的地位实际最为低下。受"形而上者谓之道，形而下者谓之器"思想的影响，工艺在中国传统社会中一直被统治者看作"薄技小器"，难登大雅之堂，从而工匠的事迹也就不值一提，未被文献记载。

其二，一方面，皇家苑囿的建造主要由工官负责[③]，工官统领着专职工匠（世袭，有时还会临时从全国各地征调能工巧匠），文献中通常只记载主事官员的名字。另一方面，自宋代开始，园林逐渐"文人化"，文人、画家往往是私家园林的主要设计人，如元代山水画"四大家"之一的倪瓒曾参与苏州狮子林的规划，明代"吴门画派"领军人物文徵明曾帮助王献臣设计苏州拙政园，并多次为其绘园图。后期出现的叠山师也多能诗擅画，甚至青史留名，非普通工匠可比。文人、画家自然有名于时，不必在园记中多言。叠山师如张涟、张然父子还曾受康熙皇帝恩宠，社会名流争相与之交游，甚至为之作传，如清吴梅村曾为张涟作《张南垣传》，冯金伯的《国朝

---

① 《中国历代园林图文精选》第3辑，第81页。

② 王心一：《归田园居记》，见《兰雪堂集》卷四，《四库禁毁书丛刊》集部第105册，第570页。

③ 自汉代开始，就开始设立专门管理工程的匠作少府（历代名称不尽相同，或称"将作监""工部"）。虽然到清康熙年间官家工匠有所减少，政府运作有被商业运作取代的趋势，但主要负责者还是政府官员。

画识》卷八载《张然传》。

其三，某些园主本人具有很高的文化修养，又擅长谋划布局，往往将自己对园林的构想付诸实施，亲自主持造园。如明祁彪佳的寓山园前身本属祁彪佳兄长所有，其兄“剔石栽松，躬荷畚锸，手足为之胼胝”，可见是亲自参与造园。到了祁彪佳自己建造寓山园时，仍效仿其兄做法，亲力亲为，并在记中详细描写了自己造园过程中的心路历程：“前役未罢，辄于胸怀所及，不觉领异拔新，迫之而出。每至路穷径险，则极虑穷思，形诸梦寐，便有别辟之境地，若为天开，以故兴愈鼓，趣亦愈浓。朝而出，暮而归，……祈寒盛暑，体粟汗浃，不以为苦。”[①]寓山园建造之初，“仅欲三、五楹而止”，但“客有指点之者，某可亭，某可榭”，祁彪佳刚开始还不以为然，但是“徘徊数四，不觉向客之言，耿耿胸次，某亭某榭，果有不可无者”。[②]可见祁彪佳是自己规划并指挥匠人建造，旁边还不时有“客”（应为祁彪佳的友人）指点。主其事者既然是园主，普通工匠的名谓自不必提了。

## 五、园记对景观命名方式的记录和反映

孔夫子云：“‘必也正名乎！’……名不正，则言不顺”[③]。名字对古人来说往往不只是一个简单的称谓，还承载着多重寓意。中国古人非常重视起名，也善于并乐于起名，大到园林，小到园林中的亭台楼阁甚至奇石都有名字。

### （一）历代园林景观命名

先秦时期的苑囿名字还比较简单，如沙丘苑、淇园、弦圃、中囿、北园

① 《寓山注》，见《中国历代园林图文精选》第3辑，第235页。

② 《寓山注》，见《中国历代园林图文精选》第3辑，第235页。

③ 刘宝楠：《论语正义》卷一六《子路》，高流水点校，中华书局，1990年，第517—521页。

等等，苑囿中的建筑景观除台（如鹿台、灵台）之外，其他还不见有明确的名称记载。到秦汉时，苑囿的名称稍微丰富了些，如上林苑、宜春苑、菟园等，苑中景观名字见于文字记载的也随之增多，如昆明池、太液池、淋池、渐台、虎圈、白鹿观、走马观、上兰观等，但这也仅限于帝王贵胄的宫苑，一般官员及平民的园林往往只冠以姓氏，如袁广汉园。

南北朝时期的园林名称渐趋文雅，如华林园、芳林园、金谷园、西游园、玄圃园、离垢园等，园内景观如天渊池、凌云台、铜雀台、金凤台、都亭、兰亭、茅茨堂、钓台等。北魏孝文帝拓跋宏还曾提倡“名目要有其义”[1]，已开始化用诗文典故为园内建筑景观取名，如流化渠取“王在灵沼，於仞鱼跃”之意，凝闲堂取“夫子闲居”之意。中唐之后开始出现了主题园，但主题还仅限于园内景点，即每一个景观都有一个相对固定的主题，并将其概况提炼为景名，如王维辋川别业中的辛夷坞、竹里馆、柳浪、临湖亭、木兰柴、白石滩，卢鸿一嵩山草堂中的枕烟庭、云锦淙、涤烦矶、金碧潭、幂翠庭等。唐末五代人杨夔在《题望春亭诗序》中总结了楼阁亭榭命名的几种方式：以位名、以氏名、以景名、以意名。并分别举例加以说明：以位名者如洪州滕王阁，以氏名者如江州庾楼，以景名者如鄂州黄鹤楼，以意名者如望春亭。又进一步解释“望春”的深意：“望之名，愚知之矣！或曰：‘志其始建之时也。’其未然乎？四时相序，春实称首，春德发生，德合仁也，爱民之务，莫先于仁。仁以合天，治道尽矣！意望者其在兹乎！”[2]这是迄今所知最早的一篇讨论园林景观命名的园记。

宋代之后，主题园真正成熟。一般的私家园林总有一个寄托主人深意的园名，如独乐园、沧浪亭、梦溪、乐圃、盘洲、遂初园、研山园、绣谷园、兰泽园、小隐园、嘉林园、菊坡园、清华园等等。皇家御园、衙署园林、公共园林通常也都有一个寓意丰富的名字，如宋徽宗的艮岳、兖州衙署的美章园、定州东北郊的众春园。宋人讨论、品评园林景观命名优劣的文字渐多，如苏轼评论南溪会景亭：“处众亭之间，无所见，甚不称其名，予欲迁之少西，临

① 《魏书》卷一九《景穆十二王列传》，第468页。

② 《全唐文》，第9077页。

断岸，西向可以远望，而少未暇，特为制名曰‘招隐’。”[①] 李格非在《洛阳名园记·水北胡氏二园》中，虽对胡氏园林比较推崇，认为其是洛阳诸名园中“天授地设，不待人力而巧者”，但对其景观命名却不能认同，甚至以为“其亭台之名，皆不足载，载之且乱实”[②]；洪迈已意识到亭榭立名是个棘手问题：“立亭榭名最易蹈袭，既不可近俗，而务为奇涩，亦非是。”[③]

除了单纯的品评，宋人也开始有意识地对园亭命名方式进行归纳总结。如刘敞在《东平乐郊池亭记》中说：“其制名也，或主于礼，或因于事，或寓于物，或谕于志，合而命之，以其地曰乐郊，所以与上下同桀者也。”[④]

截取诗文为园林景观命名自古有之，但园中大部分景观之名均来自同一人的诗则到宋代才见。宋陆游《南园记》记载，韩侂胄南园中的景点命名悉数取自其曾祖韩琦诗句，如许闲堂、寒碧台、藏春门、凌风阁等。宋冯多福的《研山园记》也记载岳珂研山园中的景点以米芾诗命名，如宜之堂、春漪亭、清吟楼等。宋晁无咎在济州营造的归去来园，园内楼堂观亭名全取自陶渊明诗文。这种现象预示着宋代景观题名“诗化”的倾向。

明清园林命名遵循宋人开创的法则，形式更趋多样，景观题名进一步“雅化”。游赏园林的时候，非常注重对园内景观题名的品题。如明王世贞游惠山东西二王园时，虽然在记中详细品评了两园的特点，但由于“两园堂阁名不甚雅”[⑤]，并没有列出景观的具体名字。

### （二）园林景观命名方式

在参照众多园记的基础上，笔者对园林及园内景观命名方式总结归纳

① 苏轼：《南溪有会景亭》诗题注，见《全宋诗》卷七八七，第9124页。

② 《邵氏闻见后录》卷二四，第344页。

③ 洪迈：《容斋随笔·亭榭立名》，见许逸民主编：《容斋随笔全书类编译注》，沈玉成审订，时代文艺出版社，1993年，第294页。

④ 刘敞：《公是集》卷三六，见《景印文渊阁四库全书》第1095册，第712页。

⑤ 《游慧山东西二王园记》，见《弇州四部稿·续稿》卷六三，《景印文渊阁四库全书》第1282册，第824页。

如下：

**1. 园林命名方式**

（1）以诗文旧典命名。如独乐园（《孟子》"独乐乐不如众乐乐"）、拙政园（晋潘岳《闲居赋》"筑室种树，逍遥自得……灌园鬻蔬，以供朝夕之膳……此亦拙者之为政也"）、衎园（《诗经·小雅·南有嘉鱼》："嘉宾式燕以衎"）、岵园（《诗经·魏风·陟岵》："陟彼岵兮，瞻望父兮"）。

（2）以姓氏命名。如张氏园亭、梁氏园。

（3）以官职封号命名。如富郑公园、定国公园。

（4）以园中主建筑名命名。如沧浪亭。

（5）以地理方位或所在里坊命名。如西园、西苑、南园；归仁园。

（6）以地名命名。如明绎幕园，因园在山东平原县，平原在汉时又称"绎幕"。

（7）纪事。如明末快园，因园主得一乘龙快婿，并让其在园中读书，遂名"快园"。

（8）寓意寄托。如明王思任《游寓园记》对寓园名称解释道："园以寓名何？曰：寓之乎尔。星斗之寓在天，山川之寓在地，而天地之寓在气，在人则神寓于心也，心寓于身也。无往而非寓也。"①

**2. 园内景观命名方式**

（1）以诗文旧典命名。如明月楼（颜之推诗句："屡陪明月宴"）、兰雪堂（李白诗句："春风洒兰雪"）、知止庵（《礼记·大学》："知止而后有定，定而后能静"）。

（2）以植物命名。如芙蓉堂、桂堂、梅台、杨梅隩、紫藤坞、杏花涧。

（3）以动物命名。如雁池、鹤洲。

（4）以功能命名。如乡射堂、禊饮堂、钓鱼庵、浇花亭。

（5）以碑帖命名。如明王心一的归田园居中的奉橘亭，借王羲之《奉橘帖》命名。

---

① 《古今图书集成·经济汇编·考工典》卷一二〇"园林部"，中华书局，1934年，第790册，第18页。

（6）以情景命名。如映月亭、临风亭、见山台。

（7）以方位命名。如临涧亭。

（8）纪事志奇。如明冶麓园内嘉莲池，池中双莲曾并蒂；明日涉园内来鹤楼，因曾有双鹤自天而降[①]。

（9）寓意寄托。如隐士亭、仙人馆、小桃源。

（10）以敬仰崇拜的人物命名。如明梅花墅中映阁，其名取自东晋仙人许玉斧小字。

（11）摹状肖形。如跨云亭、通波阁、夹耳岗。明王心一的归田园居中的缀云峰，就得名于峰石如云缀树杪。

## 六、园记的主题

### （一）痴守与旷达

唐李德裕在《平泉山居诫子孙记》中表达了自己因“虽有泉石，杳无归期”，希望“留此林居，贻厥后代”的心愿，告诫后代“鬻吾平泉者，非吾子孙也；以平泉一树一石与人者，非佳子弟也。吾百年后，为权势所夺，则以先人所命，泣而告之，此吾志也……唯岸为谷、谷为陵，然后已焉，可也”[②]，并引《诗经 · 小弁 · 甘棠》的典故及唐人薛元超事迹让后人铭记并效仿。事实证明，这也只是李德裕的痴心妄想而已。据宋张洎的《贾氏谭录》记载，至宋时平泉山居内珍奇草木已“悉芜绝，唯雁翅、桧珠、子柏、莲房、玉藻等，盖仅有存焉”，怪石名品则“多为洛城有力者取去，唯礼星石及师子石今为陶学士徙置梨园别墅”[③]；《新五代史 · 杂传 · 张全义》载李德裕的

① 《同治上海县志》卷二八，第20页。

② 《全唐文》，第7267页。

③ 张洎：《贾氏谭录》，孔一校点，上海古籍出版社，2012年，第9页。

孙子获知某监军得平泉醒酒石后，托张全义代为索取，为此，监军愤愤不平抗议道："自黄巢乱后，洛阳园宅无复能守，岂独平泉一石哉！"[①] 由此可见，对于先祖的遗训，李德裕的子孙还是想尽力遵守的，无奈世事无常，战乱之际，人命往往都不能保全，又何论那些挪不动带不走的奇石名木？监军的愤慨实出有因。

千古之下，平泉山居那些奇石草木早已灰飞烟灭，无处寻踪，但李德裕痴守平泉的形象却永远定格在中国古典园林史中。比李德裕稍早的裴度临终还担忧午桥庄松云岭未成、软碧池绣尾鱼未长[②]，其园痴程度不亚于李德裕，因此常被后人一并提起。围绕痴守与旷达这个命题，后人众说纷纭，褒贬不一，大体而言，贬多于褒。

宋朱长文可谓李德裕的异代知音，在《乐圃记》篇末表达了类似的愿望："凡吾众弟，若子若孙，尚克守之，毋颓尔居，毋伐尔林，学于斯，食于斯，是亦足以为乐矣，予岂能独乐哉。昔戴颙寓居，鲁望归隐，遗迹迄今犹存。千载之后，吴人犹当指此相告曰：'此朱氏之故圃也。'"[③] 较之李德裕，朱长文无疑是幸运的，因为朱家乐圃虽然旧迹已无，但基址却大体可寻，今人仍能辨认出乐圃遗迹。李德裕和朱长文二人可谓明王思任所言的"韵祖父"[④]的典型，只可惜即使有"韵子孙"也未必能够永久守护，所以未免有失旷达。

明李维桢在《古胜园记》中先批评李德裕们"失在私所有，而又欲久私之"的不当做法，又引晏子劝诫齐景公"以其迭处之，迭去之，至于君也"[⑤]的话来说明园林乃"逆旅蘧庐"，园主应该明白不过暂时"寄迹"的道理，借以警示后人不要再和李德裕一样重蹈"通人之蔽"[⑥]。

明朱长春在《天游园记》中则将李德裕和晋石崇并举，认为他们是"以

① 欧阳修：《新五代史》卷四五，徐无党注，中华书局，1974年，第491页。
② 陶宗仪：《说郛》卷一一九。
③ 《全宋文》卷二〇二五，第93册，第162页。
④ 指为子孙留下园林别业，供子孙游观栖息者。
⑤ 出自《晏子春秋·内篇谏上第一》，齐景公游牛山而流涕，晏子以此语劝诫齐景公。
⑥ 《大泌山房集》卷五七，见《四库全书存目丛书》集部第151册，第728页。

园为累者”的代表，之所以“穷奇造巧，极观富贵豪举之事也。倾家役一生于园”，是因为不明白“物至尤者生恶，多聚者易毁”[1]的道理。

北宋米芾以南唐国宝研山与苏舜钦侄孙苏仲容换海岳庵基址之举，可谓李、裴的反面教材，一直为人津津乐道。南宋冯多福在《研山园记》中说：“夫举世所宝，不必私为己有，寓意于物，固以适意为悦。且南宫研山所藏而归之苏氏，奇宝在天地间，固非我之所得私。以一拳石之多，而易数亩之园，其细大若不侔。然己大而物小，泰山之重可使轻于鸿毛，齐万物于一指，则晤言一室之内，仰观宇宙之大，其致一也。”[2]文中的“寓意于物，固以适意为悦”的观点，融合了苏轼、苏辙的见解——苏轼在《宝绘堂记》中提出“君子可以寓意于物，而不可以留意于物”[3]，苏辙则认为“盖天下之乐无穷，而以适意为悦”[4]。南宋韩元吉在《东皋记》中也赞赏陶渊明“志意超然旷达，适于物而不累于物”的生活态度。这些言论一脉相承，大致代表了宋人对园林的见解，其主旨则是苏轼秉承庄子“齐万物”思想而总结的“盖将自其变者而观之，则天地曾不能以一瞬；自其不变者而观之，则物与我皆无尽也”[5]的大宇宙观。

这种观点对后世产生了深远的影响，明清文人在认同的基础上又不断发扬光大，最终提炼为“达观”二字。

明张凤翼在《乐志园记》中就批评李、裴之流“莫不嗤为大惑，有异达观”[6]，认为园林不过“逆旅”，如“过眼烟云”，应学晋王珣舍虎邱别业为寺、宋苏轼以雪堂送潘氏兄弟之达观。明江盈科在《两君子亭记》中指出“臭味苟同，神情自会”，所以“余处此轩，两君子固在目中也；即余不处此轩，两君子亦未始不在目中也”，[7]表达的也是一种神与物游的达观。明吴应箕

---

① 《朱太复文集》卷二六，见《续修四库全书》第1361册，第431页。

② 《全宋文》卷六七七一，第297册，第170页。

③ 《全宋文》卷一九六七，第90册，第394页。

④ 苏辙：《武昌九曲亭记》，见《全宋文》卷二〇九五，第96册，第183页。

⑤ 苏轼：《赤壁赋》，见《全宋文》卷一八四九，第85册，第138页。

⑥ 《中国历代园林图文精选》第3辑，第82页。

⑦ 《中国历代园林图文精选》第3辑，第41页。

干脆将园林起名“暂园”，当别人以为“园在万山中，虽易世后无豪右侵夺之患”而对园名表示疑惑时，他解释道：“吾见人数代之业者寡矣，况区区一园哉？”①

明王世贞可谓这种达观思想的身体力行者。王世贞自己有八座园林，且坚持先园林而后居第，对园林情有独特。王世贞虽自称“癖迂”，却没有固守园林的迂腐痴念，反而认为山水花木之胜，是人人喜欢的，园林建成，就应当与他人共享，大有园林乃天下公器的胸襟气度。王世贞对“贵富家往往藏镪至巨万，而匿其名不肯问居第。有居第者，不复能问园，而间有一问园者，亦多以润屋之久溢而及之”②的做法难以苟同，并声称“居第足以适吾体而不能适吾耳目，其便私之一身及子孙而不及人”③。即使是自己最为珍爱的弇山园，王世贞也毫不吝啬，“尽发前后扃，不复拒游者”④。

王世贞以李德裕为前车之鉴，哀其不幸的同时，谆谆告诫子孙“能守则守之，不能守则速以售豪有力者”，或许这样一来，园林能得到“善护持，不至损夭物性，鞠为茂草耳！”⑤

前面所举言论多对李德裕之举持否定批评的态度，但也有人为李德裕打抱不平，如清申涵光就站在晚辈的立场上，表达了应当珍惜父辈留下的园林的观点：“昔李赞皇尝云：以平泉一草一木与人者，非吾子孙。识者嗤其愚。若此园虽微，我先公平生游览之地，一草一木，手泽存焉，其敢忽诸？”⑥为了纪念父亲，还据《诗经·魏风·陟岵》诗意，将园命名为“岵园”，并与两个弟弟约定：此园永不分析，长房主之，仕宦及有资财者，时

① 吴应箕：《暂园记》，见《楼山堂集》卷一八，《四库禁毁书丛刊》集部第11册，第473页。
② 王世贞：《太仓诸园小记》，见《弇州四部稿·续稿》卷六〇，《景印文渊阁四库全书》第1282册，第785页。
③ 《太仓诸园小记》，见《弇州四部稿·续稿》卷六〇，《景印文渊阁四库全书》第1282册，第785页。
④ 王世贞：《题弇园八记后》，见《弇州四部稿·续稿》卷一六〇，《景印文渊阁四库全书》第1284册，第312页。
⑤ 《题弇园八记后》，见《弇州四部稿·续稿》卷一六〇，《景印文渊阁四库全书》第1284册，第312页。
⑥ 申涵光：《岵园记》，见《园综》，第32页。

偕力加修治，凡花木庭树，有增勿减。

## （二）入世与出世

入世与出世或者称为“出仕与隐逸”“朝市与山林”，总之，这是一个曾经困扰古代文人的命题，明汤宾尹在《沧屿园记》中说“闲忙甘苦不相代，朝市山林不为用”①，即指二者矛盾的不可调和：撇不开儒家的“修身、齐家、治国、平天下”的宏伟理想，又抵挡不住道家“山林与，皋壤与，使我欣欣然而乐与！”②的山林之乐的诱惑；抗不住官场倾轧的煎熬与喧嚣，又受不了荒野隐居的清苦与寂寥；贪恋城市生活的便利和热闹，又向往离群索居的逍遥自在……在入世与出世中徘徊不定。

“市居不胜嚣，而壑居不胜寂，则莫若托于园，可以畅目而怡性”③。被喻作“城市山林”的园林的出现，似乎给这个问题的解决带来了一线曙光。在这个人造的第二自然中，儒道的理想被完美地融合在一起：不必离群索居甚至高居庙堂也可以得江湖之思，不离城市甚至足不出户即可享受林泉之趣。白居易为人津津乐道的“中隐”处世哲学，很大程度上即得益于园林生活的启发。自此，园记中带“隐”字的园林也如雨后春笋般涌现，诸如待隐园、小隐园、半隐园、道隐园、会隐园、市隐园、湄隐园、招隐园、桂隐园、洽隐园等等。对于士大夫热衷于在城市筑园的现象，明陈继儒解释道：“士大夫志在五岳，非绊于婚嫁，则窘于胜具胜情，于是葺园城市，以代卧游。”④

园林的存在，使士人多了一个退路，有了这个退路，士人对出世还是入世显得不再那么踌躇：“达则兼济天下”，出将入相完成事功；“穷则独善其

① 《中国历代园林图文精选》第3辑，第87页。

② 《庄子·知北游》，见曹础基注：《庄子浅注》（修订重排本），中华书局，2007年，第3版，第267页。

③ 《〈古今名园墅编〉序》，见《弇州四部稿·续稿》卷四六，《景印文渊阁四库全书》第1282册，第602页。

④ 陈继儒：《许秘书园记》，见《晚香堂集》卷四，《四库禁毁书丛刊》集部第66册，第609页。

身”，退居园林修身养性。宋苏轼在《灵壁张氏园亭记》中就揭示了出世与入世的矛盾，指出园林在“仕”与“不仕”中所起的桥梁作用：“处者安于故而难出，出者狃于利而忘返。于是有违亲绝俗之讥，怀禄苟安之弊。今张氏之先君，所以为其子孙之计虑者远且周，是故筑室艺园于汴、泗之间，舟车冠盖之冲，凡朝夕之奉，燕游之乐，不求而足。使其子孙开门而出仕，则跬步市朝之上；闭门而归隐，则俯仰山林之下。于以养生治性，行义求志，无适而不可。”[①] 显然，在苏轼眼里，张氏祖先是非常有远见卓识的。

食君俸禄，就得听君调遣，为官何处既然身不由己，居处不定也就是自然而然的事了。官员们往往会在家乡或者自己意欲终老的地方造园，除了偶尔居住，主要是为致仕之后颐养天年而准备。由于这些园林通常比较偏远，主人往往无暇光临，更有甚者“终身不曾到”，“唯展宅图看”。[②] 明孙承恩在《小西园记》中曾引韩愈“中世士大夫，以官为家，罢则无所于归”[③] 来讽刺那些虽有佳园却无福消受的“恋禄位而忘乡土”[④] 者。在致仕归老之前，作为一种补偿，官员往往会选择在官署建造衙署园林或在治所风景优美的地方修建公共园林，以备公务之暇宴饮游览。这是中唐之后衙署园林激增的一个主要原因。到了明代中后期，官员耽于享乐，“簿书有暇，辄命觞咏寄傲，或薙荒畦，扩隙壤”，以至“六曹皆有园，以供游憩”[⑤]。清朱彝尊分析了官员热衷造园的原因，并对其积极方面进行了肯定：“古大臣秉国政，往往治园囿于都下。盖身任天下之重，则虑无不周，虑周则劳，劳则宜有以佚之，缓其心，葆其力，以应事机之无穷，非仅资游览燕嬉之适而已。”[⑥]

实际上，园林的出现并没有让这个问题得到圆满解决。在大量的园记中仍然会看到对出世与入世的各种不同意见和纠结。

---

① 《全宋文》卷一九六八，第90册，第409页。

② 白居易：《题洛中第宅》，见《全唐诗》卷四四八，第5046页。

③ 韩愈：《送杨少尹序》，见韩愈：《韩愈集》，陈霞村、胥巧生解评，山西古籍出版社，2005年，第170页。

④ 孙承恩：《小西园记》，见《文简集》卷三二，《景印文渊阁四库全书》第1271册，第426页。

⑤ 《衎园小记》，见《文忠集》卷七，《景印文渊阁四库全书》第1295册，第538页。

⑥ 《万柳堂记》，见《曝书亭集》卷六六，第768页。

对于那些旷达而又本不欲仕的人来说，园林无疑是安乐乡，园记中表达出来的也是满足和安详的气息。如元胡助在《隐趣园记》中就对“雅不欲仕”的儿子赞美有加：“独慕古人之遗风余烈于山林间，故得园池之胜，与隐者之趣固未必同也。诚能得夫隐居之趣，是与造物者游，逍遥乎尘埃之外，彷徨乎山水之滨，功名富贵，何曾足以动其心哉？”[①]

对于那些被迫退出官场的人来说，园林则是退而求其次的选择，明孙承恩在《小西园记》中曾说：“古之君子其役志于苑囿，以为游观之乐者，苟非势家豪族，则皆隐逸之士不得志于当时者之所为。”[②]即使是满园春色，在“不得志于当时者”的眼中折射出来之后也会黯然失色，借园记表达出来的也是一种忧伤、无奈、压抑和彷徨。明代的王献臣正是这样一位“不得志”者。在文徵明看来，隐居拙政园达二十年之久的王献臣，闲居之乐，即使是古时候的高贤胜士也享受不到，但王献臣的“志之所乐”却在彼而不在此—— 他念念不忘出仕，并不满足于园居之乐，所以，对自己仅以一郡副职而老退林下一直耿耿于怀，对那些飞黄腾达的昔日同僚则羡慕不已，为园起名“拙政”，也正是“宣其不达之志”[③]。

① 胡助：《隐趣园记》，见《纯白斋类稿》卷二〇，《景印文渊阁四库全书》第1214册，第684页。

② 孙承恩：《文简集》卷三二，见《景印文渊阁四库全书》第1271册，第426页。

③ 文徵明：《拙政园记》，见《中国历代造园文选》，第116页。

# 第三章　园画类文献考论

园画至晚在西晋已出现。《历代名画记》载："孙畅之《述画》云：'《上林苑图》，（卫）协之迹最妙。'"[①]师从卫协的史道硕还画过《金谷园图》[②]。据《图画见闻志》记载，东晋顾恺之曾画《清夜游西园图》[③]。梁元帝萧绎有《游春苑图》[④]，隋郑法士也画过《游春苑图》[⑤]，隋展子虔有《杂宫苑图》[⑥]。可惜这些园画均已亡佚，现今所能看到的最早的园画当数唐卢鸿一的《草堂十志图》和王维的《辋川图》。《草堂十志图》描绘的是卢鸿一隐居嵩山时的东溪草堂十景，分别是草堂、倒景台、樾馆、枕烟庭、云锦淙、期仙磴、涤烦矶、罥翠庭、洞元室、金碧潭，每图之前均有题咏及类似园记的诗序。王维的《辋川图》已亡佚，但其后历代都有摹本或仿作存世[⑦]。在唐人摹本《辋川图》中，亭台楼榭等建筑均采用界画画法，谨严有序，极具写实性，为后代写实类园画提供了一个很好的范本。当然，真正的写意文人画到元代才成熟，在此之前的园画，几乎都是写实性的。元代之后，写实与写意的园画呈现并存局面。

---

① 张彦远：《历代名画记》，浙江人民美术出版社，2011年，第83页。

② 《历代名画记》，第94页。

③ 郭若虚：《图画见闻志》，俞剑华注释，江苏美术出版社，2007年，第209页。

④ 《历代名画记》，第118页。

⑤ 《历代名画记》，第131页。

⑥ 《历代名画记》，第130页。

⑦ 宋代有郭忠恕摹本、佚名仿本，元有赵孟頫、王蒙、商琦、唐棣摹本，明有宋旭《辋川图卷》、文徵明《辋川别业图卷》，清有王原祁《辋川图卷》。

# 一、园林与绘画的关系

为了尽可能简洁明快地传达讯息，人们常用“风景如画”形容自然景色美丽，这是一种既简洁又讨巧的说法——只此一句，听（读）者已可了然景色的不同凡响。明代文人茅元仪曾言：“画者，物之权也；园者，画之见诸行事也。”[①] 建筑学家童寯也曾将中国园林比喻为“三维的中国画”，可见园林与绘画之间的关系之密切。

园林与绘画[②]之所以关系密切，在于它们之间有着千丝万缕的联系。

中国风景式园林的风格特征在唐代已经基本形成[③]，至宋代已完全成熟；而与园林密切相关的山水画的真正独立也在中唐之后，宋元时期达到高峰。

唐代园林文化的繁荣，为绘画提供了一个鲜活的题材，出现了王维的《辋川图》、卢鸿一的《草堂十志图》等专门图写园林风貌的山水画。这就意味着，绘画的触角开始伸向园林。而正处于发展上升期的园林，则像一个血气方刚的少年，正迫切地将眼光投向广阔的自然天地，根本无暇顾及尚处于萌芽期的山水画。大体而言，明代之前，主要是绘画对园林单向的关注，画家不仅画园，还亲自参与造园——元代画家倪瓒曾参与狮子林的设计，园林对于绘画也逐渐产生影响。进入明代，园林开始“回应”绘画。简而言之，园林与绘画的关系主要体现在以下几个方面。

## （一）园林向绘画靠拢

### 1. 造园家普遍具有习画背景

明代造园大师张南阳、计成、张涟无一不精通绘画，张南阳“以画家三

---

① 茅元仪：《影园记》，见杨光辉编注：《中国历代园林图文精选》第4辑，同济大学出版社，2005年，第24页。

② 此处主要是就中国传统绘画中的山水画而言。

③ 参见《中国古典园林史》，第24页。

昧法，试累石为山”[①]；计成自言“少以绘名，性好搜奇，最喜关仝、荆浩笔意，每宗之”[②]，追求“宛若画意”的造园意境；张涟则批评以往叠山师“不通画理”，张涟的叠山，以“平岗小阪，陵阜陂陀”“截溪断谷”为特色，这极容易让人联想到以“剩水残山”著称的马远、夏圭的山水画，通过一角山岩、一截树枝来表现山川、树林。

2. 造园追求“入画”

明文震亨在《长物志》一书中反复强调“画意”：花木要“四时不断，皆入图画”[③]，水池需“最广处可置水阁，必如图画中者佳”[④]，等等。

明计成在《园冶·园说》中曾言“刹宇隐环窗，仿佛片图小李；岩峦堆劈石，参差半壁大痴”[⑤]。明末张岱在《快园记》中描写快园前山一带：“屋如手卷，段段选胜，开门见山，开牖见水。……有古松百余棵，蜿蜒离奇，极松态之变。下有角鹿、麀鹿百余头，盘礴倚徙。朝曦夕照，树底掩映，其色玄黄，是小李将军金碧山水一幅大横披活寿意。”[⑥]清何焯的《题潭上书屋》记园中景点“木芙蓉溆”：“土冈之下，池岸连延，暑退凉生，芙蓉散开，折芳搴秀，宛然图画。”[⑦]清蒋恭棐的《逸园纪略》记园中饮鹤涧旁“古梅数本，皆叉牙入画”[⑧]。明清园记作者在描述园林景色时，会不自觉地以画拟园，这在唐宋园记中是罕见的。

3. 画论被付诸造园实践

宋代画家郭熙将四季山水画法总结为：“真山水如烟岚，四时不同：春山澹冶而如笑，夏山苍翠而如滴，秋山明净而如妆，冬山惨淡而如睡，画见

---

① 陈所蕴：《张山人传》，见中共太仓市委宣传部、太仓市哲学社会科学界联合会编：《娄东园林》，西泠印社出版社，2008年，第64页。

② 《园冶注释》，第42页。

③ 《长物志校注》卷二《花木》，第41页。

④ 《长物志校注》卷三《水石·广池》，第103页。

⑤ 《园冶注释》，第51页。

⑥ 张岱：《张岱诗文集》（增订本），夏咸淳辑校，上海古籍出版社，2014年，第266页。

⑦ 曹允源、李根源纂：《民国吴县志》卷三九上，《中国地方志集成》本，江苏古籍出版社，1991年，第609页。

⑧ 《民国吴县志》卷三九上，第609页。

其大意，而不为刻画之迹，则烟岚之景象正矣。”[①]画家意在点明四季山水的主要特点，供习画者参考，却不想被后人直接套用来叠山——扬州个园的四季假山就是此理论的现实版：用石笋装点竹林，营造春天气息，是为春山；夏山依池而立，由玲珑剔透的湖石叠成，青灰色的湖石、碧绿的池水，带来夏日的清凉；或黄或赤的黄石假山，气势雄伟，适于攀登，构成秋景；冬山由颜色洁白、外形圆浑的雪石砌成，立于背阴的南墙下，给人积雪未融的感觉。

### （二）园论源自画论

唐代画家张璪在《绘境》中提出“外师造化，中得心源”[②]的观点，意思是对于绘画艺术，画家既要师法自然，又要有源于内心的生活体验及灵感。计成则强调造园要“虽由人作，宛自天开”，看似意见相左，甚至是反其道而行之，实际上二人讨论的却是同一个主题：艺术是模拟自然的产物，但要做到源于自然，又高于自然。张璪所处的时代，“对自然景色、山水树石的趣味欣赏和美的观念已在走向画面的独立复制，获有了自己的性格，不再只是作为人事的背景、环境而已”[③]，画家要极力摆脱先前千人一面、一味呆板摹写自然的桎梏，追求彰显画家个性的“神骨”，自然要强调“心源”的重要性。而计成所处的时代，虽造园技艺整体大为提高，名家辈出，但造园思想逐渐僵化，人们沉溺于“壶中”“芥子”的微小境界而不能自拔，造园工序逐渐程式化，一般工匠造园时难免造成“水不得潆带之情，山不领回接之势，草与木不适掩映之容”[④]的境况，与追求自然风景韵味的中国古典园林宗旨背道而驰，大异其趣。计成目睹这种现状，强调“宛自天开”，自有其深意。

---

① 郭思编：《林泉高致·山水训》，中华书局，2010年，第38页。

② 《图画见闻志》卷五，第206页。

③ 李泽厚：《美学三书·美的历程》，天津社会科学院出版社，2003年，第151页。

④ 《题词》，见《园冶注释》，第37页。

宋代画家郭熙曾将自然山水总结为可行者、可望者、可游者、可居者四种，认为山水画如果能表现这四种境界，就可称作妙品，但可行、可望者，终又比不上可游、可居者更能愉悦人心。虽然自然山水中能供人可游、可居者十无三四，但世人还是不辞辛苦，趋之若鹜，以至于将山水画入尺幅以当卧游。渐渐地，人们不再满足于外出远游、悬挂山水画来慰藉"渴慕林泉"的情怀，一旦时机成熟，就将那些原本遥不可及的佳山水，通过建造园林的形式，纳入自己的耳目范围之内，足不出户，尽享林泉之乐。作为自然山水的替代物，园林责无旁贷地担当其可行、可望、可游、可居的职责，慢慢地，这四个要求逐渐演变成品评园林的标准。

## （三）园林反作用于绘画

### 1. 丰富了绘画的题材

宋代书画家郭若虚曾言："若论佛道人物、仕女牛马，则近不及古；若论山水林石、花竹禽鸟，则古不及近。"[①] 除以往研究者普遍关注的"历史行径""社会变异"（如欣赏者的审美趣味和心理状况的变化）等因素外，山水画的兴盛还与园林的繁荣有莫大的关系，这点往往被前人忽略。山水林石、花竹禽鸟，虽普遍存在于大自然中，但画家所画的往往是园林中的常见物。这是因为，要想画艺精进，必须对所画之物极为熟悉，了解其习性情态，方能画出神采，文与可画竹、王冕画梅，之所以成功，莫不源自长期观察，而园林正是极便观察的所在。

要画好山水，当然需要饱览名山大川，但并不是每个画家都有这种出游的机会，即使可以出游，也不是人人都可以像范宽那样"居山林间，常危坐终日，纵目四顾，以求其趣，虽雪月之际，必徘徊凝览，以发思虑"[②]。尤其对于那些画院画家，更不可能有这样的自由。这也是宋代翰林图画院名画家绘画视角更多转向都市市井风俗、翎毛、花卉、蔬果之类的原因所在。

---

① 《图画见闻志》，第36页。

② 《图画见闻志》"补"，第152页。

图 3-1　赵佶《柳鸦芦雁图》

自幼长在深宫的宋徽宗赵佶，艺术成就最高的也是花鸟画，如存世的《腊梅山禽图》《杏花鹦鹉》《芙蓉锦鸡图》《柳鸦芦雁图》之类，这些画的素材大都来自皇家苑囿。

宋代记载绘画及画家故事的书籍中，有不少描写画家依托园林来写生的实例，如《五代名画补遗》载："郭权辉……攻画飞走像，权辉亦常于别墅，特构一第，止蓄禽鸟等，权辉每澄思涤虑，纵玩于其间，故凡举意肆笔，率得其真。"①《皇朝事实类苑》载："赵昌善画花，每晨朝露下时，绕阑槛谛玩，手中调彩色写之，自号'写生赵昌'。"②《圣朝名画评》载："徐熙……善画花竹林木、蝉蝶草虫之类。多游园圃以求情状。"③《图画见闻志》载："易元吉，……尝于长沙所居舍后，疏凿池沼，间以乱石丛花，疏篁折苇，其间多蓄诸水禽，每穴窗伺其动静游息之态，以资画笔之妙。"④

根据上述记载可知，有了园林这一丰富的动植物资源宝库，画家们足不出户就可以近距离地观察花鸟虫鱼的生长习性及不同时期的状态，为其写实的绘画提供了坚实的基础保障。

山水画对园林的布局产生影响，反过来，园林实景又成为山水画的创

① 《图画见闻志》，第70—71页。
② 《图画见闻志》，第172页。
③ 《图画见闻志》，第167页。
④ 《图画见闻志》，第173页。

作素材。南宋刘松年的《四景山水图》，描绘的就是杭州西湖畔私家园林的四季景色，堪为以园林为主题的山水画之代表。

自《四景山水图》之后，明清两代的画家多有模仿之作，如明文嘉的《山水画册》之一、清恽寿平的《仿古山水册》之一，画中的山水景物带有明显的宋代园林风格：秀丽、简淡、舒朗。

图 3-2　刘松年《四景山水图 · 春》

图 3-3　恽寿平《仿古山水册》之一

**2. 园林匾额促进了绘画题款的产生**

在画上署名、题诗文并加盖印章，始见于宋代[①]。宋人往往将题款放在画面的边角之处或隐于景物之中，不易察觉。如宋赵希鹄在《洞天清录》中所记："徐熙画，于角有小'熙'字印，……崔顺之书姓名于叶下，易元吉书于石间。"[②] 这从存世宋画中可见一斑，如刘松年的《罗汉图》中"开禧丁卯刘松年"七字题在蛮王身后的深色石块上，马远的《梅石溪凫图》中"马远"二字题于左下角的山崖上。宋代虽有文人如苏轼、米芾为画坛带来些许"文人风"，但"院体画"独步天下的大格局没被打破。到了元代，画家开始结合画面精心设计题款的位置，图画题款逐渐成为画面不可或缺的一

① 一说始于唐代，如唐张彦远《历代名画记》曾记载周昉有"周昉"长方印，但无实物留存。

② 赵希鹄：《洞天清录》，见《景印文渊阁四库全书》第871册，第28页。

图 3-4 马远《梅石溪凫图》

部分，正如清代画家方薰所言："款题图画始自苏、米，至元、明而遂多，以题语位置画境者，画亦因题益妙。"①题款艺术在元代发展并普及，与元初著名书画家赵孟頫提倡"以书入画"有莫大关系。赵孟頫指出："石如飞白木如籀，写竹还应八法通。若是有人能解此，须知书画本来同。"②引书法墨法入画，奠定了元代文人画的基调。以往画家在画上轻易不落文字，主要原因在于担心字体不工有损画面美感，经赵孟頫提倡之后，后来的画家逐渐重视书法练习，往往书画兼精。

另外，画面题款极可能还受到园林匾额楹联的启发。之所以如此说，而不是相反，理由如下：

首先，园林建筑悬挂匾额，历史悠久，可以追溯至汉代，《后汉书 · 百

① 方薰：《山静居画论》卷下，见《续修四库全书》第1068册，第839页。

② 赵孟頫：《一门三竹图卷》"自题"，见赵苏娜编注：《故宫博物院藏历代绘画题诗存》，山西教育出版社，1998年，第31页。

官志五》载："凡有孝子顺孙，贞女义妇，让财救患，及学士为民法式者，皆扁表其门，以兴善行。"[1] 可见至少在汉代匾额就已出现。另外，《世说新语·巧艺》有魏明帝让韦诞为其新建殿登梯题榜的记载[2]，这里的"榜"即是匾额[3]。至于中国古典园林中楹联何时出现的，迄今仍无定论，但可以确定的是，至迟在宋代已经存在，元代园林楹联已经较为普遍。比赵孟頫晚出生五十来年的顾瑛就曾为其玉山佳处中的每一处景点撰有楹联（具体文字见第一章介绍）。

其次，最早提倡"以书入画"的赵孟頫，不仅书画俱精，还是联作高手。至今仍被楹联界津津乐道的名联"春风阆苑三千客，明月扬州第一楼"就出自赵孟頫之手[4]，是赵为扬州迎月楼所题。除此，赵孟頫还曾为杭州灵隐寺、吴县保圣寺等地题联。既能为他人景点题写楹联，那么为自家园林题联也是情理中事。赵孟頫在湖州的宅园名"莲花庄"，园中有松雪斋、清胜池、清胜轩、清风楼等景点，镇园之宝莲花峰至今存世，上有赵孟頫手书篆字。身为画家兼书法家的赵孟頫对自家园林的布置匠心独运，虽无园记存世，但从赵氏咏园诗中可见端倪，如"庭院日长宾客退，绕池芳草燕交飞"[5]，"方池含绿水，中有织鳞行"[6]，园内如画景色可以想见。除宅园外，赵孟頫还有一处别业在德清，相比于莲花庄，赵孟頫似乎更喜爱这座"山光艳桃李，润影写松竹"[7] 的德清别业，《松雪斋集》中收录赵孟頫数首题咏之作。赵孟頫的妻子管道昇也对这座"推窗绿树排檐入，临水红桃对镜开"的别墅园情有独钟，这从"老妻亦有幽栖意，数日迟留不肯回"[8] 的诗句中可以感知到。身为联作高手又生活在如画园林中的书画家赵孟頫，对于匾

① 《后汉书》卷二八，第3624页。
② 《世说新语笺疏》，第716页。
③ 《汉语大字典》，第1268页。
④ 梅嘉陵、龙寿钦、李渔村编：《古今名人对联故事》，湖南人民出版社，1985年，第100—111页。
⑤ 赵孟頫：《即事三绝》之一，见《松雪斋集》卷五，《景印文渊阁四库全书》第1196册，第662页。
⑥ 赵孟頫：《清胜池上偶成》，见《松雪斋集》卷三，《景印文渊阁四库全书》第1196册，第619页。
⑦ 赵孟頫：《偶记旧诗一首　在德清别业时作》，见《松雪斋集》卷三，《景印文渊阁四库全书》第1196册，第623页。
⑧ 赵孟頫：《题山堂》，见《松雪斋集》卷四，《景印文渊阁四库全书》第1196册，第647页。

额楹联之于景物的点睛作用，体会得自然比常人深刻，由此得到启发，进而将其运用至绘画创作中，也是题中应有之义。由于文献匮乏，在此权作抛砖之论，期待进一步的文献考证。

### （四）园林与绘画的差异

尽管园林和绘画关系密切，但它们仍是截然不同的两种艺术门类。

其一，源头不同。古典园林的源头可以追溯到先秦时期的囿、台、园圃，而绘画则萌芽于“有巢氏之绘轮圜、伏羲氏之画八卦”[①]。

其二，艺术表现方式不同。中国古典园林是以大地为载体，以建筑、山水、花木为素材，按照一定的规则，师法自然的一种综合的时空艺术。它的风景是立体的、流动的，诉诸视觉、听觉、嗅觉，带给人们多重的艺术享受。而绘画则主要是一种二维的空间艺术，描绘事物或人物瞬间的状态，通常只能通过视觉来欣赏。

其三，实现的途径不同。相比以纸墨笔砚为辅助工具的绘画，园林从构想到变成现实的过程，无疑要复杂得多，花费的时间相对来说也较长。而且，相比绘画，园林的物质属性色彩更浓，没有一定的经济实力支撑，是不能够营造园林的。正如明刘凤所说：“夫园之景色不藉富厚之力，则不能缮完。”[②]

## 二、园画的分类

根据绘画载体材质的不同，中国画可分为卷轴画、版画、画像砖（石）、

① 郑午昌：《中国画学全史》，上海古籍出版社，2008年，自序第3页。

② 《吴氏园池记》，见《刘子威集》卷四三，《四库全书存目丛书》集部第120册，第457页。

图 3-5　钱榖《求志园图》(局部)

壁画、石刻线画[①]等。这几类绘画内容都有涉及园林者，下面将分别介绍。

## (一)卷轴画

按照画幅形式和装裱方式的不同，卷轴画主要可细分为手卷、立轴、册页、扇面四类。

手卷，又称长卷、横卷或卷。自晋已有，是从经卷演化而来。画幅的前后通常留有较多空白，供人题跋或钤印，多是横看，适合案头欣赏、临摹。

立轴，又称条幅、挂轴或轴。这种装裱方式，历史悠久，北宋宣和年间就已盛行。上装天杆，下装轴，一般垂直悬挂，观赏者站在画的前面欣赏。

册页，也称小品。始于唐代，是从手卷演变而来。有的首尾折叠，有的则是活页。每页一画，画面连续不断，类画册，便于携带、保存。册页一般为长方形，也有异形如团扇者。

扇面，又分团扇、折扇，折扇一般简称“扇面”。魏晋已有。外形美观，兼具实用性和观赏性。

除此，还有条屏、中堂、斗方、镜心、横披等，基本都是以上四类的组合、延伸或变形。如条屏，也称屏条，就是数幅(偶数)立轴的组合；中堂，

① 分类参考《中国美术全集》古代部分“绘画编”。此书将卷轴、手卷、册页等统称“卷轴画”一类。参见中国美术全集编辑委员会：《中国美术全集》，人民美术出版社，1987年。

是大轴（立轴中尺寸较大者）的俗称；斗方为册页之单面者，只不过是正方形或接近正方形；镜心，亦称镜片，是一种简化的立轴，可以装在镜框里；横披，类似手卷，但一般较短，可以悬挂，但两侧均不装轴杆而装楣条，又不同于立轴。

园画的主要形式是手卷、立轴、册页、扇面四种。现各举一例如下：

按照画面内容的不同，园画主要分为专门图写园林的园图，表现园林意境的山水画，截取园林一角的竹石、花鸟草虫画，专门"界画楼台"的界画，以及以园林为背景的仕女画、故事画、风俗画和行乐图。可以看出，园画几乎涉及中国传统绘画的所有种类。

园图，即以"某某园（苑）图"为名的画作。园图又分为三种：其一，所绘园林真实存在，且画家画图时还完好存世，如王维的《辋川图》[①]，图中所绘园林为王维的辋川别墅；其二，所绘园林为已经消失的历史名园，画家根据史书记载或前人诗文绘制而成，臆想的成分居多，如清代画家袁江所绘《梁园飞雪图》，梁园本西汉梁孝王刘武所建，袁江自然无从得见，图中梁园主要是袁江根据汉枚乘的《梁王菟园赋》等传世文献及自己的想象绘制而成；其三，所绘园林并不实指，甚至纯属虚构，笼统题作"宫苑图"或"园林图"，如宋代佚名的《宫苑图》，图中所绘为一座皇家园林，在假山树

① 存世有唐、宋、元、明、清人摹本多幅。

图 3-6　沈士充《天香书屋图》

木掩映下，一座有着飞檐长廊的宫殿，气势恢宏。

表现园林意境的山水画。如南宋刘松年的《四景山水图》，描绘的就是杭州西湖边私家园林的四季景色。

截取园林一角的竹石、花鸟草虫画。如明商祚的《秋葵图》、明边文进的《花鸟图》等。

界画，通常以宫室、亭台、楼阁、屋宇等建筑物为题材，因作画时使用界尺而得名。《史记》记载，秦始皇“每破诸侯，写放其宫室，作之咸阳北阪上”[1]，这可能是最早的界画史料了。尽管界画的起源很早，但直到宋代才出现“界画”一词，此前则被称为“宫室画”“台阁画”“屋木画”等。虽然可以使用作画工具，但想画好界画并非易事，必须经过长期、严格的训练，明文徵明曾言：“画家宫室最为难工。谓须折算无差，乃为合作。盖束于绳矩，笔墨不可以逞。稍涉畦畛，便入庸匠。”[2] 界画的题材注定了其与园林之间有着不解之缘，一般界画中的亭台楼阁等建筑物并非孤零零地占满画面，总有一定的背景，或是崇山峻岭、江河湖海等自然景观，或是怪石嶙峋、花木扶疏的园林院落，后一类正是本书论述的对象。如宋佚名的《高

① 《史记》卷六《秦始皇本纪》，第239页。

② 文徵明：《衡山论画山水》，见俞建华编著：《中国画论类编》，人民美术出版社，1957年，第709—710页。

图 3-7　沈士充《郊园十二景图》（局部）

图 3-8　商祚《秋葵图》

图 3-9　边文进《花鸟图》

图 3-10　佚名《高阁凌空图》

阁凌空图》，截取景物的一角来绘制，所绘高阁隶属一座建于山麓的离宫别苑。阁内有女子静坐，侍女侍奉在侧。画面左上部空旷高远，如仙人之境。

以园林为背景的仕女画、故事画、风俗画和行乐图。仕女画、故事画、风俗画和行乐图均属人物画的三个分支。仕女画主要以女性形象为题材，旨在描绘妇女的日常生活场景，力图展现其微妙的内心世界，如宋佚名《游行仕女图》、明仇英的《四季仕女图》、清禹之鼎的《荒园仕女图》、清金廷标的《春园题诗图》、清陈枚的《月曼清游图》。故事画主要以历史故事、民间传说为题材，或再现某种有代表性的生活情景，如南唐顾闳中的《韩熙载夜宴图》、明钱穀的《竹亭对棋图》等。风俗画以社会风俗习惯为题材，如明吴彬的《岁华纪胜图》；或描绘一地风景名胜，如

清马咸的《大吴胜壤图说》、清吴友如的《申江胜景图》。《大吴胜壤图说》描绘苏州一带名胜十余处，其中包括高义园、寒山别墅、石湖石佛寺（原为石湖别墅）、沧浪亭、狮子林等园林。《申江胜景图》描绘清末上海的名胜，共六十二幅，对上海名园如豫园、也是园等都有翔实的记录。行乐图，是肖像画的一种，与单纯画出人像者不同，画中人物并非孤立存在，其生活的环境通常会作为背景被绘入画中。确切地说，行乐图是描绘人物日常生活及消遣娱乐的人像画。行乐图的历史可以追溯至五代，南唐顾闳中的《韩熙载夜宴图》实际上可以看作"韩熙载行乐图"，只是当时还未有行乐图的名称而已。到了明清，上至皇帝、下至平民都十分青睐行乐图，

图 3–11　佚名《游行仕女图》

图 3–12　周道、上睿《李煦行乐图》

留下数量众多的绘画作品，如明佚名的《朱瞻基行乐图》，清佚名的《雍正十二月行乐图》，清郎世宁等的《弘历雪景行乐图》，清周道、上睿的《李煦行乐图》。

园画中卷轴画占绝大部分[①]，是本书的重点分析对象。除了卷轴画，另有少量版画及壁画，虽然数量少，但对于某些园林来说，也许是仅有的文献资料，也不容忽视。

## （二）版画

印刷技术的进步为明清版画艺术的发展起到了推动的作用。除了宋代已有的泥活字，铜活字印刷在明代得到推广普及；元代出现的朱墨双色套印到明代已发展成四色套印，明中期，彩色印刷已可以达到渐变层次的水平，明后期，出现了饾版、拱花等印刷新工艺。本为宣传佛教教义的版画，宋元时期有了新的转变和发展：佛教题材的经卷中已经出现山水景物，《梅花喜神谱》及《三国志》等平话插图的出现，开启了明清以来欣赏性版画的先河。随着科技的发展，明清两代，版画艺术达到高峰，出现了带有地域特色的各种流派，如金陵派、建安派、武陵派、徽派等，各种戏曲（杂剧、传奇）、小说、图（画、笺、墨、诗词曲）谱、图记等如雨后春笋，蓬勃发展，异彩纷呈。

其中与园林有关的版画[②]，主要分为戏曲、小说插画，图记、画谱类著作插画，版刻园图三种。

### 1. 戏曲、小说插画

明中期以后，随着城市商业经济的繁荣，市民阶层逐渐壮大，为适应新的读者群的需要，文学创作也趋向市民化，突出个性解放和人欲的表现。通俗小说、杂剧、传奇受到大众的喜爱和推崇。

这个时期的园林也正处于变革期，出现了以生活享乐为主的市民园林，造园技术得到极大发展，文人、画家参与造园的现象比过去更为普遍，经

① 在笔者统计的园画目录中，卷轴画占91%强。

② 根据现存实物，本节主要论述明清版画。

济、文化发达的地区，私家园林的数量激增，尤其是江南一带，造园活动异常活跃，财力雄厚的商人在追求享乐的同时，开始附庸风雅，将大量金钱投入园林兴造中。进入清代，康熙、乾隆帝的数次南巡，更加助长了江南的奢靡之风，发迹之后的徽州籍盐商为讨好帝王，更是百般殷勤，打着“恭迎圣驾”的旗号，大肆兴建园林。

这两股合力，使得园林成为部分明清传奇小说中的典型场景，尤其被广泛运用于专讲才子佳人悲欢离合的传奇小说中，因为“花前月下”的园林更宜于营造浪漫气氛。“后花园私订终身”的模式不断被演绎、效仿，以至催生出一种新的小说模式——庭院小说。

传奇小说中的园林形式多种多样，几乎涵盖了中国古典园林中的所有类型，下面将举例说明。

皇家园林如《长生殿》中的皇家宫苑：全剧五十出，除第五出“禊游”发生在长安著名景区曲江（公共园林）之外，唐明皇与杨贵妃的爱情故事主要发生在皇家宫苑中。良辰美景，花前月下，李、杨二人卿卿我我，感情逐渐升温，直至七夕二人在长生殿里海誓山盟。

私家园林如《西园记》中的赵家西园：襄阳才子张继华游学杭州，游览赵家西园时，被西园主人的养女王玉真不慎掉落的一枝梅花击中头部，张误以为是园主之女玉英以花传情，于是想入非非，并设法暂寓西园。经过一系列的阴差阳错，张、王二人最终喜结连理。

寺庙园林如《西厢记》中的普救寺后园：原本赴京赶考的张生听闻普救寺景致优美便前往游览，在寺中与已故相国的千金崔莺莺偶遇。他被崔莺莺的美貌征服而心生爱慕，于是借住寺中，并以诗挑逗在寺中花园焚香的崔莺莺，后在崔莺莺贴身侍女红娘的帮助下，最终博得佳人青睐。正所谓好事多磨，正当二人情投意合之际，却被老夫人察觉，嫌贫爱富的老夫人对此段姻缘百般阻挠，使二人饱受相思之苦。经历了一番波折之后，二人最终还是配成佳偶。剧中张、崔二人互生情愫、互相试探到相知相爱的过程，都发生在寺庙后园中。

衙署园林如《牡丹亭》中的杜府后园：唐宋以来，衙署内的眷属住房后院或旁院常设有花园，供地方官员宴饮休憩及女眷平日游玩，牡丹亭就坐落在这样一所花园中。剧中主人公柳、杜二人的姻缘即因牡丹亭而起：先是读书人柳生梦到一处花园，见一美人立于梅花树下，梦醒之后，仍对梦中美人念念不忘，于是改名柳梦梅；后有杜丽娘春日游园，被良辰美景触动闺情，惆怅入梦后邂逅一书生，二人一见钟情，在园中缠绵缱绻，难舍难分，梦醒之后，杜丽娘伤心过度，一病不起而亡，被葬在园中梅树下；继而杜太守迁官北上，临行之前，"恐不便后官居住"，于是吩咐下人"割取后园，起座梅花庵观"[①]—— 衙署后园变成一座道观；后面的剧情如柳梦梅"拾画""玩真"，杜丽娘"魂游"，二人"幽媾"，均发生在这座梅花观后园中。

传奇小说中多配有插图版画，下面择要介绍几种：

《西厢记》

元杂剧的压轴之作《西厢记》，在明清两代备受推崇，反复刊刻，出现众

图 3-13　寓五本《西厢记》插图

① 汤显祖：《牡丹亭还魂记·闹殇》，影印明万历玉海棠朱氏刻本，第49页。

多版本。据统计，仅明代就有上百种刊本[①]，版画刊本著名者也有数十种，如明弘治十一年（1498）金台岳家刻本、明万历三十八年（1610）起凤馆刻本、明万历年间玩虎轩刻本、明万历年间何璧刻本、明天启年间《硃订西厢记》本、明天启年间乌程凌氏朱墨套印本、明崇祯十二年（1639）《张深之正北西厢秘本》、明崇祯十三年（1640）吴兴寓五本《西厢记》等。下面举例加以介绍。

吴兴寓五本《西厢记》，由明末出版家闵齐伋（号寓五）主持刊印。共有插图二十一幅，除第一幅是莺莺像外，其余二十幅与《西厢记》正文曲词的二十出一一对应，全部彩色套印，刻印精美。图 3-13 绘张生跳墙与莺莺相会事。背景是庭院深深的园林景观，小桥流水，曲径通幽，画面点缀着荷塘、古柳、怪石、花篱等园林景观元素，繁复却不杂乱。

《绣襦记》

中国戏曲故事。写本由明代徐霖改编（另有薛近兖、郑若庸撰两说），共四十一出。讲述的是书生逆袭的故事。

图 3-14　明万历年间刻《绣襦记》插图

① 含全本、选本、节选本，参见黄季鸿：《明版〈西厢记〉载录》，载《古籍整理研究学刊》2009年第3期，第60—67页。

《红楼梦图咏》

清代李光禄原辑，改琦绘图。全书共四册，描绘红楼梦主要人物形象，插图五十幅，图后附名人题咏。

《蓝桥玉杵记》

明代杨之炯撰，陈继儒批评。全书分上、下两卷，故事叙述唐代才子的爱情故事，插图多涉及园林景观。图 3-16 即出自明万历刊本，书中内含版画三十六幅。

图 3-15　清末翻刻清改琦绘《红楼梦图咏》插图

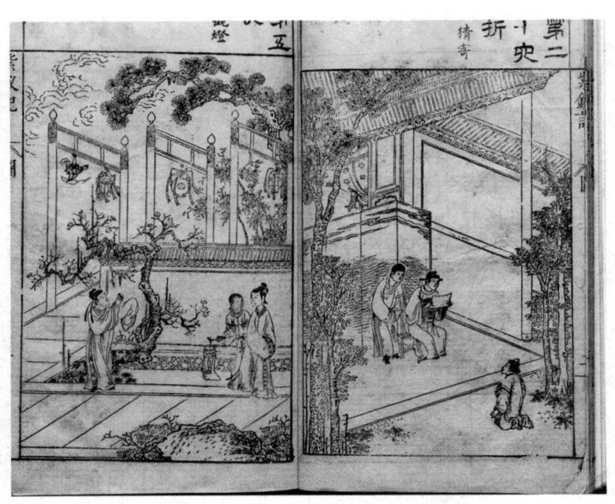

图 3-16　明万历刊本《蓝桥玉杵记》插图

《紫钗记》

明代戏曲家汤显祖撰。全书分上、下两卷。故事取材于唐人小说《霍小玉传》，讲述李益与霍小玉之间的爱情故事，插图涉及园林景观。图 3-17 选自明万历刊本，书前存版画插图二十八幅。

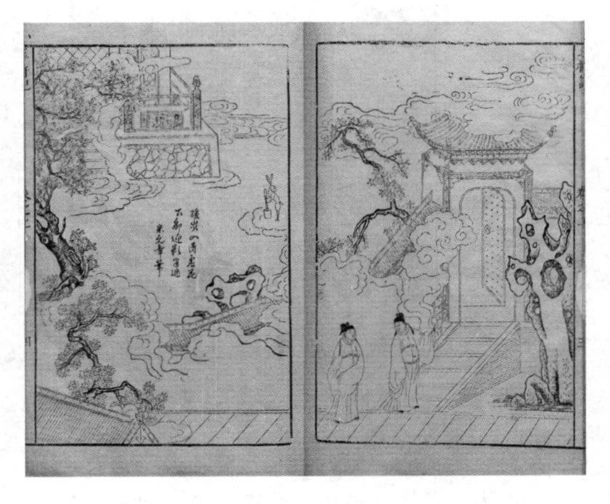

图 3-17　明万历刊本《紫钗记》插图

《艳异编》

明代传奇小说集，题作明代

王世贞编，全书共十二卷，书前配有版画插图十二幅。图 3-18 出自明代闵氏朱墨套印本。

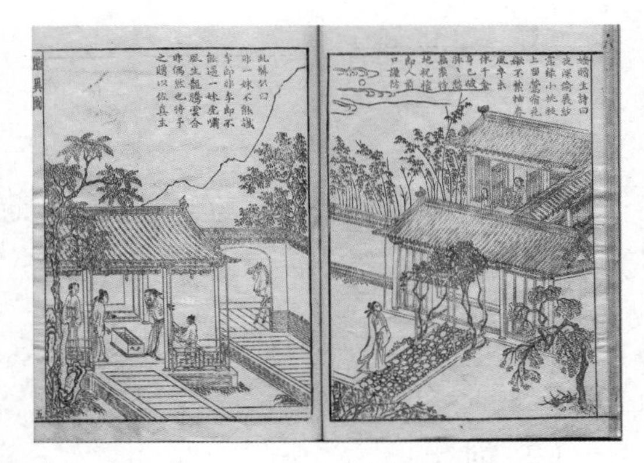

图 3-18　明末刊本《艳异编》插图

**2. 图记、图谱类著作插画**

（1）诗图

《唐诗画谱》

明黄凤池编辑，汇集唐人五言、六言、七言绝句各五十首左右，明万历年间刊行。请名家董其昌、陈继儒等书，蔡冲寰、唐世贞等画，刘次泉等刻，诗、书、画、刻俱佳，堪称“四绝”。

图 3-19　明万历刊本《唐诗五言画谱》插图

《避暑山庄诗》

又名《避暑山庄三十六景图咏》。绘清代皇家园囿避暑山庄之建筑风貌和景致，共三十六景。景观皆仿江南名园胜迹。清康熙五十一年（1712）内府刊。

图 3-20　清康熙内府刊本《避暑山庄诗》插图

（2）词谱

《诗余画谱》，明新安汪氏编，明万历四十年（1612）刊，选唐宋词百首，采用前图后词、单面方式。

（3）图记

《南巡盛典》

一百二十卷，清高晋等纂，清乾隆三十六年（1771）刻。记清乾隆十六年（1751）、二十二年（1757）、二十七年（1762）、三十年（1765）乾隆皇帝

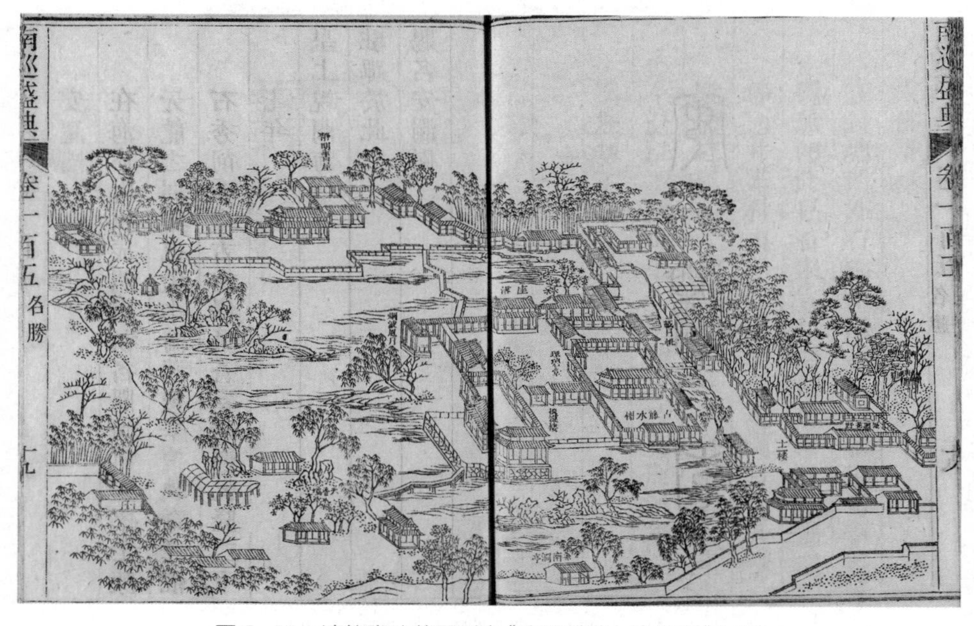


图 3-21　清乾隆武英殿刊本《南巡盛典 · 安澜园》插图

四次南巡两江两浙的情况。

卷九四至卷一〇五为名胜，绘南巡途经之地名山大川、行宫别墅、寺庙道观、园林池馆、古桥井泉等一百五十余处，清代画家上官周绘，刻工不详。其中园林图版约三十处，有竹西芳径、倚虹园、静香园、趣园、水竹居、高咏楼、莲性寺、九峰园、锦春园、狮子林、沧浪亭、安澜园、小有天园、漪园、石湖、小香雪、平山堂、寄畅园、虎丘、灵岩山、邓尉山、香雪海、寒山别墅、高义园、万松山房、吟香别业等。这是今人了解乾隆年间园林的宝贵资料。

安澜园位于浙江海宁，即清陈元龙的别墅遂初园，乾隆南巡时曾驻跸此园，赐名安澜园。有漾月轩、映水亭、群芳阁、古藤水轩、环碧堂、赐闲堂、石湖赏月、烟波风月、竹深荷静、曲水流觞等景点四十余处。

寒山别墅，位于苏州西郊，为明万历年间文人赵宧光所建。有千尺雪、澄怀堂、芙蓉泉、清晖楼、小宛堂、云中庐、弹冠室、绿云楼、飞鱼峡、惊虹渡、驰烟驿等景点。

寄畅园位于无锡惠山东麓。明正德时期，为兵部尚书秦金别业凤谷行窝，万历年间园主秦耀改园名为寄畅园。内有邻梵阁、锦汇漪、知鱼槛、郁盘、七星桥、含贞斋、凌虚阁、先月榭、卧云堂等景点。

其他官方编纂的图记，如清阿桂等纂修的《八旬万寿盛典》①、清董诰等纂修的《西巡盛典》②等也有涉及园林的版刻插图，限于篇幅，在此不复赘述。

**《鸿雪因缘图记》**

清麟庆撰，为作者记述身世与亲历见闻之作。全书共三集，每集分上、下两卷，一事一图，一图一记，共有图二百四十幅、记二百四十篇。由汪春泉、汪圻等人绘图。

---

① 此书为记录乾隆帝八秩圣寿庆典而编，共一百二十卷，首一卷，成书于乾隆五十七年（1792），卷七〇至卷八〇为图绘。

② 二十四卷，首一卷，成书于嘉庆十七年（1812），为记嘉庆皇帝西巡清凉山（即山西五台山）而编。书中有部分图版涉及园林，如卷一六《程途》中有河北保定莲花池图。莲花池本为元张柔香雪园旧址，清乾隆、嘉庆时辟为行宫，有君子长生馆、藻咏厅、观澜亭、濯锦亭、高芬轩等建筑。

图 3-22 《鸿雪因缘图记 · 郡园召鹤》插图

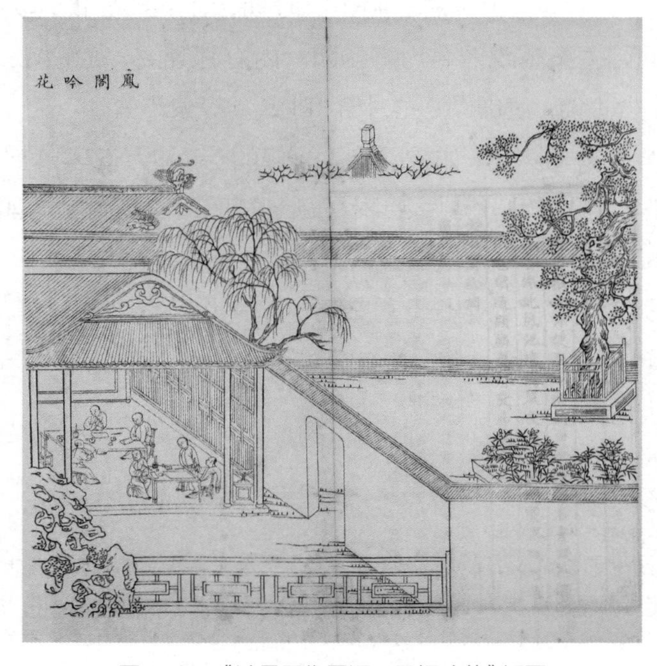


图 3-23 《鸿雪因缘图记 · 凤阁吟花》插图

以往研究者也曾关注此书园图，但仅限于《半亩营园》、《随园访胜》、《汪园问花》[①]、《东园探梅》[②]等几幅园林图。其实，其还有大量的园图未被研究利用。在图题中明确标注园林者，除上面四种，还有《兰亭寻胜》、《虎邱述德》、《寄畅攀香》[③]、《西溪寻梅》、《藏园话月》[④]、《西园赏雪》、《郡园召鹤》[⑤]、《梁苑咏雪》[⑥]、《西湖问水》、《明湖放棹》[⑦]、《园居成趣》、《天一观书》、《孔林展谒》等；还有不少以园林景点或建筑为图题者如《兰馆写照》、《昆明望春》、《凤阁吟花》[⑧]、《荷亭纳凉》、《竹舫息影》、《玉泉试茗》、《玉泉引鱼》；另外，还有不少图题中虽未涉及园林，实际描绘的也是园林景色，如《退思夜读》、《同春听筝》、《近光伫月》、《赏春开宴》、《明月证经》、《高明读画》、《静存受经》[⑨]、《环翠呈诗》[⑩]、《桂宴承欢》、《再至侍选》等。所绘园林有皇家园林如圆明园(《昆明望春》)、静寄园(《静寄瞻楼》)，有私家园林如半亩园(《半亩营园》[⑪]、《退思夜读》[⑫]、《园居成趣》[⑬])、随园(《随园访

① 汪园在江苏盱眙城南，建于道光年间，为汪云任所筑。道光二十二年（1842），麟庆游此园。

② 东园是寓居扬州的安徽人江春（时为两淮盐商总商）为迎接乾隆皇帝南巡而建。因位于扬州万寿重宁寺东，故名东园。

③ 寄畅园在无锡惠山东麓。麟庆于某年九月既望游此园，适逢园中天香堂诸处桂花飘香，乃折桂花而返。

④ 藏园为河南开封宋氏宅园。宋氏为麟庆旧交，麟庆曾借园中一处安置眷属。

⑤ 郡园为泰安郡署园，麟庆父亲任职泰安时，见郡署西偏“有隙地数亩”，“芟草为径，垒石成山”而成园。

⑥ 梁园（梁苑）为河南按察司署园，麟庆幼时曾随祖父读书于此，成年之后又为官此地，寓居此园。

⑦ 麟庆继室程夫人家济南，履行纳彩礼之时，麟庆顺便游览了大明湖。

⑧ 麟庆时任文渊阁检阅、国史馆分校。入直的典籍办事厅前有芍药一池，本已因年久枯萎，其时忽发数枝，引得馆中文士作图、赋诗志瑞。

⑨ 麟庆兄弟随舅氏读书的地方名“静存”，图中绘当时课读情景。

⑩ 麟庆祖宅东有环翠轩，轩前有马缨花一株，大可合抱；古藤两架，清阴约半亩；植蕉垒石，楚楚有致。每夏夜，麟庆曾祖母纳凉轩中，麟庆兄弟承欢在侧，间或赋诗助兴。此图即绘当时情景。

⑪ 半亩营园位于北京东城区，本康熙年间贾汉复园，后为麟庆所有。园中有云荫堂、拜石轩、曝画廊、近光阁、退思斋、赏春斋、凝香室、琅嬛妙境、海棠吟社、玲珑池馆、潇湘小影、云容石态等景点。

⑫ 退思斋为半亩园中建筑，为麟庆居家养疴之所。

⑬ 公退之暇，麟庆在半亩园中或与友生、僚属校阅旧书、鉴赏字画，或漫步园中、玩花数果，尽得林泉之乐。

胜》)、汪园(《汪园问花》),有寺庙园林如清涟寺(《玉泉引鱼》)、万松寺(《剑台品松》),有书院园林如敷文书院(《敷文载笔》)、荷芳书院(《清晏受福》、《芑香写松》①),有祠堂园林如孔林孔庙(《孔林展谒》),有公共园林如兰亭(《兰亭寻胜》)、大明湖(《明湖放棹》)、西湖(《西湖问水》),有衙署园林如泰安郡园(《郡园召鹤》)、河南按察司署园(《梁苑咏雪》),等等。几乎涉及所有的园林门类,且刻印精良,文献价值及艺术价值都极高。

《扬州画舫录》

清李斗撰。记作者家居扬州时,自乾隆二十九年至六十年(1764—1795)的所见所闻,初版于乾隆六十年。

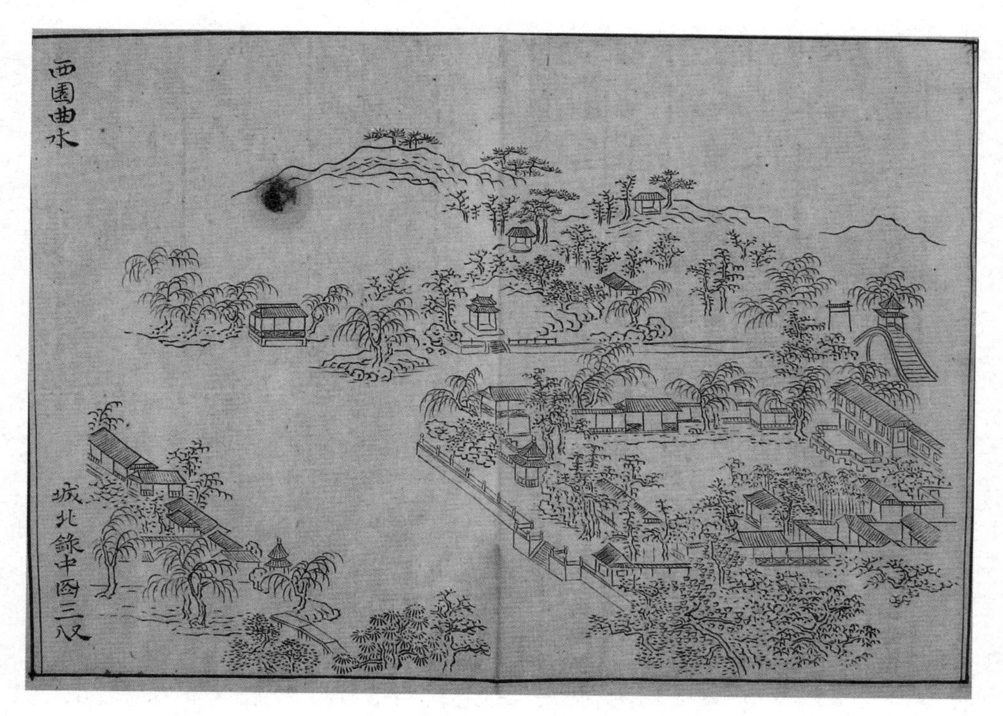


图 3-24 《扬州画舫录 · 西园曲水》插图

① 荷芳书院有黄山松四棵,传为乾隆南巡驻跸时陈设的盆景,但是《南巡盛典》中未记此事。惋惜之余,麟庆延请常熟胡骏声(字芑香,善画松树及肖像)为松写照。

图 3-25 《扬州画舫录 · 卷石洞天》插图

《汪氏两园图咏合刻》

清汪承镛辑，嘉庆、道光年间如皋画家季标绘，书法家朱英书，诗人朱玮诗，按季图、玮诗、英书顺序编排，道光二十年（1840）刻。

文园在江苏如东盐河南岸，汪承镛曾祖父于园内辟课子读书堂，祖父汪之珩又大修，同治、光绪年间园荒废。绿净园，在盐河北岸，晚于文园六十余年，汪承镛父亲建。汪承镛卷首作《文园绿净两园图记》记其事。此书共收文园十景：课子读书堂、念竹廊、紫云白雪仙槎、韵石山房、一枝龛、水山泉阁、浴月楼、读梅书屋、碧梧深处、归帆亭，绿净园四景：竹香斋、药阑、古香书屋、一篑亭。共十四幅园图，一图对应一记，末附名流题咏之作。

《申江胜景图》

清末画家吴友如撰绘。“申江”指上海，此书绘上海有名的建筑物或风俗图六十余幅，如浙宁会馆、龙华寺、大英公馆、外滩、申报馆、华人戏院、公家花园等，其中不乏园林如豫园、也是园等。每幅均配以诗文。

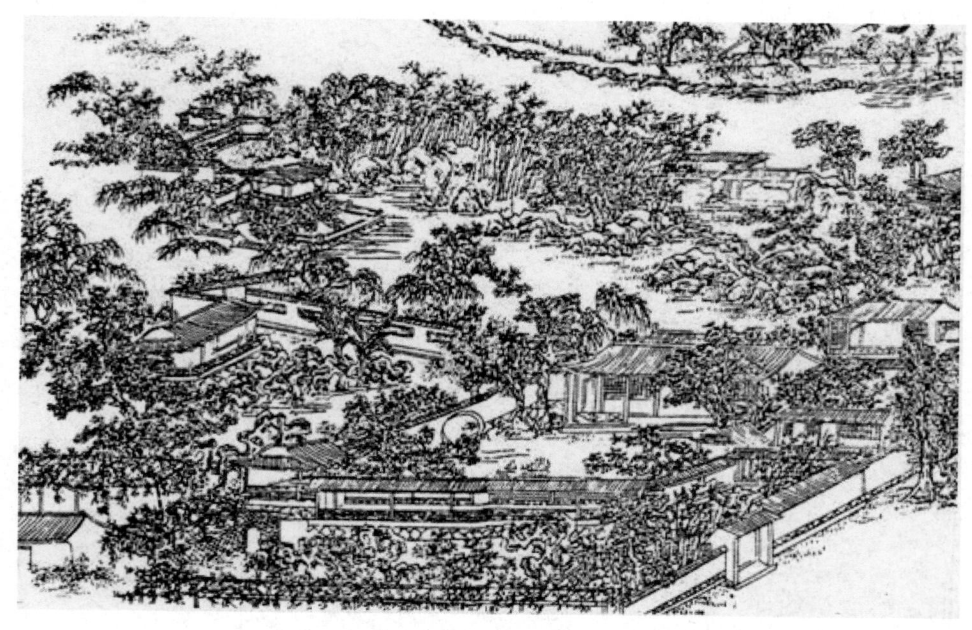

图 3-26 《汪氏两园图咏合刻 · 课子读书堂》插图

图 3-27 《申江胜景图 · 豫园湖心亭》插图

3. 版刻园图

《圆明园西洋楼铜版画》，清乾隆五十一年（1786）意大利传教士郎世宁绘，清内府造办处刻。描绘长春园（圆明园的一部分）西洋楼十景，共二十幅。1860 年英法联军火烧圆明园后，原铜版下落不明。铜版画现藏于法国国家图书馆。

图 3-28 《圆明园西洋楼铜版画 · 大水法正面》

图 3-29 《圆明园西洋楼铜版画 · 方外观正面》

#### 4. 石谱

《素园石谱》，四卷，明林有麟辑，明万历四十一年（1613）刊。绘各种名石二百四十九幅，是迄今传世最早的一本观赏石画谱。

图 3-30　明万历刻本《素园石谱》插图

### （三）画像砖（石）、壁画、石刻线画

#### 1. 画像砖（石）

汉代已出现画面以植物为背景的画像砖。图 3-31 是在四川发现的一块汉画像砖的拓印图，分上、下两部分，上半部画二人在水边张弓射鸟，水鸟受惊在水中张翅欲飞。岸上的枯树，水中的游鱼、莲花，说明图中所画景致取自郊外或是庄园。水榭作为园林中的标志性建筑，在汉代画像砖中已出现有关题材。

图 3-31　东汉收获弋射画像砖

图 3-32　东汉楼阁人物画像石

#### 2. 壁画

敦煌壁画中的经变图，常见关于净土园林的描绘。如莫高窟第 231 窟

北壁中所画为弥勒上生经变中的兜率天宫：由三组院落组成，三院之外有水渠环绕；中后部为佛殿，四周有围廊，回廊转角处有角楼，角楼以虹桥和佛殿相通，中院呈方形，面积最大，是天宫的主体；左、右两院稍小，四周有栏杆环绕，中有八角亭，院内环种花木。此外，唐代观无量寿经变中的未生怨故事画中，往往有宫廷御园的展示。如莫高窟第431窟北壁下部所画，宫廷后院有花木，描绘的应是御园。再如榆林窟第25窟，有一幅中唐时所画壁画，表现的就是园林中的亭台、楼阁、水榭等景观。

山西洪洞广胜寺水神庙有一幅元代壁画，表现了贵族妇女在园林中梳妆的情景。画面线条流畅，人物形态逼真，衣服、竹子工笔细描，栏槛界画，细腻逼真。

3. 石刻线画

石刻线画，即运用线描法，将图画刻入石面的一种图画。这种技法至汉代已出现，最初多用于墓室画像，后代逐渐扩展应用到碑志、柱础、佛教及民用建筑装饰上。明清时期，线画题材更为丰富，举凡传说故事、名园、风景无不可以上石，还出现了根据山水名画、园林景观翻刻的线画。如明永乐年间刻《兰亭修禊图》[①]、明嘉靖九年（1530）刻《辋川图》[②]（据王维《王摩诘山水图》复刻）、清同治年间刻《猗园图》[③]、清乾隆年间刻《澄怀八友图》[④]、清光绪年间刻《惠荫园总图》[⑤]等。

---

① 此图描绘东晋永和九年（353）三月三日，王羲之与谢安、孙绰等四十二人在山阴兰亭祓禊及举行曲水流觞的盛况。

② 辋川别业，是唐王维建在辋川的别墅。别业中有文杏馆、鹿柴、临湖亭、木兰柴、华子冈、辛夷坞、竹里馆、柳浪、欹湖等景点。

③ 猗园，位于上海嘉定，明闵士籍建。清乾隆年间，叶锦购得此园重建为古猗园。

④ 澄怀园位于圆明园内园绮春园西墙外，俗称翰林花园。自清雍正三年（1725）起，此园便成了南书房和上书房翰林们的办公处所。图中所绘"八友"，指乾隆年间供职上书房的官员汪由敦等八人。《澄怀八友图》纸本由常铣绘于乾隆二十一年（1756）。至乾隆四十八年（1783）"八友"中只剩下蔡新健在。蔡新睹图思及往事，感慨不已，遂令人据原图刻石。

⑤ 惠荫园位于苏州，明嘉靖年间为归湛初宅园，入清先后归韩馨（时名洽隐园）、倪莲舫（时名皖山别墅）、太平军将领陈炳文（时名听王府）。清同治年间为安徽会馆时，易名惠荫园。

## 三、园画对园林生活的再现

园画有两种主要功能，一是描绘园林景色及布局，二是再现园林生活。对于前者，已有研究相对比较充分，比如高居翰、黄晓、刘珊珊所著的《不朽的林泉：中国古代园林绘画》一书中，就用了绝大部分的篇幅来分析园画的景色及布局。笔者在此就不再画蛇添足，只略作说明，而将重点放在对后者的讨论上。

描绘园林景色及布局，是部分园画的主要目的。同样是描绘园林景色的园画，有的工整细致，毫发不爽；有的则逸笔草草，传神遗貌。这种区别，除了受时代风气、画家个人喜好及绘画技法的影响，还和作画目的有关。对于那些“终身不曾到，唯展宅图看”[①]的将相高官，高度写实的园画自然更能慰藉其失落的情怀，还有的园画本身是园主为求人作记的产物，自然也要求尽量忠实地描绘园林景色。反之，有的画作只是为了寄托作画者渴慕林泉的情思，或者园主求画只是为了借画家的名声抬高园林的声誉，这类作品中，景点布局往往点到即止，并不求形似。正如倪瓒所言：“仆之所谓画者，不过逸笔草草，不求形似，聊以自娱耳。”[②]

身为画家的王维、卢鸿一自然可以为自己的园林挥毫泼墨，不善丹青的园主只好委托画家来为自己的园林写真。明张宏受人委托绘《止园图》、明沈周为吴宽绘制《东庄二十四景图》、明文徵明受王献臣委托绘《拙政园三十一景图》，就属后一种情况。大多数的园画，是依照北宋现实存在的园林绘制的，即使不够细致，也还是写实的。另有少数园画则是根据园记及园诗作图，如明仇英的《独乐园图》主要是依照北宋司马光的《独乐园记》及独乐园诗绘制，清袁江的《梁园飞雪图》则主要是参考西汉枚乘的《梁王菟园赋》而作，画家想象的成分居多。

---

① 《题洛中第宅》，见《全唐诗》卷四四八，第5046页。

② 倪瓒：《答张藻仲书》，见《清闷阁全集》卷一〇，《景印文渊阁四库全书》第1220册，第309页。

描绘园林景色及布局的园画，通常采用俯视角度，以景点为单元，主次分明地展开。如果是手卷，通常按照游园顺序及观画习惯，从前至后，从左至右，依次绘制景点，引首和拖尾处通常会有各种题跋、图咏或园记、图记；如果是立轴，通常按照从下到上的顺序布置景点，主要景点多被安排在画面的中心偏左或偏右的位置；如果是册页，则通常会在画面上题写景点的具体名称，便于观赏者欣赏。在这些画作中，人物偶见，或室中闲坐，或倚栏观望，或摇橹舟中，或洒扫庭除，并不是重点描绘对象，只是作为画面的点缀，与专门描绘园林生活的园画不可同日而语。

前人多重视园画中园林的考证，对园画呈现的园林生活关注不够。描绘园林生活的园画题材非常丰富，从中大体可以提炼出两个主题：男性的娱乐和女性的世界。下面将举例分析。

## （一）男性的娱乐

在古代男权社会中，男性是社会的中坚、家庭的主宰。除了仕女画，园画中的主角通常都是以文士为主的男性。“园记对园林生活的再现与歌颂”一节中讨论的各种园林生活方式，在园画中都有所反映。这里仅就一些前面没有讨论的博古、品茗、消夏、行乐等做简要介绍。

### 1. 博古

宋代开始，文人雅士闲暇之时喜爱鉴赏古器物。这一方面是受金石学方兴未艾的影响，另一方面也因古器物独特的造型美逐渐成为欣赏的对象。宋代不仅出现了像《集古录》《金石录》这样的金石考古学专著，还出现了数量众多的考古图、玩古图，其中较早的考古图就出自画家李公麟之手。李公麟不但收藏了很多古器物，还将它们一一绘制成图，详注款识、用途，并作前序和后赞。其他较著名者还有吕大临的《考古图》、王黼的《宣和博古图》、龙大渊等的《古玉图谱》、王厚之的《汉晋印章图谱》等。以“博古”“玩古”为主题的绘画也同时出现，李嵩的《听阮图》、刘松年的《博古图》中描绘的就是文士鉴赏古器物的情景。到了明清，此类题材的绘画得到进一步发展，赏鉴的物品也扩展至书、画、墨、砚、奇石、绣品等门类，传世作品中与园林有关的主要有明杜堇的《玩古图》、仇英的《竹园品古图》、文徵明的《真赏斋图》，清姚文瀚的《弘历鉴古图》，等等。

明杜堇的《玩古图》绘某园中临池一角，古柏虬曲，芭蕉葱郁，曲栏、屏风围护出一方静谧的空间，两文士正把玩桌案上的鼎彝古器，两人正前方怪石嶙峋，蜀葵明艳，侍从各司其职，忙中有闲，还有一年轻侍女持纨扇正欲扑蝶。整个画面传递出一种雅致、安逸、悠闲的生活情调。

图 3-33 杜堇《玩古图》

## 2. 品茗

自唐陆羽之后，茶逐渐成为文人雅士生活中须臾不可缺少的物品。不论是独居还是雅集，茶都是提神醒脑、清心怡神的佳品。经过历代文人的不断完善和补充，茶逐渐发展为一种别具独特魅力的艺术门类，成为和琴棋书画诗酒花并列的“八雅”之一。宋人别出心裁地在茶饼上印上各种精美图案如龙、凤等，并发明创造出名目繁多的茶具，出现了中国历史上第一部茶具图谱专著——南宋董真卿的《茶具图赞》，书中共记录十二种茶

图 3-34　赵佶《文会图》

具，每种茶具均有名、字、号，并各冠一衔职。宋人还热衷于“斗茶”，借助名盏、好茶及高超的冲泡技艺，使茶叶在杯中变幻出各种奇妙花色，令观者赏心悦目。到了明代，茶叶由团改散，饮茶方式也随之改变，不仅洗茶、候汤有严格的程序，就连择炭、涤器也都有明确的标准，这在明高濂的《遵生八笺 · 饮馔服食笺》、文震亨的《长物志 · 香茗》等中都有详细的记载。文人雅士喝茶并非单纯为了解渴，而重在以茶会友，往往对环境的要求也很高。能够在山间泉边，坐对朗月清风，啜饮香茗，自然最好，但这并不现实也不方便，于是，曲径通幽、小桥流水的园林便成为最佳选择。为使长日清谈，寒宵兀坐时，茶水供应不断且取用方便，茶室（或称茶寮）通常建在主人平日燕息卧游的书斋旁。有时还会在亭榭旁临时搭起炉灶，烹水煮茶。品茗，或曰煎茶、烹茶，渐渐成为画家钟爱的主题。传世作品如宋徽宗赵佶的《文会图》、宋钱选的《卢仝烹茶图》、宋刘松年的《卢仝烹茶图》、明丁云鹏的《玉川煮茶图》、明唐寅的《事茗图》《卢仝煎茶图》、明仇英的《松亭试泉图》、明文徵明的《林榭煎茶图》《惠山茶会图》《品茶图》、清金农的《玉川先生煎茶图》等等。图 3–34 至图 3–37 四幅品茶图中，前两幅茶会设在园林露天空地上，后两幅设在园林亭榭中。

图 3–35　丁云鹏《玉川煮茶图》

图 3–36　文徵明《品茶图》

图 3-37　仇英《松亭试泉图》

### 3. 消夏

趋利避害，是人的本能。面对炎炎夏日，人们自然希望能够消暑降温，逃到一处清凉世界。《礼记·月令》云："（仲夏之月）半夏生，木槿荣。……可以居高明，可以远眺望，可以升山陵，可以处台榭。"[①] 可见在汉代，古人已经懂得利用台榭等建筑物的优势消夏了。

能够享受消夏的人，即使不是帝王将相、达官贵人，起码也要衣食无忧且有余暇。消夏，或者说避暑，起初只是一种简单的生活方式或措施，或"浮甘瓜于清泉，沉朱李于寒水。白日既匿，继以朗月，同乘并载，以游后园"[②]，或"五六月中，北窗下卧，遇凉风暂至，自谓是羲皇上人"[③]，本极平常，但因曹丕和陶渊明的缘故，被赋予一种浪漫的气息，成为旷达、随性的象征。在一代代"有暇者"的发扬光大下，"消夏"的含义被扩大和引申，形式也趋于复杂化。

古人诗词中常见消夏、纳凉的主题，唐王维的《竹里馆》描写的是诗人竹林中弹琴纳凉的情景，宋秦观的《纳凉》描写的是诗人画桥畔柳荫里倚胡床听笛的情景，宋杨万里的《暮热游荷池上》描写的是诗人荷塘避暑的情景……这些诗作里提到的馆、画桥、水池、柳荫、荷塘，都是园林中的常见景物。

传世绘画中以园林消夏为主题的作品很多，尤以宋代最著。传世作品有郭忠恕的《明皇避暑宫图》、赵大亨的《荔院闲眠图》、李嵩的《水殿招凉图》、朱光普的《柳风水榭图》、赵士雷的《荷亭消夏图》、马麟的《荷香消夏图》，其他不知作者姓名的作品还有《荷亭消夏图》《莲塘泛舟图》《醴泉清暑图》《飞阁延风图》《高阁迎凉图》《水阁纳凉图》《高阁观荷图》《柳塘钓隐图》《槐荫消夏图》等。宋代之后，较具代表性的园林消夏图有元刘贯道的《消夏图》、孙君泽的《莲塘避暑图》、佚名的《荷亭对弈图》，明文徵明的《长林消夏图》《消夏小景图》，清吴历的《墨井草堂消夏图》，等等。

---

① 杨天宇：《礼记译注》，上海古籍出版社，2004年，第191页。

② 曹丕：《与朝歌令吴质书》，见《文选》卷四二，第591页。

③ 陶渊明：《与子俨等疏》，见《陶渊明全集》，第39页。

图 3-38　赵大亨《荔院闲眠图》

图 3-39　佚名《草堂消夏图》

宋赵大亨的《荔院闲眠图》[1]，现藏辽宁省博物馆。图中绘一封闭小院一角，花树婆娑，茅草凉亭中一文士正侧卧榻上纳凉。远处山峦耸立，亭前湖石玲珑，一派闲适，凉爽之感扑面而来。

元佚名的《荷亭对弈图》，现藏故宫博物院。图中绘一临水敞轩，岸上绿柳如丝，花树灿烂，水中荷叶田田，碧水荡漾。亭中有三文士，两人正对弈，另一人榻上侧卧。不远处有三仕女，两名侍女或执扇或取水，另一似女主人者正沏茶。

图 3-40　佚名《荷亭对弈图》

### 4. 行乐

人生如白驹过隙，"为乐当及时，何能待来兹"[2]，自汉末以来，文人士大夫中多有主张及时行乐者。如果说魏晋士人的放浪形骸，有着藐视世俗的意味，那么明末士人惊世骇俗的享乐方式，则是对自我个性的极大解放。

---

① 又称《薇省黄昏图》《荔院小憩图》《薇亭小憩图》。

② 《古诗十九首·生年不满百》，见《文选》卷二九，第412页。

上至帝王，下至平民，都有享乐的需求，其享乐的方式也有异。明末清初的李渔在《闲情偶寄·颐养部》中把行乐列为第一，还举明康海筑园北邙（王侯公卿贵族墓地集聚的地方）山麓之例，提出“日日面对死亡，令人不敢不乐”的主张。在李渔眼里，行乐并非贵人、富人的特权，贫贱者也可以行乐，因为“乐不在外而在心。心以为乐，则是境皆乐；心以为苦，则无境不苦”[①]。道理很简单，却不容易做到，贫贱者尤甚。对于普通人而言，心乐的境界实难达到，充其量不过是一种画饼充饥的安慰，行乐，最终还是要落实到物质。相对而言，园中行乐，是比较简便且容易获得满足的一种方式。对于帝王而言，既可以在离宫别苑中举行出猎这样声势浩大的活动，如《朱瞻基行乐图卷》《宣宗行乐图》中所描绘的场景；也可以进行观灯、踏青、赏花这样的节令娱乐，如《雍正十二月行乐图》中所描摹的情景。对于普通士人而言，看花听鸟、蓄养禽鱼，不出户牖，可得自然之乐；浇灌竹木，修整菜畦，不入菜圃，则可得灌园之乐。除此，园林中还适合欣赏伎乐、携姬赏花。

图 3-41　商喜《宣宗行乐图》

① 《闲情偶寄·颐养部·行乐》，第340页。

图 3-42　佚名《雍正十二月行乐图 · 正月观灯》

图 3-43　佚名《雍正十二月行乐图 · 五月竞舟》

《宣宗行乐图》，明商喜绘，现藏故宫博物院。描绘明宣宗朱瞻基带领随从出宫苑入林郊，进行游猎活动。

《雍正十二月行乐图》，由清代宫廷画家创作，现藏故宫博物院。描绘雍正皇帝胤禛在圆明园一年十二个月的活动。分别是正月观灯、二月踏青、三月赏桃、四月流觞、五月竞舟、六月纳凉、七月乞巧、八月赏月、九月赏菊、十月画像、十一月参禅、腊月赏雪。故宫博物院另藏有清佚名的《雍正行乐图》，共十四幅，图中的雍正皇帝胤禛，身穿各种不同服装，或观书，或弹琴，或赏景，或垂钓，神态悠闲。

《乾隆皇帝宫中行乐图》，清代金廷标绘，现藏故宫博物院。图中绘乾隆皇帝弘历正在宫苑中一敞轩闲坐观景，与敞轩正对的曲桥上，来来往往的嫔妃、侍从正缓步前行，欲前往侍奉。关于乾隆宫苑行乐的画作还有很多，像张廷彦绘的《弘历御园行乐图》（背景为圆明园）、沈源和郎世宁等合绘的《乾隆帝岁朝行乐图》（故宫博物院藏）、郎世宁所绘的《弘历雪景行乐图》（故宫博物院藏），均以园林为背景。

图 3-44　金廷标《乾隆皇帝宫中行乐图》

绘画中表现士人行乐的作品以欣赏伎乐、携姬赏花为主，如宋李嵩的《听阮图》、明陈洪绶的《蕉林酌酒图》、清佚名的《携姬赏花图》等。另有部分受人所托专门描绘仪容的行乐图，也以园林作为人物活动的背景，如清佚名的《园中行乐图》。

《听阮图》，宋李嵩绘，台北故宫博物院藏。园中绿荫下，一高士盘膝坐于榻上，一边听阮一边鉴赏古玩字画，侍女美姬侍奉在侧，古树、芭蕉、奇石、名花环绕一旁。除此，还有清刘彦冲的同名画作，画中园林环境更为清旷，听阮者抱膝坐于一块平坦巨石上，正目视弹阮者，身旁放置一张古琴，身后是数株偃屈大树，右方的湖石芭蕉、青青翠竹，点明画中地点是在园林而非旷野。

清代佚名画作《携姬赏花图》（美国波士顿艺术博物馆藏）和《金瓶梅》插图（美国纳尔逊 - 阿特金斯艺术博物馆藏），是对古代男性三妻四妾、狎妓现象的描绘。前一幅图，虽名为赏花图，但显然，画中人并没有把心思放在华丽的牡丹花上，在园中席地而坐的男女四人，正专注于击鼓

图 3-45　李嵩《听阮图》

图 3-46　陈洪绶《蕉林酌酒图》

图 3-47　刘彦冲《听阮图》

传花的嬉戏。后一幅图中，大好园林景致更是无人欣赏，放荡不羁的妓女和狎客之间，唯有金钱与美色的交易。

## （二）女性的世界

男人们建造了园林，却不甘心把自己的毕生圈定在园林一隅。更多的时候，他们把目光投向广阔的大千世界，渴望在外面的天地大展宏图，建功立业。总之，大多数的男性只有在外面撞得“头破血流”，对外面的世界彻底心灰意冷了，或者被逼无奈，才会退隐到园林中疗伤。在中国传统的

图 3-48　佚名《金瓶梅》插图（据明版画插图绘制）

前宅后园居住模式中，官员或富家的女眷住所通常被安排在多进院落的最后一进，也就是最接近花园的地方，待字闺中的小姐的绣楼则往往就设在后花园中，这些女性一生中的大部分时间都是在宅园中生活，从某种程度上说，她们才是园林的真正主人。

但是，在男权社会中，作为男性的附庸，女性的发言权是非常有限的。这在园记方面体现得较为明显，一千多篇园记的作者中竟然没有一个女性，也几乎没有关于女性园中生活的正面描述。幸运的是，中国绘画中仕女画的存在，弥补了园记这方面的缺失。仕女画，形成于魏晋时期，此后历代都有擅长者，唐代的周昉、张萱，五代的周文矩，宋代的李嵩、王居正，明代的仇英、杜堇、唐寅，清代的陈枚、冷枚、焦秉贞、改琦、费丹旭，等等，都有佳作传世。仕女画中再现的女性活动主要有梳妆、赏花、蹴鞠、荡千、读书、题诗、拜月、乞巧、赏月、对弈、观鱼、逗鸟、采莲、垂钓、做女红等等。这些活动可以归结为四类：宣扬教化、祝愿祈祷、修身养性、休闲娱乐。

1. 宣扬教化

封建社会，妇女被要求遵守“三从四德”，所谓四德，即指妇德、妇言、妇容、妇功。德，即品德，要符合统治者制定的道德规范，做到温顺娴淑，贤良大度；言，即言语，要求妇女在任何场合下都要说话得体，言辞恰当；容，即容貌，妇女要注意仪容整洁，修饰有度，尽可能端庄稳重；功，即指针黹、洗涤、洒扫、纺织、侍奉长辈、伺候丈夫、抚育幼儿之类的家务劳动。纵观园林仕女画的内容，有很大一部分是围绕“四德”而描绘的。像耕织图中织图、女孝经图、育婴图、捣练图、调酒图、女红图、教子图、梳妆图等等，其中尤以耕织图和梳妆图较为多见。

（1）耕织

耕织图，即以传统农耕社会中男耕女织为主题的绘画。宋代刘松年和楼璹都画过《耕织图》，后者有摹本存世。本着劝课农桑的目的，清代前期几位帝王都很重视《耕织图》。康熙曾命焦秉贞绘《耕织图》，乾隆曾命冷枚、陈枚各绘《耕织图》。清代耕织图中，以故宫博物院现藏《雍正耕织图》最为精美。此图是雍正登基之前为讨好康熙皇帝特地组织宫廷画家精心绘制的，是故耕织图中的女性虽穿着平民衣服，但劳作环境分明是清幽古雅的宫苑。图 3-49、图 3-50 为清代画家陈枚所画，分别描绘“浴蚕”和“分箔”场景，图中人物劳动的场所均为临水亭榭，周围有流水、老树、翠竹环绕。另在题款仇英的《耕织图》中，园林特征更为明显，整饬的石板路、精美的朱栏、玲珑剔透的湖石、衣着华丽的妇人……无不暗示着是宫中或贵族妇女进行的表演性质的劳作。

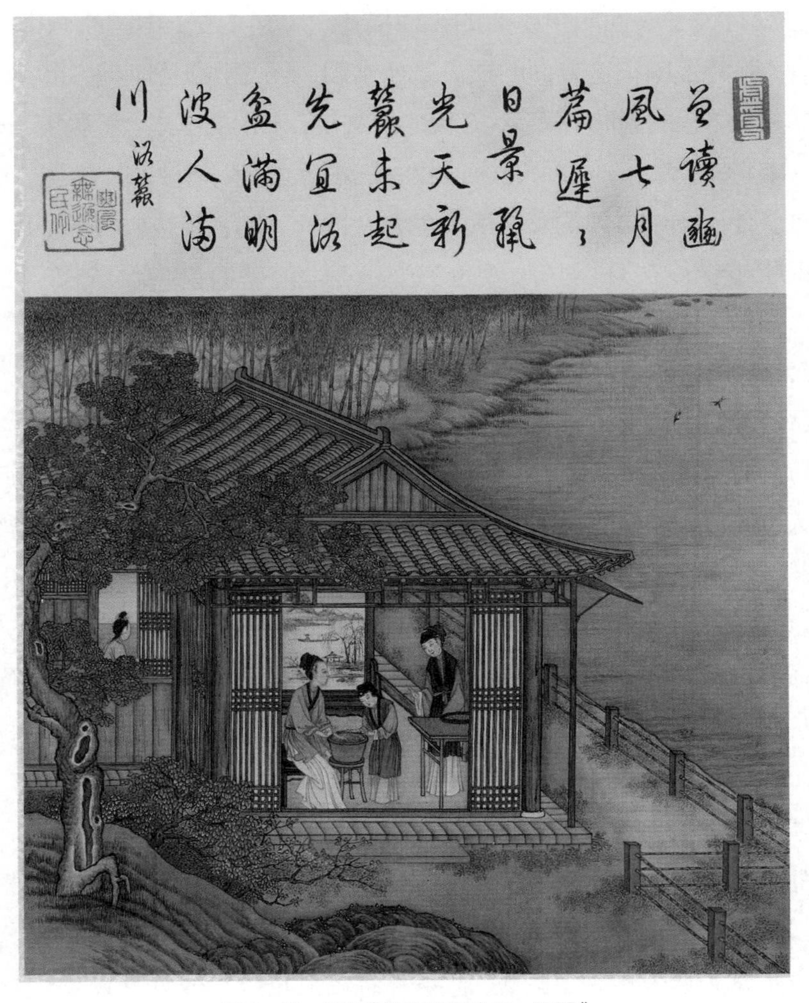

图 3-49　陈枚《御制耕织全图 · 浴蚕》

图 3-50　陈枚《御制耕织全图 · 分箔》

（2）梳妆

如果说耕织是关系到国计民生的大事，那么，对于女性，特别是上层妇女而言，梳妆则是关系其一生幸福与否的人生大事。“女为悦己者容”，自古以来，女人的美貌都是俘获男人最直接的利器。嫫母、无盐之类虽丑犹荣的女性固也存在，但几千年中也只有屈指可数的几位幸运者，而且多半不过是男人作秀的道具而已，其真实的生活虽不见详细记载，但是也不难想见。不管是在古代还是在现代，爱美厌丑都是人的天性，这是毋庸讳言的。特别是在美女如云的后宫、姬妾成群的豪家大族，女人要想艳压群芳，博得男人的宠爱，精心打扮更是每日的必修课。当然，“云想衣裳花想容”，女为悦己容，也是女性重视梳妆打扮的一个原因，但最大的动力无疑还是来自男性的欣赏，《诗经》中那位“首如飞蓬”的女子就是一个很好的例子。东晋顾恺之的《女史箴图》中已有描绘妇女对镜梳妆的画面，见图3–51。

图 3–51　顾恺之《女史箴图 · 修容饰性》（唐摹本）

唐宋以来，随着园林的进一步发展和成熟，画家普遍喜欢把表现美人梳妆的场景安排在园林中。宋王诜有《绣栊晓镜图》、苏汉臣有《妆靓仕女图》，山西洪洞县水神庙存一元代壁画《园林梳妆》，明陈洪绶有《对镜仕女图》。明仇英不仅有单幅的《人物故事图 · 贵妃晓妆》《对镜画眉图》，其长卷《汉宫春晓图》中也有宫中妇女对镜梳妆的场景。清金廷标有《簪花仕女图》、陈崇光有《柳下晓妆图》、朱本有《对镜仕女图》。清陈枚的《月曼

图 3-52　王诜《绣栊晓镜图》

清游图》之五所画情景为水阁梳妆。故宫博物院藏有一套清代《十二美人图》，描绘十二个宫苑美人博古、赏花、对菊、观雀、赏雪、品茶、缝衣、观竹、观猫、对镜、沉吟、观书、赏蝶等日常生活情景，其中的对镜图，描绘的就是宫人对镜理妆的情景。

宋代王诜的《绣栊晓镜图》，绘一桂树婆娑的园林一角，一名仪态端庄的妇人正对镜沉思，另一妇人正从侍女手中茶盘取食。画中几、榻皆镶嵌螺钿，做工考究，非普通百姓人家所有。

宋代苏汉臣的《妆靓仕女图》描写的是暮春或者初夏时节，由曲栏和屏风围合成的园林角落里，一仕女正在对镜梳妆，身后桃枝横斜，新竹葱翠，旁边的几案上摆着两盆盆景，梳妆台上兰花正静静绽放。

图 3-53　苏汉臣《妆靓仕女图》(局部)

明仇英的《人物故事图·贵妃晓妆》中画栋飞甍、雕栏玉砌的场景，和《汉宫春晓图》中的梳妆部分极为相似，描绘的都是宫中贵妇晨起对镜整理云鬟的瞬间。画中女性和山西洪洞县水神庙元代壁画《园林梳妆》中的女性动作相仿。仇英的另一幅《对镜画眉图》，则是对妇女描眉情景的特写。古代妇女非常重视眉毛，眉形的好坏几乎决定了一个女人的美丑，故“蛾眉”遂成为女性的代称。

前面几幅梳妆图中的美女大都三五成群，相形之下，明陈洪绶的《对镜仕女图》和清陈崇光的《柳下晓妆图》中的女性则显得形单影只。前者虽手持菱花镜，但目光却飘移到镜面之外，心事重重的样子；后者虽专注于镜中，却大有顾影自怜的意味，身后杨柳低垂，桃红点点，春光明媚中似乎暗示着韶光如水，红颜易老。

图 3-54　仇英《汉宫春晓图》(局部)

图 3-55　陈洪绶《对镜仕女图》

图 3-56　陈崇光《柳下晓妆图》

其他如明佚名的《调酒图》、明仇英（款）的《女红图》、清焦秉贞的《历朝贤后故事图》（十二开，故宫博物院藏）、清冷枚的《十宫词图》[1]、清吴求的《豳风图 · 缝衣》（南京博物院藏），均是以描绘"四德"为主题的园画。

2. 祝愿祈祷

（1）乞巧

牛郎织女的故事在中国可谓家喻户晓：天庭的织女爱上了凡间的放牛郎，二人结为夫妻，过着男耕女织的幸福生活，却不幸被王母娘娘拆散，每年只能在农历七月初七夜晚相会。织女是一个美丽聪明、心灵手巧的仙女，所以从汉代起，民间便出现了女子七月初七夜向织女乞巧的仪式。《东京梦华录 · 七夕》记载："至初六日、七日晚，贵家多结彩楼于庭，谓之'乞巧楼'。铺陈磨喝乐[2]、花瓜、酒炙、笔砚、针线，或儿童裁诗、女郎呈巧，焚香列拜，谓之'乞巧'。妇女望月穿针，或以小蜘蛛安盒子内，次日看之，若网圆正，谓之'得巧'。"[3]自唐之后，历代都有描绘乞巧情景的画作，传世的主要有五代佚名的《唐宫七夕乞巧图》、宋李嵩的《汉宫乞巧图》、明仇英的《汉宫乞巧图》、清丁观鹏的《乞巧图》、清任颐的《乞巧图》、清陈枚的《月曼清游图 · 桐阴乞巧》。

五代佚名的《乞巧图》，绘唐宫中一处亭台楼阁错落的庭院，在一座连接亭子的平台上，摆着两张黑漆几案，众多妇人正在往案上布置乞巧的水碗（乞巧时，将针放入水碗中）及彩盒（放蜘蛛用），准备乞巧。

明仇英的《汉宫乞巧图》，绘一群妇人聚集在庭院中，旁边桌上摆设着瓜果、鲜花、酒、针线等，画中每个人神态各异，有的倚树观望，有的相顾而语，有的布置肴馔，颇具动感。

---

① 描绘历代贤德后妃或贵族妇女的故事，配梁诗正书写的弘历继承皇位前于雍正十三年所作的诗句。

② "磨喝乐"是梵语音译，此处指一种泥偶人。

③ 孟元老：《东京梦华录》（精装插图本），中国画报出版社，2013年，第163页。

图 3-57　仇英《汉宫乞巧图》(局部)

清代陈枚的《月曼清游图 · 桐阴乞巧》①，描绘宫中妇人在七月七日这一天，齐聚桐阴之下，投针验巧的情景。投针验巧，是从之前的穿针乞巧演变来的，是明清时期北方一带流行的七夕仪式，且是在白日午间进行。《帝京景物略》记载："七月七日之午，丢巧针，妇女曝盎水日中，顷之，水膜生面，绣针投之则浮。则看水底针影，有成云物、花头、鸟兽影者，有成鞋及剪刀、水茄影者，谓乞得巧。其影粗如槌，细如丝，直如轴蜡，此拙征矣。"②

除此，传宋赵伯驹的《汉宫图》描绘的也是七夕时，宫中妃嫔在宫娥的簇拥下，鱼贯而入，登上高台乞巧的场景。

(2)拜月

八月十五中秋节，又称为团圆节，古人认为如果在此日夜间焚香祝

① 《月曼清游图》，共十二开，描绘了宫廷仕女一年十二个月的深宫生活：正月"寒夜赏梅"、二月"杨柳荡千"、三月"闲亭对弈"、四月"庭院观花"、五月"水阁梳妆"、六月"碧池采莲"、七月"桐阴乞巧"、八月"琼台玩月"、九月"重阳赏菊"、十月"文窗刺绣"、十一月"围炉博古"、十二月"踏雪寻诗"。

② 《帝京景物略》，第104页。

图 3-58　陈枚《月曼清游图 · 桐阴乞巧》

图 3-59　（传）赵伯驹《汉宫图》

拜，月亮上的神灵能够听到自己的心声，从而会帮助自己达成愿望，这个习俗一直在妇女之中保持着。后来，拜月的时日逐渐放宽，并不局限于八月十五，只要是月圆之夜，都可以拜月。拜月的目的，可以是为别人祈福，如东汉末年的貂蝉为主人王允拜月；也可以是为自己祈福，尤其是待字闺中、情窦初开的少女，往往因为害羞不能将心事告知别人，可又不吐不快，遂焚香拜月，将心事付诸仙人，《西厢记》中的崔莺莺、《拜月亭》中的王瑞兰都曾月下祈祷，就属此种情况。

宋代佚名的《拜月图》描绘的是在楼台参差、花木扶疏的园林中，一位妇女站在华丽的厅堂上虔诚地焚香祷告的情景。

明万历三十八年（1610）起凤馆刻本《西厢记》中，有一幅插图描绘了拜月情景：二月十五夜，月明星稀，崔莺莺携红娘在花园焚香拜月，张生隔墙窥听。

3．修身养性

东汉以来，女子不再只是以贤德和美貌博取男人的认可，博学多才的班昭、蔡文姬登上了历史舞台，并青史留名，为后代女子做了很好的榜样。魏晋之后，擅长诗歌、书法的女性开始得到社会的尊重和推崇，有咏絮之才的谢道韫、书画俱佳的管道昇，都是当时翘楚。唐朝的武则天则更是不让须眉，充分展现了自己的雄才大略，当上一国之君，令天下男子俯首称臣。宋代的李清照不仅独步词坛，“生当作人杰，死亦为鬼雄”的豪气也非平常男子可望其项背。明清女诗人、女词人、女作家、女画家、女戏曲家更是不胜枚举，这些才女往往具有很高的艺术修养和鉴赏水平，不仅琴棋书画兼通，还和男人一样读书、博古、雅集。仕女画中多见描绘女子读书吟诗、奏乐、弈棋、博古者。

（1）读书吟诗

书香门第人家的女子，大多能诗善咏，文化程度较高；家庭条件优渥者，庭院深深，朱栏绮户，白昼闲暇，长夜漫漫，好书一卷在手，独自题吟或群聚举行诗会，均不失为一种高雅有趣的消遣。明清仕女图中，常有仕女庭院展卷或吟诗的形象。或在虬枝峥嵘的梅花下，一袭红衣，半展书页

图 3-60　佚名《拜月图》

（明佚名的《仕女图》）；或在翠叶如盖的芭蕉下，斜倚怪石，手持一卷，支颐沉思（清吕彤的《蕉荫读书图》）；或合欢树下，双英共读（清改琦的《读书仕女图》）；或在桐阴遮蔽的闺房里，独对花笺，酝酿沉思（清费丹旭的《仕女图》[①]）；或桐叶新展，草花明艳，触景生情，双双拈花、赋诗（清金廷标的《春园题诗图》）。下面略举几例：

清费丹旭的《十二金钗图》之一，描绘的是一位妙龄少女挑灯夜读，倦怠之际，窗前支颐沉思的画面，窗外假山湖石嶙峋，花木疏枝横斜，静谧美好的气息扑面而来。

图 3-61　费丹旭《十二金钗图》之一

清佚名的《雍正十二美人图 · 抚书低吟》，绘一贵妇人手持书卷，静坐案前，瓶中月季盛开，窗外绿竹猗猗，一派闲雅。

清陈枚的《月曼清游图》之十二月描绘的是宫中嫔妃踏雪寻诗的场景，湖石、翠竹、青松点缀的小院落里，正在举行诗会，早已等候的四位妇人翘首观望，室外三位女子正冒雪而来。

① 共有四幅，分别是《吟诗图》《游春图》《采梅图》《濯衣图》，无锡市博物馆藏。

图3-62 佚名《雍正十二美人图·抚书低吟》

（2）奏乐

仕女画中女性演奏的乐器一般以古琴、洞箫居多，间或有阮、笛子、琵琶、古筝等。宋佚名仿唐周昉的《宫妓调琴图》中即绘一妇人坐石上弹古琴，两妇人侧耳倾听。

明杜堇的《宫中图》，描绘的是明代宫廷女子的生活常态，此处所选为奏乐场景。图中乐器除古琴之外，还有阮和笙。

元赵孟頫的《吹箫仕女图》，描绘了仕女在园中吹奏洞箫的情景。洞箫的声音清幽凄婉，非常适合柔弱、秀雅的闺中女子，若在水边、月下吹奏，则更添韵味。画中女子端坐榻上，神情恬淡，在青叶秀石相伴下，专注吹箫，呜呜咽咽的箫声似乎能穿透画面，送入人耳。

（3）弈棋

弈棋，也称对弈、手谈，起源于中国，至今已有三千多年的历史，是一

图 3-63　陈枚《月曼清游图 · 踏雪寻诗》

图 3-64　佚名仿唐周昉《宫妓调琴图》(局部)

图 3-65　杜堇《宫中图》(局部)

种老少皆宜的益智游戏。最初，对弈是男子的专属娱乐，至唐代，开始在上层女性中流行。

清陈枚的《月曼清游图 · 闲亭对弈》描绘的是清宫女子阳春三月闲亭对弈的场景。宫苑中绯桃绽放，绿竹亭亭，一架蔷薇郁郁勃勃，花开满屏。一所开敞建筑内，四五女子正凝神对弈，室外另有两名女子正忙着递送茶水、糕点。

(4)博古

博古鉴赏，至少需要三个客观条件：一是雄厚的财力，二是丰富的收藏，三是出众的鉴赏力。这三条，对于一般女子来说，是很难同时具备的。所以，以博古为主题的仕女图，描绘的多半是宫廷贵妇，如《雍正十二美人图 · 博古幽思》《月曼清游图 · 围炉博古》。

图 3-66　陈枚《月曼清游图 · 闲亭对弈》

图 3-67　陈枚《月曼清游图 · 围炉博古》

4. 休闲娱乐

（1）赏花

中国园艺历史悠久，曾对世界园艺做出重要的贡献，很多花卉品种都发源于中国。英国植物学家亨利 · 威尔逊在其著作《中国，园林之母》中写道："中国的确是园林的母亲；因为所有其他国家的花园，都深深受惠于她。……从早春开花的连翘、玉兰，到夏季的牡丹、芍药与蔷薇、月季，直至秋季的菊花，显然都是中国贡献给这些花园的花卉珍宝。"[①] 品种繁多的花卉给白日多暇的贵妇、闺中少女平添许多乐趣，游园赏花成为她们消磨时光的重要休闲方式。唐代画家周昉的《簪花仕女图》，描绘的就是贵族妇女在春夏之交游园赏花的情景。

得天独厚的地理条件，加上历代花匠及爱花之人的精心培育，使得四

① 转引自北京林业大学、中国园艺学会编：《陈俊愉教授文选》，中国农业科技出版社，1997年，第61页。

季皆有花开。春有虞美人、山兰、素馨、芍药、萱草、桃、李、梨、玉兰、海棠，夏有蜀葵、剑兰、茉莉、杜若、蔷薇、木香、月季、紫薇、木槿、荷花，秋有剪秋萝、秋葵、木芙蓉、秋海棠、雁来红、鸡冠花、菊花，冬有水仙、长春、梅花，等等。

仕女画中最常见的花卉主要有梅花、牡丹、荷花、菊花这几种。图3-68、图3-69，描绘的分别是梅花开放的时节，仕女或寒夜游园探梅（清陈枚的《月曼清游图 · 寒夜探梅》），或攀枝采梅（清费丹旭的《探梅仕女图》）。

图 3-68　陈枚《月曼清游图 · 寒夜探梅》

《寒夜探梅》中画家欲突出表现的是宫苑嫔妃的雅兴，无意中也暗示了宫中女子长夜多寂寞的无奈与悲哀；《探梅仕女图》中的少女一改以往仕女图中娴雅文静的形象：身子微向前倾，左手抱住梅树，右手奋力攀折，让人不由得联想起《红楼梦》中活泼率性的薛宝琴。

清冷枚的《十宫词图 · 唐宫》中的“沉香亭”，是唐兴庆宫苑中的一处建筑。天宝年间，唐明皇常携杨玉环在沉香亭赏花。李白在《清平调》中吟

图 3-69　费丹旭《探梅仕女图》

咏过此事："解释春风无限恨，沉香亭北倚栏杆。"①图中描绘了数名妇人在庭院赏花，篱边玉兰洁白如玉、石间牡丹雍容华贵、屏架上的蔷薇如火如荼，呈现出一派富贵祥和的气象。

美丽温婉的少女在一泓碧池中荡舟采莲，是很多骚人墨客喜欢吟咏的题材。清陈枚的《碧池采莲》图，描绘的是一群宫中少妇乘舟采莲的情景，小船上的一大瓶莲花，暗示着美人们已经满载而归，正是王勃的"采莲归，绿水芙蓉衣，……桂棹兰桡下长浦，罗裙玉腕轻摇橹"②的真实写照。

"不是花中偏爱菊，此花开尽更无花"，虽然有些夸张，但也道出人们喜爱菊花的一个原因——"傲霜"。菊花的开放时节与中国传统节日重阳节差不多同时，于是自古以来，人们就有重阳赏菊的习俗。自东晋陶渊明之后，菊花又被赋予高洁的品质，成为与梅兰竹齐肩的"四君子"之一，更加受到人们的青睐。清陈枚的《月曼清游图》之九月描绘的就是宫中嫔妃重阳赏菊的情景：一盆盆五颜六色的

① 郁贤皓校注：《李太白全集校注》，凤凰出版社，2015年，第598页。

② 王勃：《采莲曲》，见马茂元选注：《唐诗选》，上海古籍出版社，1999年，第8页。

图 3-70　冷枚《十宫词图 · 唐宫》

图 3-71　陈枚《月曼清游图 · 碧池采莲》

图 3-72　陈枚《月曼清游图 · 重阳赏菊》

菊花被置于廊下阶前，嫔妃们结伴游赏，对菊花评头论足。

（2）斗草

斗草，又称斗百草，是古代年轻女子及孩童常玩的一种游戏，一般在清明、端午时节，百草繁茂、百花争艳之际举行。

梁宗懔的《荆楚岁时记》中已有记载：“五月五日，荆楚人并踏百草，……今人又有斗百草之戏。”[①] 斗草有文斗和武斗之分，前者主要是比较花草的种类多寡和稀奇程度，一般来说，女子比较喜欢这种方式，《红楼梦》第六十二回香菱和芳官等的斗草，就属此种；后者则主要较量花草的韧劲，这在男子之间比较盛行，清金廷标在《儿童斗草图》中就描绘了男童斗草的情景。

图 3-73　金廷标《儿童斗草图》

这两种方式，都要求采集到实物。除此之外，还有一种新奇玩法，虽也属文斗，却比通常意义上的文斗更为文雅，可以称为文字斗——参与者随便说一花草名或果木名，其他人只须依着字面意思对即可。如“铃儿草”对“鼓子花”，“长春”对“半夏”，明代小说《镜花缘》第七十六回对此有详细描写。

明仇英的《汉宫春晓图》长卷中就有一段描绘宫中妇女春日斗草的情景。从图中可以看到，斗草的人群中既有双鬟少女，也有挽髻妇人，可见

① 宗懔：《荆楚岁时记》，宋金龙校注，山西人民出版社，1987年，第103—106页。

斗草并不仅是少女之间的游戏。图中斗草方式则属于文斗。除此，还有明仇英（款）的《斗草图》、明陈洪绶的《斗草图》。

图 3-74　仇英《汉宫春晓图》（局部）

（3）观物取乐

这里的“物”主要指自然界的景物或生物，既有天上的明月、雪，也有地上的小动物如鹤、猫、孔雀、蝴蝶、喜鹊，以及水里的游鱼、凫鸭，还有植物如芭蕉、翠竹。仕女画中对此皆有体现，如宋佚名的《水阁看凫图》、明仇英的《汉宫春晓图》中的“观鱼”“观孔雀”、明佚名仿仇英的《春庭行乐图》中的“观鹤”“观鱼逗鸟”、清佚名的《人物故事图》中的“垂钓观鱼”，又如《雍正十二美人图》中的“倚榻观鹊”“倚门观竹”“捻珠观猫”“烘炉观雪”“消夏赏蝶”、清陈枚的《月曼清游图》中的“琼台玩月”。

一年中的大部分时间，中上层女子被禁足在高墙深院中，与广阔的外部世界隔离。除去必要的梳洗打扮、晨昏定省、抚育婴儿，偶尔的针黹女红，还有大把的光阴需要消磨，于是，观物取乐成为她们填补空虚寂寞的消遣。图 3-75 至图 3-80 中的园林仕女，多是青春貌美的少女或少妇，或动或静，或喜或忧，都有一个共同的特点“闲”。对于奔波劳苦的人而言，“闲”也许是求之不得的幸福与满足，但对于无所事事的深闺女性，“闲”是

图 3-75　仇英《汉宫春晓图》（局部）

图 3-76　佚名《雍正十二美人图 · 倚门观竹》

图 3-77　佚名《雍正十二美人图 · 捻珠观猫》

图 3-78　佚名《雍正十二美人图 · 消夏赏蝶》

图 3-79　佚名《雍正十二美人图 · 烘炉观雪》

图 3-80　陈枚《月曼清游图 · 琼台玩月》

一种无法排遣的百无聊赖、无边清愁，甚至会勾起怨怼。

“打起黄莺儿，莫教枝上啼”，闺中少妇的无聊和苦闷，无处发泄，只好迁怒于枝上啼鸣的黄莺，看似无厘头，实则情非得已，清王学浩的《弄莺图》表现的就是此种情景。《雍正十二美人图》中“倚榻观鹊”的妇人，正侧身注目于架上喜鹊，似乎被喜鹊的叫声所吸引，同时也对即将发生的事情充满期待，但是眉宇间仍难掩孤寂，手中把玩的合璧连环，更泄露了心事。“宁得一心人，白首不相离”，这也许是世上女子共同的心愿。

图 3-81　佚名《雍正十二美人图·倚榻观鹊》

除了以上画作中描绘的静观万物，活泼好动的女性还以在花丛中、树荫里、小桥边“扑蝶”为乐，明仇英的《汉宫春晓图》中就描绘了庭院中的一位红衣女子，正手举纨扇，蹑手蹑脚，凝神屏息地欲捕捉蝴蝶。两名倚栏侍从在后面注视着红衣女子，似乎在等待她的“捷报”。

（4）活动消遣

古代妇女热衷的运动首推荡秋千，这种运动既简单易学，又惊险刺激，据说还可以医治病患、除忧解闷，因而深受女性青睐：在高高的秋千架上上下翻飞，自然会带给人一种像飞鸟般的自由感，也许这就是荡秋千的医理吧。“秋千争次第，牵拽彩绳斜”[①]，可见荡秋千虽是一项娱乐活动，也含

① 刘禹锡：《同乐天和微之深春二十首》之十六，见刘禹锡：《刘禹锡集》，中华书局，1990年，第436页。

图 3-82　仇英《汉宫春晓图》(局部)

图 3-83　陈枚《月曼清游图 · 杨柳荡千》

有一定的竞技性质。清陈枚的《月曼清游图 · 杨柳荡千》、明仇英的《四季仕女图 · 春》所描绘的就是阳春三月，桃红柳绿的季节，仕女们在园中荡秋千的情景。《月曼清游图 · 杨柳荡千》中的秋千绳离地较远，秋千架上的仕女凌空飘荡，引起地面之人的惊呼和担心；明仇英的《四季仕女图 · 春》中的秋千绳设置得较矮，且仕女是坐在踏板上，比较安全，画中人也更从容悠闲。

除了荡秋千，女子还像男子一样蹴鞠、捶丸，这在明代画家杜堇的《宫中图》中有所描绘。荡秋千也有竞赛的意味，但通常只是单人项目，并不激烈。蹴鞠、捶丸则是多人参与的一种集体运动，需要个人技能的发挥，更重视相互之间的配合。但不论是蹴鞠还是捶丸，相比男性，女性的活动规模相对要小一些，一般选在园林空地，对抗性较弱，娱乐性大于竞技性。

除了仕女画，戏曲、小说中的插画中也有大量涉及女性生活的题材。戏曲如《西厢记》。除了前面章节中介绍的各种《西厢记》版刻插图，《西厢记》还有彩绘本。图 3-85 所绘为剧中的"窥简"情景：在一处临水建筑内，崔莺莺在读张生的情书，红娘正要从外面进来。

图 3-84　杜堇《宫中图 · 蹴鞠》

图 3-85　陈洪绶《〈西厢记〉插图 · 窥简》

小说如《红楼梦》。清代很多画家都曾以《红楼梦》为题材作画，较为著名的有改琦、费丹旭、孙温等。改琦的《红楼梦图咏》，绘五十幅人物肖像图。费丹旭绘有《金陵十二钗》十二幅写意人物肖像画。从数量上来说，相比改、费二人的肖像图，孙温的全本《红楼梦》图册可谓巨制，全本共二百三十幅图，画中人物背景也更丰富绚丽，其中多幅可视为精美的园林仕女画。图 3–86 描绘的是第七十六回“凸碧堂品笛感凄清　凹晶馆联诗悲寂寞”情景：中秋节赏月宴结束后，黛玉、湘云二人意犹未尽，继续在凹晶馆联诗取乐。

图 3–86　孙温《红楼梦 · 月夜联吟》

除了表现男性的娱乐和女性的世界，园画还常表现天伦之乐（清佚名的《夫妻携子图》）、儿童嬉戏、社会风俗等，由于数量较少，此处不做论述。

记录园主日常生活片段的园画，相比单纯描绘园林外部景观的园画，提供了更多园林建筑室内陈设布置的信息。在这些画的引导下，人们的视线从室外转向室内，观者的代入感增强，也弥补了以园记为代表的文字类园林文献较少描述室内陈设布置的缺陷。

以园林为背景的人物及故事画，直观形象地还原了古人的园林生活。园林图，有时也会画上人物，但通常是作为景物的点缀，而这类插画则是

图 3-87　苏汉臣《秋庭戏婴图》（局部）

以人物、故事为主，所画园林有的是真实的，如《鸿雪因缘图记》这种自传性质的书，有的则是泛化的园林，如戏剧、小说、诗词曲谱中的插画，但尽管如此，仍是对现实生活的折射，能够反映作画时期园林的大致情况。

# 第四章　附属性园林文献萃说

除上述主体性园林文献外，另有大量园林诗词、园林匾联、花谱石谱及零散园林史料。这部分园林文献，虽因体裁的特殊或内容的限制，并非园林文献的主体，但仍可补园论、园记、园画之不足，具有一定的文献史料价值，可统归为附属性园林文献。

## 一、园林诗词萃说

鉴于诗词体裁的特殊性，大部分园林诗词中所描述的园林景象往往属于泛指，并非写实，有时不免夸张，甚至添加臆想、虚构的成分。但是，作为其他园林文献的有益补充，数量庞大的园林诗词仍有其不可替代的价值，而且诗词中营造的“园林意境”也不容忽视。

### （一）园林诗

#### 1．概述

园林诗，指记录、描写园林的诗歌。迄今所知最早的园林诗，可以追溯到《诗经·大雅·灵台》：

经始灵台，经之营之。庶民攻之，不日成之。经始勿亟，庶民子来。

王在灵囿，麀鹿攸伏。麀鹿濯濯，白鸟翯翯。王在灵沼，於牣鱼跃。

虡业维枞，贲鼓维镛。於论鼓钟，於乐辟雍。

於论鼓钟，於乐辟雍。鼍鼓逢逢，蒙瞍奏公。[①]

灵台、灵沼、灵囿，建于公元前11世纪，位于丰京西郊[②]，是文王的苑囿。首段描写了百姓爱戴文王，争相为其建造灵台的情景；第二段描写文王在灵囿、灵沼观赏麀鹿、白鸟、游鱼的欢快场面。诗中未提及植物，正是上古苑囿不重植物观赏而以圈养动物为主的体现。魏曹丕的《芙蓉池作》，则是第一篇确切标示作者的园林诗：

乘辇夜行游，逍遥步西园。双渠相溉灌，嘉木绕通川。卑枝拂羽盖，修条摩苍天。惊风扶轮毂，飞鸟翔我前。丹霞夹明月，华星出云间。上天垂光采，五色一何鲜。寿命非松乔，谁能得神仙？遨游快心意，保已终百年。[③]

西园，本名铜雀园（或称铜爵园），因位于邺城宫城之西，简称西园，芙蓉池是西园内一水池，著名的铜雀台就在此园西侧。建安年间，曹丕、曹植兄弟常与王粲、陈琳等游宴于此，吟咏赋诗，本诗即其中一首。诗中所咏"双渠"之一为长明沟，引城西郊的漳河水经铜雀台南进入西园，主要供宫廷享用。另外，又凿芙蓉池，以供养鱼种荷。本诗虽提到了园中景物，但除"双渠"写实外，其他如"嘉木""通川"等都泛泛而言，因其本意不过是托意松乔、企羡快心百年而已。这也成为后来大部分园林诗的一个模式。

判断一首诗是否为园林诗，主要根据诗歌的题目。大多数的园林诗，都会在诗题中对所咏园林有所体现。按照诗题形式的不同，可以将园林诗

---

① 程俊英、蒋见元：《诗经注析》，中华书局，1991年，第788—789页。

② 见《三辅黄图》卷四"周灵囿"条、"周灵沼"条，卷五"周灵台"条。

③ 《文选》卷二二，第311页。

分为以下四类：其一，题目直接作“某某园”[1]或“咏/题/过某某园”，如唐韦应物的《南园》、杜甫的《小园》、刘长卿的《春过裴虬郊园》、李颀的《题璿公山池》，宋陆游的《沈园》，在这些诗作中，园林是吟咏的对象；其二，题目中夹杂“园林”字样或园林名称，如唐陈子昂的《晦日重宴高氏林亭》、白居易的《闲园独赏》、李商隐的《小园独酌》，这些诗中的园林主要作为事件的背景存在，并非吟咏的主题；其三，以园林要素为诗题，这些园林要素便是诗歌吟咏的对象，如唐韦应物的《花径》、白居易的《小池》《白牡丹》《紫藤》《池鹤》[2]；其四，是以上两类或三类的综合，如唐李德裕的《春暮思平泉杂咏二十首》组诗，如果单看总题目，应归在第一类中，但组诗中的每一首又都有另外的诗题，除最后一首“自叙”，其他均咏平泉山居景物，如之二咏“潭上紫藤”，之五咏“瀑泉亭”，则又可以归入第三类。

2．园林诗的作用

（1）补充、细化

对于已有园记等文献资料的园林，园林诗的作用主要是补充、细化。以唐代诗人司空图晚年隐居的中条山王官谷为例：关于这处山间别业，司空图自己有《山居记》《休休亭记》记之，从这两篇文章中可以得知，别业中的景点大致有三诏堂、祯贻溪、休休亭（原名濯缨亭，毁后重建改名为休休）、莹心亭、九龠室、证因亭、拟纶亭、修史亭、一鸣窗、览昭亭等，文中对其记载非常简略，也没有具体的景物描写。若单据两篇园记，很难想象出别业景致及主人的山居生活。所幸司空图还有数首园林诗存世，如《王官》二首：

风荷似醉和花舞，沙鸟无情伴客闲。总是此中皆有恨，更堪微雨半遮山。

荷塘烟罩小斋虚，景物皆宜入画图。尽日无人只高卧，一双白

① 此处以“园”指代一切园林的历史名称，如林泉、山居、别墅、草堂等等，详见第一章所述，下面“园林”同此。

② 没有相对应的园林，单纯咏物之作，不在本章研究范围之内。

鸟隔纱厨。[①]

上面两首诗，描写诗人在荷池畔小斋避暑的情景。结合上述两篇文章来看，诗中所写的“小斋”极有可能即休休亭。《唐才子传》记载：司空图曾于濯缨亭一鸣窗撰《一鸣集》三十卷[②]。一鸣窗即隶属休休亭，是司空图平时燕坐著书的地方。诗中提到的“纱厨”，也称纱帐，古人常用于室内做隔断或避蚊蝇。夏日的濯缨亭，自然要用到纱帐。诗中小斋靠近水池，《山居记》中提到的数处建筑也只有濯缨亭与水沾边。在诗人眼里，风中摇动的荷叶荷花如痴如醉，悠闲觅食的水鸟无知无情，它们的世界离作者很近但又很遥远——美丽的自然风景无法冲淡诗人乱世隐居的无奈和悲凉感；在第二首诗中，诗人就超然得多了，似乎决心不问世事，要在如画的美景中，享受清净闲适的隐居生活。

司空图还有《证因亭》《休休亭》《修史亭》《归王官次年作》数首吟咏王官谷的园林诗，此处不再一一解读。总而言之，通过司空图的园林诗，读者对王官谷别业的了解会更深入一些，司空图的山居生活也鲜明起来。另外，新、旧《唐书》本传均有王官谷的简略记载，知此别业为司空图先人所留，并非创自司空图，“图本居中条山王官谷，有先人田，遂隐不出。作亭观素室，悉图唐兴节士文人，名亭曰休休”[③]，“泉石林亭，颇称幽栖之趣。自考槃高卧，日与名僧高士游咏其中”[④]。

再如唐代史学家杜佑位于长安东南樊川杜陂的别业。因优于选址，此别业处在山环水抱之中，景色本已不俗，后经王处士代为谋划，凿山引泉，更是锦上添花，美景缤纷，令人应接不暇。杜佑自己曾作《杜城郊居王处士凿山引泉记》记述此事，门人权德舆、门客武少仪又分别作《司徒岐公杜城郊居记》《王处士凿山引瀑记》记之。对于这座别业的地理方位、开凿始末以及杜佑率众游赏的情形，园记中的记载不可谓不详细，但对别业的

---

① 《全唐诗》卷六三三，第7271—7272页。

② 辛文房：《唐才子传》卷八，民国十三年影印日本活字本，商务印书馆，1924年，第17页。

③ 欧阳修、宋祁：《新唐书》卷一九四《司空图传》，中华书局，1975年，第5573页。

④ 刘昫等：《旧唐书》卷一九〇《司空图传》，中华书局，1975年，第5083页。

景观却泛泛而写，如“映碧甃而夏寒，间苍苔而石净”[①]，“竹径窈窕，藤阴玲珑”[②]，也未提及别业中的建筑名称及布局。另外，杜佑去世之后，这座别业的命运如何，上述三篇园记均语焉不详。这就要借助园记之外的园林诗。小杜佑五十余岁的许浑在《朱坡故少保杜公池亭》诗中对别业中景色有所描述：

杜陵池榭绮城东，孤岛回汀路不穷。高岫乍疑三峡近，远波初似五湖通。楸梧叶暗潇潇雨，菱荇花香淡淡风。还有昔时巢燕在，飞来飞去画堂中。[③]

通过这首诗，可以了解到，樊川别业中，水网四通八达，山峦耸立，画堂池榭、岛屿汀路点缀其中，是一座占地面积很大的自然山水园。在许浑作诗之时，樊川别墅尚被维护得很好。

唐代诗人杜牧，是杜佑之孙。这座风景优美的别墅园，是幼年杜牧的欢乐园，祖父杜佑“遇良辰丽景，必载酒携宾”[④]在园中宴集，高才雅士，流连觞咏的风采，给幼年杜牧留下难以磨灭的美好回忆，使得杜牧成年之后，即使仕宦在外，仍对樊川念念不忘，曾作《望故园赋》表达自己的眷恋之情。晚年的杜牧，终于又回到樊川，并于大中五年（851），“尽吴兴守俸钱，创治其墅”，自言“我适稚走于此，得官受俸，再治完具，俄及老为樊上翁”[⑤]，遂自号“樊川居士”。既言“创治”，可见杜佑所建的樊川别墅已经破败不堪，此时离杜佑去世尚不过四十年。除此，还有一个可能：杜牧所建樊川别墅与其祖父所建虽是同一所，但已非全豹。杜牧曾在《上知己文章启》中提到，“有庐终南山下，尝有耕田著书志……终南山下有旧庐，颇有水树，当有耒耜笔砚归其间”[⑥]，则表明杜牧樊川别墅应是在旧庐基础上“创治”的。杜牧伯父杜式方（《旧唐书 · 杜佑传》附记）、堂兄杜悰（温庭筠

① 武少仪：《王处士凿山引瀑记》，见《全唐文》，第6187页。
② 杜佑：《杜城郊居王处士凿山引泉记》，见《全唐文》，第4878页。
③ 《全唐诗》卷五三三，第6088页。
④ 武少仪：《王处士凿山引瀑记》，见《全唐文》，第6187页。
⑤ 裴炎翰：《樊川文集序》，见《樊川文集》，《景印文渊阁四库全书》第1081册，第564页。
⑥ 《全唐文》，第7801页。

《题城南杜邠公林亭》）均有别业，则杜佑别业极可能被后世子孙继承，杜牧所有不过是其中一部分而已。鉴于史料缺乏，孰是孰非，暂且只能存疑。

关于重建前的杜氏别业，杜牧有《朱坡》《忆游朱坡四韵》《朱坡绝句三首》等记之。下面以《朱坡》为例，简单加以说明：

下杜乡园古，泉声绕舍啼。静思长惨切，薄宦与乖睽。
北阙千门外，南山午谷西。倚川红叶岭，连寺绿杨堤。
迥野翘霜鹤，澄潭舞锦鸡。涛惊堆万岫，舸急转千溪。
眉点萱芽嫩，风条柳幄迷。岸藤梢虺尾，沙渚印麑蹄。
火燎湘桃坞，波光碧绣畦。日痕絙翠巘，陂影堕晴霓。
蜗壁斓斑藓，银筵豆蔻泥。洞云生片段，苔径缭高低。
偃蹇松公老，森严竹阵齐。小莲娃欲语，幽笋稚相携。
汉馆留余趾，周台接故蹊。蟠蛟冈隐隐，班雉草萋萋。
树老萝纡组，岩深石启闺。侵窗紫桂茂，拂面翠禽栖。
有计冠终挂，无才笔谩提。自尘何太甚，休笑触藩羝。①

诗的前四句表达诗人对乡园的深切怀念，接着四句详细定位了樊川别墅的地理位置：都城之南，终南山子午谷之西，靠着樊川，紧挨华严寺。下面的第九句直至第三十六句，均描写樊川别墅的美丽景色：别墅园中不仅有壮美的自然景观如“万岫”“千溪”，还有丰富的动植物资源如霜鹤、锦鸡、麑、翠禽，萱、柳、藤、松、竹、莲、笋、紫桂等；“偃蹇松公老，森严竹阵齐。小莲娃欲语，幽笋稚相携”四句，运用拟人、比喻等手法，使得园中的松、竹、莲、笋，分别变身为弯腰驼背的老翁、壁垒森严的军阵、交头接耳的小娃和携手结伴的孩童。湘桃坞、碧绣畦、絙翠巘、堕晴霓，则极可能是园中的四处景点。最末四句，抒发自己壮志不能酬，又不能挣脱羁绊、隐归故园的无奈与忧愤。

（2）唯一史料

对于没有园记留存的园林，园林诗有可能是了解它的唯一史料，因此

① 杜牧：《樊川诗集》卷二，见《续修四库全书》第1312册，第194—195页。

格外重要。以唐杜甫位于成都城西浣花溪畔的草堂为例，这座在文学史上声名卓著的浣花草堂，杜甫本人及其同代人均未留下记述文章[①]。幸好作为诗人的杜甫，为这座草堂写了大量的诗歌，今人才能对草堂有所了解。

杜诗有“诗史”之称，杜甫的园林诗同样起到“园史”的作用。但在以往，由于这些园林诗称不上是杜甫的代表作，所以往往被唐诗编选者及杜诗研究者忽略，杜诗中提到杜甫的居所而又最为人所熟知的当是《茅屋为秋风所破歌》。但凡受过教育而又对杜甫没有特别研究的人，对杜甫的印象——年老体衰、穷困潦倒，被一群顽皮的孩子欺负的老翁——多半来自这首被选入课本的诗歌。到处漏风漏雨的破败茅屋，也成为杜甫居所的代名词，被定格在人们的记忆中。其实，写这首诗时——唐肃宗上元二年（761），浣花草堂还未完全建成，这从杜甫的《寄题江外草堂》可知：

我生性放诞，难欲逃自然。嗜酒爱风竹，卜居必林泉。
遭乱到蜀江，卧疴遣所便。诛茅初一亩，广地方连延。
经营上元始，断手宝应年。敢谋土木丽，自觉面势坚。
台庭随高下，敞豁当清川。虽有会心侣，数能同钓船。
干戈未偃息，安得酣歌眠？蛟龙无定窟，黄鹄摩苍天。
古来达士志，宁受外物牵？顾惟鲁钝姿，岂识悔吝先？
偶携老妻去，惨淡凌风烟。事迹无固必，幽贞愧双全。
尚念四小松，蔓草易拘缠。霜骨不甚长，永为邻里怜。[②]

《寄题江外草堂》作于唐代宗广德元年（763），杜甫时在梓州，已离开成都。诗中追忆了建造草堂的起始时间及草堂占地面积、景观布局。“经营上元始，断手宝应年”，此草堂从上元元年（760）开始建，至宝应元年（762）完成。则杜甫写《茅屋为秋风所破歌》时，草堂还未竣工。从“嗜酒爱风竹，卜居必林泉”“台庭随高下，敞豁当清川”等句可以看出，杜甫是一个相当讲究的人，对草堂的布置也并不草率，历时两三年才建成的居所里还有亭台等观赏性建筑，所咏草屋当是一个半成品或是一个临时居所。“敢

① 后世关于杜甫故居的纪念文章所记已非草堂原貌。

② 萧涤非主编：《杜甫全集校注》卷一〇，人民文学出版社，2013年，第2856页。

谋土木丽，自觉面势坚”，则进一步说明，建成后的草堂虽然不够华丽，但还是比较开阔坚固的。据杜甫的其他诗如《四松》《题桃树》《水槛》《楠树为风雨所拔叹》《堂成》《草堂》等还可知道，草堂临水而建，有水槛相隔，不临水的其他几面则用藩篱围合，院中栽种了松树、楠树、桤树、竹子、桃树及其他花药。

其实，安史之乱后的杜甫，并非一直过着颠沛流离、寄人篱下、穷困潦倒的生活，杜甫也曾经丰衣足食地“阔过”。除了成都浣花溪的草堂，杜甫还在其他地方有过住处和田产，其中最有名的要数瀼西草堂。宝应元年（762），浣花草堂建好不久，蜀地又起兵火，杜甫离开浣花草堂避居梓州。虽在战乱平定后的广德二年（764），杜甫又回到成都，但是好景不长，次年严武去世，杜甫失去依靠，再一次被迫离开成都，于大历元年（766）至夔州，卜居瀼西。

相比浣花草堂只有“一亩余”的逼仄清贫，瀼西的别业显然宽敞阔绰得多（除宅园，另有果园四十亩），园内花木也较浣花草堂丰富。如《寒雨朝行视园树》《园》中所写：

> 柴门杂树向千株，丹橘黄甘北地无。江上今朝寒雨歇，篱中秀色画屏纡。桃蹊李径年虽故，栀子红椒艳复殊。锁石藤梢元自落，倚天松骨见来枯。林香出实垂将尽，叶蒂辞枝不重苏。爱日恩光蒙借贷，清霜杀气得忧虞。衰颜动觅藜床坐，缓步仍须竹杖扶。散骑未知云阁处，啼猿僻在楚山隅。
>
> ——《寒雨朝行视园树》[①]
>
> 仲夏流多水，清晨向小园。碧溪摇艇阔，朱果烂枝繁。
> 始为江山静，终防市井喧。畦蔬绕茅屋，自足媚盘飧。
>
> ——《园》[②]

“柴门杂树向千株”，相比之前描写浣花草堂的“入门四松在”[③]、“五株

① 《杜甫全集校注》卷一七，第5128—5129页。
② 《杜甫全集校注》卷一六，第4540—4541页。
③ 《草堂》，见《杜甫全集校注》卷一一，第3142页。

桃树亦从遮”[①]，已然在数量上取胜；“朱果烂枝繁”“畦蔬绕茅屋，自足媚盘飧”的丰收和自给自足的殷实，一扫浣花草堂时“常苦沙崩损药栏”[②]、“恰似春风相欺得，夜来吹折数枝花”[③]的烦恼和沮丧；如画屏般的“秀色”更是浣花草堂所不曾有过的。总而言之，杜甫在瀼西草堂的生活是惬意与满足的，既可以养病督耕（《暇日小园散病，将种秋菜，督勒耕牛，兼书触目》），还可以指挥童仆灌园种蔬（《种莴苣》）、伐木（《课伐木》）、巡视甘林（《甘林》）及果园（《将别巫峡，赠南卿兄瀼西果园四十亩》）。

杜甫存诗约一千五百首，其中有二百首左右涉及园林，除了上述吟咏自己的居所别业，还记述了不少他人的园林，较为著名者如组诗《陪郑广文游何将军山林》及《崔氏东山草堂》《九日蓝田崔氏》《过郭代公故宅》《陈拾遗故宅》等。这些园林的主人在当时或许比杜甫官职高、名位显，但这些园林能够在园林史上占有一席之地，却离不开杜甫的功劳。

### （二）园林词

相比园林诗，园林词不易从题目鉴别。因为一般的词题只列词牌，单从词牌是无法判断词作的实际所指的，必须结合副题或词序。如宋晁补之的《摸鱼儿 · 东皋寓居》，从副题可知，此词咏晁补之建于济州金乡（今属山东）的东皋别业（又名“归去来园”）；宋叶梦得的《临江仙》“十一月二十四日同王幼安、洪思诚过曾存之园亭”，从词序可知，此词记叶梦得携友人拜访曾氏园亭。诗序、词序及曲前小序，实际属于文的范畴，它的存在也正说明诗、词、曲相对于文章来说，叙述功能的弱化。词序一般比较简短，三五句之内比较常见，但也不乏篇幅很长的序，如范成大的一首《水调歌头》，序言竟达三百三十九字，可以称得上一篇小型园记了。

对于有园记留存的园林来说，园林词的作用主要在于抒情。如宋洪适的

---

① 《题桃树》，见《杜甫全集校注》卷一一，第3148页。

② 《将赴成都草堂，途中有作，先寄严郑公五首》其四，见《杜甫全集校注》卷一一，第3129页。

③ 《绝句漫兴九首》其二，见《杜甫全集校注》卷八，第2235页。

别墅园盘洲，洪适自己曾作《盘洲记》记之。在这篇篇幅很长的园记中，洪适详细交代了盘洲的地理位置、营建始末及各景点名称方位，并对园中所植花草树木按颜色分类，一一列出名称。文中所记景点如洗心阁、有竹轩、双溪堂、舣斋、践柳桥、西汻、兑桥、鹅池、墨沼、一咏亭等凡四十七处，另有“云叶”“啸风”怪石；花草树木则有牡丹、芍药、梅、菊、槿、桃、李、山丹、玫瑰、含笑、水仙、玉簪、萱草、荼蘼等五六十种。全篇以说明记叙为主，不时穿插景物描写，如“山根茂林，浓阴映带，溪堂之语声，隔水相闻”[①]。将景点一一介绍完毕之后，洪适在篇末记述自己“朝而出，暮而归”，“非有疾、大风雨”不废盘洲之行的日常园居生活，对这座别墅园的喜爱不言而喻。但显然，这篇园记并未能将洪适的感情宣泄殆尽，还须借助诗词。洪适仿效唐人李德裕咏平泉，遍咏盘洲山水草木[②]，歌咏之不足，又作十四首《生查子》(盘洲曲)，分别吟咏盘洲十二个月的不同风貌。

带郭得盘洲，胜处双溪水。月榭间风亭，叠嶂横空翠。团栾情话时，三径参差是。听我一年词，对景休辞醉。

正月到盘洲，解冻东风至。便有浴鸥飞，时见潜鳞起。高柳送青来，春在长林里。绿萼一枝梅，端是花中瑞。

二月到盘洲，繁缬盈千萼。恰恰早莺啼，一羽黄金落。花边自在行，临水还寻壑。步步肯相随，独有苍梧鹤。

三月到盘洲，九曲清波聚。修竹荫流觞，秀叶题佳句。红紫渐阑珊，恋恋莺花主。芍药拥芳蹊，未放春归去。

四月到盘洲，长是黄梅雨。屐齿满莓苔，避湿开新路。极望绿阴成，不见鸟飞处。云采列奇峰，绝胜看庐阜。

五月到盘洲，照眼红巾蹙。句引石榴裙，一唱仙翁曲。藕步进新船，斗楫飞云速。此际独醒难，一一金钟覆。

六月到盘洲，水阁盟鸥鹭。面面纳清风，不受人间暑。彩舫下垂杨，深入荷花去。浅笑擘莲蓬，去却中心苦。

---

① 《全宋文》卷四七四三，第213册，第381页。

② 吟咏诗作收在洪适的《盘洲集》卷八、卷九中，计有二百首左右。

七月到盘洲，枕簟新凉早。岸曲侧黄葵，沙际排红蓼。团团歌扇疏，整整炉烟袅。环坐待横参，要乞蛛丝巧。

八月到盘洲，柳外寒蝉懒。一掬木犀花，泛泛玻璃盏。蟾桂十分明，远近秋毫见。举酒劝嫦娥，长使清光满。

九月到盘洲，华发惊霜叶。缓步绕东篱，香蕊金重叠。橘绿又橙黄，四老相迎接。好处不宜休，莫放清尊歇。

十月到盘洲，小小阳春节。晚菊自争妍，谁管人心别。木末簇芙蓉，禁得霜如雪。心赏四时同，不与痴人说。

子月到盘洲，日影长添线。水退露溪痕，风急寒芦战。终日倚枯藤，细看浮云变。洲畔有圆沙，招尽云边雁。

腊月到盘洲，寒重层冰结。试去探梅花，休把南枝折。顷刻暗同云，不觉红炉热。隐隐绿蓑翁，独钓寒江雪。

一岁会盘洲，月月生查子。弟劝复兄酬，举案灯花喜。曲终人半酣，添酒留罗绮。车马不须喧，且听三更未。[①]

如果把这十四首词比作一套风景明信片的话，那么第一首则相当于一个远景鸟瞰总图：盘洲的大体位置、特色景点、主要建筑、总体风貌，囫囵呈现在读者面前，景致虽美，却并不具体鲜明。从第二首到第十三首，分别描写了一年十二个月中盘洲的代表性景观及特色园居生活：正月凌寒报春信的绿萼梅、二月恰恰啼啭的早莺、三月的曲水流觞、四月的黄梅雨、五月照眼明的红榴、六月水阁纳凉、七月乞巧、八月闻木犀赏月、九月东篱把酒对菊、十月凌霜绽放的木芙蓉、十一月的枯藤寒芦、十二月的寒江独钓。每一个月都有令人心醉的赏心乐事，也难怪主人要早出晚归，日日盘桓其间，流连忘返了。最后一首以觥筹交错、笙歌不断的兄弟欢饮场景收尾，极力渲染园居之乐。

历代园林诗词数量庞大，仅以《全唐诗》为例，就有约两千首园林诗。限于精力和篇幅，笔者暂不能把历代园林诗词像园记、园画那样整理成目

① 唐圭璋编：《全宋词》，中华书局，1965年，第1380—1382页。

录（期冀以后能够完成），也无意于将历代园林诗词全面展开，做详细的文本分析，只就园林诗相对园记、园图等园林文献的辅助作用做简要举例说明如上。

## 二、园林匾联萃说

园林中的匾额、楹联，通常简称“匾联”，是富有人文气息的园林区别于纯自然风景区的重要标志。“亭榭之额真是赏景的说明书，拙政园的荷风四面亭，人临其境即无荷风，亦觉风在其中，发人遐思。而联对文辞之隽永，书法之美妙，更令人一唱三叹，徘徊不已。”[①] 匾联在园林中的重要作用可见一斑。

现存园林，多半是明清遗构。不管是皇家园林，还是私家小园，几乎每个园中都少不了匾联，区别只在数量的多寡及材质的优劣。多者如清代西苑北海有匾额 206 方、楹联 156 副[②]，少者如苏州拥翠山庄仅有匾额 6 方、楹联 4 副[③]。

### （一）园林匾额

“偌大景致，若干亭榭，无字标题，也觉寥落无趣，任有花柳山水，也断不能生色。”[④] 可见，匾额在园林中起着举足轻重的作用。《说文解字 · 册部》：“扁，署也。从户、册。户册者，署门户之文也。”[⑤]《后汉书 · 百官志

① 陈从周：《说园》，见陈从周：《惟有园林》，百花文艺出版社，1997年，第4页。

② 现存匾额126方、楹联32副。见赵丽：《北海匾额楹联现状分析与意境解读》，载《古建园林技术》2011年第2期，第30页。

③ 曹林娣：《苏州园林匾额楹联鉴赏》（增订本），华夏出版社，1999年。

④ 《红楼梦》第十七回“大观园试才题对额　荣国府归省庆元宵”。

⑤ 《说文解字 · 册部》，第48页。

五》载："凡有孝子顺孙，贞女义妇，让财救患，及学士为民法式者，皆扁表其门，以兴善行。"[①]可见至少在汉代匾额就已出现。园林中匾额的出现要比楹联早得多。据《世说新语》记载，魏明帝曾令书法家韦诞为宫苑建筑凌霄观"登梯题榜"事，北魏孝文帝主张"名目要有其义"[②]，喜欢化用诗文典故为园内景观取名，如流化渠、凝闲堂、步元庑、游凯庑等。这说明早在曹魏（至少是宋或梁）时"匾"已悬于"额"，北魏时园林题匾已成为常态。

园林匾额的材质主要有木（竹）、石、砖、金属等，形状有长方、正方及其他变式，悬挂方式或横或竖，没有定则，大体唐之前以竖形为主，宋明以降则以横式居多。一般来说，皇家园林中的匾额比较考究，通常在四周装饰龙凤、花卉、锦文等图案，工艺也较为复杂，采用雕刻、镂空、填漆、描金、螺钿等，无所不用其极，多为蓝底金字、蓝底白字或黑底金字，显得金碧辉煌、气势恢宏。私家园林中的匾额相对比较简朴，装饰较为简单或全无装饰，多为白底黑字或黑底白字，间有青绿字，简洁古朴、素雅大方。不管是皇家园林还是私家园林，除正堂之外，其建筑物的匾额形式，往往较其他类型的建筑物更为灵动活泼，有手卷、册页、秋叶、荷叶、碑文等许多变式。

园林匾额的字数少则一字，多则七八字。一字匾如苏州拙政园的半亭"鹅"，二字匾如苏州艺圃的"芹庐"，三字匾如苏州耦园的"藤花舫"，四字匾如苏州怡园的"石听琴室"，五字匾如苏州网师园的"小山丛桂轩"，六字匾如苏州留园的"林泉耆硕之馆"，七字匾如苏州拙政园的"十八曼陀罗花馆"，八字匾如苏州留园的"佳晴喜雨快雪之亭"。现存匾额实物，尤以二、三、四、五字者较为常见。

园林匾额的内容，除像同里退思园的"琴台"、苏州拙政园的"笠亭"等实写建筑物的功能、形状等的说明性文字外，还可分为状景、言志两大类。状景额，根据所写景物的虚实，可细分为写实和虚拟，前者如苏州拙政园的"嘉实亭"，得名于亭子四周丛植的枇杷树；后者如苏州网师园的"梯云

① 《后汉书》卷二八《百官志五》，第3624页。
② 《魏书》卷一九《景穆十二王列传》，第468页。

室”，室前有湖石假山，蹬道曲折，人行其上，似可攀云摘月。言志额，一种是化用典故、诗文，表达园主的理想寄托。前者如苏州狮子林的“立雪堂”，取自禅宗二祖慧可初见菩提达摩公案，寓意求法要至诚；后者如苏州曲园的“乐知堂”，取《周易》“乐天知命”之意。或总结人生经验以备自省及警示后人，如苏州网师园轿厅“清能早达”额，即是说清正廉洁才能早日飞黄腾达。不管是哪一种言志额，多少都会蕴含一定的哲理，引人深思，启人领悟。

### （二）园林楹联

园林中楹联的出现时间，在本书第一章中已经辨明：宋代园林中已有楹联出现，元末明初，楹联在园林中的应用已经较为普遍。

楹联与诗词的关系非常密切，七言联对极似截取律诗中的两句。因为环境的关系，园林楹联更加充满诗情画意，很多园林楹联本身就是化用古人诗词或者直接集诗词句而成。如拙政园嘉实亭有一联云“春秋多佳日，山水有清音”，出句集自晋陶渊明《移居》（其二）：“春秋多佳日，登高赋新诗”，对句集自晋左思《招隐》（二首之一）：“非必丝与竹，山水有清音”①。苏州怡园螺髻亭联“拥素云黄鹤，高树晚蝉，下瞰苍崖立；看槛曲萦江，檐牙飞翠，惟有玉阑知”②，则是集宋姜夔词。

园林楹联的形式多样，若按字数（单句）来分，常见的有以下几种：四字联，如“得三隅法，是一转机”③。七字联，如“梅花岭畔三山月，宵市楼头一草堂”④。八字联，如“湖上笠翁，端推妙手；江头米老，应是知音”⑤。十字联，如“逸兴遄飞，任他风风雨雨；春光如许，招来燕燕莺莺”⑥。十一字联，

---

① 《苏州园林匾额楹联鉴赏》（增订本），第163页。
② 《苏州园林匾额楹联鉴赏》（增订本），第290页。
③ 清麟庆题北京半亩园小憩亭，见《鸿雪因缘图记》第3集“园居成趣”条。
④ 清王士禛题扬州下园，见《楹联——谐和之美》，第210页。
⑤ 清麟庆题北京半亩园拜石轩，见《鸿雪因缘图记》第3集“拜石拜石”条。
⑥ 清麟庆题北京半亩园海棠吟社，见《鸿雪因缘图记》第3集“近光伫月”条。

如“繁冗驱人，旧业尽抛尘市里；湖山招我，全家移入画图中”[①]。十二字联，如“花草旧香溪，卜兆千年如我待；湖山新画障，卧游终古定何年”[②]。十三字联，如“乍来顿远尘嚣，静听水声真活泼；久坐莫嫌荒僻，饱看山色自清凉”[③]。十五字联，“随遇而安，好领略半盏新茶，一炉宿火；会心不远，最难忘别来旧雨，经过名山”[④]。十七字联，如“历宦海四朝身，且住为佳，休辜负清风明月；借他乡一廛地，因寄所托，任安排奇石名花”[⑤]。十八字联，如“源溯长白，幸相承七叶金貂，那敢问清风明月；居邻紫禁，好位置廿年琴鹤，愿常依舜日尧天”[⑥]。十九字联，如“何处白云归，有乡里古招提，步西郊不半日而至；前生明月在，是佛门新公案，言东坡为五戒后身”[⑦]。二十字联，如“闭门宛在深山，好花解笑，好鸟能歌，尽是性天活泼；开卷如游往古，几辈英雄，几番事业，都成文字波澜”[⑧]。超过二十字，甚至长达四五十字的园林楹联也有，但只是少数，此处不再举例。可以看出，超过七字的楹联，不过是四、五、七字联的组合变体。

根据内容的不同，可以将园林楹联分为写景、叙事、抒情、议论、说明五类，其他如情景交融、夹叙夹议、景事情融合等，则是前面五种的变式。如“万井楼台疑绣画，五云宫阙见蓬莱”[⑨]属于写景；“寄兴于山亭水曲，得趣在虚竹幽兰”[⑩]属于叙事；“春归花不落，风静月长明”[⑪]属于抒情；“四万青钱，明月清风今有价；一双白璧，诗人名将古无俦”[⑫]属于议论；“左壁观图

① 清李渔题杭州今又园，见《楹联——谐和之美》，第208页。

② 清毕沅题苏州灵岩山馆，见《楹联——谐和之美》，第208页。

③ 清李秉绶题桂林李园茅亭，李园俗称板栗园，本明代靖藩王别业，见《楹联——谐和之美》，第209页。

④ 清麟庆题北京半亩园退思斋，见《鸿雪因缘图记》第3集“近光伫月”条。

⑤ 清盛康题苏州留园五峰仙馆，见《苏州园林匾额楹联鉴赏》（增订本），第185页。

⑥ 清麟庆题北京半亩园云荫堂，见《鸿雪因缘图记》第3集“半亩营园”条。

⑦ 清俞樾题苏州留园贮云庵，见《苏州园林匾额楹联鉴赏》（增订本），第199页。

⑧ 清张维屏题广州荔枝湾陈园。见《楹联——谐和之美》，第209页。

⑨ 清麟庆题北京半亩园近光阁，见《鸿雪因缘图记》第3集“近光伫月”条。

⑩ 清麟庆题北京半亩园潇湘小影，见《鸿雪因缘图记》第3集“园居成趣”条。

⑪ 清俞樾题苏州曲园回峰阁，见《苏州园林匾额楹联鉴赏》（增订本），第317页。

⑫ 清齐彦槐题苏州沧浪亭，见《苏州园林匾额楹联鉴赏》（增订本），第14页。

右壁观史，西涧种柳东涧种松”[①]属于说明；情景交融如“燕子来时，细雨满天风满院；阑干倚处，青梅如豆柳如烟”[②]；“万卷藏书宜子弟，一家终日在楼台”[③]则属于夹叙夹议。

## 三、花谱石谱萃说

### （一）花谱类文献

花谱，指以记载花木品种及栽培方法为主的著作。在按照四部分类法编制的目录书籍中，此类著作通常被划归子部谱录类，常以“某某谱”为书名，如《牡丹谱》《梅谱》等。除此，还有一些介绍或品评花木的著作，并未冠以“谱”字，如《魏王花木志》《洛阳牡丹记》《花九锡》等，也在本节讨论范围之内，统称之为花谱类文献。

子曰：“小子，何莫学夫诗？诗，可以兴，可以观，可以群，可以怨。迩之事父，远之事君；多识于鸟兽草木之名。”[④]自三国吴陆玑的《毛诗草木鸟兽虫鱼疏》之后，又相继出现了宋吴仁杰的《离骚草木疏》、宋林至的《楚辞草木疏》等笺疏典籍中有关草木的著作，中国学术史上也增添了一门新的学问——“草木之学”。随着时间的推移，后来学者不再单纯注疏经典，逐渐赋予草木独立的地位，开始为草木立传，此类书也不再只是经典的附庸，而是发展成一个颇有特色的门类。

晋嵇含的《南方草木状》，是现存最早的记载岭南植物的专著。据书前《序》可知，此书作于永兴元年（304），分上、中、下三卷，卷上记草类植物

---

① 清王文治题苏州耦园大厅，见《苏州园林匾额楹联鉴赏》（增订本），第255页。
② 清张履谦题苏州拙政园三十六鸳鸯馆，见《苏州园林匾额楹联鉴赏》（增订本），第143页。
③ 清麟庆集句题北京半亩园琅嬛妙境，见《鸿雪因缘图记》第3集“琅嬛藏书”条。
④ 杨伯峻：《论语译注·阳货》，中华书局，2009年，第3版，第183页。

二十九种，卷中记木类植物二十八种，卷下记果类植物十七种、竹类植物六种。此书所记植物中不乏观赏植物如水莲、桂、朱槿、指甲花等，比起植物的观赏性，此书更重视植物的诸如食用、药用等方面的实用价值。

由于《南方草木状》一书到宋代才见著录，有人认为此书并非嵇含所作，而是后人伪托，四库馆臣虽辨析其写作年份与实际有抵牾[①]，但又称其"叙述典雅，非唐以后人所能伪"[②]。北魏贾思勰的《齐民要术》卷一〇"五谷、瓜蓏、菜茹非中国物产者"条引《南方草物状》十六条[③]，有人以为即《南方草木状》，书名一字之差乃传抄所误。但是比较两书文字，只有木类"益智子"条文字相似，其他四条文字出入很大，很难证明二者实为一书[④]。唐代类书《艺文类聚》始引为《南方草木状》，今本大约辑于南宋中期。比较早的本子有《百川学海》本、《说郛》本。嵇含的事迹见于《晋书·嵇绍传附嵇含传》，存世诗文见于《全上古三代秦汉三国六朝文》二十五篇、《先秦两汉魏晋南北朝诗》三首。

《魏王花木志》一书为我国现存最早的记录花木的专著，北魏贾思勰的《齐民要术》曾引用，作者可能为齐梁间人，现今残本经后人补缀而成。书中记录了木莲、山茶、朱槿、黄辛夷、紫藤花等观赏植物，但文字非常简短。

唐李德裕在《平泉山居草木记》中提到曾见过唐王方庆家藏书目，内有《园庭草木疏》一书。《新唐书·艺文志》子部农家类著录《园庭草木疏》二十一卷，元陶宗仪辑《说郛》（清宛委山堂本，一百二十卷）卷一〇四收入此书，仅有金灯、蜀葵、蔓胡桃、鬼皂荚、蒟蒻、金钱花、椒、野狐丝、牵牛九条，作者仅题"王方庆"，未标年代。据现代学者考证，《说郛》本《园

① 四库馆臣言其年份与实际有抵牾，见《四库全书总目提要》卷七〇史部二十六地理类三，第1888页。

② 《四库全书总目提要》卷七〇史部二十六地理类三，第1889页。

③ 分别是刘树、甘薯、椰、槟榔、鬼目树、橄榄子、益智、桶子、豆蔻树、优殿、由梧竹、沈滕、都咸树、都桷树、夫编树、都昆树。今存《南方草木状》中只含豆蔻花、益智子、槟榔、椰、橄榄五种。

④ 学者石声汉考证《南方草物状》的作者并非嵇含，而是东晋末或南朝宋初的徐衷。转引自芍萃华：《也谈〈南方草木状〉一书的作者和年代问题》，载《自然科学史研究》1984年第2期，第149页。

庭草木疏》为明人伪托，原本已佚[①]。

《平泉山居草木记》原本是《李德裕文集》中的一篇，因专记草木，后人摘出单行，被收入各种类书、丛书中。平泉山居是唐李德裕位于洛阳城外三十里的别墅，此文所记草木即是别墅里的奇花异草，共计六十多种。这些并非山居中的所有植物，而是伊洛名园不常见的奇木、名花、药树、草药等。

唐罗虬作有《花九锡》，所谓九锡就是赠给名花的九种事物，属于文人游戏之作。说是书，不过是短短几行文字，但因为年代较早，常常被各种类书或笔记作为花卉著作收入，较早收录此作的有宋陶谷的《清异录》、元陶宗仪的《说郛》[②]，大型类书《古今图书集成·博物汇编·草木典》"花部汇考"也有收录。

到了宋代之后，记录花木的著作渐多，篇幅也增大，真正意义上的花木专著产生。宋人喜爱花卉，固是唐代人崇尚牡丹的余绪，也和宋代相对稳定的社会环境有关。在宋代，上至帝王将相，下至平民百姓，都对花木表现出空前的热情：震惊朝野的"花石纲"折射出帝王对花木的贪婪，"唯恐夜深花睡去，故烧高烛照红妆"反映出文人士大夫对花木的爱恋，"城中无贵贱，皆插花，虽负担者亦然。花开时，士庶竞为游遨"[③]则记录了平民百姓对花木的痴狂。

宋代花卉产业发达，培育了很多名品，这从李格非的《洛阳名园记》中可见端倪："良工巧匠，批红判白，接以他木，与造化争妙，故岁岁益奇且广，……洛中园圃，花木有至千种者。"[④]宋代私家园林也应时事所趋，择时对外开放。《邵氏闻见录》记载洛阳牡丹花盛时，都人仕女"择园亭胜地，上下池台间引满歌呼，不复问其主人"[⑤]。

---

① 张固也：《〈园林草木疏〉辨伪》，载《中国典籍与文化》2009年第1期，第49—52页。

② 清宛委山堂本卷一〇四收入。

③ 欧阳修：《洛阳牡丹记》，见《全宋文》卷七四三三，第35册，第172页。

④ 《洛阳名园记·李氏仁丰园》，见《邵氏闻见后录》卷二五，第243页。

⑤ 《邵氏闻见录》卷一七，第96页。

宋代崇文抑武，文人士大夫待遇优渥，进一步培养了他们优游林下的闲情逸致。文人不但爱花，还爱记录名花异品，花木著作增多也就不足为奇。除周师厚的《洛阳花木记》、范成大的《桂海草木志》、陈景沂的《全芳备祖》、张翊的《花经》等综合性的著作外，还出现了专门志某一类花的花谱，如释仲休的《越中牡丹花品》、欧阳修的《洛阳牡丹记》、刘攽的《芍药谱》、王观的《芍药谱》、孔武仲的《芍药谱》、周师厚的《洛阳牡丹记》、刘蒙的《菊谱》、史正志的《菊谱》、史铸的《百菊集谱》、赵时庚的《金漳兰谱》、张镃的《梅品》、张邦基的《陈州牡丹记》、陆游的《天彭牡丹谱》、范成大的《菊谱》及《梅谱》、邱璿的《牡丹荣辱志》、陈思的《海棠谱》等。花木著作的增多，也推动了目录学的发展——这些花谱明显不同于以前那些纯粹讲耕作的农书，再归入子部农家已不合适，于是谱录一门应运而生[①]，无类可归的花木类图书终于有了较为适当的归属。

宋元以降，文人雅士推崇生活的艺术化，故明清园艺著作不再只是简单记载各种花卉的种类和特性，还结合当时尚雅的风气，建构起较系统的园艺理论体系，产生多部园艺经验总结和理论著作。明代主要有文震亨的《长物志 · 花木》、袁宏道的《瓶史》、王世懋的《学圃杂疏》、陈诗教的《花里活》、周文华的《汝南圃史》、王象晋的《群芳谱》、陈正学的《灌园草木识》、蒋以化的《花编》、张丑的《瓶花谱》等，其中袁宏道的《瓶史》影响较大。《瓶史》流传到日本后，促进了日本花道的发展，并形成了“宏道流派”。清代花木著作主要有汪灏等人奉敕增订《群芳谱》而成的《广群芳谱》、陈淏子的《花镜》、谢堃的《花木小志》、吴其濬的《植物名实图考》等。

花谱类文献，所记花木与园林有着密切的联系，有的甚至就是园林花木的实录，如唐李德裕的《平泉山居草木记》，所记草木均出自平泉山庄，宋范成大则将范村别墅所植梅花、菊花，编为《梅谱》《菊谱》。有些著作在介绍花木的时候，常会提到与花木有关的园林。如宋欧阳修的《洛阳牡丹记》记北宋初年宰相魏仁溥的宅园，“池馆甚大”，人有欲睹魏紫者，需“登

---

① 宋人尤袤的《遂初堂书目》首列谱录一门。

舟渡池至花所”[①]，园之大，可见一斑[②]；宋范成大的《梅谱》记任姓盐运使购得清江酒家大梅树，为便于观赏，先是在旁边建凌风阁，后扩建为盘园；宋张邦基的《陈州牡丹记》记城北苏氏园中所出白花芍药，姿格绝异，用以供佛。

在园记等其他园林文献中，对于花木的介绍往往仅限于罗列花木名称，更有甚者，只以“奇花美木”（见清朱琦的《可园记》）等词笼统概括，即使涉及花色及姿态的描写，也多是远观的印象，且以群体性介绍居多，如“古梅数本，皆叉牙入画”（见清蒋恭棐的《逸园纪略》）、“牡丹锦发，朱藤霞舒”（见清顾汧的《凤池园记》）。在这些文献中，花木给人的印象是感性的，同时也是模糊的。只有在花谱类文献中，花木才真正成为被关注的焦点，有关花木的种类、产地、名称由来、生长习性、培植方法等，被以接近自然科学的形式呈现在读者面前。在花谱类文献中，对花木的介绍和描述是相对客观、去文学化的。历代花谱类著作，记录并保存了我国古代劳动人民长期积累的艺花经验，依靠这些著作的支撑，一门与造园学密切相关的新的自然科学——园艺学，应运而生。

### （二）石谱类文献

石谱，指以介绍观赏石为主要内容的著作。通常书名为《某某石谱》，如《云林石谱》《素园石谱》等。有些记石作品并不以“谱”为名，如《太湖石志》《奇石记》等，也在本书讨论范围之内。另外，某些书中仅有个别章节或条目论及园林观赏石，因历代石谱总量稀少，本着“多则求精，少则求全”的文献收集原则，这部分论石文献将与石谱、石记一并作为石谱类文献分析。

---

① 《全宋文》卷七四三，第35册，第170页。

② 此园后废为普明寺耕地，明道元年（1032）秋，梅圣俞由洛阳归河阳前，欧阳修等即在普明寺竹林为梅践行。参见欧阳修：《初秋普明寺竹林小饮饯梅圣俞分韵得亭皋木叶下五首》，见李之亮笺注：《欧阳修集编年笺注》第3册，巴蜀书社，2007年，第363页。普明寺又称大字寺，此寺后园本为白居易履道里园池的一部分，俗称“大字寺园”。《洛阳名园记·大字寺园》云：“大字寺园，唐白乐天园也。”参见《园综》，第48页。

与园林有关的观赏石，主要分为园林置石、陈设清供石、盆景石。一般来说，理论著作总要晚于实践，观赏石也不例外，早在西汉，梁孝王的菟园中就有肤寸石、落猿岩等独立的园林置石，茂陵富民袁广汉园中也已有石筑的假山，但是专门写石的文章到唐代才产生，理论专著则到宋代才出现。下面将对较重要的石谱著作做简要介绍。

《云林石谱》，三卷，宋杜绾撰，是我国现存的论石专著。记各种石品共一百一十六种，所记石品多以产地冠名，每一种列一条目，分别介绍其产地、成因、形状、质地、色泽、有声与否、体量大小、用途、售价及采石之法，有的还略加品评，排列高下，个别则附名石实例并介绍相关典故。除了观赏石，书中还论及制作砚台、砚屏、印章、佛像、器皿、镇纸等的实用石材。由于此书成书较早，后代石谱多奉其为圭臬，书中文字也被广泛传抄，有的论石著作甚至径直截取此书中文字，再添加自己的一些见解，敷衍成文。

《素园石谱》，四卷，明林有麟撰。记各种名石一百零二种，石图二百四十九幅，是传世最早的画本石谱。正文前的“凡例”相当于作者选石标准的说明书，从中可以得知，此书所收石品均为小巧堪玩而能入尺幅画者。就内容而言，此书多截取《云林石谱》等书中文字，再补充自己的见闻而成，后列历代有关吟咏之作。如“灵璧石”条，自《云林石谱》中的“声亦随减”之后补充“间有细白如玉者”一段，又将“张氏兰皋亭”事例换为“槜李项氏”，后附南朝陈张正见的《石赋》、唐苏味道的《咏石》、明王世贞的《题灵璧石》。有的干脆全部抄自《云林石谱》，只个别文字略有出入，如“平泉石”条，只将《云林石谱》中“顷，余于颍昌杜钦益家赏一石”改为“颍昌杜钦益家蓄一石”，“长数寸”误为“长数尺”，末尾删去“扣之有声”[①]。

除了《素园石谱》摘抄《云林石谱》的部分，二书的主要差异在于《云林石谱》侧重于一类石材的共性，《素园石谱》关注的是单体名石的个性。

其他石谱著作，宋代有范成大的《太湖石志》、渔阳公的《渔阳石谱》、常懋的《宣和石谱》，明代有郁濬的《石品》，清代有诸九鼎的《惕庵石谱》、

---

① 《云林石谱》，采用《说郛》（一百卷本），并与《四库全书》本对校；《素园石谱》采用明万历刻本。

蒲松龄的《石谱》，等等。这些著作，或者篇幅短小，语焉不详，或者仅有图而无论述，或者抄纂群书，人云亦云，难以自成系统，此处不赘述。

石谱之外，还有一些著作有个别章节或条目论及园林观赏石，如第一章中提到的《园冶》《长物志》《闲情偶寄》。

明计成的《园冶·选石》论述所用或所见造园石材，包括太湖石、昆山石、宜兴石、龙潭石、青龙山石、灵璧石、岘山石、宣石、湖口石、英石、散兵石、黄石、旧石、锦川石、花石纲、六合石子等十六种。较为著名的石品，文字多截取《云林石谱》等书，再加上作者的论断，如太湖石、灵璧石；对于前人不太重视而又确是叠山良材者，计成则着力推介，不吝褒奖，如黄石。计成对于石材的品评，着眼点在其造园用途，大体分为单置、叠山、点缀盆景或花间竹树、案头清供等。《园冶·选石》收石品不在广而在精，叙述也言简意赅，易于领会。

明文震亨的《长物志·水石》首论“品石”，将灵璧石、英石置为上品，又分别对灵璧石、英石、太湖石、尧峰石、昆山石、锦川石、将乐石、羊肚石、土玛瑙、大理石、永石等十一种石材进行品评。文震亨论石主要以雅、俗为标准，雅之中又各分品级。如论灵璧石之大且有异状者为奇品，虽小但色如漆、声如玉者为佳品，大理旧石之有天然山水云烟者为无上佳品，太湖石之在水者为贵品，英石叠成小山最为清贵。除了论石之雅者，文震亨还列举了数种“俗品”，如认为锦川石、将乐石、羊肚石是石品最下者，而以锦川最恶；以大块辰砂、石青、石绿为研山或盆石则最俗。除了将石分雅、俗，文震亨还特别推重朴拙之石，如论尧峰石之不玲珑者古朴可爱。

明王士性的《广游志》[①] 有“奇石”条，评述自己游赏所及的砚石、磬石（灵璧）、屏石（徐州、端州、桐柏）、山石（昆山、锦川、太湖）、桂林石等石材的主要产地及各地石品的特色，重在石品的实用功能。

除了《园冶·选石》，上述论石著作中所列石材，虽非全是园林用石，但历代造园所用石材，基本都有记载，且对于各种造园石材产地、特性，记

---

① 一卷，又名《王太初先生杂志》，参见王士性：《五岳游草　广志绎》，周振鹤点校，中华书局，2006年，第346页。

述尤详，可以弥补园记中多以“奇石”“假山”等词笼统描述石品的缺陷，有的石谱中还附有数量众多的奇石图样，更能给人直观美感和深刻印象。

## 四、零散园林史料萃说

零散园林文献指除专著、单篇外，散见于史传、稗乘、方志、文集、笔记小说中的一些有关园林及园林生活的只言片语。下面重点就方志、笔记、史书、小说中的园林文献进行梳理。

### （一）方志中散见的园林史料

我国方志文化源远流长，最早可以追溯到《尚书·禹贡》和《山海经》，《越绝书》《吴越春秋》则被认为是方志之祖。历代统治者都非常重视舆地文献，唐代已经出现由朝廷诏令编纂的全国性总志《元和郡县图志》，到了宋代，地方志的体例渐趋成熟，有关一地的自然及社会概况被分门别类地记载下来，内容越来越丰富（见第二章介绍）。

在传统四部分类法中，方志隶属于史部地理类。历代方志数量众多，《中国地方志联合目录》著录自南朝宋至新中国成立前的方志八千二百余种，其中清末之前有六千余种：宋方志现存二十余种；元存十余种；明代方志现存一千余种；清代方志存世最多，达五千余种。笔者将择要对部分方志中的园林文献加以介绍（以介绍古迹为主的地理类文献和游记附后）。

**1. 总志**

（1）《元和郡县图志》

《元和郡县图志》，唐李吉甫撰，原本四十卷，今本有阙卷[①]，非全本。是

---

① 全书四十卷中缺卷一九、二〇、二三、二四、二六、三六诸卷及卷一八和卷二五的一部分。

中国现存最古的地理总志。至南宋时，书中图已无存，故一般称其为《元和郡县志》。此书以贞观十道为基础，又分四十七个节镇，依次对各府州县户口、沿革、山川、古迹、贡赋等做介绍。所记园苑，并未设置专门类别，文字也很简约，大体皆简单记述园苑地理位置。如卷一《关内道·京兆府·长安县》记"上林苑"："在县西北一十四里，周匝二百四十〔里〕，相如所赋也。"[①]

（2）《太平寰宇记》

《太平寰宇记》，宋乐史撰，二百卷，是宋代第一部地理总志。乐史有感于《元和郡县图志》等书编修太简，唐末五代分裂割据，更名易地者亦多，于是着手撰写《太平寰宇记》。此书依宋初所置十三道为经，分述各州府之沿革、领县、州府境、四至八到、户口、风俗、姓氏、人物、土产及所属各县概况、山川湖泽、古迹等。在体例上仿唐代总志，又有所创新，增风俗、姓氏、人物等门，这种以人文结合地理的方式被后世地志奉为典范，四库馆臣认为"盖地理之书，记载至是书而始详，体例亦自是而大变"[②]。《太平寰宇记》中也没有单独设置"园苑"条目，但在记述同一处苑园时，《太平寰宇记》比《元和郡县图志》中的文字明显增多，提供的史料也更翔实。如卷二五《关西道·雍州》记"上林苑"："《汉书》云：'武帝建元三年起上林苑，吾丘寿王所奏。东南至蓝田、宜春、鼎湖、御宿、昆吾，傍南山而西，至长杨、五柞，北绕黄山，濒渭而东。'《汉旧仪》云：'上林苑方三百里。'《汉宫殿疏》云：'方三百四十里。'"[③]

自《太平寰宇记》之后，北宋还有王存等修撰的《元丰九域志》（北宋中叶地理总志，十卷）、欧阳忞的《舆地广记》（三十八卷）等总志，但这两部总志中几乎无苑囿园林的记载，直到南宋的《舆地纪胜》《方舆胜览》，有关园林的记载才逐渐增多起来，下面将对这两部总志中的园林文献做一介绍。

---

① 李吉甫：《元和郡县图志》，贺次君点校，中华书局，1983年，第6页。

② 《四库全书总目提要》卷六八史部二十四地理类一，第1816页。

③ 乐史：《太平寰宇记》，王文楚等点校，中华书局，2007年，第535页。

(3)《舆地纪胜》

《舆地纪胜》，南宋王象之所辑，二百卷，今本有阙卷，记南宋疆域的地理概况。卷一记“行在所”，卷二以下记“各府州军”。每一府州军下分十二门：府州军沿革（若有监司，则附其沿革于县沿革之后）、县沿革、风俗形胜、景物上、景物下、古迹、官吏、人物、仙释、碑记、诗、四六。

行在所与其他府州分类不同，除建制沿革，下分宫阙殿、宗庙、郊社、省部、台阁、学校、经筵、宫观庙宇、苑囿、院、所、三衙、寺监、司、内诸司、后苑、仓、场务、库、局、府第宅、馆驿、军营等二十三个子目。其中苑囿门记载了玉津园、聚景园、德寿宫东园、下天竺御园、集芳园、庆乐园，除玉津园，其他几园只简单记述园的方位，如聚景园只记“在清波门外”，集芳园“在西湖寿星寺之南”，记载玉津园的文字虽稍多，但也仅及方位，其余则记历年帝王在此园燕射之事，文字均极为简略，未述及园中景物。

各州府景物门多有关于园林的记载，有的记述园林较多，有的则只有一条，甚至没有。记述园林较多的如卷五《两浙西路 · 平江府》，所记除朱长文乐圃、范成大石湖、苏舜钦沧浪亭、夫差梧桐园等较为著名的园林外，还记述了一些不太有名的园圃，如松江人王份营造的“臞庵”：“多柳塘花屿，景物秀野，名胜喜游之，浮天阁为第一，总谓之‘臞庵’。”[①]又“四照亭”：“在郡治圃之东，春海棠、夏湖石、秋芙蓉、冬梅。”[②]记述园林较少的如卷一〇《两浙东路 · 绍兴府》，只有一条记“始宁园”：“在东山，即谢康乐园也，事见《文选》及本传。”[③]

即使记述园林较多的卷册中，所记园林文字也详略不等，详细的如“沧浪亭”：“在郡学东，苏子美南游吴中，以钱四万得之，遂终此不去。旧志云：钱氏有国近城，孙承祐池馆也。欧阳文忠公诗云：‘清风明月本无价，可惜只卖四万钱。’子美诗云：‘近与豺狼远，心随民即闲。吾甘老此境，无

① 王象之：《舆地纪胜》，中华书局，1992年，第289页。

② 《舆地纪胜》，第293页。

③ 《舆地纪胜》，第545页。

暇事机关。' 梅尧臣诗：'沧浪何处是，洞庭相与邻。' 今为韩氏所有。" 既介绍园的方位、归属、来历，又抄录与园有关的名人诗句并交代园的归属沿革，称得上一篇小型园记。还有的详列园中景点，如《潼川府路·昌州》所记"李氏园"："在永川县，成都通判李权所卜筑也。有清白堂、燕喜堂、种德堂、容安轩、先月阁、思贤堂、熟德亭、熙春堂、桂白堂、百花潭、见山台、竹外亭、藏春堂、昂霄亭、问月台、棠阴坞、秋香亭、月观、鉴湖。"[①] 简略者如《两浙西路·嘉兴府》记"众乐园"："在郡圃之西。"[②] 只简记其方位。

各州府下设门类基本相同，需要注意的是《江南东路·建康府·监司军帅沿革》"历代宫苑殿阁制度"条，记载了西池、南苑、北苑、上林苑、芳乐苑、青林苑、芳林苑、桂林苑、乐游苑、江潭苑、建兴苑、博望苑、白水苑等历代帝王在建康所建园苑，后面的"景物"门反而没有园林的记载。

另外，因为景物一门所记为各地名胜景点，并非专记园林，所以某一园中各景点往往被拆开单列条目，或者只介绍园中某一景点，而园名反而不被提起。如《两浙西路·嘉兴府》"花月亭"："在倅厅花园，取'云去月来花弄影'之意。"[③] 又如《淮南西路·庐州》"万柳亭"："在西园。"[④] 再如《淮南东路·真州》所记"谿阴亭"："在县东范氏园，东坡尝游，有诗。"[⑤]

（4）《方舆胜览》

《方舆胜览》，南宋祝穆撰，其子祝洙增订，共七十卷，记南宋十七路疆域概况。先列各路所辖府州军的建置沿革，次列郡名、风俗、形胜、土产、山川、学馆、堂院、亭台、楼阁、轩榭、馆驿、桥梁、寺观、祠墓、古迹、名官、人物、题咏、四六等"事要"。其中涉及园林的条目，除浙西路临安府、江东路建康府的"苑囿"，各府州军的介绍文字并未整齐划一，大体分散在池馆、园亭、亭圃、园池、亭阁、园驿、亭轩、亭榭、亭馆、亭楼、亭院、亭

---

① 《舆地纪胜》，第4365页。
② 《舆地纪胜》，第179页。
③ 《舆地纪胜》，第179页。
④ 《舆地纪胜》，第1828页。
⑤ 《舆地纪胜》，第1618页。

观、轩阁、堂院、堂亭、堂舍、堂阁、堂观、堂楼、堂榭、堂馆、堂斋、楼圃、楼观、楼亭、楼阁、楼台、楼榭、楼馆、斋阁、台阁、宅舍等诸多类目之下。这与稍早的《舆地纪胜》中将园林亭馆统归景物一门大相径庭，尽管《方舆胜览》的作者是见识过《舆地纪胜》的[①]。由此也可见，宋代园林名称的复杂多样，抑或说是混乱。

《方舆胜览》中涉及园林的文字，大多较为简略，如《浙西路·临安府·苑囿》"玉津园"："在嘉会门外。""富景园"："在新门外。"[②]仅及方位，稍详细者也不过三两句，如《江东路·建康府·苑囿》"芳林苑"："一名桃花园。本齐高帝旧宅，在府城之东、秦淮土路北。武帝永明五年，尝幸其苑禊饮。"[③]这点类似《舆地纪胜》，也是方志书籍共同的特点。

与园林有关的条目，除了上述园亭楼台，还有古迹、人物、山川等，如《广东路·古迹》"刘王花坞"："乃刘氏华林园，在郡治六里，名泮塘。"[④]《浙西路·镇江府·人物》"皇朝刁约"："字景纯。直史馆，浩然挂冠而归，作藏春坞，为此州绝景，日游其间。"[⑤]《夔州路·万州·山川》"西山"："距州治二里。初，泉荒草芜，郡守马元颖、鲁有开元翰修西山池亭，种莲栽荔支杂果凡三百本。"[⑥]

（5）元、明、清《一统志》

《大元大一统志》，一千三百卷，元札马剌丁、虞应龙等编纂，成书于元成宗大德七年（1303）。继承唐宋志书成例，分建置沿革、坊郭乡镇、里至、山川、土产、风俗形胜、古迹、宦迹、人物、仙释等诸门类。嘉靖时该书全本尚存，后逐渐散佚，现仅存四十四卷。对于园林文献而言，此书在类目设置上既无新意，又残存无几，参考价值微乎其微。

---

① 《方舆胜览》卷二七"湖北路·汉阳军·山川"曾引《舆地纪胜》中语。参见《方舆胜览》，第490页。
② 《方舆胜览》，第11页。
③ 《方舆胜览》，第243页。
④ 《方舆胜览》，第612页。
⑤ 《方舆胜览》，第67页。
⑥ 《方舆胜览》，第1044页。

《明一统志》，九十卷，明李贤等编纂，明英宗天顺五年（1461）成书。弘治、万历年间重新修订，增加嘉靖、隆庆两朝之后建置内容。每府按照《大元大一统志》分目，并增设了郡名、公署、学校、书院、宫室、关梁、寺观、陵墓、祠庙、流寓、列女，缺坊郭乡镇及里至，形胜风俗一拆为二，两京增设城池、山陵、苑囿。园林文献主要集中在卷一《京师·苑囿》和各府宫室门，山川、形胜诸门也有部分文字涉及公共园林，如描写北京西郊玉泉山下的“西湖”景色：“泉水潴而为湖，环湖十余里，荷蒲菱芡与夫沙禽水鸟，出没隐映于天光云影中，实佳境也。”①可以看出，《明一统志》一改《方舆胜览》园林类名目繁多（三十余处）的体例，大有回归《舆地纪胜》仅列苑囿、景物门的精简趋势。宫室门记园林的文字与前代志书相比，并无大的突破，简略者，只记方位，较详细者除了方位，通常会简单介绍园林归属、特色景致，若有集会游宴事迹则于文末点明，并附咏园诗文。如记“遂初堂”：“在府南，元詹事张九思别业。绕堂花竹水石之胜，甲于都城。九思常以休沐与公卿贤大夫觞咏于此，从容论说古今，以达于政理非直为游乐云。赵孟頫诗：‘青山绕神京，佳气溢芳甸。林亭去天咫，万象争自献。年多佳木合，春晚余花殿。雕栏留戏蜂，藻井语娇燕。退食鸣玉珂，友于此中宴。’”②其他大体类似。

《大清一统志》③，五百六十卷。分疆域、分野、建置沿革、形势、风俗、城池、学校、户口、田赋、税课、职官、山川、古迹、关隘、津梁、堤堰、陵墓、祠庙、寺观、名宦、人物、流寓、列女、仙释、土产共二十五门，京师下面另设苑囿、官署等门，涉及园林者主要集中于《京师·苑囿》，以及各

① 《明一统志·顺天府·山川》，见《景印文渊阁四库全书》第472册，第87—88页。

② 《明一统志·顺天府·宫室》，见《景印文渊阁四库全书》第472册，第101页。赵孟頫诗题为《张詹事遂初亭》。

③ 《大清一统志》共有三部：一是康熙《大清一统志》，也称《乾隆旧志》，始于康熙二十五年（1686），成于乾隆八年（1743），共三百四十二卷，内容到康熙时为止；二是乾隆《钦定大清一统志》，始于乾隆二十九年（1764），成于四十九年（1784），共五百卷；三是《嘉庆重修一统志》，始于嘉庆十六年（1811），成于道光二十二年（1842），共五百六十卷，内容到嘉庆二十五年（1820）为断。本节以嘉庆重修本作为论述对象。

府山川、古迹两门。不管是介绍本朝苑囿还是记述历史古迹，其文字普遍较前代志书详细，如《顺天府 · 山川》“玉渊潭”：“在宛平县西十里，元人丁氏故池。柳堤环抱，沙禽水鸟多翔集其间，池上有亭亦以玉渊名。为当时游宴之所。”[①] 再如《扬州府 · 古迹》“锦春园”：“在江都县瓜洲镇。又有净香园、倚虹园、趣园、九峰园在甘泉县西。本朝乾隆十六年、二十二年、二十七年、三十年、四十五年、四十九年，高宗纯皇帝南巡，各赐联额，并御制锦春园《即景》，倚虹园、九峰园、净香园、趣园《诗》。四十九年，仁宗睿皇帝随扈，有九峰园、净香园《诗》。”[②] 这是方志进化的一个表现，也对治园林史者更有助益。

宋、明方志在介绍景点时最常运用的手法为“某某，在某处”，仅一句就戛然而止，这在《大清一统志》中已不常见，行文中间多掺入较为翔实的考证性文字。如《京师 · 古迹》“同乐园”：“在今故宫西，《大金国志》：西出玉华门，曰‘同乐园’，瑶池、蓬瀛、柳庄、杏林尽在于是。师拓、赵秉文皆有《同乐园》诗。按《金史》又有蓬莱院、熙春园、广乐园、芳苑、环秀亭、建春宫、南苑、东园、西苑、北苑、后园之名，俱载《本纪》、诸《传》中，今无考。”[③] 这种现象，既有时代较晚，文献资料占有丰富的原因，也与乾嘉考据之风的影响有关。

尽管《大清一统志》在记录园林方面有很大进步，但与前代方志相比，仍然存在着类目不完善的瑕疵：当时园林，除皇家苑囿外，以私家园林为主的其他园林类型并无合适类目归置。康熙、乾隆皇帝在位期间均曾数次南巡，尤其是在后者南巡之际，江南各地官员、富贾为接驾，营建了数量众多的园林景观，仅扬州瘦西湖一带，在乾隆中期就形成二十四景，即由二十四座园林景观[④] 构成，以至出现“扬州以园林胜”的说法，可惜这些都没有在《大清一统志》中得到充分体现，不免令人遗憾。

---

① 《大清一统志 · 顺天府二》（嘉庆重修本）卷七，见《续修四库全书》第613册，第158页。
② 《大清一统志 · 扬州府二》（嘉庆重修本）卷九七，见《续修四库全书》第613册，第578页。
③ 《大清一统志 · 京师二》（嘉庆重修本）卷二，见《续修四库全书》第613册，第54页。
④ 参见《扬州画舫录》记载。

### 2. 都会郡县志

（1）《吴郡图经续记》

《吴郡图经续记》，三卷，宋朱长文撰，成书于宋神宗元丰七年（1084）。共分封域、城邑、户口、城市、物产、风俗、门名、学校、州宅、南园、仓务、海道、亭馆、牧守、人物、桥梁、寺庙、宫观、寺院、山、水、治水、往迹、园第、冢墓、碑碣、事志、杂录二十八门[①]。与园林有关者，主要集中在州宅、南园、亭馆、往迹、园第门。其中，州宅、南园、亭馆，篇幅都很短小，类短篇园记。州宅[②]，简单罗列了历代官员在此处兴建的景点名称，有西楼、齐云楼（飞云阁）、木兰堂、按武堂、射堂、飞云阁、介轩、月台，至朱撰文时，尚存后池、观风楼（前身为西楼）、飞云阁等。南园，则重在述其历史兴废，从广陵王元璙时期的概况说起，直至今日尚存遗构，中间引王禹偁诗。所谓亭馆，不过记述了几处临水亭子，并未涉及风景描写。往迹，即其他志书中所说的古迹，间有涉及园林者，如长洲苑、华林园，多是援引他书记载成文，少有新意。园第，除晋顾辟疆园、沧浪亭、乐圃之外，记载了十几处名人宅第，鲜有景物描写，重在宣扬人物事迹。

（2）《吴郡志》

《吴郡志》，五十卷，宋范成大撰，约成书于南宋绍熙三年（1192）。是专记苏州一地的方志，上承《吴郡图经续记》，下开后来苏州府志先河。书中引文全部注明出处，四库馆臣赞其为“著书之创体”[③]。分沿革、分野、户口税租、土贡、风俗、城郭、学校、营寨、官宇、仓库、坊市、古迹、封爵、牧守、题名、官吏、祠庙、园亭、山、虎丘、桥梁、川、水利、人物、进士题名、土物、宫观、府郭寺、郭外寺、县记、冢墓、仙事、浮屠、方技、奇事、异闻、考证、杂咏、杂志共三十九门，其中与园林关系密切者首推园亭门，官宇、古迹、虎丘三门中也有部分园林记载。

---

① 上卷十五门，中卷六门，下卷七门。

② 又称郡廨，即供地方长官居住办公的地方。所附园林称衙署园林，方志中一般称作郡圃。

③ 《四库全书总目提要》卷六八史部二十四地理类一，第1823页。

《吴郡志》中所记载的园林，不仅数量远远超过《吴郡图经续记》[1]，文字也翔实得多[2]。以郡圃为例，《吴郡图经续记》并未出现“郡圃”字样，只在“州宅上”中附带介绍其中几处池阁（见上文），因文字过简，提供的信息非常有限。而《吴郡志》中则专列“郡圃”条目[3]，从文中可知，郡圃在州宅正北，前（南）临大池，后（北）抵齐云楼（建于子城上，居北）下，西面是校场（唐西园旧址，紧临西面子城），面积非常大。在历任郡守主持倡导下，这座衙署园林有二十多处景点，如四照亭、坐啸斋、秀野亭、池光亭、芳坻、凌云台、扶春（酴醾洞）、颁春亭、宣诏亭、双莲堂（旧名芙蓉堂）、北池、危桥、虚阁、北轩、双瑞堂（旧名西斋）、观德堂、瞻仪堂（旧名凝香堂）、思贤堂、云章亭、逍遥阁、平易堂、思政堂（旧名东斋）等[4]，可见此园之宏大。书中对于上述各景点之间有方位系联，据此可画出此园景点分布大略图。

园亭门，共记载园亭堂宅二十七处，既有遗迹不存之历史名园如晋辟疆园、唐褚家林亭、任晦园池，也有仍然存世但已几经转手，面目全非之沧浪亭、南园、红梅阁。除五柳堂、范家园、范文正公义宅仅及园主、方位，记述较为简略外，其余均有详略不同的考证文字，或介绍园主事迹，或考证园林沿革，或描写园林景点，中间不时穿插议论，抒发作者对与园林息息相关的人事之感慨。

明清其他都会郡县府志、各省通志，数量繁多[5]，类目设置大抵类《一统

---

① 《吴郡图经续记》记“园第”十五处，实际园林不过三五处，《吴郡志》记“园亭”二十七处，几乎全为园林。

② 《吴郡志》对郡圃及其中亭台楼阁的介绍文字，合计十五页；而《吴郡图经续记》中介绍郡圃的文字，合计“州宅上”仅一页，详略可见一斑。

③ 在官宇门。官宇，类《吴郡图经续记》中的“州宅”而内涵有所扩大，除州宅外，还包括隶属官府的官廨、学舍、仓庾、亭馆之类。

④ 《吴郡志》卷六《官宇》，第51—68页。

⑤ 明代有王鏊《姑苏志》（六十卷）、陈沂《金陵世纪》（四卷）、盛仪《嘉靖维扬志》（三十八卷）、顾清《松江府志》（三十二卷）、张钦《正德大同府志》（十八卷）、唐枢《万历湖州府志》（十四卷）、张元忭与孙鑛同撰《万历绍兴府志》（五十卷）等等。清代各省通志有：清顺治年间贾汉复主修的《河南通志》、康熙年间主修的《陕西通志》，雍正年间傅王露等所纂的《浙江通志》，清末孙葆田等修的《山东通志》等。

志》，园林文献集中在宫室、古迹等门类，此处不再一一加以介绍。

3．古迹、游记

（1）《洛阳伽蓝记》

《洛阳伽蓝记》，五卷，北魏杨衒之撰。主要记录北魏京城洛阳一地佛寺兴废，其中不乏园林宅第的记载。北魏时，帝王太后乃至王公贵族多笃信佛法，舍宅为寺之举相沿成习，很多佛寺本身就是著名的园林景观。

书中所记园林有西游园、华林园、张伦宅园、景明寺园、法云寺园、临淮王元彧宅园、河间王元琛宅园等。除此，还记载了皇宗所居的“寿丘里”，帝族王侯、外戚公主“擅山海之富，居山林之饶，争修园宅，互相夸竞。崇门丰室，洞户连房，飞馆生风，重楼起雾。高台芳榭，家家而筑；花林曲池，园园而有。莫不桃李夏绿，竹柏冬青”[①]，当时宅第园林之兴盛，可以想见。

此书中记载的舍宅为寺的事例，为后人研究北魏园林史及洛阳寺庙园林提供了史料。舍宅为寺，消弭了宅园与寺庙园林之间的界限，在佛教的世俗化进程中起了一定的催化作用。

（2）《三辅黄图》

《三辅黄图》，六卷，作者不详，四库馆臣以为唐肃宗以后人作，记长安古迹。与苑囿、池沼等有关的文字集中在三、四卷，一、二、五卷也有少量涉及。所记宫苑主要有阿房宫、未央宫、扶荔宫、曜华宫、周灵囿、汉上林苑、周灵沼、汉昆明池、太液池、琳池、周灵台、渐台、飞廉观。相关文字少则二三十，多则四五百，以记叙为主，长者类似后世园记。因去古未远，所记内容往往被后世奉为圭臬，辗转引用。

（3）《南宋古迹考》

《南宋古迹考》，上、下卷，清朱彭撰。原书遭火，仅余城郭、宫殿、园囿、寓居四考。

《园囿考》所记苑囿有：内御园有聚远楼、香远堂、清深堂、萼绿华堂、

---

① 《洛阳伽蓝记校释》卷四，第148页。

松菊三径、梅坡、月榭、清妍亭（植荼蘼处）、清新堂、万岁桥、芙蓉冈、载忻堂、欣欣亭、临赋亭、射厅、粲锦堂、至乐堂、清旷堂、半绽红亭（种郁李处）、泻碧亭、冷泉堂、飞来峰、冷香亭、芙蓉石、文香馆、静乐堂、浣溪亭、绛华堂、依翠亭、蟠松（宋高宗游湖园时发现，移植禁苑）、旱船、清华堂等；外御园有玉津园、聚景园、富景园、五柳园、屏山园、真珠园、集芳园、延祥园、玉壶园、下竺御园、庆乐园、梅冈园、桐木园、樱桃园、梅亭等；诸王贵戚园有秀邸园（也称择胜园、秀王府新园）、胜景园（也称庆乐园）、小水乐园（也称福邸园）、赵冀王园、谢太后府园、万花小隐园、谢府新园、杨太后府梅坡园、董嗣杲梅坡园、慈明殿园、水月园、琼花园等。

《寓居考》所记宅园有：范石湖（范成大）寓、杨诚斋（杨万里）寓、刘国礼（刘琥）寓、宋器之（宋伯仁）寓、吕伯可（吕午）寓、赵振文寓、周益公寓、廉布寓、王明清寓、朱子寓（紫阳寓居）、周昭礼（周煇）寓、郑起水南半隐（郑所南父亲）、杜北山（杜汝能）宅、金渊书堂、胡月山吟屋、叶绍翁东庵、葛无怀（葛天民）居、姜石帚（姜夔）寓、高菊磵（高翥）寓、孙花翁（孙惟信）隐居、赵紫芝（赵师秀）寓、薛梦桂方厓小隐、韩仲止寓、刘松年宅、孙靖庵映雪斋、卫泾寓、马翔仲（马廷鸾）寓、郭子度居、朱少章（朱弁）寓、徐度居、张子韶（张九成）凌季文（凌景夏）居、杜仲高（杜旃）寓、武适安（武衍）寓、程泰之读书处、叶延年寓居、岳珂寓、方虚谷（方回）寓、何湛寓、张雯寓、周密故居、陈随隐（陈世崇）寓、陈宗之（陈起）居、闺秀朱淑真居、朱师古小楼、陈焘宅、陈文肃公（陈文龙）寓、谢翱寓、俞商卿（俞灏）居、俞知阁宅、郑渭滨寓、周弼寓、姚镛寓、骆秀才故庐、葛起耕寓、钱谦斋新居、黄佑甫寓、程珌寓、陈允平旅舍、徐集孙寓、吴龙翰寓、汪莘寓、俞桂居、吴惟信寓、半湖楼（疑是陈允平宅）、陶处士水竹居、胡仲参寓、陈紫芝（陈崇真）居、黄畲寓、陈渊寓、俞堪隐（俞文豹）寓、何应龙居、李性传居、李景文寓、黄由寓楼、周紫芝寓、程迥居、留昭文隐居、倪正甫（倪思）寓、史达祖寓、王继先居、董静传（董嗣杲）书楼、胡雪江（胡侁）讲堂等共八十余处。

此书中所有条目几乎全稽考自前代史书、方志、笔记、诗文，末尾偶有作者考证按语，并附录前人吟咏诗歌。引书均有出处，且条分缕析，极便阅读。其是后人了解南宋杭州宫苑、宅园的重要参考资料，也为后来治断代区域园林史者提供了一个很好的范例。

其他同类书籍还有不少，如宋宋敏求的《长安志》、程大昌的《雍录》（考订关中古迹），明李濂的《汴京遗迹志》、吴之鲸的《武林梵志》，清徐崧和张大纯的《百城烟水》（记苏州古迹）、宋荦的《沧浪小志》、毕沅的《关中胜迹图志》、陈弘绪的《江城名迹》（考订南昌名迹）、高士奇的《金鳌退食笔记》（记北京城兴废）、任弘远的《趵突泉志》，均有零星园林记载，限于篇幅，此处不复赘述。

（4）《游城南记》

《游城南记》，一卷，宋张礼撰。记长安南郊园池二十三处，分别为：仇家庄（宦官仇士良别业）、鱼朝恩庄、皇甫玄庄、韩符庄、何将军山林、郑谷庄、定昆池（安乐公主西庄）、杜陵别业（岑参别业）、终南别业（岑参别业）、高冠谷别业（岑参别业，又名高冠草堂）、石鳖谷（岑参别业）、吴村别业（郎士元别业）、杜村闲居（段觉别业）、终南别业（元稹别业）、兰陵里（萧氏别业）、安定庄（梁昇卿别业）、瓜村别业（杜佑别业，又称瓜洲别业）、杜城别墅（杜佑别业，内有九曲池、玉钩亭、七叶树）、牛僧孺郊居、郑驸马洞（郑驸马池台）、裴相国郊居、永清公主庄、南山别业（薛据别业）。

前文已讨论过杜佑的樊川别墅，园记、诗歌虽不少，但是对于樊川别墅的景点只字未提，《游城南记》"复涉潏水游范公五居"条可作补充：

范公庄，本唐岐国杜公佑郊居也。门人权德舆为之记，纂叙幽胜，极其形容。旧史称：佑城南樊川有桂林亭，卉木幽邃。佑日与公卿燕集其间。元和七年，佑以太保致仕，居此。《式方传》又云：杜城有别墅，亭馆林池为城南之最。牧之之赋亦曰："予之思归兮，走杜陵之西道。岩曲泉深，地平木老。陇云秦树，风高霜早。周台汉园，斜阳衰草。"其地有九曲池，池西有玉钧亭。许浑诗所谓"九曲池西望月来"。池迹尚存，亭则不可考也。又其地有七叶树，每朵七叶，因以为名。罗隐诗所谓“夏窗七叶连檐暗”是也，以是求之，其景可知矣。此庄向为杜氏所有，后归尚书郎胡拱辰。熙宁中，侍御史范巽之买此庄于胡，故俗谓之“御史庄”。中有溪柳、岩轩、江阁、圃堂、林馆，故又谓之“五居”。①

上述文字对于樊川别墅景点、沿革考证较详，兹录于此，以供参考。

（5）《燕都游览志》

《燕都游览志》，四十卷，明孙国敉撰。原书已佚，部分内容被保存在清人著作中。《古今图书集成·经济汇编·考工典》“园林部汇考二”节录此书所记明代北京园林，计有湛园、宣城第园、月张园、宣家园、漫园、定国徐公别业（太师圃）、镜园、刘茂才园、湜园、杨园、齐园、牡丹园、清华园、梁氏园、泌园、张氏陆舟、为园、张园、适景园、曲水园、宜园、勺园。每一园的介绍文字较简略，多数都会提及园主、方位、沿革，对园中建筑及风景也略有涉及，可当作一篇群园记看待。

（6）《钦定日下旧闻考》

《钦定日下旧闻考》，一百六十卷，于敏中等据朱彝尊的《日下旧闻》增订而成。成书于清乾隆四十七年（1782）。分星土、世纪、形胜、国朝宫室、宫室、京城总纪、皇城、城市、官署、国朝苑囿、郊坰、京畿、户版、风俗、物产、边障、存疑、杂缀，共十八门。其中国朝宫室、宫室、国朝苑囿三门涉及园林。国朝宫室门主要介绍清宫各处建筑，基本是宫殿名称的罗列；宫室门则是关于辽金元明四朝宫室的介绍，与园林有关的主要有鱼藻池、琼林苑、琼华岛等苑囿、景观；国朝苑囿门介绍了清代皇家园林如南苑、畅春园、长河乐善园、西花园、圣化寺、泉宗庙、圆明园、长春园、清漪园、静明园、静宜园。另郊坰一门也有关于园林的零星文字。不管是宫室还是苑囿，此书很少有景物描写，主要介绍方位、属官、倡建者、园内各建筑名称等，若有御制园记，则置于篇前。

此书最大的特色，或者说参考价值，在于它收录了大量匾额、楹联及御

---

① 张礼：《游城南记》，见《景印文渊阁四库全书》第593册，第9—10页。

制诗文——每处宫室殿宇及园苑内的亭台楼阁都有一个到多个匾额，几乎都有御制楹联，匾联之后附御制诗。如《钦定日下旧闻考 · 西苑二》："迎薰亭，御书额曰'对时育物'，联曰'相于明月清风际，只在高山流水间'；藻韵楼折而东南向者为'补桐书屋'，北向者为'随安室'。补桐书屋东室联曰'摩空野鹤养其性，绕壑风泉清道心'；西室联曰'清阴欲凌霄汉上，远意自在山水间'。随安室联曰'柳荫分绿笼琴几，花片飞红入镜屏'。乾隆九年御制《补桐书屋作》：'瀛台双桐向所有，因循枯一成独树。……'（雍正二年在此读书，屈指至今二十年矣，光阴瞬息为之悚然。）"[①] 这些园林匾联、诗歌的存在，多少可以弥补此书不及园林景物描写的缺憾。每诗都有明确纪年，且时有关于乾隆日常起居的记载及乾隆自作注解（诗后跋语），对于研究清帝王的园居生活大有裨益。

方志中所记的园林文献，往往是从各类史籍、志书中摘引的，抑或来自修志者的道听途说（当然也不排除其中有作者实地考察的成果），但比起园记等"第一手"园林文献来，多少有二次贩售或"炒冷饭"之嫌。又因其记园林文字多过于简约，参考价值不大，往往不被人重视。但不容忽视的是，方志文献，尤其是那些时代久远的方志，保存了很多已经亡佚的书籍中的史料，比如《方舆胜览》，书中采录的前人方志四五百种，而宋及宋之前的方志存世者仅四十多种。

另外，对于园林文献而言，方志也有其不可替代的价值——方志中记载了大量衙署园林。一般志书在具体表述中，通常将衙署园林称为郡（县）圃[②]。下面以《舆地纪胜》为例，简要介绍方志中的衙署园林。

《淮南东路 · 高邮军》景物一门所记时燕堂、烟客亭、尘外亭、乐圣堂、

---

① 于敏中、英廉等编：《钦定日下旧闻考》卷二二，见《景印文渊阁四库全书》第497册，第299页。

② 现代学者给"郡圃"下的定义是："位于州府地方长吏官衙后面或一侧，结合州治良好的自然山水环境，创造出层次丰富的园林美景，是地方园林建设成就的典型代表；在布局上相对独立于官员理政的州治和居住的州宅，是官员偃休、雅集和游赏的主要区域，皆有一定的菜圃、园地生产功能，并定期向民众开放，纵民游观，呈现亦公亦私的复合功能。"参见毛华松、廖聪全：《宋代郡圃园林特点分析》，载《中国园林》2012年第4期，第78页。

序贤亭、华胥亭、德画堂、梦草亭、迷春亭、摇辉亭、浮月亭、爱日亭、瑞香轩、明珠堂、四香堂等十五处景点都注明“在郡圃”，而在这些亭堂之后又记“众乐园”：“有堂曰‘时燕’‘丰瑞’‘玉水’；台曰‘华胥’；池曰‘摇辉’；阁曰‘飞瞰’；亭、庵曰‘四香’‘序贤’，曰‘烟客’，曰‘尘外’，曰‘乐圣’，曰‘迷春’，杨蟠公济记。”[①]其后景点“丰瑞堂”则曰：“在西厅之后，以花瑞得名。”[②]显然，“众乐园”前面提到的时燕堂、烟客亭、尘外亭、乐圣堂、序贤亭、华胥亭、迷春亭、摇辉亭、四香堂及后面的丰瑞堂都属于众乐园中的景点，即“众乐园”属于郡圃中的园林。文中所述杨蟠，字公济，为北宋官员，素有诗名。绍圣四年（1097），杨蟠知高邮军，在高邮任上，杨蟠曾建时燕堂、众乐园于官署之东，供百姓游乐，深得百姓爱戴，今存其《众乐园记》一篇，这是有园记的一个例子。

除郡（县）圃，还有的注记为“在郡（县）治”“在郡斋”“在州宅”“在倅厅”。如《淮南西路 · 庐州》所记金斗池“在郡治日益斋”[③]，而日益斋则云“在雅歌堂后”[④]，“雅歌堂”又“在道院北”[⑤]；《淮南西路 · 蕲州》所记安民堂、思政堂、贵简堂、观德亭、浸月亭、涵辉阁均言“在郡斋”[⑥]；《淮南东路 · 扬州》所记“芍药厅”：“《芍药谱》云：州宅旧有芍药厅，在都厅之后，聚一州绝品于其中。”[⑦]再如《江南西路 · 袁州》所记留春、宿云、双桂堂、双清堂、绿阴亭、三友堂等景点都注为“在倅厅”[⑧]。其他还有“在司理厅”“在设厅”“在通判厅”[⑨]，大体都是官吏办公或居住的场所内的园林景点，现代园林学界通称之为“衙署园林”。

方志中的园林文献尽管比较简略，但也可补园记之不足。如宋代的梦

---

① 《舆地纪胜》，第1766页。
② 《舆地纪胜》，第1766页。
③ 《舆地纪胜》，第1829页。
④ 《舆地纪胜》，第1827页。
⑤ 《舆地纪胜》，第1828页。
⑥ 《舆地纪胜》，第1905—1906页。
⑦ 《舆地纪胜》，第1570页。
⑧ 《舆地纪胜》，第1240—1244页。
⑨ 设厅、通判厅后一般会跟方位名词，如后、东、西等。

溪园，沈括虽有园记记之，但沈括去世后，有关梦溪园的状况就不是此篇园记所能告知的了。在《舆地纪胜·两浙西路·镇江府》"景物上"记载梦溪园的文字[①]除末尾补录林希诗，其他与《梦溪自记》基本相同，参考价值不大。在下面的人物一门又说："鄜延徐禧永乐之陷，因坐谪至京口，营梦溪居焉，又八年卒，归葬故里。"可知沈括在梦溪共居住了八年。《方舆胜览·浙西路·镇江府·古迹》中仅云"梦溪，沈存中宅，在朱方门外"[②]，"人物"条则曰："（梦溪）今半为农圃，半为军寨。"[③]二书成书时间距离沈括逝世仅百余年[④]，去古未远，材料可信度高，后代治园林史者，也正是靠这些片言只语，才能大致勾勒出沈括与梦溪园的关系。

方志中涉及园林的条目多作"苑囿""园亭"，"园林"条目的正式出现至迟在崇祯年间。明崇祯年间钱肃乐、张采所修的《太仓州志》[⑤]中就已有"园林"条目。

## （二）笔记中散见的园林史料

笔记，作为一种文体来说，肇始于魏晋，流行于南宋。晚明小品文的出现，为其注入了新鲜血液，使其形式更为灵活，趣味性、可读性也更强，优秀者一度成为美文的典范。随着清代汉学的兴起，学术性笔记增多。本书所指的"笔记"，并非文学史或学术界常说的"笔记小说"（确切的说法，应该是"笔记体小说"），而是指笔记体散文著作。这部分著作，在按照四部分类法编制的书目中，通常被划归史部地理类（如《北游录》）、别史类（如

---

① "沈括宅在朱方门外。括尝梦至一处小山，花如覆锦，乔木覆其上，梦中乐之。后于京口得地，恍若梦中所游也，因名曰'梦溪'。守臣林希诗曰：'梦溪谪仙人，松菊绕新宅。'"参见《舆地纪胜》卷七，第8页。

② 《方舆胜览》，第66页。

③ 《方舆胜览》，第67页。

④ 《舆地纪胜》成书于南宋嘉定、宝庆年间（1208—1227），《方舆胜览》约成书于南宋理宗嘉熙三年（1239）。

⑤ 原书现藏中国国家图书馆。

《东都事略》)，子部杂家类(如《陶庵梦忆》)。笔记著作，长短不拘，形式灵活，体裁多样。内容更是包罗万象，但凡名胜古迹、风土人情、史事杂录、诗文品评、民间传说、逸闻趣事、花鸟虫鱼等等，都可作为笔记的写作对象，笔记中既有严肃的学术争鸣，又有诙谐的插科打诨，成为正史之外，今人了解古代社会的文献宝库。部分笔记中不乏园林史料，下面将对代表性著作中的园林文献进行勾勒梳理。

(1)《东京梦华录》

《东京梦华录》，十卷，宋孟元老撰。主要追忆东京汴梁的城市风貌、民俗风情。卷六"收灯都人出城探春"条，记正月十九日灯会结束后，都人出城探春，所到之处，以园林居多，"大抵都城左近，皆是园圃，百里之内，并无闲地。次第春容满野，暖律暄晴。万花争出粉墙，细柳斜拢绮陌，香轮暖辗，芳草如茵，骏骑骄嘶，杏花如绣"[①]，场面非常热闹。所记园林有玉津园、学方池亭榭、一丈佛园子、王太尉园、孟景初园、麦家园、王家园、东御园、李驸马园、金明池、下松园、王太宰园、蔡太师园、庶人园。只是列园名，未涉及园林景物描写。

卷七"三月一日开金明池琼林苑"条，记三月一日开金明池、琼林苑，纵士庶游赏，游人还可池边垂钓，或于池院所买牌子捕鱼并买下，现场烹调做佳肴；"驾幸琼林苑"条，介绍琼林苑的具体位置，对园中东南隅的华觜冈内景物及花卉的介绍比他处略详；"池苑内纵人关扑游戏"条，详记池苑内关扑摆设、艺人杂耍、饮食种类。

(2)《梦粱录》

《梦粱录》，二十卷，宋吴自牧撰。仿《东京梦华录》体例，记南宋临安风景名胜和风俗。但与《东京梦华录》"以事系园"不同的是，《梦粱录》专设"园囿"条(卷一九)，记临安园林苑囿。南宋临安园林众多，此书所记只是其中一部分，正如文中所言"其余贵府内官沿堤大小园囿、水阁、凉亭，不计其数"[②]。书中所记有具体名称者有王氏富览园、三茅观东山梅亭、

① 《东京梦华录》(精装插图本)，第122页。

② 《梦粱录》卷一九《园囿》，第178页。

东琼花园、慈明殿园、杨府秀芳园、张氏北园、杨府风云庆会阁、蒋苑使宅园、富景园、五柳园、张府七位曹园、庆乐园、翠芳园、张府真珠园、谢府新园、罗家园、白莲寺园、霍家园、刘氏园、集芳园、四圣延祥观御园、下竺寺园、择胜园、新园、隐秀园、谢府玉壶园、四井亭园、古柳林、杨府云洞园、杨府西园、杨府具美园、杨府饮绿亭、裴府山涛园、秀野园、集芳园、赵秀王府水月园、张府凝碧园、张内侍总宜园、水竹院落、九里松嬉游园、一清堂园、聚景园、张府泳泽环碧园、玉津园、内侍张侯壮观园、王保生园、赵郭园等约五十座。其他如卷八记宫观，卷一〇记官署、王公贵戚府第，卷一二记西湖，均有涉及园林的零星材料。如“西湖”条：“西林桥即里湖内，俱是贵官园圃，凉堂画阁，高台危榭，花木奇秀，灿然可观。”[①]

此书所记园林景观建筑，皆详记其匾额。如卷八“德寿宫”条所记：“其宫籞四面游玩亭馆，皆有名匾。东有梅堂，匾曰香远。栽菊，间芙蕖、修竹处有榭，匾曰梅坡、松径三径。荼蘪亭匾曰新妍。木香堂匾曰清新。芙蕖冈南御宴大堂，匾曰载忻。荷花亭匾曰射厅、临赋。”[②]这也是其不同于其他同类书的独特之处。

书中虽逢匾必书，却只字不提楹联，类似楹联的诗歌警句，书中则明确记载书于“照屏”或“屏风”之上。如卷一二“西湖”条：“亭（四圣延祥观之‘香月亭’）侧山椒，环植梅花。亭中大书‘疏影横斜水清浅，暗香浮动月黄昏’之句于照屏之上云。”[③]卷八“德寿宫”条：“其宫中有森然楼阁，匾曰聚远，屏风大书苏东坡诗：‘赖有高楼能聚远，一时收拾付闲人’之句。”[④]这种情况表明，至少在南宋的皇家园林中，楹联还未盛行。

（3）《武林旧事》

《武林旧事》，十卷，宋周密撰。记南宋都城临安四时风俗。卷四“故都宫殿”条、卷五“湖山胜概”条多有关于园林的记载，前者记宫苑，后者主

① 《梦粱录》卷一二，第103页。
② 《梦粱录》卷八，第64页。
③ 《梦粱录》卷一二，第103页。
④ 《梦粱录》卷八，第63—64页。

要记私家园林、公共园林、寺观园林，部分涉及御园、衙署园。

"故都宫殿"记门、殿、后殿、堂、斋、楼、阁、台、轩、观、亭、园、庵、坡、桥、泉、御舟、教场、御园、德寿宫、东宫等。"园"有小桃源（观桃）、杏坞、梅冈、瑶圃、村庄、桐木园；"御园"有聚景园、玉津园、富景园、屏山园、玉壶园、琼华园、小隐园、集芳园、延祥园、瀛屿等。

"湖山胜概"分南山路（附南高峰塔、方家峪、大小麦岭）、西湖三堤路、孤山路、北山路（附三天竺）、葛岭路、西溪路六部分。各路所记园林如下：

南山路，有丰乐楼（公共园林）、聚景园、灵芝崇福寺（旧为御园，后舍为寺）、杨郡王府上船亭、聚景园、慧光尼庵（张循王府）、真珠园、南园、净相院、甘园、南屏御园、水乐洞、褒亲崇寿寺、华津洞（赵冀王府园）、龙华宝乘院（本钱王瑞萼园舍建）、旌德显庆教寺、梅坡园、松庵（杨郡王府）、小水乐（福邸园）、卢园、水竹坞；西湖三堤路，有苏公堤（夹道杂植花柳，中为六桥九亭）、先贤堂、雪江书堂、松窗（张濡别墅）、杨园、永宁崇福院（本为内侍陈源适安园）、裴园、史园、资国园；孤山路，有四圣延祥观、西太一宫（旧四圣观园）；北山路，有养鱼庄（杨郡王府）、环碧园（杨郡王府）、迎光楼（张循王府）、刘氏园、菩提院、玉壶御园、杨和王府水阁、贾府上船亭、钱塘门上船亭、秀邸新园、谢府园、隐秀园、择胜园、杨府廨宇（舍为寺）、赵郭园、史府（后为慧日寺）、水丘园、西隐精舍、梅冈御园、张氏园、王氏园、万花小隐（谢府园）、聚秀园（杨府）、秀野园（谢府）、瑶池园、云洞园、钱塘县尉司；葛岭路，有总宜园、大吴园、小吴园、水月园、挹香园、秀野园（刘鄜王）、寿星院、宝云庵、养乐园、半春园、小隐园、集芳御园、香月邻、广化院、快活园、水竹院落、廖药洲园、香林园、斑衣园、葛坞、朱墅、观风亭、景德灵隐禅寺、石笋普圆院、时思荐福寺；西溪路，有下天竺灵山教寺、上天竺灵感观音院[①]。

除"故都宫殿""湖山胜概"，其他卷也有部分涉及园林的文字。如卷二"燕射"条，记淳熙元年九月宋孝宗幸玉津园讲燕射礼事；"赏花"条，记春

---

① 原书所记景点不止于此，此处只选列园林景点（除各种已标明为园者，其余均为有景点介绍能判定为园林景观者）。

日禁中各处赏花处所。卷三"放春"条，记蒋苑使在自家花圃内效仿禁苑赏春游园事；"禁中纳凉"条，记皇帝于宫苑中避暑纳凉事。卷七"乾淳奉亲"条记宋孝宗侍奉高宗游园事。另外，此书卷一〇全录宋张镃的《张约斋赏心乐事并序》《约斋桂隐百课》，前者主要记张镃一年十二个月的园居生活，后者则记张镃家园"桂隐"的各处景点，分东寺、西宅、亦庵、约斋、南湖、北园、众妙峰山七部分。东寺有大雄尊阁、静高堂、真如轩；西宅有从奎阁、德勋堂、儒闻堂、现乐堂、安闲堂、绮互亭、瀛峦胜处、柳塘花院、应铉斋、振藻、宴颐轩、尚友轩、赏真亭；亦庵有法宝千塔、如愿道场、传衣庵、写经寮；约斋有泰定轩；南湖有阆春堂、烟波观、天镜亭、御风桥、鸥渚亭、把菊亭、泛月阙、星槎；北园有群仙绘幅楼、桂隐、清夏堂、玉照堂、苍寒堂、艳香馆、碧宇、水北书院、界华精舍、抚鹤亭、芳草亭、味空亭、垂云石、揽月桥、飞雪桥、蕊珠洞、芙蓉池、珍林、涉趣门、安乐泉、杏花庄、鹊泉；众妙峰山有诗禅堂、黄宁洞天、景白轩、文光轩、绿昼轩、书叶轩、俯巢轩、无所要轩、长不昧轩、摘星轩、餐霞轩、读易轩、咏老轩、凝薰堂、楚佩亭、宜雨亭、满霜亭、听莺亭、千岁庵、恬虚庵、凭晖亭、弄芝亭、都微别馆、水湍桥、漪岚洞、施无畏洞、澄霄台、登啸台、金竹岩、古雪岩、隐书岩、新岩、叠翠庭、钓矶、菖蒲涧、中池、珠旒瀑、藏丹谷、煎茶磴。书中文字主要是罗列景点名称，间有关于建筑用途、特色植物、方位的注解，如北园："群仙绘幅楼（前后十一间，下临丹桂五六十株，尽见江湖诸山）、桂隐（诸处总名，今揭楼下）、清夏堂（面南临池）、玉照堂（梅花四百株）。"[①]张镃有《南湖集》《玉照堂词》等著作，均散佚[②]，其《赏心乐事并序》《桂隐百课》赖《武林旧事》得以保存。据《桂隐百课》知，淳熙年间，张镃曾为桂隐园的各堂馆桥池赋诗八十余首，历十四年后，至庆元年间，删易增补，已有数百首，因在其集中（当是《南湖集》）故《桂隐百课》未录。今翻检《南湖集》卷七有《桂隐纪咏》，收诗不过五十余首，可见散佚之多。

---

① 张镃：《约斋桂隐百课》，见周密：《武林旧事》，钱之江校注，浙江古籍出版社，2011年，第215页。

② 现存《南湖集》（十卷），是清四库馆臣据《永乐大典》辑录而成的。

此书介绍园林景观的文字较为简短，如富景园："新门外。孝宗奉太后临幸不一。俗呼'东花园'。"[①]写法类方志。有的只列名称，如琼华园、小隐园。尽管如此，周密所记临安园林均源于亲身游历，非后代道听途说或于各书中抄纂而成书者可比，文献参考价值相对较高。

周密另有《齐东野语》和《癸辛杂识》，也有部分文字涉及园林。

《齐东野语》卷一"放翁钟情前室"条，记陆游与唐氏在沈园邂逅之事，从中可知沈园四十年间三易主，沈氏之后，又先后归许氏、汪氏所有；卷四"杨府水渠"条，记杨和王得宋高宗赵构暗许，引西湖水入宅园事；卷五"赵氏灵璧石"条记赵葵部将赵邦永献其灵璧奇石事，"南园香山"条辨韩侂胄南园"香山"实非沉香而是木假山；卷一〇"范公石湖"条，记范成大晚年所建石湖别墅，知石湖别墅在吴江盘门外十里，有农圃堂、北山堂、千岩观、天镜阁、寿乐堂等建筑景观；卷一五"玉照堂梅品"条转载张镃记梅园文章；卷一六"马塍艺花"条记花卉栽培；卷一七"琼花"条记扬州后土祠琼花；卷一九"贾氏园池"条，记贾似道宅园（包括后乐园、养乐园、水竹院落、南山水乐洞等四大内园）之位置、景点及胜况，篇幅较长，可作园记看。

《癸辛杂识·前集》记"吴兴园圃"[②]，有南沈尚书园、北沈尚书园、章参政嘉林园、牟端明园、赵府北园、丁氏园、莲花庄、赵氏菊坡园、程氏园、丁氏西园、倪氏园、赵氏南园、叶氏园、李氏南园、王氏园、赵氏园、赵氏清华园、俞氏园、赵氏瑶阜、赵氏兰泽园、赵氏绣谷园、赵氏小隐园、赵氏蜃洞、赵氏苏湾园、毕氏园、倪氏玉湖园、章氏水竹坞、韩氏园、叶氏石林、刘氏园、钱氏园、程氏园、孟氏园等三十六处；"假山"条记卫清叔园、俞子清假山；"艮岳"条主要记建造艮岳时"取石法"，并记山洞贮存硫黄祛蛇及利用卢甘石制造云雾法。《癸辛杂识·后集》"游阅古泉"条，记周密携友同游韩侂胄故园事。《癸辛杂识·别集下》"药州园馆"条，记廖莹中杭州西湖畔宅园，园中有世禄堂、在勤堂、惧斋、习说斋、光禄斋、观相庄、花香竹

① 《武林旧事》卷四"故都宫殿"条，第68页。

② 吴兴，即今浙江湖州。

色、红紫庄、芳菲径、心太平、爱君子等景观，值得注意的是，此文还记载了园中三副桃符[1]：

> 喜有宽闲为小隐，粗将止足报明时。
>
> ——门桃符
>
> 直将云影天光里，便作柳边花下看；
>
> 桃花流水之曲，绿阴芳草之间。
>
> ——二小亭桃符

这三副桃符，即今天所称的楹联，是迄今所知最早的园林楹联。

（4）《西湖游览志》

《西湖游览志》，二十四卷，明田汝成撰。记西湖山水胜概，并穿插与西湖有关的历史人物掌故及诗文。经过历代地方官兼文人雅士如白居易、苏轼者的疏浚修治、歌颂题咏，西湖早已成为一处风景秀丽、人文荟萃的公共园林。良好的自然人文环境，吸引了众多高官富贾在其周围修宅建园，加之南宋偏安一隅，皇家宫苑及王公外戚别业多聚集湖边，一时之间，西湖边上，园林相望，宛若瑶圃仙境。

除首卷《西湖总叙》外，各卷所记有总宜园、东园、延祥园、小隐园、裴园、史园、乔园、资国园、聚景园、翠芳园、甘园、珍珠园、胜景园、梅坡园、卢园、暗竹园、赵冀王园、瑞萼园、玉津园、环碧园、刘氏园、养鱼庄、迎光楼（张循王别业）、来鹊楼（张文宿别墅）、玉壶园、谢府新园、择胜园、隐秀园、赵郭园、水丘园、梅冈[2]园、聚秀园、钱氏园、张氏园、王氏园、万花小隐园、竹所、云洞园、瑶池园、水月园、大吴园、小吴园、马氏园、养乐园、半春园、琼华园、集芳园、挹秀园、秀野园、香月邻（廖莹中园）、快活园、水竹院落、廖药洲园（廖莹中别墅）、香林园、斑衣园（在宝莲寺基址上建园）、武林园、俞家园、孔雀园、安乐园、蒋院使花园、瞰碧园（隶属玄同观）、姚园寺园、郑景宅园、桐木园、桐树园等，近七十座。其中除皇家园林玉津园、聚景园等，寺庙园林瞰碧园、姚园寺园等，其他大多属于私家园

---

① 《癸辛杂识》，第162—163页。

② 四库本作“庄”。

林。这些园林多为唐宋旧园，至田汝成著书时，仍存世者只占少数。书中仅对部分园林考证稍详，如聚景园："孝宗所筑。先是，高宗居大内，时时属意湖山，孝宗乃建名园，奉上皇游幸。园中有会芳殿，瀛春、览远、芳华等堂，花光、瑶津、翠光、桂景、滟碧、凉观、琼芳、彩霞、寒碧等亭，柳浪、学士等桥，叠石为山，重峦窈窕。其后累朝临幸。理宗已后，日渐荒落。"①其他多数园林只记园名，往往以"已废"二字带过。

此书的特色在于辑录了很多吟咏园林景观的诗歌。如：

梅冈园者，宋韩蕲王别业也。广一百三十亩，有乐静堂、清风轩，皆高宗御书。水阁、梅坡、芙蓉堆，花竹辉映，皆聚景之所，四时可游。吴立夫花园老卒歌："蕲王手种红锦花，十载不挂铁铔锻，花园老卒守花树，睡着花砖闻曙鸦。……史传沈埋谁比数？花落花开几风雨？"②

又如：

甘园，在净慈寺对，旧为内侍甘升之园，又名湖曲园。理宗尝临幸，有御爱松、望湖亭、小蓬莱、西湖一曲，后归赵观文，又归谢节使。周密诗："小小蓬莱在水中，乾淳旧赏有遗踪，园林几换东风主，留得亭前御爱松。"③

除《西湖游览志》，田汝成还有《西湖游览志余》二十六卷，前者主要记载风景名胜，后者则以记述掌故逸闻为主，其中就包括很多帝王、文人游园的逸闻趣事。如卷三"偏安佚豫"记载了数则宋高宗④游御园、孝宗侍奉太上皇游园事迹，并附宋孝宗咏园诗、宋高宗诗跋及随行朝臣应制词赋，另外，叙述游园次序、陪驾娱乐之情景等，极为详尽。除此，宫中节日庆典及节气活动也往往在御园中举行，如上元宫中赏灯、二月二内苑挑菜御宴、仲春北苑试新茶、春日禁中赏花（梅堂赏梅、芳春堂赏杏花、桃源观桃、粲

① 田汝成：《西湖游览志》卷三，浙江人民出版社，1980年，第28页。

② 《西湖游览志》卷八，第87页。

③ 《西湖游览志》卷三，第33页。

④ 时已禅位孝宗，被尊为光尧寿圣太上皇帝。

锦堂赏金林檎、照妆亭赏海棠、兰亭修禊、钟美堂赏牡丹、稽古登瀛堂赏琼花、净侣亭赏紫笑、净香亭采兰)、禁中避暑、七夕乞巧、中秋赏月、重九赏菊、禁中赏雪等等，开明清帝王行乐先河。此处略举一例，以见其盛况：

禁中避暑，多御复古、选德等殿，极凉。长松修竹，浓翠蔽目，层峦奇岫，静窈萦深。寒瀑飞空，下注大池可十亩，池中红白菡萏万柄，盖园丁以瓦盎别种，分列水底，时易新者，庶几美观。又置茉莉、素馨、建兰、麝香藤、朱槿、玉桂、红蕉、阇婆、薝卜等花数百盆于广庭，鼓以风轮，清芬满殿。御坐两旁，各设金盆数十架，积雪如山。纱厨后先，皆悬挂伽兰木、真腊龙涎等香珠百余，蔗浆金碗，珍果玉壶，初不知人间有尘暑也。闻洪景卢[①]学士尝赐对于翠寒堂，三伏中，体粟战栗，不可久立，上问故，笑遣中贵人以北绫半臂赐之，则境界可想矣。[②]

此书资料，多系田汝成从前人书中摘抄，如上面所举例子就抄自宋周密的《武林旧事》卷三“禁中纳凉”。有时也会加上田汝成自己的一些所见所闻，如卷一九所记“马塍艺花”：

马塍艺花如艺粟，橐驼之技名天下，往往发非时之品，真足以侔造化，通仙灵。凡花之早放者，名曰“唐花”。其法以纸饰密室，凿地作坎，辫竹置花其上，粪土以牛溲硫黄，尽培溉之法，然后置沸汤于坎中。少候汤气薰蒸，则扇之，微风盎然，融淑之气，经宿则花放矣。若牡丹、梅花之类，无不然，独桂花则反是。盖桂必清凉而后放，法当置之石洞岩窦间暑气不到处，鼓以凉飔，养以清肃，竟日乃开。此虽揠而助长，然必适其寒温之性而后可。至于盘结松柏海桐之属，多仿画意，斜科而偃蹇者为马远法，挺干而扶疏者为郭熙法，他如鸾鹤亭塔之形，种种精妙，可为庭除清赏也。[③]

对照宋周密的《齐东野语》卷一六“马塍艺花”，可知除最后一句是田

① 北宋文人洪迈。

② 田汝成：《西湖游览志余》卷三，浙江人民出版社，1980年，第53—54页。

③ 《西湖游览志余》卷一九，第312页。

汝成自撰语外，其余全文抄自周密。尽管如此，此书还是有其不可替代的参考价值，如卷一九“术技名家”就记载了一位善于叠山的奇人：

> 杭城假山，称江北陈家第一，许银家第二，今皆废矣。独洪静夫家者最盛，皆工人陆氏所垒也，堆垛峰峦，拗折洞壑，绝有天巧，号陆垒山。张靖之尝赠陆垒山诗云：“出屋泉声入户山，绝尘风致巧机关。三峰景出虚无里，九仞功成指顾间。灵鹫峰来群玉垛，峨嵋截断落星间。方洲岁晚平沙路，今日溪山送客还。”[①]

自古以来，我国典籍中鲜有关于匠人的记载。此处所记“陆垒山”，虽名字、籍贯不详，但却为后人了解杭州园林的叠山艺术提供了一条宝贵线索。

（5）《五杂俎》

《五杂俎》，十六卷，明谢肇淛撰。全书分天、地、人、事、物五部，地部、物部有部分文字涉及园林。除粗分为五部之外，此书再无便于检索的条目，但相邻上下各段，大致围绕一个共同的主题来叙述。

《五杂俎·地部》中比较了洞庭西山之太湖石、永安溪之石、闽中白沙溪汤院山石、岭南英石等园林用石之优劣。谢肇淛对假山的兴起历程做了较为系统的考证：假山始见于汉茂陵富人袁广汉之园，当时不重择石；宋李格非作《洛阳名园记》时，尚不重假山；宋宣和年间建造艮岳，世人始重怪石，因北人不见真山而不知作，南人舍真山伪为假山，叠山水平很低。谢肇淛认为假山之所以在江北盛行，是因其地无山故垒石以当卧游，南方多佳山水之处则不需要叠山。

在《五杂俎·物部》中，谢肇淛记述了自己两次“穷极耳目”式的观花经历：一次是在曹南一诸生家园中看牡丹，另一次是在长安一勋戚宅园看菊花。有感于观花“极乐境界”之不易得，谢肇淛总结出“观花五要素”：胜花、胜地、胜时、胜情、胜友。也就是说，要想达到观花的最高境界，必须先具花情，然后择花友、谋胜地，最后静待花开。

---

① 《西湖游览志余》卷一九，第311—312页。

此书不同于简单胪列园林名称的书籍。涉及园林的文字，多半得自亲身见闻，如记葛尚宝园中木假山，闽地淘沙为业者以淘沥所得小石、蛎壳，并瓦片、螺蛳等做成山水盆景。即使征引古人著作，也多是对所引文字有所提炼和阐发，如引《西京杂记》中“袁广汉园林”，得出其为“假山之始”的结论；通过李格非的《洛阳名园记》，则判定其时“未尚假山”。

此书行文之中，流露出比较明显的批判意识，既有对时人的批评，也有对古人的指摘。前者如论王世贞弇山园大石毁城门而入之“近淫”、当世园林匾联之“俗恶”，后者如议论《洛阳名园记》中所记名园名称之“可笑”、宋王君贶筑宅园五十余年不成之执迷不悟，如此等等。对于历史上的园林典故，谢肇淛也是有所反省的，以“平泉遗恨”为例，在谢肇淛看来，李德裕之所以会有告诫子孙之举，在于其生前为修饰园池，穷极物力，奇树怪石得之既难，眷恋也深。其子孙终不能守，则与志趣的差异、权力的遗失等客观因素有关。鉴于此，谢肇淛自己造园时，就专取易得之石，石虽不名贵，但稍加斫削，就势利用，同样可得山林野趣。精巧愈甚，价值愈高，往往败之也愈速，这是谢肇淛遍览古今名园得出的经验教训。

（6）《帝京景物略》

《帝京景物略》，八卷，明刘侗、于奕正撰。记北京城及附属各州、县风景名胜及风俗。分城北内外、城东内外、城南内外、西城内、西城外、西山上、西山下、畿辅名迹。卷一、二、三、五、六均有园林记载，城北内外有定国公园、英国公新园、英国公家园；城东内外有成国公园、宜园、曲水园；城南内外有李皇亲新园、韦公寺、南海子；西城外有白石庄、惠安伯园、摩诃庵、钓鱼台、海淀、法云寺；西山上有香山寺。另外，卷三的“草桥”，是一处著名的花圃基地，类似南宋临安的东、西马塍，此地园林也很多，有万柳堂（元廉希宪筑）、瓠瓜亭（赵参谋筑）、玩芳亭（粟院使筑）等。

此书颇注重细节描写。如写亭之形制特殊，以李皇亲新园内的梅花亭为例：

> 入门而堂，其东梅花亭，非梅之以岭以林而中亭也，砌亭朵朵，其为瓣五，曰梅也。镂为门为窗，绘为壁，甃为池，范为器

具，皆形似梅。亭三重，曰梅之重瓣也……[①]

写花木则体物细致入微，与园记中的花木描写风格迥异。如写北京西城外白石庄的柳树：

庄所取韵皆柳，柳色时变，闲者惊之。声亦时变也，静者省之。春，黄浅而芽，绿浅而眉，深而眼。春老，絮而白。夏，丝迢迢以风，阴隆隆以日。秋，叶黄而落，而坠条当当，而霜柯鸣于树。[②]

这种审辨四时与晨昏中植物细微变化的写法，在侧重感性描写的中国传统写景散文中显得别具一格。

此书对园林的介绍较为详细，且文采出众，突破了此前同类著作受方志文体影响而形成的程式化风格。除了篇尾所附的大量咏园诗歌，各篇园林文字篇幅类单篇园记，但又比一般的园记更隽永耐读，堪称晚明竟陵派小品文的典范。今略举一例，以供参考：

夫长廊曲池，假山复阁，不得志于山水者所作也，杖履弥勤，眼界则小矣。崇祯癸酉岁深冬，英国公乘冰床，渡北湖，过银锭桥之观音庵，立地一望而大惊，急买庵地之半，园之，构一亭、一轩、一台耳。但坐一方，方望周毕。其内一周，二面海子，一面湖也，一面古木古寺，新园亭也。园亭对者，桥也。过桥人种种，入我望中，与我分望。南海子而外，望云气五色，长周护者，万岁山也。左之而绿云者，园林也。东过而春夏烟绿、秋冬云黄者，稻田也。北过烟树，亿万家甍，烟缕上而白云横。西接西山，层层弯弯，晓青暮紫，近如可攀。

江夏黄正色《春日过银锭桥》：

远水未成白，长条复新黄。鳞鳞鱼岸出，喈喈鸟林翔。寒去身犹褐，春将野可觞。客行冗似昨，又向一年芳。[③]

---

① 《帝京景物略》，第152页。

② 《帝京景物略》，第288—289页。

③ 《帝京景物略》，第48页。

（7）《西湖梦寻》

《西湖梦寻》，五卷，明张岱撰。追记杭州西湖一带的风景名胜。仿《帝京景物略》体例，卷首置“西湖总记”，下分北路、西路、南路、中路、外景五门。书中提到的园林有玉凫园、片石居、寄园、戴斐君别墅、钱麟武园、商等轩园、祁世培园、余武贞园、陈襄范园、黄元辰池上轩、周中翰芙蓉园、小蓬莱（原宋甘内侍园，入明为王贞父“寓林”）、徐渭酬字堂、张道闇西溪精舍、包涵所包衙庄（内有南北二园）、水乐洞（嘉泰间杨郡王别圃）等，还记载了神运石、一片云、芙蓉石、奔云石等奇石。

张岱另有《陶庵梦忆》八卷，是对其昔日生活琐事的追忆。其中不乏园林记载，所记园林有筠芝亭、砎园、梅花书屋、不二斋、天镜园、不系园、于园、愚公谷、巘花阁。卷一“金乳生草花”条，讲述了一位名叫金乳生的“花痴”的故事。金乳生在宅前辟有一园，专门栽植各种花草，园子不大，滨河三间小轩是园中的唯一建筑，螺山石叠成的数折假山，饶有画意，园中“草木百余本，错杂莳之，浓淡疏密，俱有情致”[1]，春夏秋冬各有当令主花、副花，园中四季都有花开。金乳生爱花，不但亲自栽花、灌园，甚至每日早起后不梳洗就匍匐花丛中，为花捉虫祛病，“虽冰龟其手，日焦其额，不顾也”[2]，这与那些仅是欣赏园丁劳动成果的一般文人雅士，不可同日而语。

（8）《履园丛话》

《履园丛话》，二十四卷，清钱泳撰。卷二〇《园林》，记作者所游历之园共五十六座，计有澄怀园、惠园、万柳堂、随园、张侯府园、乐圃、狮子林、拙政园、归田园、息园、绣谷、怀云亭、瞿园、涉园、逸园、灵岩山馆、寒碧山庄、水木明瑟园、东皋草堂、壶隐园、燕谷、康山、小玲珑山馆、双桐书屋、片石山房、江园、静修俭养之轩、樗园、平山堂、九峰园、锦春园、朴园、珠媚园、文园、塔射园、啸园、右倪园、豫园、日涉园、吾园、从溪园、三泖渔庄、南园、平芜馆、澹园、长春园、玉玲珑馆、皋园、潜园、长丰

① 《陶庵梦忆》，第13页。
② 《陶庵梦忆》，第14页。

山馆、倦圃、曝书亭、南园、二十五峰园、青藤书屋、寓园。介绍园林的文字，基本是先位置，次园主及营造时间，次各时期的归属沿革，次景点，次园中游赏盛况，次咏园诗文、匾联，间或介绍园名由来、品评园林优劣，有时也会写景状物、抒发感慨。

生活在乾嘉时代的钱泳，似乎也受到考据之风的影响——其记园林，尤为重视考证园林的兴废沿革，如记苏州拙政园沿革非常详细：自明王献臣之后归徐氏，清初归陈之遴，旋属驻防将军府，又为兵备道行馆，又归吴三桂婿王永康，康熙十八年改苏松常道新署，不久散为民居，继而又归蒋棨（易名“复园”），嘉庆中又为查憺余所有，到钱泳著书时则归吴璥用作质库。这些记载，为今人了解拙政园的历史提供了有益的参考。

在卷末的“造园”条中，钱泳将造园与作诗文相比较，指出造园的设计规划如同作诗文的谋篇布局，要在曲折得宜，头尾照应，切忌堆砌错杂，才能称为佳构。钱泳认为，即使园为佳构也不一定能称得上“名园”，还要有才情相配的主人、恰到好处的位置，凡夫俗子充斥的园亭如城隍庙附园者，无论如何也不能称之为名园。于是，钱泳提出“园林总赖主人以传”的观点。这其实也不是钱泳的独创，早其七百多年的李格非论司马光的独乐园时，已有类似的说法。钱泳的过人之处在于其豁达的园林观：他认为享受园林带来的林泉之乐，并不一定要自己花费金钱、劳师动众，任何人家的园林，都可以为我所用而啸歌其间，如果破除执障，心灵不受形体的拘役，无是园、乌有园者就可以代替现实中的园林，成为永不败落的心园。

除了上述《园林》卷，卷一二《艺能》中“堆假山”条记清代前期擅长叠山者数人，如张南垣、石涛、仇好石、董道士、王天于、张国泰等。对其同时代之戈裕良的事迹记载尤为详细，不但点数其与修之名园，还记戈裕良自创叠山之“钩带法”。“营造”条则主要阐述钱泳对房屋营造的观点，文末引汪春田《重其文园》诗作结，可见园林建筑也是含在其中的。卷一八《古迹》记万岁山、艮岳、兰亭等园林古迹，并记其近代之重修事宜，不乏可资借鉴之处。

（9）《宸垣识略》

《宸垣识略》，十六卷，清吴长元撰。记北京名胜古迹，仿《日下旧闻》《钦定日下旧闻考》体例而有所损益。分天文、形胜、水利、建置、大内、皇城、内域、外城、苑囿、郊垧、识余十一门。该书前冠附地图十八幅，其中一幅描绘西山苑囿。园林记载主要集中在苑囿门，所记园林有南苑、团河行宫、畅春园、西花园、圆明园、长春园、惠山园、静明园、静宜园、香山寺等；皇城、郊垧二门也有部分涉及园林，如皇城门记景山、万岁山、西苑；郊垧门记昆明湖、玉泉山。

吴长元久居北京，对北京相当熟悉，文中所记多来自其实地踏勘，又以史籍、碑碣做参照，对《日下旧闻》及《日下旧闻考》纠偏补遗，多有匡正。书中属于作者考证的文字，均加"长元按"。每一园，先介绍方位，次叙述主要景点及沿革，并录御制题咏勒石者，有很高的史料价值。

较之园记等园林文献，笔记长于记载逸闻轶事，许多与园林有关的事迹及园林景观因此得以流传，有些还是弥足珍贵的园林史料。

相比旨在为帝王将相立传扬名的史册中的园林记载之惜墨如金、冠冕堂皇，笔记则显得更随意而故事性强。如宋周密在《齐东野语》中记以"园池声妓服玩之丽甲天下"的张镃，每当园内牡丹盛开之时，常邀宾朋至园中赴会，世人将此"牡丹会"誉为"仙游"，以能得到邀请为荣。盛会之时，待宾客坐定，"群妓以酒肴丝竹，次第而至。别有名姬十辈皆衣白，凡首饰衣领皆牡丹，首带照殿红一枝，执板奏歌侑觞，歌罢乐作乃退。复垂帘谈论自如，良久，香起，卷帘如前。别十姬，易服与花而出。大抵簪白花则衣紫，紫花则衣鹅黄，黄花则衣红，如是十杯，衣与花凡十易。所讴者皆前辈牡丹名词"。[1]豪侈奢华，可见一斑。清李斗在《扬州画舫录》中记明代扬州影园的"黄牡丹诗会"，与会者数十人，会上所作百余首诗被送交钱谦益，由其评定优劣，第一名以黄金二觥镌"黄牡丹状元"赠之[2]。清沈复《浮生六记》中关于园林的记载多富有生活气息，心灵手巧的女主人公芸娘常能将

① 《齐东野语》卷二〇《张功甫豪侈》，第374页。
② 李斗：《扬州画舫录》卷八，清乾隆六十年自然庵初刻本（日本早稻田大学藏本）。

平淡的园居生活过得活色生香：除了发明“荷心薰茶法”[①]以泡茶，雇馄饨担以助南园野炊，还创造出了“活花屏”——用竹木编成屏架，置盆栽扁豆及藤本香草之类攀缘植物于屏中，待藤蔓生长攀爬满屏，则不仅可得绿阴满窗的效果，还能随时移动屏架[②]，时时更换盆栽品种。比起固定的花屏，这种“活花屏”更为灵活多变，予人更多情致。这等闲情逸趣，是园记等园林文献所无法传递的。

### （三）史书中散见的园林史料

此处所言史书，主要指以正史为代表的历史著作。

先秦史书，不乏苑囿记载。如《左传》中曾提到秦之具囿、郑之原圃，《战国策》中曾提到魏之梁囿、温囿，《国语》中曾提到楚之章华台。这些记载非常简略，有关苑囿的信息仅及名称而已。

《史记》《汉书》《后汉书》中记园林的文字仍然很简约，但据其记载已可梳理出汉代皇家苑园名称、数量、营造及皇帝游幸时间等大致情况，如《史记·平准书》记汉武帝在上林苑开凿昆明池，池周列观并修筑柏梁台；《史记·梁孝王世家》《汉书·文三王传》均记梁孝王筑东苑方三百余里；《后汉书·孝灵帝纪》言汉灵帝于西园造万金堂、弄狗，并列肆后宫，着商贾服买卖、宴乐等事。除此，三书中还记载了部分王侯贵戚的第宅园林。这些宅园大都连里竟街，规模宏大，甚至穿城引水，穷极巧饰。其中最著名的莫过于东汉末年外戚梁冀的宅园。生性贪暴的梁冀一度权倾朝野，生活奢靡，挥霍无度，遂大起宅第，广开园囿，“采土筑山，十里九坂，以像二崤，深林绝涧，有若自然，奇禽驯兽，飞走其间”[③]。这是正史中正面描述私家园林的首例。

---

① 荷花初开时，利用其晚含晓放之特点，将茶叶包放花心中，次晨取出，用以泡茶。

② 沈复：《浮生六记》卷二《闲情记趣》，见宋凝编注：《闲书四种》，崇文书局，2004年，第129页。

③ 《后汉书》卷三四《梁统列传附梁冀传》，第1182页。

记载魏晋南北朝历史的十一部史书[1]中有关园林的记载，虽仍很简略，但已有所突破。如记皇家宫苑，一改前代史书中“某年月幸某苑”等流水账似的写法，添加了部分具体场景、舆论导向。如《三国志》载吴国末代皇帝孙皓修建新宫、营造园囿，费功役亿万[2]；《晋书·石季龙载记》载后赵武帝石虎为引水入华林园，不惜凿城，以致城崩压死百余人；《宋书·礼志》载魏明帝曹睿于天渊池南凿流杯石沟，与群臣宴乐；《陈书·后主张贵妃传》载陈后主建临春、结绮、望仙三阁，三阁间架复道相通，其下叠山引水，种植奇花异树。分析这种变化的原因，当跟魏晋南北朝时皇家宫苑的游乐、观赏功能增强有一定关系。汉代的上林诸苑规模宏大，距皇城较远，除供皇帝游猎、军事训练外，还有庄园的性质，是皇家经济的重要来源，游赏功能并不凸显。而魏晋以降，战乱不断，政权更迭频繁，人命危浅，能够图霸一方者，多凭侥幸，一旦上台，就巧取豪夺，穷奢极欲。为便于享乐，不惜花费大量人力物力修建宫室园苑，甚至凿城毁屋引水穿池，役使公卿负土堆山。园苑一旦建成，皇帝则率领歌儿舞女，日日在园中饮酒作乐，荒淫无度。如南齐东昏侯萧宝卷在芳乐苑中扮市魁，北齐后主高纬在仙都苑中设“贫儿村”，宋孝武帝刘骏连听讼都选择华林园，宋少帝刘义符夕游天渊池后，干脆就在龙舟中就寝，如此等等，不胜枚举。

另外，魏晋时的私家园林数量增多，且不再仅以姓氏冠名，已经出现主题园。如《梁书》所记刘慧斐的离垢园，《晋书》所记石崇的金谷园。史书中对园林的描述也逐渐详细起来，有的涉及具体景点。如《南史·茹法亮传》：“宅后为鱼池钓台，土山楼馆，长廊将一里，竹林花药之美，公家苑囿所不能及。”[3]《宋书·徐湛之传》：“城北有陂泽，水物丰盛。湛之更起风亭、月观，吹台、琴室，果竹繁茂，花药成行，招集文士，尽游玩之适，一时之

---

① 分别为《三国志》《晋书》《北史》《南史》《魏书》《北齐书》《周书》《宋书》《南齐书》《梁书》《陈书》。

② 陈寿：《三国志》卷四八《吴书·三嗣主传》注引《江表传》，裴松之注，中华书局，1982年，第2版，第1167页。

③ 李延寿：《南史》卷七七，中华书局，1975年，第1929页。

盛也。”[1] 这样的描述，能带给读者较为直观的印象，这些园林对读者来说，也不再那么遥不可及。

魏晋时期还出现了一南一北两大造园高手——刘宋张永和北魏茹皓。《宋书 · 张茂度传》记张永多才多艺，有巧思，宋文帝元嘉二十三年（446），曾主持营建华林园、开凿玄武湖工事；《魏书 · 恩幸传》载茹皓性微工巧，善叠石为山，布置花竹、经构楼馆，能出新意，颇受北魏宣武帝元恪器重。

隋代国祚既短，皇家园林见于史书者，有长安之大兴苑、洛阳之西苑、扬州之江都宫苑，其中尤以西苑最为著名。据《隋书 · 炀帝纪》记载，隋炀帝始登帝位，即命杨素等营建东京，西苑也随之动工，并征集天下奇禽异兽、名花美草充斥其中。

唐杜宝的《大业杂记》[2]对西苑的记载较《隋书》详细：西苑建于大业元年（605）五月，周二百里。苑中凿北海，中筑方丈、蓬莱、瀛洲三山。又凿龙鳞渠，沿渠建延光、明彩、含香、承华、凝晖、丽景、飞英、流芳、曜仪、结绮、百福、万善、长春、永乐、清暑、明德十六院。院中种植名花、杨柳、修竹，秋冬无花时则以剪彩代替。每院三门，各向龙鳞渠而开，渠上架飞桥相通。除此，另有逍遥亭、曲水池、曲水殿等数十处景点，风亭月榭点缀苑中，如瑶台仙府，美轮美奂。

除西苑外，《大业杂记》中还有关于隋宫别苑的零星记载，如记隋炀帝登基后，为便于巡幸江都，每隔两驿则设以离宫，京师至江都之间离宫达四十余所；东、西都之间相隔八百余里，设置十四顿，每一顿均有离宫，宫中有正殿；东都宫中殿庭种枇杷、海棠、石榴、青梧桐及其他名药奇卉；东都仪鸾殿南有乌桲林、栗林及蒲桃架四行，每行长百余步；宫城内街道种植樱桃、石榴作为行道树；汾阳宫苑中有管涔山，高可千仞，上面建有翠微、阆风、彩霞、临月、飞芳、积翠等十二座亭子，“亭子内皆纵广二丈，四边安剑阑，每亭铺六尺榻子一合”[3]——园林文献中很少会提及园林建筑的

---

① 《宋书》卷七一，第1847页。

② 编年体史书，原书十卷，已佚，有辛德勇辑校本。

③ 杜宝撰，辛德勇辑校：《大业杂记辑校》，三秦出版社，2006年，第46页。

具体尺寸及布置，此处仅见；大业四年（608）五月，江东贡百叶桃树四株，种在西苑，此桃花如莲花而小，重瓣；大业六年（610），吴郡贡白鱼种子，养于西苑内海，并详细记录了取鱼子的方法；大业七年（611）二月为造临江宫钓台，从江东岸山下采石，押运兵丁怨声载道，开宋代花石纲之先声；大业十二年（616），隋炀帝又命令毗陵郡通守路道德集合兵丁数万人，在郡东南建宫苑，苑周十二里，中有离宫十六所、凉殿四所，并开凿了供流觞的曲水。

有关隋代私家园林的记载只有寥寥几处。《隋书·杨素传》载杨素功高位尊，又善于敛财，在东、西二京以至诸方都会都置有田宅产业，第宅豪华奢侈，堪比皇家。又据《大业杂记》载，杨素在东都洛阳建造的宅第，“方三百步，门院五重，高斋曲池，时为冠绝”[①]。《隋书·贺若谊传》载贺若谊有别庐在郊外，“多植果木。每邀宾客，列女乐，游集其间”[②]。

新、旧《唐书》中关于园林的记载显著增多。以皇家园林而言，《旧唐书·地理志》关内道、河南道中均设“禁苑”条，记载了禁苑的方位、宽广、四至、宫馆数量及管理机构。私家园林记载则主要集中在《白居易传》《杜佑传》《李德裕传》《裴度传》《王维传》《诸帝公主列传·太平公主·安乐公主》中，其中尤以《白居易传》对白居易位于洛阳履道里的宅园描述较详，《新唐书》载白居易于东都洛阳履道里“疏沼种树，构石楼香山，凿八节滩，自号醉吟先生”[③]。《旧唐书》则言履道里宅园本故散骑常侍杨凭宅，“竹木池馆，有林泉之致。家妓樊素、蛮子者，能歌善舞。居易既以尹正罢归，每独酌赋咏于舟中”[④]。还录白居易自作《池上篇》。新、旧《唐书》中的记载虽简，仍可补白居易诗文之不足。

根据史书的记载，宋代帝王游幸御园的频率较之前代显著增加。以宋太祖赵匡胤为例，其在位的短短十六年间，曾游观玉津园、迎春苑（原名

---

① 《大业杂记辑校》，第31页。

② 魏徵、令狐德棻：《隋书》卷三九，中华书局，1973年，第1160页。

③ 《新唐书》卷一一九，第4304页。

④ 《旧唐书》卷一六六，第4354页。

宜春苑）、金凤园、禁苑、赵光义宅园及城南池亭共四十九次。在这些园林中，以玉津园最受青睐，赵匡胤共去过二十八次，有时竟然一月三至。除了每年夏天的玉津园观稼，赵匡胤在园中的活动主要是率群臣宴乐赏花及观将士骑射。赵匡胤开宝九年（976）六月，曾命臣工引金水河水入晋王（赵光义）府邸为池，七月又亲往观新池[①]。

《宋史》中私家园林的记载则不多见，仅在人物传记中偶有提及。如《宋史·包拯传》载中官势族为修筑园榭，竟致惠民河堵塞，包拯借京城发大水之机，才将这些建筑拆毁[②]；再如《宋史·宗室列传》载韩侂胄游南园至一山庄，遗憾山庄内虽有竹篱茅舍却无鸡犬之声，随从赵某学狗叫事[③]。《宋史·奸臣传》载韩侂胄当权时，恃势骄倨，曾凿山为园，下瞰宗庙，昔日皇帝居所也往往被其占为已有，僭越之行，为朝野所恶；又记贾似道于国难当头之际，仍于葛岭宅起楼阁亭榭，日与姬妾淫乐其中。

值得一提的是，《宋史·礼志》虽因循前代吉、嘉、宾、军、凶五礼制度，但在具体类目上有所改动。其中与园林有关的是《礼志·嘉礼》增加了“游观”条。此条主要记载了宋太祖至宋哲宗五位皇帝的游观事迹，尤以对宋太祖的记载最为详细，皇帝们所游观的地点多是皇家御园或大臣宅园。不过，因为《宋史》仓促成书，舛误颇多，须与书中其他部分对照而看。如记宋太祖“建隆元年四月，幸玉津园。是后凡十三临幸”[④]，这与《太祖本纪》中所记数量（二十八次）明显不符，需要注意。另外，《宋史·舆服志》所记也并不仅限于车舆冠服，还增加了“宫室制度”，主要记载南宋临安宫室建置情况，未涉及北宋汴梁宫室。文中罗列南、北禁苑和射圃中的亭台楼阁名称，并记北苑引西湖水为大池，其上“叠石为山，象飞来峰”[⑤]。

《元史》《明史》《清史稿》中有关园林的记载罕见。偶尔会在人物传

① 脱脱等：《宋史》卷三《太祖本纪》，中华书局，1977年，第47页。
② 《宋史》卷三一六，第10317页。
③ 《宋史》卷二四七，第8749页。
④ 《宋史》卷一一三《礼志·嘉礼四》，第2695页。
⑤ 《宋史》卷一五四，第3599页。

记中提及，亦非特写园林，只是作为传主生平事迹之补充材料。如《清史稿·和珅传》中提到和珅园寓"点缀与圆明园蓬岛、瑶台无异"[①]，但并非专门介绍和珅居第，只是作为其罪状之一罗列。这一点与新、旧《唐书》中介绍传主的居第情况相异，如《新唐书·杜佑传》："朱坡樊川，颇治亭观林芗，凿山股泉，与宾客置酒为乐。"[②]《旧唐书·杜式方传》云："甲第在安仁里，杜城有别墅，亭馆林池，为城南之最。"[③]

通过上述史书，可以大致梳理出历代苑园管理机构的更迭情况。

汉初，上林苑由少府管辖；汉武帝元鼎二年（前115）设水衡都尉一职，上林苑转归其属官上林苑令主管（见《史记·平准书》《汉书·百官公卿表》）；建武年间，光武帝罢水衡都尉，将上林苑复划归少府，设上林苑令，另设钩盾令掌管其他宫苑池馆（见《后汉书·百官志三》）；汉灵帝光和六年（183）秋始置圃囿署[④]。北齐始设司农寺，下置若干署、监，以上林署掌管苑囿园池。北齐设长秋寺，下设园池署掌苑囿事务。唐代之后三省六部制逐步完善，与九寺五监制度相平行，职责常重叠，但也互相约束，苑囿修建事归工部虞部属管辖，司农寺除设上林署掌苑囿园池外，又设京、都苑总监掌管宫苑内馆园池，四面监掌所管面苑内宫馆园池的修葺种植之事。宋、辽、金、元、明大致沿袭唐代，名称职责偶有变化：宋代又以司农寺兼管苑囿行幸排比之事；金代于宣徽院下各苑囿设都监（如琼林苑都监、广乐园都监、京后园都监，另设宫苑司掌管宫廷修饬洒扫、启闭门户、铺设毡席等事）；明代设上林苑监，又在工部设虞衡司监管山场、园林之利，而以营缮司主管宫室、府第等工役；清代皇家苑园的建造及日常管理则隶属内务府营造司及奉辰苑，内务府另配备有专门的设计机构"样式房"，各大型苑园，如圆明园、畅春园等均配备专职总管大臣。

另外，自秦代始，营缮宫室之事又归将作机构管理。将作机构的名称

① 赵尔巽等：《清史稿》卷三一九，中华书局，1977年，第10756页。

② 《新唐书》卷一六六，第5090页。

③ 《旧唐书》卷一四七，第3984页。

④ 《后汉书·百官志》中未有此名。

历代不一，如秦称将作少府，汉称将作大匠[①]，北齐、隋称将作寺，唐、宋、辽称将作监，金不设，元称将作院，明称将作司（洪武十年罢将作司，其事务并入工部），清代不设。需要注意的是，元代将作院职能异于其他朝代"将作"机构，主管器皿制作、织造等事务。上述所论各苑囿管理机构，各代偶有废止、更名及合并之举[②]，此处只言大体。

## （四）小说中散见的园林史料

《汉书 · 艺文志》中著录小说十五家，作品共计一千三百余篇，均已亡佚。现存最早的小说，出自魏晋南北朝人之手。中国古代小说分文言和白话两个系统。文言小说兴盛于魏晋南北朝时期，其成熟形态是唐传奇；白话小说肇始于唐代，在明清时期达到高峰。

### 1. 文言小说

（1）魏晋南北朝文言小说

魏晋时期的小说，通常篇幅比较短小，叙事简单，多是将传闻加以实录，类似笔记，故也称笔记体小说。有些小说中会涉及宫室、苑囿，其中较有代表性的是《西京杂记》和《世说新语》。

《西京杂记》，原书两卷，最早著录于《隋书 · 经籍志》，未著撰人，新、旧《唐书》始将作者定为晋代葛洪，宋人陈振孙的《直斋书录解题》始将其著录为六卷，此后通行本多作六卷。"西京"，指西汉都城长安，此书有关宫室苑园的记载共十数条。分别记汉初萧何主持修建的未央宫的规模及台殿山池数量、汉武帝所建昆明池规模及用途、乐游苑之玫瑰树及树下苜蓿、太液池边物产及风光、始元元年黄鹄下太液池、汉掖庭之六处建筑景观、积草池之珊瑚树（南越王赵佗所献）、昆明池石鱼、上林苑九十八种名果异树、梁孝王菟园景观、广陵王胥于别囿学格熊、茂陵富民袁广汉园、哀帝为董贤起大第、梁孝王游忘忧之馆并集诸文士作赋、太液池中五种舟名、孤

---

① 汉景帝中元六年（前144）更将作少府为将作大匠。

② 如宋代建炎三年（1129），罢司农寺，其事务划归仓部，绍兴四年（1134）复置寺。

树池中㮴树、昆明池中戈船楼船。

比之《上林赋》中的铺陈夸饰，不得要领，《史记》《汉书》中的只言片语，支离破碎，《西京杂记》中有关上林苑的记载，显得翔实可信得多。据记载，汉武帝初修上林苑时，四方群臣献名果异卉三千多种植其中，《西京杂记》中详细罗列了其中的九十八种植物名称及数量，个别还注明果实大小、出产地、花冠颜色等信息。

《世说新语》，南朝宋刘义庆集结门客编成，主要记载汉末魏晋间人物遗闻轶事，分德行、言语、政事、文学等三十六类。所记轶事有几条与园林有关：晋简文帝入华林园，云"会心处不必在远"[①]；孙绰赋遂初，筑室畎川，对斋前所种松珍爱有加；康僧渊在豫章立精舍，"芳林列于轩庭，清流激于堂宇"[②]；王子猷寄居人家空宅，虽暂住必种竹；王子敬擅闯顾辟疆园。其中首、尾两条最为有名，常常被后人提及，逐渐成为园林史上的两段佳话。

（2）唐代文言小说

整体而言，比起注重写实的魏晋南北朝小说，唐代文言小说，尤其是传奇一类，杜撰的成分增多，情节也更为曲折生动。但与园林有关的，多是篇幅短小的笔记体小说，如《剧谈录》《酉阳杂俎》。

《剧谈录》，分上、下二卷，唐康骈撰。主要记中唐之后事迹及见闻，偶有宅第寺宇及风景名胜的记载，如下卷所记刘相国宅、李相国宅、慈恩寺牡丹、含元殿、曲江。

"李相国宅"条，除记李德裕的长安宅第，还记载了李德裕距洛阳三十里的平泉山庄。李德裕的宅第，位于安邑坊东南隅，此宅"不甚宏侈，而制度奇巧，其间怪石古松，俨若图画"[③]。文中还记一趣事：李德裕权盛之时，常于暇日邀同僚于府中宴饮。某炎炎夏日，应邀前来的客人莫不挥汗如雨，盼着能到一清凉处所纳凉，不料却被引至一不甚高敞、四壁古书名画

① 《世说新语·言语》，见《世说新语笺疏》，第120页。

② 《世说新语·言语》，见《世说新语笺疏》，第660页。

③ 《剧谈录》，第160页。

的小斋。失望之余，大家落座，不久才惊奇地发现斋中竟凉爽如高秋。及宴罢出户，则外面仍火云烈日，焦灼难当。李德裕宅内布置之奇巧，可见一斑。关于平泉山庄，李德裕自己的《平泉山居草木记》中仅记佳花、美木、奇石，并未涉及具体景色。此书中的文字可资补充："平泉庄去洛城三十里，卉木台榭，若造仙府。有虚槛，前引泉水，萦回穿凿，像巴峡、洞庭、十二峰、九派迄于海门。"[①]

"慈恩寺牡丹"条，记慈恩寺浴堂院以牡丹盛名，每当花时，游人络绎不绝。会昌年间，曾有一老僧花费近二十年时间，培养了一株殷红色牡丹花，此花能开至五六百朵。老僧一直秘不示人，却终因不慎露言被有力者窃取。由此，可见唐人喜爱牡丹之甚。

"曲江"条，记公共园林曲江："其南有紫云楼、芙蓉苑；其西有杏园、慈恩寺。花卉环周，烟水明媚。都人游玩，盛于中和、上巳之节。彩幄翠帱，匝于堤岸；鲜车健马，比肩击毂。……入夏则菰蒲葱翠，柳荫四合；碧波红蕖，湛然可爱。好事者赏芳辰，玩清景，联骑携觞，亹亹不绝。"[②]曲江景色之优美，游观之盛可以想见。

《酉阳杂俎》，前集二十卷，续集十卷，唐段成式撰。此书内容繁杂，包罗万象。偶有论及园林，如卷一二《语资》记历城房家园"杂树森竦，泉石崇邃"，为历城祓禊胜地。书中还记载了很多奇异植物，其中有些就出自园林中。如前集卷一八《广动植之三》记段成式修行里宅第大堂前所植五鬣松、晋华林园之仙人枣，卷一九《广动植之四》记梁简文延香园竹林生灵芝、晋芳蔬园之三蔬；续集卷一〇《支植下》记相国李石宅园之三枝槐、洛阳华林园之王母桃。

（3）明清文言小说

宋元时期是文言小说的低潮期，作品数量不多。偶有论及园林或与园林有关的故事，如乐史的《杨太真外传》载唐玄宗携杨贵妃、高力士于禁苑沉香亭赏牡丹，命李白作诗助兴事；宋佚名的《海山记》详记隋炀帝西苑内

① 《剧谈录》，第160页。

② 《剧谈录》，第172页。

十六院、五湖四海名称，并有苑内景观描写。

明瞿佑的传奇小说集《剪灯新话》，是明代传奇小说的代表，共四卷二十一篇。其中一篇题作《滕穆醉游聚景园记》，记元代书生滕穆与宋宫人卫芳华魂魄的悲欢离合。故事发生在南宋灭亡之后四十年，地点是南宋御园聚景园，彼时聚景园已荒落不堪，唯有瑶津西轩还完好，滕、卫二人即相识相会于此轩。可见，在此篇小说中，园林是作为才子佳人故事的背景而存在的。此书其他篇，如《秋香亭记》《联芳楼记》等故事也发生在园林闺阁之中。这是中国文学史上“庭院式”[①]言情小说的较早作品。

清蒲松龄的《聊斋志异》，将文言小说创作推向最后一次高潮。其中几篇写了花妖狐怪的居处，颇有园林景致。如《黄英》中黄英暴富之后所建宅园，《婴宁》中花木繁茂的山庄后园，《西湖主》中的禁苑，《绛妃》中的毕刺史宅园，《香玉》中下清宫植有耐冬、牡丹的庭园。大体而言，因为《聊斋志异》中均为短篇小说，园林描写也相对比较简单，往往寥寥数语，一笔带过，即转入人物故事情节。如《绛妃》开头写“公家花木最盛，暇辄从公杖履，得恣游赏”[②]，《香玉》中交代故事发生地“耐冬高二丈，大数十围，牡丹高丈余，花时璀璨似锦”[③]。

《婴宁》一篇则稍异于此，是《聊斋志异》中介绍园林最为详细者：王子服未入婴宁家时，在外见“墙内桃杏尤繁，间以修竹；野鸟格磔其中”[④]。及进门之后，则见“门内白石砌路，夹道红花，片片坠阶上；曲折而西，又启一关，豆棚花架满庭中。肃客入舍，粉壁光如明镜；窗外海棠枝朵，探入室中”[⑤]，是为前院。及至登堂入室后，王生被延请至后园，则又是另一番光景：“至舍后，果有园半亩，细草铺毡，杨花糁径；有草舍三楹，花木四合其所。”[⑥]如此，婴宁原先居住的山中宅园，随着情节的发展，通过王生的眼

---

① 所谓庭院式，即故事情节一般在楼台亭阁、花前柳下的园林庭院展开。

② 蒲松龄：《聊斋志异》，上海古籍出版社，1979年，第316页。

③ 《聊斋志异》，第674页。

④ 《聊斋志异》，第63页。

⑤ 《聊斋志异》，第63页。

⑥ 《聊斋志异》，第64页。

睛，就逐步呈现在读者面前。蒲松龄突破了明代庭院式言情小说的写作模式，使之更为细腻、写实，人物形象也更为丰满，故事场景更为生活化。

2. 白话小说

中国古代白话小说按照篇幅长短，可以分为短篇小说和长篇小说。“三言二拍”是短篇白话小说的代表，《红楼梦》则代表了长篇白话小说的最高成就。

（1）短篇小说

“三言”，指《喻世明言》《警世通言》《醒世恒言》，明末文学家冯梦龙编辑，收宋元话本、明代拟话本小说共一百二十篇；“二拍”指《初刻拍案惊奇》《二刻拍案惊奇》，作者明末凌濛初，收拟话本小说共七十八篇。“二拍”比“三言”稍晚，因二者题材内容相近，通常被合称为“三言二拍”。

《醒世恒言》卷四《灌园叟晚逢仙女》，写了两个惜花爱花的“花痴”故事。一个是唐代崔玄微，在洛东宅园遍植花木，隐居三十余年不出园门，终因护花有力，得道成仙；一个是宋代秋先，在平江府东门外长乐村种花为生。前一个故事简短，不过是后一个故事的引子，因此，秋先才是这篇小说中真正的灌园叟，也是作者着力描写的主人公。文中先列举了几个事例，如典衣买花、被欺以折枝代花苗等，意在说明秋先爱花之深、之真。种种痴状，比起张岱所记“花痴”金乳生有过之而无不及。接着铺叙秋先花园的花卉种类及屋宇陈设：园广数亩，四周编竹为篱，正南设两扇柴门，入门则辟有一条竹径，两边柏屏围护，园内有三间草堂，草堂后有数间精舍。园内花卉更是不计其数：篱上盘着蔷薇、木槿、荼蘼、木香等灌木，篱边种着蜀葵、凤仙、鸡冠、秋葵等草花，园内则梅李杏桃，芍药牡丹，金萱百合，海棠蜡梅，芙蓉绣球……名花异卉，不胜枚举，四时花开不断。此段文字不啻一篇花园记。除此，还有草堂内部描写，如墙上悬无名小画，地上设白木卧榻，桌凳均洁净无尘。这种由室外花木景观延伸至室内陈设的写法，在之前小说中尚不多见。如此一来，小说中人物的生活环境更贴近现实，增强了读者身临其境的真实感。

《警世通言》卷二九《宿香亭张浩遇莺莺》，讲述西洛才子张浩与东邻莺莺在宿香亭私订终身的故事。很明显，此篇小说是模仿《西厢记》而作。二人定情之地宿香亭，位于张浩宅园之内。此园花木繁盛，怪石嶙峋，风亭月榭，杏坞桃溪，云楼水阁，横塘曲岸……无所不有，每春时，纵人游赏。某年春日，张浩正携友人在园中题赏，忽于太湖石畔，芍药栏边，撞见前来赏花的东邻莺莺小姐。二人一见钟情，遂互换信物，定下姻缘，历经一些波折之后，有情人终成眷属。小说中关于园林的描写，多是俗语套话，没有自己的创见，因此园林也就没有明显特征。

《初刻拍案惊奇》卷九《宣徽院仕女秋千会　清安寺夫妇笑啼缘》，讲述的是元代官宦子弟的恋爱故事：男主人公拜住是枢密院同佥之子，某年春日偶然路过宣徽院使府外，见到花园里正在荡秋千的绝色少女，正要藏身柳荫偷窥，不料被守园仆人撞见，只得上马扬鞭而逃，后征得双方父母同意，得与宣徽院使女儿定亲，好事多磨，经历一番生死劫难之后，二人结成夫妻，阖家团圆。故事中的花园，本宣徽院使府第后花园，名“杏园”，每年春天，府内及其他亲友家妙龄女郎必要聚在园中，举行秋千盛会。正是秋千会上的莺歌燕舞，吸引了过路的拜住，才引出这篇凤求凰的故事。此篇中，除了开头，再无具体园林描写，园林只是故事的引子，这也是短篇小说中惯用的套路，其他如《警世通言·金明池吴清逢爱爱》也是这种模式：男女主人公春游，于金明池相遇，经历几番波折，最后结为连理。

另外，清初李渔的短篇小说集《十二楼》，所写十二个故事中均有一楼阁，其中有些楼阁就位于宅园之中，如“合影楼”其实是后园的两座水阁，男女主人公因同时于水阁纳凉，恍惚中望见对方的影子，遂同生爱慕之心；“三与楼”则是园中一处书楼，小说中的主人公虞灏，平生最喜欢造园亭，终因财力不支，又遭人算计，被迫贱卖园亭，只留下“三与楼”作为栖身之所；“夏宜楼”则是宅园中一座三面环水的小姐闺楼。

短篇白话小说中涉及的园林，主要有三种存在模式：一是作为故事的背景，人物的活动及情节的发展主要在园林中展开，对于园林本身的描写也相对较为细致，如《灌园叟晚逢仙女》；二是作为故事的引子，在开头简略介绍，点明题意，借以引出故事的主要人物，以后情节的发展则与园林不再相干，如《宣徽院仕女秋千会　清安寺夫妇笑啼缘》；最后一种则介于前面两者之间，除了开头做引子，中间偶尔穿插园林描写，或者结尾再次点题，如李渔的《合影楼》《三与楼》。不管是哪一类，相对长篇来说，短篇小说的故事情节并不复杂，以叙述故事为主，极少涉及生活细节的描写。有关园林的文字，多半止于外部景观描写，偶尔会涉及居室布置。人物的园居生活，往往以赏花、读书、宴饮、赋诗等一笔带过。

（2）长篇小说

"天上人间诸景备，洋洋洒洒一大观"，《红楼梦》中的大观园，性质介于私家园林和皇家苑囿之间，是一座虚构的文学化园林，但在曹雪芹的生花妙笔之下，大观园又显得非常真实，以至于索隐派红学家们，至今仍为书中映射的到底是哪座园林争论不休。

书中关于这座大观园的描述，涉及造园各个方面。首先，从兴建原因、谋划选址、设计图样、人员挑选、物资筹备，到园内工程告竣之后的验收、匾额楹联的拟定、几案桌椅的布置、帐幔帘子的悬挂、玩器古董的陈设等等，事无巨细，都有交代；其次，大观园内的各处建筑位置及样式、假山堆叠、水流设计、花木配置，都有详略不等的描写；再次，园内居住者的园居生活，小到穿衣吃饭，大到节日庆典，都有不同程度的再现。如果单靠文字来了解一个园林的话，《红楼梦》对大观园的介绍，其详细程度，是历史上其他任何一座园林——不管是真实存在的还是虚幻的——都无法企及的。

《红楼梦》中的园林文字形式多样，涵盖了文字类园林文献的大部分类型，如园记、园论、园林匾联、园林诗、园林词。第十七回"大观园试才题对额　荣国府归省庆元宵"，贾政率领宝玉及众清客游园的大段文字，即以景点描写为主，整体而言，可以看作一篇第三人称的游园记。中间穿插的诸人对园中各景点的评论，则代表了作者曹雪芹的造园主张。如众人初入园时，见一带翠嶂挡在面前，都大赞"好山"，贾政指出其欲扬先抑的隔景作用；再如，贾宝玉评稻香村太过造作的一段文字，则与计成"虽由人作，宛自天开"的造园理论不谋而合。另外，此回关于园林匾额的介绍，也是

《红楼梦》的一大特色。专门介绍园林匾联的明清书籍数量有限，清李渔的《闲情偶记·居室部·联匾》、清梁章钜的《楹联丛话·胜迹》中虽有所涉及，但前者旨在推广自创的匾联式样，后者旨在存录联语，均未就匾联在园林中的作用及其拟定规则展开论述。而此回开篇即借贾政之口，说明匾联对园林景色具有画龙点睛的作用，绝不可少，后来又通过宝玉拟匾联时的议论、贾政的好恶及众清客的帮腔，揭示题拟园林匾联应遵循的规则与避忌，如须蕴藉含蓄、新雅不俗，忌迂腐呆板、陈旧粗陋、着迹过露，等等；第十八回“皇恩重元妃省父母　天伦乐宝玉呈才藻”，贾元春对大观园已有匾联的改动及众才女题咏匾额之诗，又是对前一回匾联主题的补充，两回合起来，不啻一堂园林匾联题拟的示范课。

大观园内举行过数次以吟咏诗词为主的雅集，最能反映红楼群芳的才情，大家闺秀的园居生活风貌，借此也可得以窥见一斑。第三十七回“秋爽斋偶结海棠社　蘅芜院夜拟菊花题”，咏白海棠，七律限韵；第三十八回“林潇湘魁夺菊花诗　薛蘅芜讽和螃蟹咏”，咏菊花，七律不限韵；第五十回“芦雪亭争联即景诗　暖香坞雅制春灯谜”，即景联句，五言排律限韵（另作数首咏红梅七律）；第七十回“林黛玉重建桃花社　史湘云偶填柳絮词”，咏柳絮，小词限调。再加上众人题咏大观园匾额的五言律，林黛玉的《葬花吟》古体、《桃花行》古风，贾宝玉的四时纪事七律，第七十六回林黛玉、史湘云在凹晶馆所联句，等等，所得诗词，不仅数量众多，且各体兼备。其中匾额诗正面题咏大观园内建筑，其他诗歌则咏园中花卉等景物。

自第十六回交代建园缘起，到一百零二回大观园频频出“妖孽”而被封，有关大观园的笔墨逐渐减少，直到第一百一十二回妙玉被劫，大观园才完全从小说中退出。在这近百回中，随着情节的展开，涉及大观园的文字，疏密有致，详略不等。上述提到的第十七、十八回，描写园林景致比较集中，但也不是将所有景点和盘托出，而是做了精心选择——所选数处景观多与小说中主要人物关系密切，如第十七回，对于林黛玉将来要居住的潇湘馆（时拟匾曰“有凤来仪”）、贾宝玉将要入住的怡红院（时拟匾曰“红香绿玉”），不论是周围景色，还是院落布局，均有详细描写。至于贾迎春所住紫菱洲缀锦楼、贾探春所住秋掩书斋、贾惜春所住蓼风轩，在此回并未提起。各处房间布置，则在第四十回贾母带领刘姥姥游园时才予以交代。这两回没有提及的景点，后文随着情节的需要，逐渐补充，如第四十九回介绍了芦雪亭；第七十六回借中秋夜宴引出“凸碧堂”“凹晶馆”，还借黛玉之口照应了第十八回宝玉题匾联“那日未题完之处，后来又补题了许多”[①] ——原来题匾联者并不止宝玉一人，林黛玉等人也曾参与，“凸碧堂”“凹晶馆”二匾即出自黛玉之手，当然这些都是经过元春首肯的。

除了大观园，《红楼梦》中还写了贾府另外两个旧有园林，其一是宁府的会芳园，其二是荣府东花园，即贾赦所居住的地方。二者在修建大观园之初，均有不同程度的贡献：拆会芳园墙垣楼阁接入荣府东大院，引会芳园旧有水源入大观园，挪借荣府东园竹树山石及亭榭栏杆以补大观园之用。对于荣府东园，小说中并无具体描写。对于会芳园，则在第十一回“庆寿辰宁府排家宴　见熙凤贾瑞起淫心”中有一段正面描写：

黄花满地，白柳横坡。小桥通若耶之溪，曲径接天台之路。石中清流滴滴，篱落飘香；树头红叶翩翩，疏林如画。西风乍紧，犹听莺啼；暖风常暄，又添蛩语。遥望东南，建几处依山之榭；近观西北，结三间临水之轩。笙簧盈座，别有幽情；罗绮穿林，倍添韵致。[②]

上段文字，写的正是王熙凤被邀赴会芳园赏菊花所见之景。文中化用诗词典故，以四、六、七句出之，句句对偶，似诗歌，似楹联，又似骈文赋，与《园冶 · 园说》文风类似。以风景描写为主，点缀人物活动，动静结合，文辞、意境均极优美。不过，美则美矣，会芳园并未因此给人留下深刻的印象，因为这段所咏景色都是泛指，可以对应于任何一个园林，并不能突出会芳园的独特。作者采用这种写法，也不过是为了取巧省力——毕竟会芳园并非小说着力描写的对象，只是大观园的陪衬而已。其他提到会芳园的还有第五回、第十三回、第十六回、第七十五回，文字都很简约，并未涉及景色描写，只大体可知园中有天香楼、丛绿堂、登仙阁、凝曦轩等建筑。

① 《红楼梦》，第253页。
② 《红楼梦》，第165—166页。

到了《红楼梦》这里，园林既是人物活动的背景，又是情节发展的推动力，对人物形象的塑造、故事脉络的起伏起着衬托、映射和暗示的作用。一切景语皆情语，园林微环境与人物性格之间有了千丝万缕的内在联系："凤尾森森，龙吟细细"的潇湘馆，也只有才高性傲、敏感多疑的林黛玉适合居住；而"雪洞一般，一色的玩器全无"的蘅芜院居室，则映射着宝钗的绝情寡欲，并对其清冷孤寂的后半生有一定的暗示作用。第一次，园林在一部小说中被赋予生命，成为独特的"这一个"，彻底告别短篇小说中千篇一律的园林模式。

# 结　语

## （一）异类园林文献的统一性

前面章节所讨论的各类园林文献，基于作者思想深度、艺术修养、写作意图等的差异，以及文献题材的不同，形成迥异的风格。

园论，作者站在设计者的角度，讨论造园这一行为可能涉及的技术性问题。所论园林是普遍的、概念性的。一般而言，作者会将园林各要素分解，逐一讨论。但如同庖丁解牛，虽“目无全园”，作者心中却装着一个自成系统的园林。

园记，作者以居住、游赏者的身份，记录、欣赏、品评某一个园或某一群园。所论园林是具体的，也是独特的。作者的关注点往往集中于园林的精神层面的功能，尽管这种功能多半建立在物质基础上。

园画，是经过作画者的眼睛过滤之后的园林再现。画中园林可以是真实存在的，也可以是虚构的——对现实园林做了一定程度的艺术加工。

园林诗词，正所谓“醉翁之意不在酒”，诗人、词人所在意的往往并非园林，而是瞬间的意兴感发，很多时候，园林只是促成这种感发的催化剂或导火索。

园林匾联，是拟题者自身学问素养的折射、理想抱负的宣泄及对生活哲理的提炼。园林匾联将书法艺术嫁接入园林，赋予自然景物人文气息，同时起到点景说明作用，促进人和自然进一步沟通，启人心智，引人思考。

花谱石谱，是园林文献中最接近自然科学的部分，文字较为理性客观，多是实践经验的记录，也是园艺学培育嫁接等技术的原始资料宝库。

在零散园林史料中，园林有时仅是地理坐标，或传主生平资料的一部分，或是人物生活的背景，或被当作逸闻趣事、历史遗迹而记述。园林自身的景观并不是描写的重点，即使涉及，也只是渲染情节的需要。

“宣物莫善于言，存形莫善于画”[①]，相比擅长形容描写的园记，园画能给读者带来更直观的视觉享受。但优点和缺点往往是相对的，或者说是同一事物的正反面——园画传递给人们直观形象的同时，也固化了文字所表达的内容，一定程度上限制了人的想象力。郑振铎曾说：“图与文也是如鸟之双翼，互相辅助的。”[②]没有文字的图画，尽管仍具有美感，却会有指代不明确的缺憾；没有图画的文字，又过于宽泛，读者对所述园林很难有非常直观的形象认识。

相比文，诗词是“戴着镣铐跳舞”，要受到许多格律的限制，所以没有文纵横捭阖、畅所欲言的自由度大。但是很多园林，偏偏没有园记或者园记已经亡佚，必须借助于园林诗词来还原。因为体裁的限制，诗词篇幅一般不会很大，但在捕捉瞬间的景致及思绪方面，则更为擅长，读者的代入感也更强烈。单就诗词而言，则二者又有区别，“诗之境阔，词之言长”——词比诗更显韵味悠长；但词也有自身的短板，“能言诗之所不能言，不能尽言诗之所能言”——在铺叙描写方面，则又大大弱于诗，尤其是组诗。

园林匾联，由于受体裁、形式等限制，提供的园林信息，诸如园林的创建沿革、具体景点等，其详细程度是不能与园记相比的，甚至也比不上园林诗词[③]，尽管楹联相对于匾额，字数增多、篇幅加长，表情达意的功能也

---

① 陆机：《士衡论画》，见《中国古代画论类编》第1编，人民美术出版社，1998年，第13页。

② 郑振铎编：《中国历史参考图谱》，书目文献出版社，1994年，第618页。

③ 有些园林匾联，附有跋语，间或有些许园林史料，如拙政园倚玉轩原有“听香深处”额，清俞樾题跋曰：“吴下名园以拙政园为最，其南一小轩，花光四照，水石俱香，尤为园中胜处。园主人名以此四字，余因以缪篆题之。光绪丁亥（1887）六月，曲园居士俞樾。”转引自《苏州园林匾额楹联鉴赏》（增订本），第123—124页。

相应要强一些。但仍不可否认园林匾联对园记等主体园林文献的有益补充作用，从另一个角度而言，园林匾联的短处也是其长处：对于园林而言，如果把某一局部的园林景观比作一幅山水风景画，那么短小的匾额，犹如画上钤盖的印章，狭长的楹联则似题在画上的诗行，好的“题款”，不仅与“画面”相得益彰，相映成趣，还能起到画龙点睛的作用；对于园林文献而言，园林匾额常常传递出一种即兴式的咏叹和感慨，将园主或作者无法在“载道”的文章和“言志”的诗歌中流露的喜怒哀乐挥洒出来。另外，园林匾联还是一种可供欣赏、临摹的书法艺术，题写者不是当时书坛翘楚就是书艺出众的文人雅士，这就无形中增加了其艺术价值和文物价值。这是除园画之外的其他园林文献所望尘莫及的。

零散园林史料，也有其不可替代的作用。以方志为例，方志中记载的大量衙署园林，正是园记等其他园林文献所欠缺的。

尽管各类园林文献存在一定差异，但却都围绕着一个共同的主题：古典园林。因此，各种园林文献之间，并不是完全孤立的，内容常相穿插，互有重叠，很难明确分出楚河汉界。前面章节对园林文献的分类，也不过就大体而言。

比如，在中国古典造园史上，能称得上造园专著的只有一部《园冶》，但有关造园的主张和见解却并不仅限于《园冶》。历代园记中，也不乏零散造园言论，或阐述造园主张，或品评园林优劣，披沙拣金，偶见真知灼见，可作为《园冶》的补充。如明邹迪光在无锡建有愚公谷园，有人评论愚公谷亭榭最佳，树、山、水次之，邹迪光颇不认同，以为评者“不善窥园”，指出“园林之胜，惟是山与水二物”[①]，即使山水俱全，若不能相映成趣，都不能称胜，更不用说山水俱无或二者缺一。再如明祁彪佳花费数年时光，亲自主持修建了寓山别业，深知造园甘苦，也积累了造园经验：“大抵虚者实之，实者虚之，聚者散之，散者聚之，险者夷之”[②]。并以良医治病、良将用兵、名画家作画、名流作文与名家造园相比。除此，园记中常会记录园林

---

① 《愚公谷记》，见《石语斋集》卷一八，《四库全书存目丛书》集部第159册，第293页。
② 《寓山注》，见《中国历代园林图文精选》第3辑，第235页。

诗词、匾联，反之，园林诗词的小序、匾联的跋语又充当了园记的作用。

还原一个历史名园的真面目，常常要参酌各时期、各类园林文献。以拙政园为例，这座已有五百多年历史的园林，历经数次改建重修、合并离析，早已面目全非，不复初建时模样。明清两代，产生了数量众多的园林诗文及图画。通过对这些园林文献的梳理，拙政园的兴废沿革变得脉络清晰。根据明文徵明的《王氏拙政园记》、明王心一的《归田园居记》、清沈德潜的《复园记》、清张履谦的《补园记》，大体可知：拙政园由王献臣初修于明正德四年（1509）；崇祯四年（1631）王心一得园东部，建“归田园居”；光绪三年（1877）西部归张履谦，名“补园”；乾隆十一年（1746）中部归蒋棨，为“复园”。显然，上述园林沿革还有很多空白。再据清吴伟业的《咏拙政园连理山茶并引》知，在王献臣之后，园属徐氏最久，战乱之际，曾被镇将所占，清初归陈之遴，但陈仕宦在外十数年，从未到园一游；又据清赵怀玉的《拥书阁十咏》及赋，可知乾隆初年，在张履谦建补园之前，西部曾归叶士宽，名“书园”；又据清查世倓的《复园十咏并序》、清俞樾的《拙政园歌》知，蒋棨之后，嘉庆年间，复园先后归查世倓、吴璥。文徵明的《拙政园图册》及《拙政园十二景图》（部分存世），则详细描绘了拙政园初建时期的园貌。另外，一些笔记著作中记录了有关拙政园的零散史料，如明徐树丕的《识小录》记载王献臣为扩建宅园曾霸占寺庙、驱赶僧徒，后其子一夜豪赌，受骗失园的传闻；清叶廷琬的《鸥陂渔话》则记蒋棨乾隆三年（1738）在复园中举行嘉会之事。

总而言之，文纪事，诗言志，图绘形，各有分工。各类园林文献的交叉互补，勾勒出早已湮没的园林轮廓，书写了中国古典园林的历史。

### （二）中国古典园林的艺术思想特性

数量庞大的园林文献，诠释着古人对园林的理解，从中还可以抽绎出中国古典园林的艺术特性。

关于古典园林的特性，前人已有成说。如周维权就曾将中国古典园林概括为：本于自然，高于自然；建筑美与自然美的融糅；诗画的情趣；意境的含蓄。这种说法主要着眼于园林所呈现的外部景观，偏重于显性的设计层面。古典园林隐性的思想层面的艺术特性还有待补充，尤其是物质性、私密性[①]方面。

1. 物质性

作为人类文明的一种形态，园林是精神性的，更是物质性的。没有一定的物质基础，园景很难称得上大观。尽管大多数自命风雅的文人不屑以金钱来衡量园林的价值，但也不得不承认“夫园之景色不藉富厚之力，则不能缮完”[②]。《红楼梦》中贾家的败落，自是荣宁二府长期奢侈挥霍的结果，但与建造省亲别墅也脱不了干系，美轮美奂的大观园，是以寅吃卯粮的亏空代价换来的，加速了贾府这座行将散架的大厦的倾倒速度。宋徽宗为营造艮岳到处搜罗奇石名花，终至怨声载道，落得国破被俘的凄惨下场。更有学者将清军抵不过列强的坚船利炮，归罪于慈禧太后挪用海军军费修建颐和园。这些事例，无不说明：园林的营造建立在金钱财富的基础上。

马斯洛把人类的需求分为生理、安全、社交、尊重和自我实现五个层次。园林的建造，已经超越了生理和安全的需要，发挥着社交、尊重和自我实现的功能。在以农业立国的封建时代，解决了温饱之后的人，通常会将多余的钱财首先用于营房置地及子孙后代的培养。仍有余力、文化层次高者，则追求丝竹把弄、读书藏书、玩古赏画等高雅娱乐；胸无点墨者，则不免吃喝嫖赌，沉溺于声色犬马等耳目口腹之欲。相比于这些，营造园林则是更高层次的一种生活追求。所谓“高层次”，仍着眼于园林的构建需要较为雄厚的资金积累，并非平民百姓可以动辄兴念。另外，造园行为除了受经济因素的限制，有时还要接受社会舆论的监督。也即明郑元勋所言：“人即乐为园，亦务先其田宅、功名，未有田无尺寸、宅不加拓、功名无所

---

① 此处主要指皇家园林和私家园林而言。衙署园林、书院园林、寺庙园林本是皇家园林和私家园林的变体，不再细分。公共园林，则是20世纪初接受西方观念之后的产物，与古代的“公园”（官家的园子）概念不同，在古人的园林概念中，是不包括公共园林的。

② 《吴氏园池记》，见《刘子威集》卷四三，《四库全书存目丛书》集部第120册，第457页。

建立，而先有其园者；有之，是自薄其身而隳其志也。”[①] 虽然也有人鼓吹先有园后有宅，如明王世贞就主张“必先园而后居第”，但拥有八座园林的王世贞自然不用担心没有宅第可居住，“饱汉子不知饿汉子饥”，其财力之雄厚非一般人能比。对于那些急于增饰园中景点，而苦于财力不济的人，明王思任毫不客气地诘问：“为学以治生为急，不尔，果能餐霞食气，逍遥于无贷之圃哉？”[②] 显然，以能文善谑著称的明末才子王思任，所持的也是一种物质为先的主张。

尽管其他艺术门类也不能完全脱离物质，比如绘画需要纸笔，音乐需要乐器，戏曲需要道具，但相比园林所费而言，这些物质的价值简直可以忽略不计。且不说造园所需的地价、人工费，单是筹备园林三大要素所需的材料（砖瓦、木料、奇石、花木等）费用，常常已令家富资财者捉襟见肘，普通人家更是望而却步。明祁彪佳营建寓山园，购石庀材，穿池种花，不两年已床头金尽，囊空如洗；王世贞营造弇山园，前后持续了十几年，几乎耗尽全部家财。园林营造耗费财力之大，可见一斑。另外，用于园林日常维护的费用，也是一笔数目不小的开支。这也是为什么一旦战乱爆发，或园主家道中落或发生变故，首当其冲的往往是园林——没有了财力的支撑，得不到精心维护的园林，命运无非是：奇石被觊觎已久的有力者攫取，名花异草逐渐枯萎，亭台楼阁坍塌，水池淤塞……最终只能荒废。宋李格非将园林定位为王朝兴废的晴雨表，道理也在此。

2. 私密性

文献中记载的无数名园，绝大多数已如流星一样，陨落在历史长河中，奇花异木只在故纸中隐约可见。对此，明代文人李维桢感慨良多，认为导致名园易朽的直接原因，在于园主的“失在私所有，而又欲久私之”[③]。且不

① 《影园自记》，见《园综》，第92页。

② 王思任：《游寓园记》，见《古今图书集成·经济汇编·考工典》卷一二〇“园林部”，第790册，第18页。

③ 李维桢：《古胜园记》，见《大泌山房集》卷五七，《四库全书存目丛书》集部第151册，第728页。

管园林的败落，是否与“私所有”“久私”有直接关系，李维桢却是一语中的地揭示了中国古典园林的特性之一——私密性。

中国古典园林，从来都是社会精英层的专享。根据现存园林文献可知，几乎所有的私家园林，都由官宦士绅、社会名流建造。且园都是封闭的，四周不是高墙围护，就是有天然的屏障，如苏州沧浪亭园外的流水，南京随园外的万竿修竹，都充当了墙垣的作用。不管是围墙还是天然屏障，主要目的就是要让“过客杳不知中有如许台榭也”[①]。现存许多苏州园林，原来的正门多隐在狭窄的深巷中，门檐低矮，平淡无奇。不明真相的人，单从门外看，绝不会想到门内还藏着一个阔大的乾坤。如今的留园、网师园，还保留着这种遗风。

一般的园林除了供家人、亲戚欣赏，还会不定期地面向园主所在的社交圈中人开放，文献中记载的很多次著名的园林聚会，如宋代苏轼、黄庭坚等人的西园雅集，元末顾瑛、杨维桢等人的玉山雅集，明代杨荣、杨士奇等人的杏园雅集，都属于后者。除此，其他人进入园林的机会是很小的。由此，才会发生王献之擅闯顾辟疆园的事情，尽管当时顾氏正与宾友集会，但显然，以书法闻名的士族名流王献之并不在受邀之列，故其旁若无人的行为遭到园主的嫌恶。

有一定名气的园林，往往还会受到地方长官、过路官员甚至皇帝的青睐。有的园主甚至迫于压力，不得不开门纳客。明王世贞所建弇山园，极亭台花木之胜，慕名而来的守相达官，络绎不绝，王世贞疲于接待，苦不堪言。但也有的园主宁愿得罪人，也绝不躬身逢迎。明施绍莘利用西佘山的自然地势筑园，园内疏篱曲水，古梅修竹，颇有野致，施氏隐居其中，风雨寒暑皆不出，并声明“贵客不见，俗客不见，生客不见，意气客不见”，有贵势客强欲见者，则令小童告知“顷方买花归，兹复钓鱼去”[②]。施绍莘的做法

---

① 欧阳兆熊、金安清：《水窗春呓》卷下“金陵胜地”条，谢兴尧点校，中华书局，1984年，第48页。

② 《西佘山居记》，见《秋水庵花影集》卷三，《四库全书存目丛书》集部第422册，第219—220页。

还算比较委婉的，更有甚者如宋人张牧之，在竹溪结屋隐居，不喜欢与外界接触，每有客人来则躲在竹林后窥视，若是韵人佳士则接纳，若是俗人则“十反不一见，怒骂相踵弗顾也”[①]。

据文献记载，宋代洛阳牡丹花盛时，都人仕女“择园亭胜地，上下池台间引满歌呼，不复问其主人”[②]。甚至皇家园林如汴梁金明池者，也“岁以二月开，命士庶纵观”[③]。宋代园林似乎不再像以前那样深闭门户，拒游人于千里之外。但不管是私家园林还是皇家园林，其实并没有完全开放：私家园林多选择在春日花开极盛时开园，花期过后就要闭园，通常，游人还要支付一定的报酬，即所谓的“茶汤钱”；皇家园林则“至上巳，车驾临幸毕，即闭”[④]。明清时，私家园林仍然是“门施行马，供一人私玩好”[⑤]。王世贞虽对此颇不认同，并敞开弇山园的前后门不拒游者，但最终还是受不了喧嚣，“逃离”弇山园。清嘉庆元年（1796），钱泳路过杭州皋园，意欲游园，却被园主拒之门外，时隔三十多年后，皋园已经易主，钱泳再至，又因“有官眷游园，不便入”[⑥]而遭拒，游园之不易，可以想见。

私家园林尚且如此，更不用说那些被称为“禁苑”的皇家苑园了，没有皇帝特许，王侯将相也不能擅自出入，市井小民更是望而却步。文王之囿与民同之，不管是“刍荛者”还是“雉兔者”均可随便出入的大同世界，早在战国时期就已被颠覆，成为以孟子为代表的儒家们苦口婆心游说诸侯的资本，秦始皇一统天下，国家专属于一姓之后，以儒学为立身之本的历代文人们干脆抛弃了这种奢望。

古代用来表示园林的“园”“囿”“圃”三字均有藩篱一样的外框围合，一定程度上，也是古代园林封闭性的一种象征。比起绘画、音乐等亟须观众听众的视听艺术，中国古典园林则显得孤傲自闭，具有明显的私密性。

---

① 林敏修：《竹溪·序》，见《全宋诗》卷一〇七四，第12229页。

② 《邵氏闻见录》卷一七，第96页。

③ 叶梦得：《石林燕语》，李欣校注，三秦出版社，2004年，第7页。

④ 《石林燕语》，第7页。

⑤ 张师绎：《学园记》，见《月鹿堂集》卷七，《四库未收书辑刊》第6辑第30册，第115页。

⑥ 《履园丛话·园林》，第541页。

古典园林，与其说是一种艺术，不如说是古人的一种生活方式。

园林里渗透着中国人几千年沉淀的生活哲学，是中国古代文化的博物馆，是帝王将相享受欢乐的伊甸园，是仕宦之人进退出处的中转站，是文人逸士避世的桃花源，也是现代中国人回不去的田园梦。它可以大到数千亩，也可以小到不足十分之一亩；它可以是现实的，也可以是虚幻的。不管是否身在园中，拥有它的人都是喜乐的，至少在他们心中，还有一个可以栖息终老的精神家园。

套用英国李约瑟评论中国建筑的说法：中国园林贯穿着一种精神，就是“人不能离开自然”。可如今，久困在钢筋混凝土丛林中的现代人，似乎已经记不起大自然最初的模样。现存古典园林大多已变成古董，仅供陈列、远观。一度可行、可望、可游、可居的古典园林，逐渐走出了现代人的生活。古典园林居住功能的丧失，一定程度上，也意味着曾令利玛窦们惊叹的“从容和优雅”的中国传统生活方式的消亡。

所幸，还有大量的古典园林文献留存。它们是现代人回望古老中国的一扇花窗，推窗可见：岁月从容，园林静好。

# 参 考 文 献

[1] 司马迁. 史记[M]. 2版. 北京：中华书局，1982.
[2] 班固. 汉书[M]. 颜师古，注. 北京：中华书局，1962.
[3] 许慎. 说文解字[M]. 北京：中华书局，1963.
[4] 陈寿. 三国志[M]. 裴松之，注. 2版. 北京：中华书局，1982.
[5] 王明. 抱朴子内篇校释：增订本[M]. 2版. 北京：中华书局，1985.
[6] 陶渊明. 陶渊明全集[M]. 上海：上海古籍出版社，1998.
[7] 杨衒之. 周祖谟. 洛阳伽蓝记校释[M]. 2版. 北京：中华书局，2010.
[8] 范晔. 后汉书[M]. 李贤，等注，北京：中华书局，1965.
[9] 余嘉锡. 世说新语笺疏[M]. 周祖谟，余淑宜，整理. 北京：中华书局，1983.
[10] 魏收. 魏书[M]. 北京：中华书局，1974.
[11] 萧统. 文选[M]. 李善，注. 北京：中华书局，1977.
[12] 沈约. 宋书[M]. 北京：中华书局，1974.
[13] 萧子显. 南齐书[M]. 北京：中华书局，1972.
[14] 宗懔. 荆楚岁时记[M]. 宋金龙，校注. 太原：山西人民出版社，1987.
[15] 李吉甫. 元和郡县图志[M]. 贺次君，点校. 北京：中华书局，1983.
[16] 李延寿. 南史[M]. 北京：中华书局，1975.
[17] 欧阳詹. 欧阳行周文集[M].《四部丛刊》本.
[18] 白居易. 白居易集[M]. 顾学颉，校点. 北京：中华书局，1979.

[19] 张彦远. 历代名画记[M]. 杭州：浙江人民美术出版社，2011.
[20] 杜宝. 辛德勇. 大业杂记辑校[M]. 西安：三秦出版社，2006.
[21] 魏徵，令狐德棻. 隋书[M]. 北京：中华书局，1973.
[22] 裴炎翰. 樊川文集[M]. 《景印文渊阁四库全书》本.
[23] 欧阳询. 艺文类聚[M]. 上海：上海古籍出版社，1982.
[24] 柳宗元. 柳宗元集[M]. 北京：中华书局，1979.
[25] 康骈. 剧谈录[M]. 上海：上海古籍出版社，2012.
[26] 刘昫，等. 旧唐书[M]. 北京：中华书局，1975.
[27] 周密. 癸辛杂识[M]. 王根林，校点. 上海：上海古籍出版社，2012.
[28] 杜绾. 云林石谱[M]. 陈云轶，译注. 重庆：重庆出版社，2009.
[29] 朱长文. 吴郡图经续记[M]. 金菊林，校点. 南京：江苏古籍出版社，1999.
[30] 祝穆. 方舆胜览[M]. 祝洙，增订. 北京：中华书局，2003.
[31] 王象之. 舆地纪胜[M]. 北京：中华书局，1992.
[32] 欧阳忞. 宋本舆地广记[M]. 北京：国家图书馆出版社，2017.
[33] 乐史. 太平寰宇记[M]. 王文楚，等点校. 北京：中华书局，2007.
[34] 王存，等. 元丰九域志[M]. 北京：中华书局，1984.
[35] 叶梦得. 石林燕语[M]. 李欣，校注. 西安：三秦出版社，2004.
[36] 张邦基. 墨庄漫录[M]. 上海：上海古籍出版社，1992.
[37] 李之亮. 欧阳修集编年笺注[M]. 成都：巴蜀书社，2007.
[38] 苏辙. 栾城集[M]. 《四部丛刊》本.
[39] 张礼. 游城南记[M]. 《景印文渊阁四库全书》本.
[40] 欧阳修，宋祁. 新唐书[M]. 北京：中华书局，1975.
[41] 胡宿. 文恭集[M]. 北京：中华书局，1985.
[42] 叶适. 心远堂遗集[M]. 《四库全书存目丛书》本.
[43] 韩琦. 安阳集[M]. 《景印文渊阁四库全书》本.
[44] 周密. 武林旧事[M]. 钱之江，校注. 杭州：浙江古籍出版社，2011.
[45] 马永卿. 元城语录[M]. 《景印文渊阁四库全书》本.
[46] 司马光. 李之亮. 司马温公集编年笺注[M]. 成都：巴蜀书社，2009.

[47] 司马光. 温国文正司马公文集[M]. 《四部丛刊》本.
[48] 王禹偁. 小畜集[M]. 上海：商务印书馆，1937.
[49] 郭思. 林泉高致[M]. 北京：中华书局，2010.
[50] 郭若虚. 图画见闻志[M]. 俞剑华，注释. 南京：江苏美术出版社，2007.
[51] 赵希鹄. 洞天清录[M]. 《景印文渊阁四库全书》本.
[52] 刘敞. 公是集[M]. 《景印文渊阁四库全书》本.
[53] 叶绍翁. 四朝闻见录[M]. 北京：中华书局，1985.
[54] 朱熹. 朱子文集[M]. 北京：中华书局，1985.
[55] 欧阳修. 宋本欧阳文忠公集[M]. 北京：国家图书馆出版社，2019.
[56] 章樵. 古文苑[M]. 《四部丛刊》本.
[57] 孟元老. 东京梦华录：精装插图本[M]. 北京：中国画报出版社，2013.
[58] 张洎. 贾氏谭录[M]. 孔一，校点. 上海：上海古籍出版社，2012.
[59] 欧阳修. 新五代史[M]. 徐无党，注. 北京：中华书局，1974.
[60] 苏舜钦. 苏学士集[M]. 《四部丛刊》本.
[61] 韩元吉. 南涧甲乙稿[M]. 《景印文渊阁四库全书》本.
[62] 范成大. 吴郡志[M]. 陆振岳，点校. 南京：江苏古籍出版社，1999.
[63] 王文诰. 苏轼诗集[M]. 孔凡礼，点校. 北京：中华书局，1982.
[64] 洪迈. 容斋随笔[M]. 孔凡礼，点校. 北京：中华书局，2005.
[65] 周密. 齐东野语[M]. 张茂鹏，点校. 北京：中华书局，1983.
[66] 邵伯温. 邵氏闻见录[M]. 王根林，校点. 上海：上海古籍出版社，2012.
[67] 陆游. 陆游集[M]. 北京：中华书局，1976.
[68] 吴自牧. 梦粱录[M]. 杭州：浙江人民出版社，1984.
[69] 刘应李. 大元混一方舆胜览[M]. 詹友谅，改编. 郭声波，整理. 成都：四川大学出版社，2003.
[70] 脱脱，等. 宋史[M]. 北京：中华书局，1977.
[71] 辛文房. 唐才子传[M]. 民国十三年影印日本活字本. 上海：商务印书馆，1924.
[72] 胡助. 纯白斋类稿[M]. 《景印文渊阁四库全书》本.

[73] 赵孟頫. 松雪斋集[M]. 《景印文渊阁四库全书》本.
[74] 俞希鲁. 至顺镇江志[M]//中华书局编辑部. 宋元方志丛刊. 北京：中华书局，1990.
[75] 顾瑛. 玉山名胜集[M]. 杨镰，叶爱欣，整理. 北京：中华书局，2008.
[76] 陶宗仪. 说郛[M]. 清宛委山堂本.
[77] 苏志皋. 寒邨集[M]. 《四库全书存目丛书》本.
[78] 王圻，王思义. 三才图会[M]. 上海：上海古籍出版社，1988.
[79] 黄凤池. 唐诗画谱[M]. 綦维，赵睿才，梁桂芳，整理. 济南：山东画报出版社，2004.
[80] 刘侗，于奕正. 帝京景物略[M]. 孙小力，校注. 上海：上海古籍出版社，2001.
[81] 计成. 园冶图说[M]. 赵农，注释. 济南：山东画报出版社，2003.
[82] 李维桢. 大泌山房集[M]. 《四库全书存目丛书》本.
[83] 朱长春. 朱太复文集[M]. 《续修四库全书》本.
[84] 吴应箕. 楼山堂集[M]. 《四库禁毁书丛刊》本.
[85] 陈继儒. 晚香堂集[M]. 《四库禁毁书丛刊》本.
[86] 孙承恩. 文简集[M]. 《景印文渊阁四库全书》本.
[87] 王世贞. 弇州山人续四部稿[M]. 《景印文渊阁四库全书》本.
[88] 于慎行. 谷城山馆文集[M]. 《四库全书存目丛书》本.
[89] 唐汝询. 酉阳山人编蓬后集[M]. 《四库全书存目丛书》本.
[90] 黄汝亨. 寓林集[M]. 《续修四库全书》本.
[91] 张师绎. 月鹿堂集[M]. 《四库未收书辑刊》本.
[92] 焦竑. 焦氏澹园续集[M]. 《四库禁毁书丛刊》本.
[93] 徐学谟. 归有园稿[M]. 《四库全书存目丛书》本.
[94] 徐学谟. 徐氏海隅集[M]. 《四库全书存目丛书》本.
[95] 倪瓒. 清閟阁全集[M]. 《景印文渊阁四库全书》本.
[96] 计成. 陈植. 园冶注释[M]. 杨伯超，校订. 陈从周，校阅. 2版. 北京：中国建筑工业出版社，1988.

[97] 张鼐. 宝日堂初集[M]. 《四库禁毁书丛刊》本.
[98] 王士性. 五岳游草；广志绎[M]. 周振鹤，点校. 北京：中华书局，2006.
[99] 田汝成. 西湖游览志[M]. 杭州：浙江人民出版社，1980.
[100] 田汝成. 西湖游览志余[M]. 杭州：浙江人民出版社，1980.
[101] 李贤，彭时. 明一统志[M]. 《景印文渊阁四库全书》本.
[102] 阮大铖. 咏怀堂诗集[M]. 《续修四库全书》本.
[103] 李若讷. 四品稿[M]. 《四库禁毁书丛刊》本.
[104] 屠隆. 栖真馆集[M]. 《续修四库全书》本.
[105] 唐顺之. 荆川集[M]. 《景印文渊阁四库全书》本.
[106] 江盈科. 雪涛阁集[M]. 明万历刻本.
[107] 胡汝砺，管律. 嘉靖宁夏新志[M]. 《中国地方志集成》本. 南京：江苏古籍出版社，1991.
[108] 陆揖，等. 古今说海[M]. 成都：巴蜀书社，1988.
[109] 邹迪光. 石语斋集[M]. 《四库全书存目丛书》本.
[110] 王思任. 谑庵文饭小品[M]. 《续修四库全书》本.
[111] 钟惺. 隐秀轩集[M]. 李先耕，崔重庆，标校. 上海：上海古籍出版社，1992.
[112] 焦竑. 澹园集[M]. 李剑雄，点校. 北京：中华书局，1999.
[113] 范景文. 范文忠公文集[M]. 《景印文渊阁四库全书》本.
[114] 马峦，顾栋高. 司马光年谱[M]. 冯惠民，点校. 北京：中华书局，1990.
[115] 王心一. 兰雪堂集[M]. 《四库禁毁书丛刊》本.
[116] 张岱. 陶庵梦忆[M]. 马兴荣，点校. 北京：中华书局，2007.
[117] 文震亨. 陈植. 长物志校注[M]. 杨超伯，校订. 南京：江苏科学技术出版社，1984.
[118] 张岱. 张岱诗文集：增订本[M]. 夏咸淳，辑校. 上海：上海古籍出版社，2014.
[119] 方凤. 改亭存稿[M]. 《续修四库全书》本.
[120] 宋仪望. 华阳馆文集[M]. 《四库全书存目丛书》本.

[121] 卫泳. 冰雪携：晚明百家小品[M]//国家珍本文库：第1集. 上海：中央书店，1935.
[122] 刘仲达. 刘氏鸿书[M].《四库全书存目丛书》本.
[123] 祁彪佳. 祁彪佳集[M]. 北京：中华书局，1960.
[124] 林有麟. 素园石谱[M]. 明万历刻本.
[125] 陈洪绶. 陈洪绶集[M]. 吴敢，辑校. 杭州：浙江古籍出版社，1994.
[126] 黄宗羲. 明文海[M]. 中华书局，1987.
[127] 朱彝尊. 曝书亭集[M]. 上海：世界书局，1937.
[128] 陈梦雷. 古今图书集成[M]. 蒋廷锡，校订. 北京：中华书局，1985.
[129] 张廷玉，等. 明史[M]. 北京：中华书局，1974.
[130] 彭定求，等. 全唐诗[M]. 北京：中华书局，1960.
[131] 高晋，等. 南巡盛典[M]. 北京：北京古籍出版社，1996.
[132] 曹雪芹，高鹗. 红楼梦[M]. 北京：中华书局，2014.
[133] 于敏中，英廉，等. 钦定日下旧闻考[M].《景印文渊阁四库全书》本.
[134] 永瑢，纪昀. 景印文渊阁四库全书[M]. 影印本. 台北：台湾商务印书馆，1986.
[135] 纪昀. 四库全书总目提要[M]. 石家庄：河北人民出版社，2000.
[136] 董诰，等. 全唐文[M]. 北京：中华书局，1983.
[137] 张九征，等. 乾隆镇江府志[M]. 高得贵，修.《中国地方志集成》本.
[138] 申涵盼. 忠裕堂集[M].《丛书集成初编》本.
[139] 张培仁. 妙香室丛话[M].《笔记小说大观》本. 扬州：江苏广陵古籍刻印社，1984.
[140] 褚人获. 坚瓠集[M].《续修四库全书》本.
[141] 严可均. 全上古三代秦汉三国六朝文[M]. 北京：中华书局，1965.
[142] 李斗. 扬州画舫录[M]. 汪北平，涂雨公，点校. 北京：中华书局，1960.
[143] 吴友如. 申江胜景图[M]. 富阳：华宝斋书社，1999.
[144] 李渔. 闲情偶寄[M]. 江巨荣，卢寿荣，校注. 上海：上海古籍出版社，2000.
[145] 钱泳. 履园丛话[M]. 张伟，校点. 北京：中华书局，1979.

[146] 穆彰阿，潘锡恩，等. 大清一统志[M]. 嘉庆重修本. 上海：上海古籍出版社，2008.
[147] 麟庆. 汪春泉，等. 鸿雪因缘图记[M]. 北京：北京古籍出版社，1984.
[148] 吴长元. 宸垣识略[M]. 北京：北京古籍出版社，1982.
[149] 欧阳兆熊，金安清. 水窗春呓[M]. 谢兴尧，点校. 北京：中华书局，1984.
[150] 俞樾，方宗诚. 同治上海县志[M]. 清同治十年刻本.
[151] 莫友芝. 傅增湘. 藏园订补郘亭知见传本书目[M]. 傅熹年，整理. 北京：中华书局，1993.
[152] 汪宪. 振绮堂书目[M]. 民国十六年刻本.
[153] 梁章钜. 楹联丛话[M]. 上海：上海书店，1981.
[154] 赵尔巽，等. 清史稿[M]. 北京：中华书局，1977.
[155] 潘承弼，顾廷龙. 明代版本图录初编[M]. 上海：开明书店，1941.
[156] 陈垣. 校勘学释例[M]. 北京：中华书局，1959.
[157] 北京图书馆. 中国版刻图录[M]. 2版. 北京：文物出版社，1961.
[158] 静嘉堂文库. 静嘉堂文库汉籍分类目录：正续全一册[M]. 影印版. 台北：大立出版社，1980.
[159] 陈植，张公弛. 中国历代名园记选注[M]. 陈从周，校阅. 合肥：安徽科学技术出版社，1983.
[160] 逯钦立. 先秦汉魏晋南北朝诗[M]. 北京：中华书局，1983.
[161] 冯其庸. 曹雪芹家世 · 《红楼梦》文物图录[M]. 香港：生活 · 读书 · 新知三联书店香港分店，1983.
[162] 童寯. 江南园林志[M]. 2版. 北京：中国建筑工业出版社，1984.
[163] 马绪传. 全唐文篇名目录及作者索引[M]. 北京：中华书局，1985.
[164] 汉语大字典编辑委员会. 汉语大字典：第2卷[M]. 成都：四川辞书出版社，1987.
[165] 缪钺，霍松林，周振甫，等. 宋诗鉴赏辞典[M]. 上海：上海辞书出版社，1987.
[166] 于北山. 杨万里诗文选注[M]. 上海：上海古籍出版社，1988.

[167] 中国美术全集编辑委员会. 中国美术全集[M]. 北京：人民美术出版社，1987.
[168] 曹允源，李根源. 民国吴县志[M]. 《中国地方志集成》本. 南京：江苏古籍出版社，1991.
[169] 程俊英，蒋见元. 诗经注析[M]. 北京：中华书局，1991.
[170] 张家骥. 中国造园论[M]. 太原：山西人民出版社，1991.
[171] 罗伟国，胡平. 古籍版本题记索引[M]. 上海：上海书店，1991.
[172] 北京大学古文献研究所. 全宋诗[M]. 北京：北京大学出版社，1991.
[173] 陈植. 中国历代造园文选[M]. 合肥：黄山书社，1992.
[174] 魏嘉瓒. 苏州历代园林录[M]. 北京：燕山出版社，1992.
[175] 钱伯城，魏同贤，马樟根. 全明文[M]. 吴格，校点. 上海：上海古籍出版社，1992.
[176] 陈尚君. 全唐诗补编[M]. 北京：中华书局，1992.
[177] 钱剑夫. 中国古今对联大观[M]. 上海：上海文化出版社，1993.
[178] 中国古籍善本书目编委会. 中国古籍善本书目：史部[M]. 上海：上海古籍出版社，1993.
[179] 镇江市地方志编纂委员会. 镇江市志[M]. 上海：上海社会科学院出版社，1993.
[180] 郭俊纶. 清代园林图录[M]. 上海：上海人民美术出版社，1993.
[181] 中国历代艺术编辑委员会. 中国历代艺术[M]. 北京：人民美术出版社，1994.
[182] 郑振铎. 中国历史参考图谱[M]. 北京：书目文献出版社，1994.
[183] 何清谷. 三辅黄图校注[M]. 西安：三秦出版社，1995.
[184] 李浩. 唐代园林别业考论：修订版[M]. 西安：西北大学出版社，1996.
[185] 中科院图书馆. 续修四库全书总目提要：稿本[M]. 济南：齐鲁书社，1996.
[186] 四库全书存目丛书编委会. 四库全书存目丛书目录[M]. 济南：齐鲁书社，1997.

[187] 张家骥.中国园林艺术大辞典[M].太原：山西教育出版社，1997.
[188] 北京图书馆.文渊阁四库全书补遗：据文津阁四库全书补[M].北京：北京图书馆出版社，1997.
[189] 齐森华，陈多，叶长海.中国曲学大辞典[M].杭州：浙江教育出版社，1997.
[190] 刘纬毅.山西文献总目提要[M].太原：山西人民出版社，1998.
[191] 俞建华.中国古代画论类编[M].北京：人民美术出版社，1998.
[192] 金沛霖.四库全书子部精要[M].天津：天津古籍出版社，1998.
[193] 阳海清.中南、西南地区省、市图书馆馆藏古籍稿本提要[M].武汉：华中理工大学出版社，1998.
[194] 四库未收书辑刊编纂委员会.四库未收书辑刊[M].北京：北京出版社，1998.
[195] 四库禁毁书丛刊编纂委员会.四库禁毁书丛刊[M].北京：北京出版社，1997.
[196] 香港中文大学图书馆系统.香港中文大学图书馆古籍善本书录[M].香港：香港中文大学出版社，1999.
[197] 曹林娣.苏州园林匾额楹联鉴赏：增订本[M].北京：华夏出版社，1999.
[198] 刘正成.中国书法全集[M].北京：荣宝斋出版社，2000.
[199] 中国古代书画鉴定组.中国古代书画图目[M].北京：文物出版社，2000.
[200] 林申清.日本藏书印鉴[M].北京：北京图书馆出版社，2000.
[201] 中国古代书画鉴定组.中国绘画全集[M].北京：文物出版社，2001.
[202] 四库全书存目丛书补纂委员会.四库全书存目丛书补编[M].济南：齐鲁书社，2001.
[203] 阎凤梧.全辽金文[M].太原：山西古籍出版社，2002.
[204] 高春明.上海艺术史[M].上海：上海人民美术出版社，2002.
[205] 柯愈春.清人诗文集总目提要[M].北京：北京古籍出版社，2001.
[206] 李泽厚.美学三书[M].天津：天津社会科学院出版社，2003.
[207] 《续修四库全书》编纂委员会，复旦大学图书馆古籍部.续修四库

全书总目录·索引[M].上海：上海古籍出版社，2003.

[208] 贾贵荣.日本藏汉籍善本书志书目集成[M].北京：北京图书馆出版社，2003.

[209] 美国哈佛大学哈佛燕京图书馆.美国哈佛大学哈佛燕京图书馆藏中文善本汇刊[M].北京：商务印书馆，2003.

[210] 香港大学冯平山图书馆.香港大学冯平山图书馆藏善本书录[M].香港：香港大学出版社，2003.

[211] 梁石.怎样作厅堂居室联[M].北京：西苑出版社，2003.

[212] 陈从周，蒋启霆.园综[M].赵厚均，注释.上海：同济大学出版社，2004.

[213] 李修生.全元文[M].南京：凤凰出版社，2004.

[214] 赵厚均，杨鉴生.中国历代园林图文精选：第3辑[M].刘伟，配图.上海：同济大学出版社，2005.

[215] 刘敦桢.苏州古典园林[M].北京：中国建筑工业出版社，2005.

[216] 金学智.中国园林美学[M].2版.北京：中国建筑工业出版社，2005.

[217] 四库禁毁书丛刊编纂委员会.四库禁毁书丛刊补编[M].北京：北京出版社，2005.

[218] 陈尚君.全唐文补编[M].北京：中华书局，2005.

[219] 陈尚君.旧五代史新辑会证[M].上海：复旦大学出版社，2005.

[220] 张薇.《园冶》文化论[M].北京：人民出版社，2006.

[221] 解维汉.中国亭台楼阁楹联精选[M].西安：陕西人民出版社，2006.

[222] 曾枣庄，刘琳.全宋文[M].上海：上海辞书出版社，2006.

[223] 刘扬忠.欧阳修集[M].南京：凤凰出版社，2006.

[224] 熊小明.中国古籍版刻图志[M].武汉：湖北人民出版社，2007.

[225] 曹础基.庄子浅注：修订重排本[M].3版.北京：中华书局，2007.

[226] 陈从周.惟有园林[M].天津：百花文艺出版社，1997.

[227] 郑午昌.中国画学全史[M].上海：上海古籍出版社，2008.

[228] 周维权.中国古典园林史[M].3版.北京：清华大学出版社，2008.

[229] 杨伯峻.孟子译注：简体字本[M].北京：中华书局，2008.

[230] 谭家健，孙中原.墨子今注今译[M].北京：商务印书馆，2009.
[231] 杨伯峻.论语译注[M].3版.北京：中华书局，2009.
[232] 杨晓山.私人领域的变形：唐宋诗歌中的园林与玩好[M].文韬，译.南京：江苏人民出版社，2009.
[233] 南开大学古籍与文化研究所.清文海[M].北京：国家图书馆出版社，2010.
[234] 高华平，王齐洲，张三夕.韩非子[M].北京：中华书局，2010.
[235] 顾凯.明代江南园林研究[M].南京：东南大学出版社，2010.
[236] 杨鸿勋.江南园林论[M].上海：上海人民出版社，1994.
[237] 傅伯星.宋画中的南宋建筑[M].杭州：西泠印社出版社，2011.
[238] 徐志华.唐代园林诗述略[M].北京：中国社会出版社，2011.
[239] 陈从周.梓翁说园[M].2版.北京：北京出版社，2011.
[240] 平龙根.名人佳作与金阊[M].2版.苏州：古吴轩出版社，2011.
[241] 冯其庸.冯其庸辑校集[M].青岛：青岛出版社，2011.
[242] 汪菊渊.中国古代园林史[M].2版.北京：中国建筑工业出版社，2012.
[243] 罗艳萍.宋词与园林[M].北京：中国社会科学出版社，2012.
[244] 高居翰，黄晓，刘珊珊.不朽的林泉：中国古代园林绘画[M].北京：生活·读书·新知三联书店，2012.
[245] 杜华平.楹联：谐和之美[M].青岛：青岛出版社，2014.
[246] 金学智.园冶多维探析[M].北京：中国建筑工业出版社，2017.
[247] 曹汛.《园冶注释》疑义举析[J].建筑历史与理论，1982（3/4）：98.
[248] 苟萃华.也谈《南方草木状》一书的作者和年代问题[J].自然科学史研究，1984（2）：149.
[249] 赵一鹤.对《园冶注释》某些译文的商榷[J].新建筑，1985（2）：65-68.
[250] 沈昌华，沈春荣.走近计成[J].江苏地方志，2004（2）：56-59.
[251] 吴新雷.游“秦园”访秦观墓[J].古典文学知识，2007（5）：85.
[252] 张固也.《园林草木疏》辨伪[J].中国典籍与文化，2009（1）：

49-52.
[253] 李致忠. 郑振铎与国家图书馆[J]. 国家图书馆学刊，2009（2）：11.
[254] 黄季鸿. 明版《西厢记》载录[J]. 古籍整理研究学刊，2009（3）：60-67.
[255] 赵丽. 北海匾额楹联现状分析与意境解读[J]. 古建园林技术，2011（2）：30.
[256] 毛华松，廖聪全. 宋代郡圃园林特点分析[J]. 中国园林，2012（4）：78.
[257] 李桓.《园冶》在日本的传播及其在现代造园学中的意义[J]. 中国园林，2013（1）：65.
[258] 夏丽森. 计成与阮大铖的关系及《园冶》的出版[J]. 中国园林，2013（2）：49.
[259] 傅凡，李红. 朱启钤先生对《园冶》重刊的贡献[J]. 中国园林，2013（7）：121-122.

# 附录　园林文献知见录

## 一、园记目录

此目录的编制主要借助《四库全书文集篇目分类索引》《全唐文篇名目录及作者索引》等工具书。文献出处主要包括《全唐文》《全宋文》《全辽金文》《全元文》《全明文》《明文海》《清文海》《清代诗文集汇编》《古今图书集成》《四库全书》《续修四库全书》《四库全书存目丛书》《四库未收书辑刊》《四库禁毁书丛刊》《中国地方志集成》等，还参考了《中国历代名园记选注》《园综》《中国历代园林图文精选》等书。

除园记外，历代文集中的亭、台、楼、阁、斋、堂等记数量众多，这些文章中所记建筑有些附属于园林，有些则只是风景名胜中的独体建筑，即使是园林建筑，有些通篇也只是与园林无关的议论、感慨，故下表呈现的是有所取舍后的结果。选取原则大体如下：①文章所记主体为园林中建筑，且文字涉及园林的则收，否则不收；②个别文章所记主体虽非园林或园林建筑，但文字涉及园林要素或对园林研究有参考价值则酌情收录，如部分花木记、图记、题记、铭、序等。

### （一）按时代划分

附表 1–1　汉代园记目录

| 序号 | 篇名 | 作者 | 文献出处 |
| --- | --- | --- | --- |
| 1 | 梁王菟园赋 | 枚乘 | 《古文苑》卷三,《四部丛刊》本 |
| 2 | 归田赋 | 张衡 | 《文选》卷一五 |

**附表 1-2　南北朝园记目录**

| 序号 | 篇名 | 作者 | 文献出处 |
|---|---|---|---|
| 1 | 金谷诗序 | 石崇（西晋） | 《全上古三代秦汉三国六朝文·全晋文》卷三三 |
| 2 | 思归引序 | 石崇（西晋） | 《文选》卷四五 |
| 3 | 梁王兔园 | 葛洪（东晋） | 《西京杂记》卷二 |
| 4 | 袁广汉园 | 葛洪（东晋） | 《西京杂记》卷三 |
| 5 | 西游园 | 杨衒之（北魏） | 《洛阳伽蓝记》卷一 |
| 6 | 华林园 | 杨衒之（北魏） | 《洛阳伽蓝记》卷一 |
| 7 | 张伦造景阳山 | 杨衒之（北魏） | 《洛阳伽蓝记》卷二 |
| 8 | 亭山赋 | 姜质（北魏） | 《洛阳伽蓝记》卷二 |
| 9 | 三月三日曲水诗序 | 颜延之（南朝宋） | 《文选》卷四六 |
| 10 | 梁冀园 | 范晔（南朝宋） | 《后汉书·梁统列传》 |
| 11 | 山居赋 | 谢灵运（南朝宋） | 《宋书·谢灵运传》 |
| 12 | 三月三日曲水诗序 | 王融（南朝齐） | 《文选》卷四六 |
| 13 | 游后园赋 | 谢朓（南朝齐） | 《历代赋汇》卷八四 |
| 14 | 郊居赋 | 沈约（南朝梁） | 《梁书·沈约传》 |
| 15 | 学梁王兔园赋有序 | 江淹（南朝梁） | 《历代赋汇》卷八四 |
| 16 | 小园赋 | 庾信（北周） | 《庾子山集注·庾子山集》卷一 |
| 17 | 三月三日华林园马射赋序 | 庾信（北周） | 《古今图书集成·经济汇编·考工典》卷五四“苑囿部艺文一” |

**附表 1-3　唐代园记目录**

| 序号 | 篇名 | 作者 | 文献出处 |
|---|---|---|---|
| 1 | 中条王官谷序 | 司空图 | 《全唐文》第 8488 页 |
| 2 | 休休亭记 | 司空图 | 《全唐文》第 8489 页 |
| 3 | 山居记 | 司空图 | 《全唐文》第 8490 页 |
| 4 | 暮春太师左右丞相诸公于韦氏逍遥谷宴集序 | 王维 | 《全唐文》第 3294 页 |
| 5 | 辋川集并序 | 王维 | 《王右丞集笺注》卷一三 |
| 6 | 冷泉亭记 | 白居易 | 《全唐文》第 6910 页 |
| 7 | 池上篇并序 | 白居易 | 《白居易文集校注》卷三二 |
| 8 | 草堂记 | 白居易 | 《全唐文》第 6900 页 |
| 9 | 养竹记 | 白居易 | 《全唐文》第 6901 页 |
| 10 | 太湖石记 | 白居易 | 《全唐文》第 6909 页 |
| 11 | 钱塘湖石记 | 白居易 | 《全唐文》第 6911 页 |
| 12 | 白蘋洲五亭记 | 白居易 | 《全唐文》第 6912 页 |
| 13 | 春宴萧侍郎林亭序 | 于邵 | 《全唐文》第 4346 页 |
| 14 | 游李校书花药园序 | 于邵 | 《全唐文》第 4346 页 |
| 15 | 汝州薛家竹亭赋 | 王泠然 | 《全唐文》第 2977 页 |
| 16 | 清隐堂记 | 詹敦仁 | 《全唐文》第 9389 页 |
| 17 | 翠峰亭记 | 房涣 | 《全唐文》第 11212 页 |
| 18 | 广宴亭记 | 元结 | 《全唐文》第 3877 页 |
| 19 | 右溪记 | 元结 | 《全唐文》第 3876 页 |
| 20 | 菊圃记 | 元结 | 《全唐文》第 3876 页 |
| 21 | 九成宫东台山池赋并序 | 王勃 | 《全唐文》第 1798 页 |

**续表**

| 序号 | 篇名 | 作者 | 文献出处 |
|---|---|---|---|
| 22 | 游冀州韩家园序 | 王勃 | 《全唐文》第 1835 页 |
| 23 | 夏日宴张二林亭序 | 王勃 | 《全唐文》第 1841 页 |
| 24 | 越州秋日宴山亭序 | 王勃 | 《全唐文》第 1842 页 |
| 25 | 秋日宴季处士宅序 | 王勃 | 《全唐文》第 1843 页 |
| 26 | 秋晚入洛于毕公宅别道王宴序 | 王勃 | 《全唐文》第 1848 页 |
| 27 | 晦日药园诗序 | 杨炯 | 《全唐文》第 1927 页 |
| 28 | 宴皇甫兵曹宅诗序 | 杨炯 | 《全唐文》第 1928 页 |
| 29 | 晦日楚国寺宴序 | 骆宾王 | 《全唐文》第 2014 页 |
| 30 | 梁王池亭宴序 | 陈子昂 | 《全唐文》第 2163 页 |
| 31 | 薛大夫山亭宴序 | 陈子昂 | 《全唐文》第 2163 页 |
| 32 | 冬夜宴临邛李录事宅序 | 陈子昂 | 《全唐文》第 2164 页 |
| 33 | 南省就窦尚书山亭寻花柳宴序 | 张说 | 《全唐文》第 2272 页 |
| 34 | 郧公园池饯韦侍郎神都留守序 | 张说 | 《全唐文》第 2273 页 |
| 35 | 太平公主山池赋 | 宋之问 | 《全唐文》第 2427 页 |
| 36 | 奉陪武驸马宴唐卿山亭序 | 宋之问 | 《全唐文》第 2435 页 |
| 37 | 韦司马别业集序 | 张九龄 | 《全唐文》第 2948 页 |
| 38 | 驾幸芙蓉园赋 | 吕令问 | 《全唐文》第 2994 页 |
| 39 | 贺遂员外药园小山池记 | 李华 | 《全唐文》第 3211 页 |
| 40 | 陪李采访泛舟蓬池宴李文部序 | 萧颖士 | 《全唐文》第 3280 页 |
| 41 | 仲春群公游田司直城东别业序 | 陶翰 | 《全唐文》第 3382 页 |
| 42 | 春夜宴从弟桃花园序 | 李白 | 《全唐文》第 3536 页 |
| 43 | 草堂记 | 柳识 | 《全唐文》第 3826 页 |
| 44 | 卢郎中浔阳竹亭记 | 独孤及 | 《全唐文》第 3953 页 |
| 45 | 崔公山池后集序 | 李翰 | 《全唐文》第 4379 页 |
| 46 | 尉迟长史草堂记 | 李翰 | 《全唐文》第 4380 页 |
| 47 | 厨院新池记 | 李勉 | 《全唐文》第 4458 页 |
| 48 | 司徒岐公杜城郊居记 | 权德舆 | 《全唐文》第 5045 页 |
| 49 | 许氏吴兴溪亭记 | 权德舆 | 《全唐文》第 5043 页 |
| 50 | 过旧园赋并序 | 梁肃 | 《全唐文》第 5249 页 |
| 51 | 宴韦庶子宅序 | 顾况 | 《全唐文》第 5369 页 |
| 52 | 江西观察宴度支张侍郎南亭花林序 | 顾况 | 《全唐文》第 5369 页 |
| 53 | 燕喜亭记 | 韩愈 | 《全唐文》第 5633 页 |
| 54 | 襄阳张端公西园记 | 符载 | 《全唐文》第 7060 页 |
| 55 | 钟陵东湖亭记 | 符载 | 《全唐文》第 7061 页 |
| 56 | 长沙东池记 | 符载 | 《全唐文》第 7062 页 |
| 57 | 梵阁寺常准上人精院记 | 符载 | 《全唐文》第 7059 页 |
| 58 | 白芙蓉赋并序 | 李德裕 | 《全唐文》第 7144 页 |
| 59 | 重台芙蓉赋并序 | 李德裕 | 《全唐文》第 7145 页 |
| 60 | 柳柏赋并序 | 李德裕 | 《全唐文》第 7151 页 |
| 61 | 二芳丛赋并序 | 李德裕 | 《全唐文》第 7153 页 |
| 62 | 金松赋并序 | 李德裕 | 《全唐文》第 7157 页 |
| 63 | 牡丹赋并序 | 李德裕 | 《全唐文》第 7158 页 |
| 64 | 瑞橘赋并序 | 李德裕 | 《全唐文》第 7159 页 |

续表

| 序号 | 篇名 | 作者 | 文献出处 |
|---|---|---|---|
| 65 | 怀崧楼记 | 李德裕 | 《全唐文》第 7266 页 |
| 66 | 平泉山居草木记 | 李德裕 | 《全唐文》第 7267 页 |
| 67 | 平泉山居诫子孙记 | 李德裕 | 《全唐文》第 7267 页 |
| 68 | 白猿赋并序 | 李德裕 | 《全唐文》第 7152 页 |
| 69 | 观钓赋并序 | 李德裕 | 《全唐文》第 7150 页 |
| 70 | 振鹭赋并序 | 李德裕 | 《全唐文》第 7148 页 |
| 71 | 山凤凰赋并序 | 李德裕 | 《全唐文》第 7146 页 |
| 72 | 绛守居园池记 | 樊宗师 | 《全唐文》第 7523 页 |
| 73 | 望故园赋 | 杜牧 | 《全唐文》第 7745 页 |
| 74 | 曲江池赋 | 王棨 | 《全唐文》第 8027 页 |
| 75 | 幽居赋并序 | 陆龟蒙 | 《全唐文》第 8400 页 |
| 76 | 钴鉧潭西小丘记 | 柳宗元 | 《全唐文》第 5870 页 |
| 77 | 愚溪诗序 | 柳宗元 | 《全唐文》第 5846 页 |
| 78 | 永州韦使君新堂记 | 柳宗元 | 《全唐文》第 5863 页 |
| 79 | 四望亭记 | 李绅 | 《全唐文》第 7124 页 |
| 80 | 杜城郊居王处士凿山引泉记 | 杜佑 | 《全唐文》第 4878 页 |
| 81 | 题望春亭诗序 | 杨夔 | 《全唐文》第 9077 页 |
| 82 | 迷楼赋 | 罗隐 | 《全唐文》第 9331 页 |
| 83 | 二公亭记 | 欧阳詹 | 《全唐文》第 6036 页 |
| 84 | 曲江池记 | 欧阳詹 | 《全唐文》第 6033 页 |
| 85 | 王处士凿山引瀑记 | 武少仪 | 《全唐文》第 6186 页 |
| 86 | 送周先生住山记 | 令狐楚 | 《全唐文》第 5506 页 |
| 87 | 梁元帝萧绎湘东苑 | 余知古 | 《渚宫旧事》，见《丛书集成初编·补遗》 |
| 88 | 隋西苑 | 杜宝 | 《大业杂记》，见《笔记小说大观丛刊》第 19 编第 1 册 |
| 89 | 过旧园赋并序 | 梁肃 | 《历代赋汇》卷八四 |
| 90 | 嵩山十志·草堂 | 卢鸿一 | 《全唐诗》卷一二三 |

附表 1-4　宋代园记目录

| 序号 | 篇名 | 作者 | 文献出处 |
|---|---|---|---|
| 1 | 木兰赋并序 | 徐铉 | 《全宋文》卷一五 |
| 2 | 游卫氏林亭序 | 徐铉 | 《全宋文》卷二四 |
| 3 | 乔公亭记 | 徐铉 | 《全宋文》卷二四 |
| 4 | 毗陵郡公南原亭馆记 | 徐铉 | 《全宋文》卷二四 |
| 5 | 春日宴李氏林亭记 | 张詠 | 《全宋文》卷一一二 |
| 6 | 春日至云庄记 | 曾致尧 | 《全宋文》卷一三〇 |
| 7 | 云谷记 | 朱熹 | 《朱子文集》卷一〇 |
| 8 | 上苑牡丹赋并序 | 宋祁 | 《全宋文》卷四八二 |
| 9 | 怪竹赋并序 | 王禹偁 | 《全宋文》卷一四二 |
| 10 | 李氏园亭记 | 王禹偁 | 《全宋文》卷一五六 |

续表

| 序号 | 篇名 | 作者 | 文献出处 |
|---|---|---|---|
| 11 | 野兴亭记 | 王禹偁 | 《全宋文》卷一五七 |
| 12 | 黄州新建小竹楼记 | 王禹偁 | 《全宋文》卷一五七 |
| 13 | 中园赋 | 晏殊 | 《全宋文》卷三九七 |
| 14 | 逸心亭记 | 章詧 | 《全宋文》卷四〇八 |
| 15 | 流杯亭记 | 胡宿 | 《全宋文》卷四六六 |
| 16 | 延射亭记 | 章岷 | 《全宋文》卷四七八 |
| 17 | 寿州西园重修诸亭录 | 宋祁 | 《全宋文》卷五一九 |
| 18 | 凝碧堂记 | 宋祁 | 《全宋文》卷五一九 |
| 19 | 西斋休偃记 | 宋祁 | 《全宋文》卷五一九 |
| 20 | 望岷亭记 | 张俞 | 《全宋文》卷五五三 |
| 21 | 张氏会隐园记 | 尹洙 | 《全宋文》卷五八七 |
| 22 | 双羊山会庆堂记 | 梅尧臣 | 《全宋文》卷五九三 |
| 23 | 览翠亭记 | 梅尧臣 | 《全宋文》卷五九三 |
| 24 | 燕堂记 | 富弼 | 《全宋文》卷六〇八 |
| 25 | 浣花亭记 | 田况 | 《全宋文》卷六三六 |
| 26 | 海棠记 | 沈立 | 《全宋文》卷六四〇 |
| 27 | 海棠记序 | 沈立 | 《全宋文》卷六四〇 |
| 28 | 思凤亭记 | 文彦博 | 《全宋文》卷六五八 |
| 29 | 画舫斋记 | 欧阳修 | 《全宋文》卷七三九 |
| 30 | 丰乐亭记 | 欧阳修 | 《全宋文》卷七三九 |
| 31 | 醉翁亭记 | 欧阳修 | 《全宋文》卷七三九 |
| 32 | 菱溪石记 | 欧阳修 | 《全宋文》卷七四〇 |
| 33 | 海陵许氏南园记 | 欧阳修 | 《全宋文》卷七四〇 |
| 34 | 真州东园记 | 欧阳修 | 《全宋文》卷七四〇 |
| 35 | 有美堂记 | 欧阳修 | 《全宋文》卷七四〇 |
| 36 | 相州昼锦堂记 | 欧阳修 | 《全宋文》卷七四〇 |
| 37 | 李秀才东园亭记 | 欧阳修 | 《全宋文》卷七四一 |
| 38 | 伐树记 | 欧阳修 | 《全宋文》卷七四一 |
| 39 | 养鱼记 | 欧阳修 | 《全宋文》卷七四一 |
| 40 | 非非堂记 | 欧阳修 | 《全宋文》卷七四一 |
| 41 | 洛阳牡丹记 | 欧阳修 | 《全宋文》卷七四三 |
| 42 | 定州众春园记 | 韩琦 | 《全宋文》卷八五四 |
| 43 | 相州新修园池记 | 韩琦 | 《全宋文》卷八五四 |
| 44 | 浩然堂记 | 苏舜钦 | 《全宋文》卷八七八 |
| 45 | 沧浪亭记 | 苏舜钦 | 《全宋文》卷八七八 |
| 46 | 木假山记 | 苏洵 | 《全宋文》卷九二七 |
| 47 | 申申堂记 | 祖无择 | 《全宋文》卷九三五 |
| 48 | 袁州东湖记 | 祖无择 | 《全宋文》卷九三六 |
| 49 | 待月亭记 | 刘牧 | 《全宋文》卷九八八 |
| 50 | 七石序 | 蔡襄 | 《全宋文》卷一〇一七 |
| 51 | 群玉殿曲宴记 | 蔡襄 | 《全宋文》卷一〇一七 |
| 52 | 葛氏草堂记 | 蔡襄 | 《全宋文》卷一〇一八 |
| 53 | 杭州清暑堂记 | 蔡襄 | 《全宋文》卷一〇一八 |

**续表**

| 序号 | 篇名 | 作者 | 文献出处 |
|---|---|---|---|
| 54 | 思亭记 | 张纮 | 《全宋文》卷一〇三二 |
| 55 | 众乐亭记 | 邵亢 | 《全宋文》卷一〇三三 |
| 56 | 万州西亭记 | 刘公仪 | 《全宋文》卷一〇四三 |
| 57 | 众乐园记 | 杨蟠 | 《全宋文》卷一〇四五 |
| 58 | 武信杜氏南园记 | 文同 | 《全宋文》卷一一〇六 |
| 59 | 怪石铭并序 | 文同 | 《全宋文》卷一一〇七 |
| 60 | 独乐园记 | 司马光 | 《全宋文》卷一二二四 |
| 61 | 待月亭记 | 刘敞 | 《全宋文》卷一二九三(衙署园，正文与前刘牧《待月亭记》只作者名字不同，其余同) |
| 62 | 东平乐郊池亭记 | 刘敞 | 《全宋文》卷一二九四 |
| 63 | 扬州新园亭记 | 王安石 | 《全宋文》卷一四〇八 |
| 64 | 游小隐山叙 | 钱公辅 | 《全宋文》卷一四二五 |
| 65 | 井仪堂记 | 钱公辅 | 《全宋文》卷一四二五 |
| 66 | 泰州玩芳亭记 | 刘攽 | 《全宋文》卷一五〇四 |
| 67 | 兖州美章园记 | 刘攽 | 《全宋文》卷一五〇四 |
| 68 | 寄老庵记 | 刘攽 | 《全宋文》卷一五〇四 |
| 69 | 洛阳花木记 | 周师厚 | 《全宋文》卷一五一四 |
| 70 | 薛氏乐安庄园亭记 | 范纯仁 | 《全宋文》卷一五五五 |
| 71 | 如诏亭记 | 范纯仁 | 《全宋文》卷一五五五 |
| 72 | 扬州芍药谱序 | 王观 | 《全宋文》卷一五七七 |
| 73 | 扬州芍药谱后序 | 王观 | 《全宋文》卷一五七七 |
| 74 | 介立亭记 | 袁默 | 《全宋文》卷一七四九 |
| 75 | 东园十咏序 | 韦骧 | 《全宋文》卷一七七六 |
| 76 | 制胜楼记 | 董钺 | 《全宋文》卷一八三一 |
| 77 | 怪石供 | 苏轼 | 《全宋文》卷一九六三 |
| 78 | 后怪石供 | 苏轼 | 《全宋文》卷一九六三 |
| 79 | 墨妙亭记 | 苏轼 | 《全宋文》卷一九六七 |
| 80 | 墨君堂记 | 苏轼 | 《全宋文》卷一九六七 |
| 81 | 文与可画筼筜谷偃竹记 | 苏轼 | 《全宋文》卷一九六八 |
| 82 | 灵壁张氏园亭记 | 苏轼 | 《全宋文》卷一九六八 |
| 83 | 北海十二石记 | 苏轼 | 《全宋文》卷一九七〇 |
| 84 | 雪堂记 | 苏轼 | 《全宋文》卷一九七一 |
| 85 | 梦南轩 | 苏轼 | 《全宋文》卷一九七六 |
| 86 | 四达斋铭 | 苏轼 | 《全宋文》卷一九八五 |
| 87 | 雪浪斋铭并引 | 苏轼 | 《全宋文》卷一九八五 |
| 88 | 乐圃记 | 朱长文 | 《全宋文》卷二〇二五 |
| 89 | 贤行斋记 | 朱长文 | 《全宋文》卷二〇二五 |
| 90 | 卜居赋 | 苏辙 | 《全宋文》卷二〇三七 |
| 91 | 东轩记 | 苏辙 | 《全宋文》卷二〇九五 |
| 92 | 洛阳李氏园池诗记 | 苏辙 | 《全宋文》卷二〇九六 |
| 93 | 来喜园记 | 郑侠 | 《全宋文》卷二一七六 |
| 94 | 吴子野岁寒堂记 | 郑侠 | 《全宋文》卷二一七七 |
| 95 | 温陵陈彦远尚友斋记 | 郑侠 | 《全宋文》卷二一七七 |

续表

| 序号 | 篇名 | 作者 | 文献出处 |
| --- | --- | --- | --- |
| 96 | 李天与五经轩记 | 郑侠 | 《全宋文》卷二一七七 |
| 97 | 豫顺堂记 | 郑侠 | 《全宋文》卷二一七七 |
| 98 | 萧贯之挂冠亭记 | 孔武仲 | 《全宋文》卷二一九四 |
| 99 | 养鱼记 | 孔武仲 | 《全宋文》卷二一九四 |
| 100 | 扬州芍药谱并序 | 孔武仲 | 《全宋文》卷二一九四 |
| 101 | 信安公园亭题名记 | 孔武仲 | 《全宋文》卷二一九四 |
| 102 | 北园记 | 蔡确 | 《古今图书集成·方舆汇编·职方典》卷八一六 |
| 103 | 寒亭题记 | 黄潛 | 《全宋文》卷二二一二 |
| 104 | 蒙轩记 | 张商英 | 《全宋文》卷二二三二 |
| 105 | 秀楚堂记 | 孙览 | 《全宋文》卷二二三七 |
| 106 | 审政堂记 | 邹极 | 《全宋文》卷二二三九 |
| 107 | 对青竹赋 | 黄庭坚 | 《全宋文》卷二二七八 |
| 108 | 河阳扬清亭记 | 黄庭坚 | 《全宋文》卷二三二三 |
| 109 | 东郭居士南园记 | 黄庭坚 | 《全宋文》卷二三二三 |
| 110 | 松菊亭记 | 黄庭坚 | 《全宋文》卷二三二三 |
| 111 | 吴叔元亭壁记 | 黄庭坚 | 《全宋文》卷二三二五 |
| 112 | 游城南记 | 张礼 | 《全宋文》卷二三五七 |
| 113 | 陈君宅观假山序 | 吕南公 | 《全宋文》卷二三七一 |
| 114 | 王氏至乐山记 | 王当 | 《全宋文》卷二五二九 |
| 115 | 游归仁园记 | 李复 | 《全宋文》卷二六二九 |
| 116 | 马氏园亭记 | 刘跂 | 《全宋文》卷二六六一 |
| 117 | 岁寒堂记 | 刘跂 | 《全宋文》卷二六六一 |
| 118 | 二亭记 | 陈师道 | 《全宋文》卷二六六九 |
| 119 | 拱翠堂记 | 晁补之 | 《全宋文》卷二七三八 |
| 120 | 有竹堂记 | 晁补之 | 《全宋文》卷二七三八 |
| 121 | 归来子名缗城所居记 | 晁补之 | 《全宋文》卷二七三九 |
| 122 | 清美堂记 | 晁补之 | 《全宋文》卷二七三九 |
| 123 | 咸平县丞厅酴醾记 | 张耒 | 《全宋文》卷二七六七 |
| 124 | 书小山 | 张耒 | 《全宋文》卷二七六八 |
| 125 | 书洛阳名园记后 | 李格非 | 《全宋文》卷二七九二 |
| 126 | 洛阳名园记 | 李格非 | 《邵氏闻见后录》卷二四 |
| 127 | 贤乐堂记 | 宗泽 | 《全宋文》卷二七九七 |
| 128 | 西园雅集图记 | 米芾 | 《全宋文》卷二六〇三 |
| 129 | 研山记 | 米芾 | 《全宋文》卷二六〇三 |
| 130 | 小隐园记 | 谢逸 | 《全宋文》卷二八七六 |
| 131 | 何之忱抱瓮园铭 | 谢薖 | 《全宋文》卷二九四五 |
| 132 | 尉迟氏园亭记 | 赵鼎臣 | 《全宋文》卷二九八三 |
| 133 | 李氏山园记 | 唐庚 | 《全宋文》卷三〇一二 |
| 134 | 重修思政堂记 | 唐庚 | 《全宋文》卷三〇一二 |
| 135 | 陈子美竹轩记 | 唐庚 | 《全宋文》卷三〇一二 |
| 136 | 钱氏遂初亭记 | 葛胜仲 | 《全宋文》卷三〇七四 |
| 137 | 陈闳十八学士春宴图跋 | 曾纡 | 《全宋文》卷三〇八四 |

续表

| 序号 | 篇名 | 作者 | 文献出处 |
|---|---|---|---|
| 138 | 钤辖厅东园记 | 李良臣 | 《全宋文》卷三一四二 |
| 139 | 艮岳记 | 赵佶 | 《全宋文》卷三六三〇 |
| 140 | 华阳宫记 | 释祖秀 | 《全宋文》卷三一四四 |
| 141 | 艮岳记 | 张淏 | 《全宋文》卷七〇三五 |
| 142 | 河间旌麾园记 | 王安中 | 《全宋文》卷三一五九 |
| 143 | 石林燕语序 | 叶梦得 | 《全宋文》卷三一八一 |
| 144 | 东园序 | 梅执礼 | 《全宋文》卷三三四九 |
| 145 | 乐圃记 | 俞向 | 《全宋文》卷三三五五 |
| 146 | 翠微堂记 | 汪藻 | 《全宋文》卷三三八五 |
| 147 | 无碍居士道隐园记 | 李弥大 | 《全宋文》卷三四〇一 |
| 148 | 潜心堂记 | 李皓 | 《全宋文》卷三五〇六 |
| 149 | 双梅阁记 | 周紫芝 | 《全宋文》卷三五二九 |
| 150 | 山堂花木记 | 周紫芝 | 《全宋文》卷三五三〇 |
| 151 | 莲花赋 | 李纲 | 《全宋文》卷三六八一 |
| 152 | 拙轩记 | 李纲 | 《全宋文》卷三七六〇 |
| 153 | 寓轩记 | 李纲 | 《全宋文》卷三七六〇 |
| 154 | 松风堂记 | 李纲 | 《全宋文》卷三七六一 |
| 155 | 毗陵张氏重修养素亭记 | 李纲 | 《全宋文》卷三七六一 |
| 156 | 梁溪四友赞并序 | 李纲 | 《全宋文》卷三七六二 |
| 157 | 求仁堂八君子铭并序 | 李纲 | 《全宋文》卷三七六三 |
| 158 | 平泉草木记跋 | 邵溥 | 《全宋文》卷三七六九 |
| 159 | 梅苑序 | 黄大舆 | 《全宋文》卷三七六九 |
| 160 | 植桂堂记 | 张守 | 《全宋文》卷三七九三 |
| 161 | 四老堂记 | 张守 | 《全宋文》卷三七九三 |
| 162 | 风月堂诗话序 | 朱弁 | 《全宋文》卷三八〇二 |
| 163 | 二李亭记 | 朱虙 | 《全宋文》卷三八〇四 |
| 164 | 东圃记 | 丁彦师 | 《全宋文》卷三八一六 |
| 165 | 杜工部草堂记 | 俞汝砺 | 《全宋文》卷三八九〇 |
| 166 | 中和堂记 | 洪皓 | 《全宋文》卷三九二六 |
| 167 | 洛阳名园记序 | 张琰 | 《全宋文》卷三九七一 |
| 168 | 丹霞清泚轩记 | 邓肃 | 《全宋文》卷四〇一八 |
| 169 | 洛阳名园记跋 | 邵博 | 《全宋文》卷四〇五五 |
| 170 | 书杜子美草堂后 | 邵博 | 《全宋文》卷四〇五五 |
| 171 | 王氏乐岁亭记 | 邵博 | 《全宋文》卷四〇五六 |
| 172 | 崇山崖园亭记 | 张嵲 | 《全宋文》卷四一一六 |
| 173 | 最胜斋记 | 卫博 | 《全宋文》卷四二三七 |
| 174 | 双椿颂并序 | 卫博 | 《全宋文》卷四二三七 |
| 175 | 友石台记 | 刘子翚 | 《全宋文》卷四二六〇 |
| 176 | 卧龙山草木记 | 吴芾 | 《全宋文》卷四三五〇 |
| 177 | 夹漈听泉记 | 郑樵 | 《全宋文》卷四三七四 |
| 178 | 题夹漈草堂 | 郑樵 | 《全宋文》卷四三七四 |
| 179 | 真隐园铭 | 史浩 | 《全宋文》卷四四一六 |
| 180 | 尊胜庵钟铭 | 史浩 | 《全宋文》卷四四一六 |

续表

| 序号 | 篇名 | 作者 | 文献出处 |
|---|---|---|---|
| 181 | 勾氏盘溪记 | 李石 | 《全宋文》卷四五六六 |
| 182 | 龙迹观记 | 李石 | 《全宋文》卷四五六六 |
| 183 | 合州苏氏北园记 | 李石 | 《全宋文》卷四五六七 |
| 184 | 杜工部草堂记 | 赵次公 | 《全宋文》卷四五七九 |
| 185 | 绿画轩记 | 王十朋 | 《全宋文》卷四六三五 |
| 186 | 金山草堂述事 | 林光朝 | 《全宋文》卷四六五六 |
| 187 | 师吴堂记 | 洪适 | 《全宋文》卷四七四二 |
| 188 | 盘洲记 | 洪适 | 《全宋文》卷四七四三 |
| 189 | 楚望楼上梁文 | 洪适 | 《全宋文》卷四七五一 |
| 190 | 东皋记 | 韩元吉 | 《全宋文》卷四七九七 |
| 191 | 云风台记 | 韩元吉 | 《全宋文》卷四七九七 |
| 192 | 风鹤楼记 | 韩元吉 | 《全宋文》卷四七九八 |
| 193 | 潘叔度可庵记 | 韩元吉 | 《全宋文》卷四七九八 |
| 194 | 四老堂记 | 韩元吉 | 《全宋文》卷四七九九 |
| 195 | 武夷精舍记 | 韩元吉 | 《全宋文》卷四七九九 |
| 196 | 汉嘉李氏林亭记 | 员兴宗 | 《全宋文》卷四八四七 |
| 197 | 强衍之愚庵记 | 曾协 | 《全宋文》卷四八五三 |
| 198 | 直节堂记 | 曾协 | 《全宋文》卷四八五三 |
| 199 | 菊谱序 | 史正志 | 《全宋文》卷四八八二 |
| 200 | 菊谱后序 | 史正志 | 《全宋文》卷四八八二 |
| 201 | 义方堂记 | 李吕 | 《全宋文》卷四八八七 |
| 202 | 澹轩记 | 李吕 | 《全宋文》卷四八八七 |
| 203 | 思洛亭记 | 游桂 | 《全宋文》卷四八九六 |
| 204 | 绵竹县圃清映亭记 | 李流谦 | 《全宋文》卷四九〇五 |
| 205 | 临湖阁记 | 洪迈 | 《全宋文》卷四九一八 |
| 206 | 稼轩记 | 洪迈 | 《全宋文》卷四九一九 |
| 207 | 扬州重建平山堂记 | 洪迈 | 《全宋文》卷四九一九 |
| 208 | 南雍州池亭记 | 洪迈 | 《全宋文》卷四九一九 |
| 209 | 拄颊楼记 | 洪迈 | 《全宋文》卷四九一九 |
| 210 | 欸乃斋记 | 洪迈 | 《全宋文》卷四九二〇 |
| 211 | 松风阁记 | 洪迈 | 《全宋文》卷四九二〇 |
| 212 | 高州石屏记 | 洪迈 | 《全宋文》卷四九二〇 |
| 213 | 杨少师宅记 | 洪迈 | 《全宋文》卷四九二〇 |
| 214 | 乐郊记 | 陆游 | 《全宋文》卷四九四一 |
| 215 | 东篱记 | 陆游 | 《全宋文》卷四九四四 |
| 216 | 心远堂记 | 陆游 | 《全宋文》卷四九四五 |
| 217 | 南园记 | 陆游 | 《全宋文》卷四九四五 |
| 218 | 阅古泉记 | 陆游 | 《全宋文》卷四九四五 |
| 219 | 天彭牡丹谱 | 陆游 | 《全宋文》卷四九四五 |
| 220 | 竹洲记 | 吴儆 | 《全宋文》卷四九六八 |
| 221 | 爱民堂记 | 吴儆 | 《全宋文》卷四九六八 |
| 222 | 菊谱自序 | 范成大 | 《全宋文》卷四九八二 |
| 223 | 梅谱自序 | 范成大 | 《全宋文》卷四九八二 |

**续表**

| 序号 | 篇名 | 作者 | 文献出处 |
|---|---|---|---|
| 224 | 菊谱后序 | 范成大 | 《全宋文》卷四九八二 |
| 225 | 梅谱后序 | 范成大 | 《全宋文》卷四九八二 |
| 226 | 御书石湖二大字跋 | 范成大 | 《全宋文》卷四九八三 |
| 227 | 中秋泛石湖记 | 范成大 | 《全宋文》卷四九八四 |
| 228 | 重九泛石湖记 | 范成大 | 《全宋文》卷四九八四 |
| 229 | 范村记 | 范成大 | 《全宋文》卷四九八四 |
| 230 | 太湖石志 | 范成大 | 《全宋文》卷四九八五 |
| 231 | 平山堂记 | 郑兴裔 | 《全宋文》卷四九九二 |
| 232 | 郑氏北野记 | 潘畤 | 《全宋文》卷四九九三 |
| 233 | 月林堂记 | 潘畤 | 《全宋文》卷四九九三 |
| 234 | 临海县重建县治记 | 尤袤 | 《全宋文》卷五〇〇一 |
| 235 | 蜀锦堂记 | 周必大 | 《全宋文》卷五一四九 |
| 236 | 唤春园记 | 杨万里 | 《全宋文》卷五三五三 |
| 237 | 醉乐堂记 | 杨万里 | 《全宋文》卷五三五四 |
| 238 | 山居记 | 杨万里 | 《全宋文》卷五三五四 |
| 239 | 泉石膏肓记 | 杨万里 | 《全宋文》卷五三五二 |
| 240 | 漳州张氏池记 | 赵善括 | 《全宋文》卷五三九九 |
| 241 | 菊赋并序 | 喻良能 | 《全宋文》卷五四〇〇 |
| 242 | 西园记 | 何恪 | 《全宋文》卷五四〇四 |
| 243 | 西园记 | 李纶 | 《全宋文》卷五四二七 |
| 244 | 芸斋记 | 朱熹 | 《全宋文》卷五六五一 |
| 245 | 畏垒庵记 | 朱熹 | 《全宋文》卷五六五一 |
| 246 | 云谷记 | 朱熹 | 《全宋文》卷五六五三 |
| 247 | 冰玉堂记 | 朱熹 | 《全宋文》卷五六五七 |
| 248 | 范石假山记 | 朱熹 | 《全宋文》卷五六五九 |
| 249 | 蓝洞记 | 朱熹 | 《全宋文》卷五六五九 |
| 250 | 转运司绿云楼记 | 刘德秀 | 《全宋文》卷五七一七 |
| 251 | 韶音洞记 | 张栻 | 《全宋文》卷五七四二 |
| 252 | 盘溪记 | 范仲芑 | 《全宋文》卷五八〇〇 |
| 253 | 合江园记 | 蔡迨 | 《全宋文》卷五八二五 |
| 254 | 小蓬莱记 | 罗愿 | 《全宋文》卷五八三六 |
| 255 | 牡丹谱 | 胡元质 | 《全宋文》卷五八六六 |
| 256 | 入越录 | 吕祖谦 | 《全宋文》卷五八九一 |
| 257 | 入闽录 | 吕祖谦 | 《全宋文》卷五八九一 |
| 258 | 跋徐子由菊坡图 | 楼钥 | 《全宋文》卷五九五二 |
| 259 | 跋汪季路书画·魏野草堂图 | 楼钥 | 《全宋文》卷五九五三 |
| 260 | 扬州平山堂记 | 楼钥 | 《全宋文》卷五九六八 |
| 261 | 北行日录（上、中、下，部分述及园亭） | 楼钥 | 《全宋文》卷五九七二至卷五九七四 |
| 262 | 伯氏小昆山赞 | 楼钥 | 《全宋文》卷五九七五 |
| 263 | 范氏义宅记 | 楼钥 | 《苏州历代名园记》 |
| 264 | 双峰堂记 | 舒邦佐 | 《全宋文》卷六〇八二 |
| 265 | 中隐赋并序 | 王炎 | 《全宋文》卷六〇九〇 |

续表

| 序号 | 篇名 | 作者 | 文献出处 |
|---|---|---|---|
| 266 | 逸老堂记 | 王炎 | 《全宋文》卷六一一一 |
| 267 | 东园记 | 王炎 | 《全宋文》卷六一一一 |
| 268 | 双溪园记 | 王炎 | 《全宋文》卷六一一一 |
| 269 | 爱山亭记 | 黄度 | 《全宋文》卷六一一四 |
| 270 | 南园赋 | 杨简 | 《全宋文》卷六二一八 |
| 271 | 李子权望仙楼记 | 曾丰 | 《全宋文》卷六二八九 |
| 272 | 西园记 | 曾丰 | 《全宋文》卷六二九〇 |
| 273 | 丽春花谱 | 游九言 | 《全宋文》卷六三一一 |
| 274 | 东园丛说序 | 李如篪 | 《全宋文》卷六三五六 |
| 275 | 冈南郊居记 | 曾三聘 | 《全宋文》卷六三六〇 |
| 276 | 是亦园记 | 袁燮 | 《全宋文》卷六三七七 |
| 277 | 秀野园记 | 袁燮 | 《全宋文》卷六三七七 |
| 278 | 千顷云记 | 家之巽 | 《全宋文》卷八二五二 |
| 279 | 灵壁张氏园亭记 | 苏轼 | 《东坡全集》卷三六 |
| 280 | 梦溪自记 | 沈括 | 《至顺镇江志》卷一二 |
| 281 | 皇畿赋 | 杨侃 | 《宋文鉴》卷二 |
| 282 | 扬州重修平山堂记 | 沈括 | 《沈氏三先生文集·长兴集》卷二一 |
| 283 | 南渡行宫记 | 陈随应 | 《历代宅京记》卷一七 |
| 284 | 俞子清园池记 | 周密 | 《浙江通志》卷四二“古迹四” |
| 285 | （洪氏）可庵记 | 俞烈 | 《全宋文》卷六四一三 |
| 286 | 琼花记 | 杜斿 | 《全宋文》卷六四三九 |
| 287 | 识山楼记 | 易祓 | 《全宋文》卷六四四三 |
| 288 | 桂氏东园记 | 郑域 | 《全宋文》卷六四六三 |
| 289 | 北村记 | 叶适 | 《全宋文》卷六四九四 |
| 290 | 李氏中洲记 | 叶适 | 《全宋文》卷六四九二 |
| 291 | 沈氏萱竹堂记 | 叶适 | 《全宋文》卷六四九三 |
| 292 | 睦山堂铭 | 叶适 | 《全宋文》卷六四九六 |
| 293 | 湖州胜赏楼记 | 叶适 | 《全宋文》卷六四九六 |
| 294 | 昼偃庐序 | 陈藻 | 《全宋文》卷六五一八 |
| 295 | 曾氏乐斯庵记 | 黄榦 | 《全宋文》卷六五五七 |
| 296 | 玩芳亭记 | 周南 | 《全宋文》卷六六九五 |
| 297 | 研山园记 | 冯多福 | 《全宋文》卷六七七一 |
| 298 | 云庄记 | 刘宰 | 《全宋文》卷六八四一 |
| 299 | 爱莲亭记 | 度正 | 《全宋文》卷六八七〇 |
| 300 | 戊辰新恩游御园录 | 金盈之 | 《全宋文》卷六八八八 |
| 301 | 天台陈侯牧斋记 | 幸元龙 | 《全宋文》卷六九三二 |
| 302 | 复州梦野亭记 | 幸元龙 | 《全宋文》卷六九三三 |
| 303 | 松垣东西宇南北阜兰薰堂记 | 幸元龙 | 《全宋文》卷六九三三 |
| 304 | 赵季明乐圃记 | 幸元龙 | 《全宋文》卷六九三三 |
| 305 | 毛同可淡轩记 | 幸元龙 | 《全宋文》卷六九三三 |
| 306 | 南昌后城台观袁道士爱山亭记 | 幸元龙 | 《全宋文》卷六九三四 |
| 307 | 筠坡记 | 程实之 | 《全宋文》卷六九三八 |
| 308 | 秀野记 | 张侃 | 《全宋文》卷六九四四 |

续表

| 序号 | 篇名 | 作者 | 文献出处 |
| --- | --- | --- | --- |
| 309 | 四并亭记 | 张侃 | 《全宋文》卷六九四四 |
| 310 | 赐荣园题记 | 汪纲 | 《全宋文》卷六九四六 |
| 311 | 林氏兼山阁记 | 陈宓 | 《全宋文》卷六九六五 |
| 312 | 东圃记 | 洪咨夔 | 《全宋文》卷七〇一一 |
| 313 | 竹洲记 | 洪咨夔 | 《全宋文》卷七〇一一 |
| 314 | 善圃记 | 洪咨夔 | 《全宋文》卷七〇一二 |
| 315 | 云隐记 | 钱时 | 《全宋文》卷七〇一七 |
| 316 | 小石记 | 钱时 | 《全宋文》卷七〇一八 |
| 317 | 牧庄记 | 钱时 | 《全宋文》卷七〇一八 |
| 318 | 岁寒亭记 | 钱时 | 《全宋文》卷七〇一八 |
| 319 | 北园记 | 魏了翁 | 《全宋文》卷七一〇五 |
| 320 | 洪氏天目山房记 | 魏了翁 | 《全宋文》卷七一〇五 |
| 321 | 浦城梦笔山房记 | 魏了翁 | 《全宋文》卷七一〇五 |
| 322 | 睦亭记 | 真德秀 | 《全宋文》卷七一八二 |
| 323 | 观莳园记 | 真德秀 | 《全宋文》卷七一八五 |
| 324 | 竹坡记 | 吕午 | 《全宋文》卷七二一六 |
| 325 | 李氏长春园记 | 吕午 | 《全宋文》卷七二一六 |
| 326 | 绣春园记 | 高定子 | 《全宋文》卷七三〇六 |
| 327 | 南园书院记 | 高定子 | 《全宋文》卷七三〇六 |
| 328 | 松山林壑记 | 陈耆卿 | 《全宋文》卷七三二〇 |
| 329 | 方洲记 | 李骏 | 《全宋文》卷七三二四 |
| 330 | 泸州北园记 | 邓巽扬 | 《全宋文》卷七三二五 |
| 331 | 盘隐记 | 王迈 | 《全宋文》卷七四五八 |
| 332 | 习池馆记 | 尹焕 | 《全宋文》卷七四七四 |
| 333 | 小孤山记 | 刘克庄 | 《全宋文》卷七六〇四 |
| 334 | 碧栖山房记 | 刘克庄 | 《全宋文》卷七六〇四 |
| 335 | 梅隐庵记 | 范元衡 | 《全宋文》卷七六七八 |
| 336 | 梅屋记 | 许棐 | 《全宋文》卷七六八〇 |
| 337 | 秀野堂记 | 常棠 | 《全宋文》卷七六八二 |
| 338 | 太平郡圃记 | 吴渊 | 《全宋文》卷七六八六 |
| 339 | 君子亭铭并序 | 徐经孙 | 《全宋文》卷七六九三 |
| 340 | 山间四时园记 | 孙德之 | 《全宋文》卷七六九五 |
| 341 | 长啸山游记 | 王柏 | 《全宋文》卷七八〇五 |
| 342 | 李翰林九华书堂记 | 吴梦祈 | 《全宋文》卷七八六五 |
| 343 | 新建后圃亭院记 | 周梅叟 | 《全宋文》卷七八七三 |
| 344 | 荷嘉坞记 | 方岳 | 《全宋文》卷七九〇八 |
| 345 | 招隐寺玉蕊花记 | 陈景沂 | 《全宋文》卷七九三〇 |
| 346 | 温乐堂记 | 高斯得 | 《全宋文》卷七九五二 |
| 347 | 东园记 | 张榘 | 《全宋文》卷七九八七 |
| 348 | 六香吟屋记 | 欧阳守道 | 《全宋文》卷八〇一六 |
| 349 | 南园赋 | 杨简 | 《历代赋汇》卷八四 |
| 350 | 林水会心记 | 黄震 | 《全宋文》卷八〇五一 |
| 351 | 清源隐居记 | 黄震 | 《全宋文》卷八〇五五 |

续表

| 序号 | 篇名 | 作者 | 文献出处 |
| --- | --- | --- | --- |
| 352 | 秀野亭记 | 家铉翁 | 《全宋文》卷八〇六九 |
| 353 | 道山堂记 | 家铉翁 | 《全宋文》卷八〇六九 |
| 354 | 道山书堂记 | 家铉翁 | 《全宋文》卷八〇六九 |
| 355 | 梅山记 | 陈著 | 《全宋文》卷八一一五 |
| 356 | 水西风光赋有序 | 王炎 | 《历代赋汇》卷八四 |
| 357 | 水月图后赋有序 | 方岳 | 《历代赋汇》卷八四 |
| 358 | 三友轩说 | 姚勉 | 《全宋文》卷八一三八 |
| 359 | 杨云林方壶说 | 姚勉 | 《全宋文》卷八一三八 |
| 360 | 左氏书庄记 | 姚勉 | 《全宋文》卷八一三九 |
| 361 | 龚简甫芳润阁记 | 姚勉 | 《全宋文》卷八一三九 |
| 362 | 胡氏双清堂记 | 姚勉 | 《全宋文》卷八一三九 |
| 363 | 幸居安水阁记 | 姚勉 | 《全宋文》卷八一四〇 |
| 364 | 菊花岩记 | 姚勉 | 《全宋文》卷八一四〇 |
| 365 | 仁智堂记 | 姚勉 | 《全宋文》卷八一四一 |
| 366 | 李氏儒富庄记 | 马廷鸾 | 《全宋文》卷八一八八 |
| 367 | 抚州金柅园记 | 家坤翁 | 《全宋文》卷八一九一 |
| 368 | 思贤堂记 | 黄岩孙 | 《全宋文》卷八二〇八 |
| 369 | 丽芳园记 | 孙虎臣 | 《全宋文》卷八二一一 |
| 370 | 题施东皋南园图后 | 牟巘 | 《全宋文》卷八二三一 |
| 371 | 苍山小隐记 | 牟巘 | 《全宋文》卷八二三二 |
| 372 | 菊墅记 | 胡次焱 | 《全宋文》卷八二四五 |
| 373 | 愚斋记 | 刘辰翁 | 《全宋文》卷八二六七 |
| 374 | 小斜川记 | 刘辰翁 | 《全宋文》卷八二六七 |
| 375 | 秀野堂记 | 刘辰翁 | 《全宋文》卷八二六七 |
| 376 | 困学斋记 | 俞德邻 | 《全宋文》卷八二八四 |
| 377 | 大园记 | 周梦孙 | 《全宋文》卷八二九〇 |
| 378 | 易庵记 | 何梦桂 | 《全宋文》卷八二九五 |
| 379 | 萧氏梅亭记 | 文天祥 | 《全宋文》卷八三一九 |
| 380 | 刘公谷记 | 林一龙 | 《全宋文》卷八三二六 |
| 381 | 四望亭记 | 连文凤 | 《全宋文》卷八三二七 |
| 382 | 南风堂记 | 郑思肖 | 《全宋文》卷八三三八 |
| 383 | 山阴王氏镜湖鱼舍记 | 谢翱 | 《全宋文》卷八三四三 |
| 384 | 乐闲山房记 | 谢翱 | 《全宋文》卷八三四三 |

**附表 1–5 金代园记目录**

| 序号 | 篇名 | 作者 | 文献出处 |
| --- | --- | --- | --- |
| 1 | 临锦堂记 | 元好问 | 《全辽金文》第 3172 页 |
| 2 | 至乐堂记 | 元好问 | 《全辽金文》第 3175 页 |
| 3 | 拙轩赋 | 赵秉文 | 《全辽金文》第 2200 页 |
| 4 | 丛台赋 | 赵秉文 | 《全辽金文》第 2186 页 |
| 5 | 适安堂记 | 赵秉文 | 《全辽金文》第 2269 页 |
| 6 | 寓乐亭记 | 赵秉文 | 《全辽金文》第 2271 页 |

续表

| 序号 | 篇名 | 作者 | 文献出处 |
| --- | --- | --- | --- |
| 7 | 学道斋记 | 赵秉文 | 《全辽金文》第 2275 页 |
| 8 | 种德堂记 | 赵秉文 | 《全辽金文》第 2276 页 |
| 9 | 游西园赋 | 赵秉文 | 《全辽金文》第 2201 页 |
| 10 | 遂初园记 | 赵秉文 | 《全辽金文》第 2280 页 |
| 11 | 湧云楼记 | 赵秉文 | 《全辽金文》第 2278 页 |
| 12 | 宝墨堂记 | 赵秉文 | 《全辽金文》第 2283 页 |
| 13 | 成趣园记 | 路伯达 | 《全辽金文》第 1526 页 |
| 14 | 园囿道途篇 | 王朋寿 | 《全辽金文》第 1919 页 |
| 15 | 果实篇 | 王朋寿 | 《全辽金文》第 1920 页 |
| 16 | 花竹木植篇 | 王朋寿 | 《全辽金文》第 1920 页 |
| 17 | 禽兽虫鱼篇 | 王朋寿 | 《全辽金文》第 1920 页 |
| 18 | 游王官谷记 | 高德裔 | 《全辽金文》第 1924 页 |
| 19 | 五松亭记 | 王庭筠 | 《全辽金文》第 1965 页 |
| 20 | 香林馆记 | 王庭筠 | 《全辽金文》第 1966 页 |
| 21 | 汴故宫记 | 杨奂 | 《全辽金文》第 2782 页 |
| 22 | 秀野园记 | 杨宏道 | 《全辽金文》第 2861 页 |
| 23 | 揖翠轩赋并序 | 王若虚 | 《全辽金文》第 2468 页 |

附表 1–6　元代园记目录

| 序号 | 篇名 | 作者 | 文献出处 |
| --- | --- | --- | --- |
| 1 | 山居赋 | 刘因 | 《全元文》第 13 册 |
| 2 | 辋川图记 | 刘因 | 《全元文》第 13 册 |
| 3 | 游高氏园记 | 刘因 | 《全元文》第 13 册 |
| 4 | 何氏二鹤记 | 刘因 | 《全元文》第 13 册 |
| 5 | 鹤菴记 | 刘因 | 《全元文》第 13 册 |
| 6 | 远清堂记 | 吴澄 | 《全元文》第 15 册 |
| 7 | 雪香亭记 | 吴澄 | 《全元文》第 15 册 |
| 8 | 养正堂记 | 吴澄 | 《全元文》第 15 册 |
| 9 | 香远亭记 | 吴澄 | 《全元文》第 15 册 |
| 10 | 庆原别墅记 | 吴澄 | 《全元文》第 15 册 |
| 11 | 西园记 | 吴澄 | 《全元文》第 15 册 |
| 12 | 小隐源后记 | 吴澄 | 《全元文》第 15 册 |
| 13 | 深秀楼记 | 胡炳文 | 《全元文》第 17 册 |
| 14 | 水流花间亭记 | 胡炳文 | 《全元文》第 17 册 |
| 15 | 水村隐居记 | 钱重鼎 | 《全元文》第 17 册 |
| 16 | 宾月亭记 | 陆文圭 | 《全元文》第 17 册 |
| 17 | 万松堂记 | 陆文圭 | 《全元文》第 17 册 |
| 18 | 石假山赋 | 任士林 | 《全元文》第 18 册 |
| 19 | 不碍云山堂赋 | 任士林 | 《全元文》第 18 册 |
| 20 | 燕集芙蓉花序 | 廉惇 | 《全元文》第 18 册 |
| 21 | 竹林春宴序 | 王旭 | 《全元文》第 19 册 |
| 22 | 梅园杂集序 | 王旭 | 《全元文》第 19 册 |

续表

| 序号 | 篇名 | 作者 | 文献出处 |
| --- | --- | --- | --- |
| 23 | 遐观亭记 | 王旭 | 《全元文》第19册 |
| 24 | 环溪记 | 王旭 | 《全元文》第19册 |
| 25 | 省斋记 | 王旭 | 《全元文》第19册 |
| 26 | 可懒堂记 | 刘将孙 | 《全元文》第20册 |
| 27 | 栖碧山房记 | 刘将孙 | 《全元文》第20册 |
| 28 | 古塘记 | 刘将孙 | 《全元文》第20册 |
| 29 | 湖山隐处记 | 刘将孙 | 《全元文》第20册 |
| 30 | 菊隐记 | 刘将孙 | 《全元文》第20册 |
| 31 | 邻野堂记 | 郝经 | 《全元文》第4册 |
| 32 | 临漪亭记 | 郝经 | 《全元文》第4册 |
| 33 | 江石子记 | 郝经 | 《全元文》第4册 |
| 34 | 种德园记 | 郝经 | 《全元文》第4册 |
| 35 | 种柳记 | 王恽 | 《全元文》第6册 |
| 36 | 林氏酴醾记 | 王恽 | 《全元文》第6册 |
| 37 | 扶疏轩记 | 王恽 | 《全元文》第6册 |
| 38 | 蔬轩记并铭 | 王恽 | 《全元文》第6册 |
| 39 | 会玉簪花诗序 | 王恽 | 《全元文》第6册 |
| 40 | 林评事花约 | 王恽 | 《全元文》第6册 |
| 41 | 张氏秋香馆酒榜 | 王恽 | 《全元文》第6册 |
| 42 | 绛州后园题名 | 王恽 | 《全元文》第6册 |
| 43 | 天香台赋 | 耶律铸 | 《全元文》第4册 |
| 44 | 天香亭赋 | 耶律铸 | 《全元文》第4册 |
| 45 | 花史序释 | 耶律铸 | 《全元文》第4册 |
| 46 | 方湖别业赋 | 耶律铸 | 《全元文》第4册 |
| 47 | 毁假山赋并序 | 耶律铸 | 《全元文》第4册 |
| 48 | 琼林园赋并序 | 耶律铸 | 《全元文》第4册 |
| 49 | 独醉园三台赋 | 耶律铸 | 《全元文》第4册 |
| 50 | 独醉园赋 | 耶律铸 | 《全元文》第4册 |
| 51 | 独醉亭赋 | 耶律铸 | 《全元文》第4册 |
| 52 | 爱莲堂双莲赋 | 方回 | 《全元文》第7册 |
| 53 | 秀亭记 | 方回 | 《全元文》第7册 |
| 54 | 居竹记 | 方回 | 《全元文》第7册 |
| 55 | 题施东皋南园图后 | 牟巘 | 《全元文》第7册 |
| 56 | 苍山小隐记 | 牟巘 | 《全元文》第7册 |
| 57 | 秀野园记 | 杨宏道 | 《全元文》第1册 |
| 58 | 归潜堂记 | 刘祁 | 《全元文》第2册 |
| 59 | 共春园记 | 王义山 | 《全元文》第3册 |
| 60 | 重修旧居记 | 王义山 | 《全元文》第3册 |
| 61 | 全生堂记 | 王义山 | 《全元文》第3册 |
| 62 | 山园赋 | 胡次焱 | 《全元文》第8册 |
| 63 | 山园后赋 | 胡次焱 | 《全元文》第8册 |
| 64 | 菊墅记 | 胡次焱 | 《全元文》第8册 |
| 65 | 意足亭记 | 黄仲元 | 《全元文》第8册 |

续表

| 序号 | 篇名 | 作者 | 文献出处 |
| --- | --- | --- | --- |
| 66 | 愚斋记 | 刘辰翁 | 《全元文》第8册 |
| 67 | 竹坡记 | 刘辰翁 | 《全元文》第8册 |
| 68 | 小斜川记 | 刘辰翁 | 《全元文》第8册 |
| 69 | 秀野堂记 | 刘辰翁 | 《全元文》第8册 |
| 70 | 蹊隐堂记 | 刘辰翁 | 《全元文》第8册 |
| 71 | 梅轩记 | 刘辰翁 | 《全元文》第8册 |
| 72 | 同元亭记 | 刘辰翁 | 《全元文》第8册 |
| 73 | 永新贺氏梯云楼记 | 刘辰翁 | 《全元文》第8册 |
| 74 | 山囿记 | 刘辰翁 | 《全元文》第8册 |
| 75 | 芷堂记 | 刘辰翁 | 《全元文》第8册 |
| 76 | 怡然亭记 | 魏初 | 《全元文》第8册 |
| 77 | 仁知堂记 | 姚燧 | 《全元文》第9册 |
| 78 | 归来园记 | 姚燧 | 《全元文》第9册 |
| 79 | 溪山胜处记 | 赵文 | 《全元文》第10册 |
| 80 | 盘中记 | 赵文 | 《全元文》第10册 |
| 81 | 竹易吟院记 | 赵文 | 《全元文》第10册 |
| 82 | 尘外亭记 | 赵文 | 《全元文》第10册 |
| 83 | 梅间记 | 赵文 | 《全元文》第10册 |
| 84 | 梅间后记 | 赵文 | 《全元文》第10册 |
| 85 | 荷溪书堂记 | 姚云 | 《全元文》第10册 |
| 86 | 水竹佳处记 | 刘壎 | 《全元文》第10册 |
| 87 | 有筠亭记 | 萧𣂏 | 《全元文》第10册 |
| 88 | 五云梅舍记 | 林景熙 | 《全元文》第11册 |
| 89 | 舒啸亭记 | 张之翰 | 《全元文》第11册 |
| 90 | 乐春园记 | 张之翰 | 《全元文》第11册 |
| 91 | 陶庄记 | 戴表元 | 《全元文》第12册 |
| 92 | 董可伯隐居记 | 戴表元 | 《全元文》第12册 |
| 93 | 邢州秀野堂记 | 戴表元 | 《全元文》第12册 |
| 94 | 晚香堂记 | 戴表元 | 《全元文》第12册 |
| 95 | 莲花赋 | 陈普 | 《全元文》第12册 |
| 96 | 安氏二亭记 | 王构 | 《全元文》第13册 |
| 97 | 清辉堂记 | 蒲道源 | 《全元文》第21册 |
| 98 | 江村小隐记 | 何中 | 《全元文》第22册 |
| 99 | 静乐园记 | 林应开 | 《全元文》第22册 |
| 100 | 文庙西园嘉禾堂记 | 王利用 | 《全元文》第22册 |
| 101 | 悠然堂记 | 刘诜 | 《全元文》第22册 |
| 102 | 端溪石赋 | 刘诜 | 《全元文》第22册 |
| 103 | 玄云石赋 | 袁桷 | 《全元文》第23册 |
| 104 | 凤山别业记 | 马秩 | 《海宁州志稿·建置志十二·名迹》 |
| 105 | 耕渔轩图并题 | 倪瓒 | 《苏州历代名园记》 |
| 106 | 李平章远山亭记 | 张养浩 | 《全元文》第24册 |
| 107 | 云庄记 | 张养浩 | 《全元文》第24册 |
| 108 | 宴倪氏园池诗序 | 程端礼 | 《全元文》第25册 |

续表

| 序号 | 篇名 | 作者 | 文献出处 |
|---|---|---|---|
| 109 | 韩氏南园远风台记 | 胡祇遹 | 《全元文》第 5 册 |
| 110 | 容斋记 | 胡祇遹 | 《全元文》第 5 册 |
| 111 | 采芹亭记 | 胡祇遹 | 《全元文》第 5 册 |
| 112 | 董氏遐观亭记 | 胡祇遹 | 《全元文》第 5 册 |
| 113 | 静胜堂记 | 胡祇遹 | 《全元文》第 5 册 |
| 114 | 胡氏别业记 | 胡祇遹 | 《全元文》第 5 册 |
| 115 | 籍君玉主簿东轩记 | 胡祇遹 | 《全元文》第 5 册 |
| 116 | 耕鱼轩记 | 高巽志 | 《民国吴县志》卷三九 |
| 117 | 狮子林菩提正宗记 | 欧阳玄 | 《百城烟水》卷三“狮子林” |
| 118 | 隐趣园记 | 胡助 | 《纯白斋类稿》卷二〇 |
| 119 | 李氏木香亭记 | 胡助 | 《纯白斋类稿》卷二〇 |
| 120 | 元大都宫苑 | 陶宗仪 | 《辍耕录》卷二一 |
| 121 | 狮子林记 | 危素 | 《苏州历代名园记》 |
| 122 | 王左山房记 | 危素 | 《危学士全集》 |
| 123 | 小丹丘记 | 戴良 | 《苏州历代名园记》 |
| 124 | 玉山草堂记 | 郑元祐 | 《玉山名胜集》卷一 |
| 125 | 玉山草堂序 | 吴克恭 | 《玉山名胜集》卷一 |
| 126 | 玉山佳处记 | 杨维桢 | 《玉山名胜集》卷二 |
| 127 | 玉山佳处后记 | 陈基 | 《玉山名胜集》卷二 |
| 128 | 碧梧翠竹堂记（玉山佳处） | 杨维桢 | 《玉山名胜集》卷三 |
| 129 | 碧梧翠竹堂后记（玉山佳处） | 高明 | 《玉山名胜集》卷三 |
| 130 | 湖光山色楼记（玉山佳处） | 张天英 | 《玉山名胜集》卷三 |
| 131 | 湖光山色楼后记（玉山佳处） | 于立 | 《玉山名胜集》卷三 |
| 132 | 读书舍记（玉山佳处） | 郑元祐 | 《玉山名胜集》卷四 |
| 133 | 可诗斋记（玉山佳处） | 王袆 | 《玉山名胜集》卷四 |
| 134 | 听雪斋记（玉山佳处） | 陈基 | 《玉山名胜集》卷五 |
| 135 | 白云海记（玉山佳处） | 郑元祐 | 《玉山名胜集》卷五 |
| 136 | 来龟轩记（玉山佳处） | 卢昭 | 《玉山名胜集》卷五 |
| 137 | 浣花馆记（玉山佳处） | 顾瑛 | 《玉山名胜集》卷六 |
| 138 | 渔庄记（玉山佳处） | 柯九思 | 《玉山名胜集》卷六 |
| 139 | 书画舫记（玉山佳处） | 杨维桢 | 《玉山名胜集》卷七 |
| 140 | 春晖楼记（玉山佳处） | 陈基 | 《玉山名胜集》卷七 |
| 141 | 君子亭序（玉山佳处） | 韩性 | 《玉山名胜集》卷七 |
| 142 | 芝云堂记（玉山佳处） | 郑元祐 | 《玉山名胜集》卷八 |
| 143 | 竹西草堂记 | 杨维桢 | 《竹西草堂图》（现存辽宁省博物馆） |

**附表 1–7　明代园记目录**

| 序号 | 篇名 | 作者 | 文献出处 |
|---|---|---|---|
| 1 | 新雨山房记 | 宋濂 | 《文宪集》卷三 |
| 2 | 养亲园记 | 宋濂 | 《文宪集》卷四 |
| 3 | 环翠亭记 | 宋濂 | 《文宪集》卷三 |
| 4 | 兰隐亭记 | 宋濂 | 《文宪集》卷三 |

续表

| 序号 | 篇名 | 作者 | 文献出处 |
| --- | --- | --- | --- |
| 5 | 致乐轩记 | 王祎 | 《王忠文集》卷九 |
| 6 | 罢钓轩记 | 朱同 | 《清江文集》卷二五 |
| 7 | 西岭草堂续记 | 徐一夔 | 《始丰稿》卷二 |
| 8 | 草亭记 | 赵㧑谦 | 《赵考古文集》卷一 |
| 9 | 游师子林记 | 王彝 | 《〈王常宗集〉续补遗》 |
| 10 | 师子林十二咏序 | 高启 | 《凫藻集》卷三 |
| 11 | 行素轩记 | 王行 | 《半轩集》卷四 |
| 12 | 何氏园林记 | 王行 | 《半轩集》卷四 |
| 13 | 南轩记 | 陈谟 | 《海桑集》卷七 |
| 14 | 曲水庄记 | 乌斯道 | 《春草斋集·文集》卷一 |
| 15 | 寿萱堂记 | 龚斆 | 《鹅湖集》卷四 |
| 16 | 雪霁轩记 | 郑真 | 《荥阳外史集》卷一三 |
| 17 | 舣航轩记 | 方孝孺 | 《逊志斋集》卷一五 |
| 18 | 慈竹轩记 | 方孝孺 | 《逊志斋集》卷一五 |
| 19 | 菊趣轩记 | 方孝孺 | 《逊志斋集》卷一六 |
| 20 | 贮清轩记 | 方孝孺 | 《逊志斋集》卷一六 |
| 21 | 交翠轩记 | 杨士奇 | 《东里集·续集》卷一 |
| 22 | 杏园雅集序 | 杨士奇 | 《东里集·续集》卷一五 |
| 23 | 南坡草堂记 | 王直 | 《抑庵文集》卷一 |
| 24 | 南园别墅记 | 王直 | 《抑庵文集·后集》卷三 |
| 25 | 郊居八咏总序 | 王直 | 《抑庵文集·后集》卷八 |
| 26 | 竹泉山房后记 | 徐有贞 | 《武功集》卷一 |
| 27 | 湖山深处记 | 徐有贞 | 《武功集》卷三 |
| 28 | 公余清趣说 | 徐有贞 | 《武功集》卷三 |
| 29 | 南园记 | 徐有贞 | 《武功集》卷四 |
| 30 | 题唐氏南园雅集图 | 徐有贞 | 《武功集》卷五 |
| 31 | 先春堂记 | 徐有贞 | 《民国吴县志》卷三九 |
| 32 | 如意堂记 | 徐有贞 | 《苏州园林历代文钞》 |
| 33 | 葑溪草堂记 | 韩雍 | 《襄毅文集》卷九 |
| 34 | 卑牧斋记 | 韩雍 | 《襄毅文集》卷九 |
| 35 | 边静亭记 | 韩雍 | 《襄毅文集》卷九 |
| 36 | 赐游西苑记 | 韩雍 | 《襄毅文集》卷九 |
| 37 | 赐游西苑记 | 李贤 | 《古穰集》卷五 |
| 38 | 怡梅记 | 郑文康 | 《平桥稿》卷七 |
| 39 | 翠筠轩序 | 张宁 | 《方洲集》卷一四 |
| 40 | 梅南序 | 张宁 | 《方洲集》卷一六 |
| 41 | 西塍小隐记 | 张宁 | 《方洲集》卷一九 |
| 42 | 一笑山雪夜归舟记 | 张宁 | 《方洲集》卷一九 |
| 43 | 晚香亭诗序 | 张宁 | 《方洲集》卷一四 |
| 44 | 葑溪草堂记 | 邱浚 | 《重编琼台稿》卷一八 |
| 45 | 锦溪小墅记 | 何乔新 | 《椒邱文集》卷一三 |
| 46 | 松石轩记 | 倪岳 | 《青溪漫稿》卷一六 |
| 47 | 竹雪轩记 | 庄昶 | 《定山集》卷八 |

续表

| 序号 | 篇名 | 作者 | 文献出处 |
|---|---|---|---|
| 48 | 西园记 | 周瑛 | 《翠渠摘稿》卷三 |
| 49 | 壶中丘壑记 | 周瑛 | 《翠渠摘稿》卷三 |
| 50 | 怪石记 | 周瑛 | 《翠渠摘稿》卷三 |
| 51 | 重建延绿亭记 | 吴宽 | 《家藏集》卷三一 |
| 52 | 东村记 | 吴宽 | 《家藏集》卷三五 |
| 53 | 瞻竹堂记 | 吴宽 | 《家藏集》卷三七 |
| 54 | 正觉寺记 | 吴宽 | 《家藏集》卷三八 |
| 55 | 题虹桥别业诗卷 | 吴宽 | 《家藏集》卷五〇 |
| 56 | 安隐记 | 王鏊 | 《震泽集》卷一五 |
| 57 | 东望楼记 | 王鏊 | 《震泽集》卷一六 |
| 58 | 天趣园记 | 王鏊 | 《震泽集》卷一七 |
| 59 | 石庄记 | 王鏊 | 《震泽集》卷一七 |
| 60 | 待隐园赋 | 王鏊 | 《震泽集》卷一 |
| 61 | 芝秀堂记 | 王鏊 | 《震泽集》卷一七 |
| 62 | 且适园记 | 王鏊 | 《民国吴县志》卷三九 |
| 63 | 从适园记 | 王鏊 | 《民国吴县志》卷三九 |
| 64 | 壑舟记 | 王鏊 | 《震泽集》卷一七 |
| 65 | 自然亭记 | 林俊 | 《见素集》卷八 |
| 66 | 观水轩记 | 邵宝 | 《容春堂集·前集》卷一二 |
| 67 | 龙泉精舍记 | 邵宝 | 《容春堂集·后集》卷一二 |
| 68 | 鹤山书院改建记 | 邵宝 | 《容春堂集·续集》卷一一 |
| 69 | 水西半隐记 | 邵宝 | 《容春堂集·别集》卷六 |
| 70 | 予庄记 | 吴俨 | 《吴文肃摘稿》卷四 |
| 71 | 吹绿亭记 | 祝允明 | 《怀星堂集》卷二八 |
| 72 | 于轫亭记 | 祝允明 | 《怀星堂集》卷二八 |
| 73 | 南山隐居记 | 祝允明 | 《怀星堂集》卷二八 |
| 74 | 眼空台记 | 祝允明 | 《怀星堂集》卷二八 |
| 75 | 南园赋 | 祝允明 | 《怀星堂集》卷二 |
| 76 | 栖清赋 | 祝允明 | 《怀星堂集》卷二 |
| 77 | 梦墨亭记 | 祝允明 | 《怀星堂集》卷二七 |
| 78 | 游梁记 | 王士性 | 《五岳游草》卷二 |
| 79 | 锦溪茅屋记 | 顾清 | 《东江家藏集》卷四 |
| 80 | 菊隐轩记 | 顾清 | 《东江家藏集》卷四 |
| 81 | 顾汝亨一山记 | 顾清 | 《东江家藏集》卷二一 |
| 82 | 遗善堂名物记 | 顾清 | 《东江家藏集》卷二一 |
| 83 | 竹泉记 | 顾清 | 《东江家藏集》卷二一 |
| 84 | 东老堂记 | 顾清 | 《东江家藏集》卷三八 |
| 85 | 曲水草堂诗序 | 顾清 | 《东江家藏集》卷四 |
| 86 | 息园记 | 顾璘 | 《顾华玉集·息园存稿文》卷四 |
| 87 | 载酒亭记 | 顾璘 | 《顾华玉集·息园存稿文》卷四 |
| 88 | 松坞草堂记 | 顾璘 | 《顾华玉集·息园存稿文》卷四 |
| 89 | 清旷亭记 | 顾璘 | 《顾华玉集·息园存稿文》卷四 |
| 90 | 晚静阁记 | 顾璘 | 《顾华玉集·息园存稿文》卷四 |

**续表**

| 序号 | 篇名 | 作者 | 文献出处 |
| --- | --- | --- | --- |
| 91 | 郡圃秋佳轩记 | 顾璘 | 《顾华玉集·息园存稿文》卷四 |
| 92 | 万松山始开石路作三亭记 | 顾璘 | 《顾华玉集·息园存稿文》卷四 |
| 93 | 萝峰记 | 顾璘 | 《顾华玉集·山中集》卷七 |
| 94 | 宾菊堂记 | 顾璘 | 《顾华玉集·山中集》卷七 |
| 95 | 东园雅集诗序 | 顾璘 | 《顾华玉集·息园存稿文》卷一 |
| 96 | 张氏顺则堂记 | 潘希曾 | 《竹涧集》卷五 |
| 97 | 太湖分趣记 | 潘希曾 | 《竹涧集》卷五 |
| 98 | 城南别业图记 | 于慎行 | 《谷城山馆文集》卷一三 |
| 99 | 小康山径记 | 陆深 | 《俨山集》卷五三 |
| 100 | 芳洲书屋记 | 陆深 | 《俨山集》卷五三 |
| 101 | 静庵记 | 陆深 | 《俨山集》卷五三 |
| 102 | 晴原草堂记 | 陆深 | 《俨山集》卷五三 |
| 103 | 柱石坞记 | 陆深 | 《俨山集》卷五四 |
| 104 | 薜荔园记 | 陆深 | 《俨山集》卷五五 |
| 105 | 静虚亭记 | 陆深 | 《俨山集》卷五五 |
| 106 | 遗橘轩记 | 陆深 | 《俨山集·续集》卷一〇 |
| 107 | 小西园记 | 孙承恩 | 《文简集》卷三二 |
| 108 | 东庄记 | 孙承恩 | 《文简集》卷三二 |
| 109 | 借借亭记 | 孙承恩 | 《文简集》卷三二 |
| 110 | 抱瓮亭记 | 孙承恩 | 《文简集》卷三二 |
| 111 | 清旷亭记 | 孙承恩 | 《文简集》卷三二 |
| 112 | 挹爽轩记 | 孙承恩 | 《文简集》卷三二 |
| 113 | 白斋记 | 孙承恩 | 《文简集》卷三二 |
| 114 | 东郭草堂记 | 孙承恩 | 《文简集》卷三二 |
| 115 | 杨氏回山记 | 孙承恩 | 《文简集》卷三二 |
| 116 | 光霁楼记 | 孙承恩 | 《文简集》卷三二 |
| 117 | 滨泖草堂记 | 孙承恩 | 《文简集》卷三二 |
| 118 | 翛然亭记 | 孙承恩 | 《文简集》卷三二 |
| 119 | 桧亭记 | 孙承恩 | 《文简集》卷三二 |
| 120 | 傍秋亭记 | 孙承恩 | 《文简集》卷三二 |
| 121 | 听雨轩记 | 孙承恩 | 《文简集》卷三三 |
| 122 | 石窗记 | 孙承恩 | 《文简集》卷三三 |
| 123 | 世芳楼记 | 孙承恩 | 《文简集》卷三三 |
| 124 | 蓉池书屋记 | 许相卿 | 《云村集》卷八 |
| 125 | 一笑轩记 | 许相卿 | 《云村集》卷八 |
| 126 | 重修兰亭记 | 文徵明 | 《文徵明集》卷一九 |
| 127 | 王氏拙政园记 | 文徵明 | 《民国吴县志》卷三九中 |
| 128 | 玉女潭山居记 | 文徵明 | 《甫田集》卷一九 |
| 129 | 且适园后记 | 文徵明 | 《中国书法全集》卷五〇 |
| 130 | 有无亭记 | 皇甫涍 | 《皇甫少玄集》卷二五 |
| 131 | 阳山草堂铭并序 | 皇甫涍 | 《皇甫少玄集·外集》卷一〇 |
| 132 | 留鹤亭记 | 尹台 | 《洞麓堂集》卷四 |
| 133 | 山园杂著小序 | 王世贞 | 《弇州山人续稿》卷五〇 |

续表

| 序号 | 篇名 | 作者 | 文献出处 |
| --- | --- | --- | --- |
| 134 | 约圃记 | 王世贞 | 《弇州四部稿·续稿》卷六〇 |
| 135 | 旸湖别墅图记 | 王世贞 | 《弇州四部稿·续稿》卷六一 |
| 136 | 旸湖别墅后记 | 王世贞 | 《弇州四部稿·续稿》卷六一 |
| 137 | 疏白莲沼筑芳素轩记 | 王世贞 | 《弇州四部稿·续稿》卷六五 |
| 138 | 游金陵诸园诗后 | 王世贞 | 《弇州四部稿·续稿》卷一六〇 |
| 139 | 小昆山读书处记 | 王世贞 | 《弇州四部稿·续稿》卷六二 |
| 140 | 先伯父静庵公山园记 | 王世贞 | 《弇州四部稿》卷七四 |
| 141 | 弇山园记 | 王世贞 | 《弇州四部稿·续稿》卷五九 |
| 142 | 题弇园八记后 | 王世贞 | 《弇州四部稿·续稿》卷一六〇 |
| 143 | 太仓诸园小记 | 王世贞 | 《弇州四部稿·续稿》卷六〇 |
| 144 | 离薋园记 | 王世贞 | 《弇州四部稿·续稿》卷六〇 |
| 145 | 澹圃记 | 王世贞 | 《弇州四部稿·续稿》卷六〇 |
| 146 | 游慧山东西二王园记 | 王世贞 | 《弇州四部稿·续稿》卷六三 |
| 147 | 游吴城徐少参园记 | 王世贞 | 《弇州四部稿·续稿》卷六四 |
| 148 | 日涉园记 | 王世贞 | 《弇州四部稿》卷七五 |
| 149 | 安氏西林记 | 王世贞 | 《弇州四部稿·续稿》卷六〇 |
| 150 | 游金陵诸园记 | 王世贞 | 《弇州四部稿·续稿》卷六四、《古今图书集成·经济汇编·考工典》(从“遯园”始，据《古今图书集成·经济汇编·考工典》卷一一七“园林部”补入) |
| 151 | 养余园记 | 王世贞 | 《弇州四部稿》卷七五 |
| 152 | 求志园记 | 王世贞 | 《弇州四部稿》卷七五 |
| 153 | 游练川云间松陵诸园记 | 王世贞 | 《弇州山人续稿》卷六三 |
| 154 | 灵洞山房记 | 王世贞 | 《弇州四部稿·续稿》卷六三 |
| 155 | 复清容轩记 | 王世贞 | 《弇州四部稿》卷七五 |
| 156 | 聚芳亭卷 | 王世贞 | 《弇州四部稿》卷一二九 |
| 157 | 越溪庄图记 | 王世贞 | 《弇州四部稿·续稿》卷六〇 |
| 158 | 古今名园墅编序 | 王世贞 | 《弇州四部稿·续稿》卷四六 |
| 159 | 竹里馆记 | 王世贞 | 《弇州四部稿》卷七六 |
| 160 | 石亭山居记 | 王世贞 | 《弇州四部稿·续稿》卷六〇 |
| 161 | 小祇林藏经阁记 | 王世贞 | 《弇州四部稿·续稿》卷六二 |
| 162 | 迟鸿台记 | 王世贞 | 《弇州四部稿》卷七六 |
| 163 | 题玉女潭记 | 归有光 | 《震川集》卷一五 |
| 164 | 沧浪亭记 | 归有光 | 《震川集》卷一五 |
| 165 | 畏垒亭记 | 归有光 | 《震川集》卷一七 |
| 166 | 见南阁记 | 归有光 | 《震川集》卷一五 |
| 167 | 世有堂记 | 归有光 | 《震川集》卷一五 |
| 168 | 容春堂记 | 归有光 | 《震川集》卷一五 |
| 169 | 悠然亭记 | 归有光 | 《震川集》卷一五 |
| 170 | 花史馆记 | 归有光 | 《震川集》卷一五 |
| 171 | 杏花书屋记 | 归有光 | 《震川集》卷一五 |
| 172 | 南陔草堂记 | 归有光 | 《震川集》卷一五 |

**续表**

| 序号 | 篇名 | 作者 | 文献出处 |
|---|---|---|---|
| 173 | 菊窗记 | 归有光 | 《震川集》卷一五 |
| 174 | 曹氏北郭园居记 | 娄坚 | 《学古绪言》卷四 |
| 175 | 湄隐园记 | 卢象升 | 《忠肃集》卷二 |
| 176 | 卧游清福编序 | 陈继儒 | 《陈眉公集》卷五 |
| 177 | 观濠堂记 | 陈继儒 | 《文章辨体汇选》卷六一四 |
| 178 | 许秘书园记 | 陈继儒 | 《晚香堂集》卷四 |
| 179 | 翠影堂记 | 徐祯卿 | 《文章辨体汇选》卷五七一 |
| 180 | 石湖草堂记 | 蔡羽 | 《吴都文粹续集》卷三一 |
| 181 | 石湖草堂后记 | 蔡羽 | 《吴都文粹续集》卷三一 |
| 182 | 采诗楼记 | 沈恺 | 《明文海》卷三三四 |
| 183 | 涟漪亭记 | 赵时春 | 《明文海》卷三三五 |
| 184 | 建业大内记 | 黄省曾 | 《明文海》卷三三五 |
| 185 | 豁然堂记 | 徐渭 | 《徐文长逸稿》卷一九 |
| 186 | 半禅庵记 | 徐渭 | 《明文海》卷三三三 |
| 187 | 张君东墅记 | 董份 | 《明文海》卷三三六 |
| 188 | 啸台记 | 陈所蕴 | 《竹素堂集》卷一七 |
| 189 | 日涉园重建友石轩五老堂记 | 陈所蕴 | 《竹素堂集》卷一八 |
| 190 | 日涉园记 | 陈所蕴 | 《同治上海县志》卷二八 |
| 191 | 太仓顾氏宅记 | 归庄 | 《归庄集》卷六 |
| 192 | 谢鸥草堂记 | 归庄 | 《苏州历代名园记》 |
| 193 | 紫芝园记 | 王稚登 | 《识小录》卷四 |
| 194 | 兰墅记 | 王稚登 | 《园综》 |
| 195 | 兰墅后记 | 王稚登 | 《园综》 |
| 196 | 寄畅园记 | 王稚登 | 《园综》 |
| 197 | 桑苎园记 | 吴文企 | 《浙江通志》卷四二 |
| 198 | 横山游记 | 马元调 | 《武林掌故丛编》第 7 集 |
| 199 | 东园记 | 湛若水 | 《泉翁大全集》卷二七 |
| 200 | 怡老园燕集诗序 | 陆粲 | 《陆子余集》卷一 |
| 201 | 拙政园赋 | 王宠 | 《吴都文粹续集》卷一八 |
| 202 | 游杼山赋序 | 凌濛初 | 《乌程县志》卷一二 |
| 203 | 东读书园记 | 高叔嗣 | 《明文海》第 4 册 |
| 204 | 逍遥园记 | 程瑶 | 《明文海》第 4 册 |
| 205 | 悟谜桥记 | 程瑶 | 《明文海》第 4 册 |
| 206 | 扶杏馆记 | 沈鲤 | 《明文海》第 4 册 |
| 207 | 巢居记 | 沈鲤 | 《明文海》第 4 册 |
| 208 | 耐辱子坊记 | 沈鲤 | 《明文海》第 4 册 |
| 209 | 存蠹斋记 | 沈鲤 | 《明文海》第 4 册 |
| 210 | 思党亭记（芳茹园） | 赵南星 | 《明文海》第 4 册 |
| 211 | 蔷薇壁记 | 孙慎行 | 《明文海》第 4 册 |
| 212 | 东溪草堂记 | 蒋锽 | 《明文海》第 4 册 |
| 213 | 兴福庄记 | 徐世溥 | 《明文海》第 4 册 |

续表

| 序号 | 篇名 | 作者 | 文献出处 |
|---|---|---|---|
| 214 | 重修醉翁亭记 | 商辂 | 《明文海》第4册 |
| 215 | 重修醉翁丰乐亭记 | 叶向高 | 《明文海》第4册 |
| 216 | 西园雅集图记 | 曾鹤龄 | 《明文海》第4册 |
| 217 | 记读西园雅集图记 | 赵广生 | 《明文海》第4册 |
| 218 | 菊花记 | 史明古 | 《明文海》第4册 |
| 219 | 菊记 | 孙应鳌 | 《明文海》第4册 |
| 220 | 留阶草记 | 西唐王先生 | 《明文海》第4册 |
| 221 | 醉石斋记 | 冯梦祯 | 《明文海》第4册 |
| 222 | 袖清源石小记 | 蒋德璟 | 《明文海》第4册 |
| 223 | 琉璃盎双红鱼记 | 黎遂球 | 《明文海》第4册 |
| 224 | 影园赋 | 黎遂球 | 嘉庆《重修扬州府志》卷三一，见《中国地方志集成·江苏府县志辑》第41册 |
| 225 | 西溪记 | 许相乡 | 《明文海》第4册 |
| 226 | 复兰亭记 | 陈鹤 | 《明文海》第4册 |
| 227 | 居然亭赋并序 | 陈鹤 | 《明文海》卷三一 |
| 228 | 大盆石记 | 杨守陈 | 《明文海》第4册 |
| 229 | 后乐园记 | 杨守陈 | 《杨文懿公文集》卷二九，见《四库未收书辑刊》第5辑第17册 |
| 230 | 月河梵苑记 | 程敏政 | 《天府广记》卷三七，见《续修四库全书》第729册 |
| 231 | 蔓庵记 | 程敏政 | 《篁墩文集》卷一三，见《景印文渊阁四库全书》第1252册 |
| 232 | 游梁氏园记 | 刘定之 | 《明文海》第4册 |
| 233 | 游勺园记 | 孙国光 | 《媚幽阁文娱》 |
| 234 | 南园赋 | 唐寅 | 《历代赋汇》卷八四 |
| 235 | 金粉福地赋 | 唐寅 | 《历代赋汇》卷八四 |
| 236 | 勺园 | 蒋一葵 | 《长安客话》 |
| 237 | 且园记 | 章闓 | 《古今图书集成·经济汇编·考工典》卷一二〇“园林部” |
| 238 | 天游园记 | 朱长春 | 《朱太复文集》卷二六 |
| 239 | 枹罕园记 | 苏志皋 | 《寒邨集》 |
| 240 | 后乐园记 | 张嘉谟 | 《嘉靖宁夏新志》卷二，《中国地方志集成》本 |
| 241 | 五岳园记 | 焦竑 | 《澹园续集》卷四 |
| 242 | 冶麓园记 | 焦竑 | 《澹园续集》卷二一 |
| 243 | 大田别墅记 | 梁本之 | 《坦庵先生文集》卷二 |
| 244 | 李郡臣大莫园记 | 邹维琏 | 《达观楼集》卷一六 |
| 245 | 水竹居记 | 谢肃 | 《密庵集》卷五 |
| 246 | 梅花庄记 | 谢肃 | 《密庵集》卷五 |
| 247 | 北园记 | 宋仪望 | 《华阳馆文集》卷五 |
| 248 | 南园书屋记 | 宋仪望 | 《华阳馆文集》卷五 |
| 249 | 象城山房记 | 宋仪望 | 《华阳馆文集》卷五 |

续表

| 序号 | 篇名 | 作者 | 文献出处 |
| --- | --- | --- | --- |
| 250 | 前坡记 | 宋仪望 | 《华阳馆文集》卷五 |
| 251 | 泷园记 | 丁元荐 | 《尊拙堂文集》卷一二 |
| 252 | 借园记 | 陈洪绶 | 《陈洪绶集》卷二 |
| 253 | 乌有园记 | 刘士龙 | 《冰雪携》，见《国学珍本文库》第 1 辑 |
| 254 | 招隐园记 | 孔天胤 | 《孔文谷集》卷一〇 |
| 255 | 增植苑东树园记 | 孔天胤 | 《孔文谷集》卷一〇 |
| 256 | 寄拙园记 | 孔天胤 | 《孔文谷集》卷一〇 |
| 257 | 愚公园记 | 孔天胤 | 《孔文谷集》卷一〇 |
| 258 | 隋炀帝西苑 | 徐应秋 | 《玉芝堂谈荟》卷三“宫室土木之侈” |
| 259 | 丘园记 | 王祖嫡 | 《师竹堂集》卷一六 |
| 260 | 杜园记 | 袁中道 | 《珂雪斋前集》卷一一 |
| 261 | 筼筜谷记 | 袁中道 | 《珂雪斋前集》卷一一 |
| 262 | 石首城内山园记 | 袁中道 | 《珂雪斋前集》卷一三 |
| 263 | 金粟园记 | 袁中道 | 《珂雪斋近集》卷一 |
| 264 | 楮亭记 | 袁中道 | 《珂雪斋前集》卷一三 |
| 265 | 白苏斋记 | 袁中道 | 《明文海》第 4 册 |
| 266 | 自得园记 | 张绍槩 | 《古今图书集成 · 方舆汇编 · 职方典》卷一一七〇“德安府部” |
| 267 | 古胜园记 | 李维桢 | 《大泌山房集》卷五七 |
| 268 | 松石园记 | 李维桢 | 《大泌山房集》卷五七 |
| 269 | 隑洲园记 | 李维桢 | 《大泌山房集》卷五七 |
| 270 | 海内名山园记 | 李维桢 | 《大泌山房集》卷五七 |
| 271 | 毗山别业记 | 李维桢 | 《大泌山房集》卷五七 |
| 272 | 奕园记 | 李维桢 | 《大泌山房集》卷五七 |
| 273 | 雅园记 | 李维桢 | 《大泌山房集》卷五七 |
| 274 | 素园记 | 李维桢 | 《大泌山房集》卷五七 |
| 275 | 冰玉山房记 | 李维桢 | 《大泌山房集》卷五七 |
| 276 | 绎幕园记 | 李维桢 | 《大泌山房集》卷五七 |
| 277 | 鹿柴别业记 | 李维桢 | 《大泌山房集》卷五七 |
| 278 | 潜丘园记 | 李维桢 | 《大泌山房集》卷五七 |
| 279 | 海天小隐记 | 李维桢 | 《大泌山房集》卷五七 |
| 280 | 衎园记 | 李维桢 | 《大泌山房集》卷五七 |
| 281 | 古阳别业记 | 李维桢 | 《大泌山房集》卷五七 |
| 282 | 仲园记 | 李维桢 | 《大泌山房集》卷五七 |
| 283 | 冲漠馆记 | 李维桢 | 《大泌山房集》卷五八 |
| 284 | 颐真馆记 | 李维桢 | 《大泌山房集》卷五八 |
| 285 | 三洲记 | 杨锡亿 | 《道光安陆县志》卷三五 |
| 286 | 苏山记 | 陈柏 | 《苏山选集》卷六 |
| 287 | 余乐园记 | 陈文烛 | 《二酉园续集》卷一〇 |
| 288 | 甘露园记 | 陈文烛 | 《二酉园文集》卷一〇 |
| 289 | 二酉园记序 | 王世懋 | 《王奉常集》卷九 |
| 290 | 游溧阳彭氏园记 | 王世懋 | 《王奉常集》卷一一 |
| 291 | 春浮园记 | 萧士玮 | 《春浮园集》卷一 |

**续表**

| 序号 | 篇名 | 作者 | 文献出处 |
|---|---|---|---|
| 292 | 西园菊隐记 | 周忱 | 《双崖文集》卷一 |
| 293 | 吉水杨氏南园记 | 陈循 | 《芳洲文集》卷六 |
| 294 | 寻醉翁亭记 | 陈循 | 《明文海》第 4 册 |
| 295 | 倪氏东园记 | 张宇初 | 《岘泉集》卷二 |
| 296 | 偶园记 | 康范生 | 《明人小品集》 |
| 297 | 玉版居记 | 黄汝亨 | 《寓林集》卷九 |
| 298 | 绎幕园记 | 黄汝亨 | 《寓林集》卷八 |
| 299 | 借园记 | 黄汝亨 | 《海宁州志稿》卷八 |
| 300 | 花捧阁记 | 朱徽 | 《冰雪携》 |
| 301 | 北园记 | 吴国伦 | 《甔甀洞稿》卷四六 |
| 302 | 吴氏西庄记 | 金幼孜 | 《金文靖集》卷八 |
| 303 | 巢筠别业记 | 金幼孜 | 《金文靖集》卷八 |
| 304 | 季园记 | 汪道昆 | 《太函集》卷七四 |
| 305 | 遂园记 | 汪道昆 | 《太函集》卷七七 |
| 306 | 曲水园记 | 汪道昆 | 《太函集》卷七二 |
| 307 | 荆园记 | 汪道昆 | 《太函集》卷七七 |
| 308 | 遵晦园记 | 汪道昆 | 《太函集》卷七五 |
| 309 | 璋溪草堂记 | 吴子玉 | 《大鄣山人集（吴瑞谷集）》卷二〇 |
| 310 | 芳洲水嬉记 | 吴子玉 | 《大鄣山人集（吴瑞谷集）》卷二〇 |
| 311 | 荪园记 | 吴文奎 | 《荪堂集》卷七 |
| 312 | 适园记 | 吴文奎 | 《荪堂集》卷七 |
| 313 | 小百万湖记 | 吴廷翰 | 《吴廷翰集・湖山小稿》卷下 |
| 314 | 甕园记 | 吴廷翰 | 《吴廷翰集・湖山小稿》卷下 |
| 315 | 暂园记 | 吴应箕 | 《楼山堂集》卷一八 |
| 316 | 竹安园记 | 郑二阳 | 《益楼集》卷二 |
| 317 | 含清园记 | 李若讷 | 《四品稿》卷六 |
| 318 | 吕介孺翁斗园记 | 李若讷 | 《四品稿》卷六 |
| 319 | 兔柴记 | 董其昌 | 《明文海》第 4 册 |
| 320 | 后知轩记 | 李开先 | 《李中麓闲居集》卷一一 |
| 321 | 葛太学百可园记 | 程可中 | 《程仲权先生文集》卷五 |
| 322 | 止园记 | 吴亮 | 《止园集》卷一七 |
| 323 | 遁园记 | 顾起元 | 《金陵琐志九种・金陵园墅志》 |
| 324 | 衎园小记（江苏） | 范景文 | 《范文忠公文集》卷六 |
| 325 | 游南园记 | 范景文 | 《范文忠公文集》卷六 |
| 326 | 题尔遐园居序 | 张鼐 | 《宝日堂初集》卷一〇 |
| 327 | 遂初园记 | 郑若庸 | 《蛣蜣集》卷一 |
| 328 | 乐志园记 | 张凤翼 | 《乾隆镇江府志》卷四六 |
| 329 | 徐氏园亭图记 | 张凤翼 | 《处实堂集》卷六 |
| 330 | 沧屿园记 | 汤宾尹 | 《乾隆镇江府志》卷四六 |
| 331 | 逸圃记 | 汤宾尹 | 《乾隆镇江府志》卷四六 |
| 332 | 独秀山房记 | 解缙 | 《文毅集》卷九 |
| 333 | 任光禄竹溪记 | 唐顺之 | 《荆川集》卷八 |
| 334 | 愚公谷记 | 邹迪光 | 《石语斋集》卷一八 |

**续表**

| 序号 | 篇名 | 作者 | 文献出处 |
|---|---|---|---|
| 335 | 游东亭园小记 | 王永积 | 《心远堂遗集》卷八 |
| 336 | 学园记 | 张师绎 | 《月鹿堂集》卷七 |
| 337 | 归田园居记 | 王心一 | 《兰雪堂集》卷四 |
| 338 | 东庄记 | 李东阳 | 《怀麓堂集》卷三〇 |
| 339 | 芝秀堂铭 | 李东阳 | 《民国吴县志》卷三九上 |
| 340 | 竹素园记 | 刘凤 | 《刘子威集》卷四三 |
| 341 | 郭园记 | 刘凤 | 《刘子威集》卷四三 |
| 342 | 吴氏园池记 | 刘凤 | 《刘子威集》卷四三 |
| 343 | 吴园记 | 刘凤 | 《刘子威集》卷四三 |
| 344 | 眺后园赋 | 刘凤 | 《历代赋汇》卷八四 |
| 345 | 已有园赋 | 鲁铎 | 《历代赋汇》卷八四 |
| 346 | 逍遥园赋有序 | 穆文熙 | 《历代赋汇》卷八四 |
| 347 | 会芳园赋有序 | 俞允文 | 《历代赋汇》卷八四 |
| 348 | 逸我园记 | 方鹏 | 《昆新两县续补合志》卷七 |
| 349 | 颐圃记 | 姜埰 | 《敬亭集》卷六 |
| 350 | 艾园志游 | 梁云构 | 《明人小品集》 |
| 351 | 颔珠亭记 | 梁云构 | 《明人小品集》 |
| 352 | 雪屋记 | 杜琼 | 《金兰集》 |
| 353 | 辟疆馆记 | 况钟 | 《苏州历代名园记》 |
| 354 | 影园自记 | 郑元勋 | 《影园瑶华集》 |
| 355 | 影园记 | 茅元仪 | 《媚幽阁文娱二集》卷三 |
| 356 | 王文恪公怡老园记 | 文震亨 | 《苏州历代名园记》 |
| 357 | 集贤圃记 | 陈宗之 | 《苏州历代名园记》 |
| 358 | 梅花墅记 | 钟惺 | 《隐秀轩集》卷二一 |
| 359 | 谐赏园记 | 顾大典 | 《园综》 |
| 360 | 耕学斋图记 | 张洪 | 《苏州历代名园记》 |
| 361 | 敬亭山房记 | 魏禧 | 《苏州历代名园记》 |
| 362 | 蘧园双鹤记 | 魏禧 | 《苏州园林历代文钞》 |
| 363 | 沱西别业记 | 何景明 | 《大复集》卷三三 |
| 364 | 荒荒斋记 | 汤卿谋 | 《苏州历代名园记》 |
| 365 | 豫园记 | 潘允端 | 《同治上海县志》卷二八 |
| 366 | 露香园记 | 朱察卿 | 《朱邦宪集》卷六 |
| 367 | 适园记 | 陆树声 | 《明人小品集》 |
| 368 | 熙园记 | 张宝臣 | 《古今图书集成·经济汇编·考工典》卷一二〇“园林部” |
| 369 | 偕老园记 | 唐汝询 | 《编蓬后集》卷一二 |
| 370 | 可赋亭记 | 唐汝询 | 《编蓬后集》卷一二 |
| 371 | 西佘山居记 | 施绍莘 | 《秋水庵花影集》卷三 |
| 372 | 鸰适园记 | 徐学谟 | 《归有园稿·文编》卷五 |
| 373 | 归有园后记 | 徐学谟 | 《归有园稿·文编》卷五 |
| 374 | 双莲记 | 徐学谟 | 《归有园稿·文编》卷五 |
| 375 | 归有园记 | 徐学谟 | 《徐氏海隅集·文编》卷一〇 |
| 376 | 游石亭步记 | 徐学谟 | 《徐氏海隅集·文编》卷一〇 |

续表

| 序号 | 篇名 | 作者 | 文献出处 |
|---|---|---|---|
| 377 | 静寄轩记 | 冯梦桢 | 《快雪堂集》卷二八 |
| 378 | 结庐孤山记 | 冯梦桢 | 《快雪堂集》卷二八 |
| 379 | 竹深亭记 | 张羽 | 《东城杂记》卷下 |
| 380 | 横山草堂记 | 江元祚 | 《冰雪携》 |
| 381 | 怡怡山堂记 | 刘基 | 《诚意伯文集》卷八 |
| 382 | 苦斋记 | 刘基 | 《诚意伯文集》卷九 |
| 383 | 桑苎园述 | 朱国桢 | 《朱文肃集·杂著》 |
| 384 | 自记淳朴园状 | 沈祏 | 《海宁州志稿·建置志十二·名迹》卷八 |
| 385 | 两垞记略 | 许令典 | 《海宁州志稿·建置志十二·名迹》卷八 |
| 386 | 游寓园记 | 王思任 | 《古今图书集成·经济汇编·考工典》卷一二〇“园林部” |
| 387 | 淇园序 | 王思任 | 《古今图书集成·经济汇编·考工典》卷一二〇“园林部” |
| 388 | 名园咏序 | 王思任 | 《古今图书集成·经济汇编·考工典》卷一二〇“园林部” |
| 389 | 密园前后记引 | 祁承爜 | 《澹生堂文集》卷一一 |
| 390 | 寓山注 | 祁彪佳 | 《祁忠惠公遗集》卷八 |
| 391 | 越中园亭记 | 祁彪佳 | 《续修四库全书》第718册 |
| 392 | 《越中园亭记》序 | 胡恒 | 《续修四库全书》第718册 |
| 393 | 《越园纪略》自序 | 吕天成 | 《祁忠惠公遗集》卷八 |
| 394 | 越园纪略 | 吕天成 | 《月峰先生居业次编》 |
| 395 | 蕺山文园记 | 屠隆 | 《栖真馆集》卷二〇 |
| 396 | 灌木园记 | 屠隆 | 《栖真馆集》卷二〇 |
| 397 | 快园记 | 张岱 | 《张岱诗文集》卷二 |
| 398 | 翠屏轩记 | 贝琼 | 《清江文集》卷二五 |
| 399 | 皆可园记 | 茅坤 | 《浙江通志·艺文四》卷二六二 |
| 400 | 吕氏秀远庄记 | 朱祚 | 《海盐县志·舆地考·古迹》卷七 |
| 401 | 悔园记 | 朱一是 | 《海宁州志稿·建置志十二·名迹》卷八 |
| 402 | 亦园记 | 谈迁 | 《海宁州志稿·建置志十二·名迹》卷八 |
| 403 | 草堂记略 | 邵亨贞 | 所记为陶宗仪南村草堂 |
| 404 | 南村记 | 全节 | 所记为陶宗仪南村草堂 |
| 405 | 南村草堂记 | 胡俨 | 所记为陶宗仪南村草堂 |
| 406 | 甘泉草堂记 | 王洪 | 《毅斋集》卷六 |
| 407 | 楮巢轩记 | 梁潜 | 《泊庵集》卷四 |
| 408 | 杏园雅集图后序 | 杨荣 | 《文敏集》卷一四 |
| 409 | 清乐轩记 | 杨荣 | 记述“驸马都尉沐公”园林,《文敏集》卷九 |
| 410 | 重游东郭草亭诗序 | 杨荣 | 记述“鸿胪卿杨君思敬”园林,《文敏集》卷一一 |
| 411 | 洗竹轩记 | 程本立 | 《巽隐集》卷三 |
| 412 | 石室小隐记 | 倪谦 | 《倪文僖集》卷一五 |
| 413 | 竹庭记 | 岳正 | 《类博稿》卷七 |
| 414 | 棠溪书院记 | 胡居仁 | 《胡文敬集》卷二 |

续表

| 序号 | 篇名 | 作者 | 文献出处 |
|---|---|---|---|
| 415 | 榆枋小隐记 | 李濂 | 《李氏居室记》 |
| 416 | 梅庄书屋记 | 陈叔刚 | 《梅庄书屋图》后所附 |
| 417 | 湄隐园记 | 卢象升 | 《忠肃集》卷二 |
| 418 | 咏春斋记 | 俞贞木 | 《苏州历代名园记》 |

附表 1-8　清代园记目录

| 序号 | 篇名 | 作者 | 文献出处 |
|---|---|---|---|
| 1 | 避暑山庄记 | 玄烨 | 《清文海》第 26 册 |
| 2 | 避暑山庄三十六景图咏 | 玄烨 | 《圣祖仁皇帝御制文集》卷三 |
| 3 | 圆明园记 | 胤禛 | 《清文海》第 31 册 |
| 4 | 圆明园后记 | 弘历 | 《御制圆明园图咏》 |
| 5 | 圆明园四十景小序 | 弘历 | 《御制圆明园图咏》 |
| 6 | 万泉庄记 | 弘历 | 《清文海》第 39 册 |
| 7 | 绮春园记 | 颙琰 | 《仁宗御制文二集》卷四 |
| 8 | 重修如园记 | 颙琰 | 《仁宗御制文二集》卷五 |
| 9 | 海宁陈氏第园记 | 鲍源深 | 《清文海》第 82 册 |
| 10 | 赐游热河后苑记 | 张玉书 | 《张文贞集》卷六 |
| 11 | 十里梅园记 | 冯至 | 《清文海》第 50 册 |
| 12 | 有容堂记 | 冯至 | 《清文海》第 50 册 |
| 13 | 水明楼记 | 钱惟乔 | 《清文海》第 50 册 |
| 14 | 竹初说 | 钱惟乔 | 《清文海》第 50 册 |
| 15 | 个园记 | 汪廷珍 | 《清文海》第 59 册 |
| 16 | 五亩园杂咏序 | 王士祯 | 《清文海》第 21 册 |
| 17 | 东园记 | 王士祯 | 《清代园林图录》 |
| 18 | 远眺园记 | 路德 | 《清文海》第 70 册 |
| 19 | 可园记 | 陈作霖 | 《清文海》第 92 册 |
| 20 | 北山草堂后园记 | 周篔 | 《清文海》第 13 册 |
| 21 | 且园记 | 金衍宗 | 《清文海》第 72 册 |
| 22 | 半亩园记 | 程鸿诏 | 《清文海》第 72 册 |
| 23 | 西园记 | 姚鼐 | 《清文海》第 47 册 |
| 24 | 梅叶阁记 | 石钧 | 《清文海》第 57 册 |
| 25 | 一茅记 | 孙奇逢 | 《清文海》第 1 册 |
| 26 | 伊园记 | 王景贤 | 《清文海》第 76 册 |
| 27 | 亦园记 | 秦松龄 | 《国朝文汇》甲集卷一一 |
| 28 | 志园记 | 董说 | 《清文海》第 12 册 |
| 29 | 李氏新修祠堂后圃记 | 冯伟 | 《清文海》第 53 册 |
| 30 | 辛氏园记 | 冷士嵋 | 《清文海》第 16 册 |
| 31 | 快园记 | 周凯 | 《清文海》第 69 册 |
| 32 | 青来草堂记 | 张鉴 | 《冬青馆集·乙集》卷四 |
| 33 | 青嶰堂记 | 胡本渊 | 《清文海》第 50 册 |
| 34 | 东山小隐记 | 顾景星 | 《清文海》第 12 册 |
| 35 | 东皋草堂记 | 曹寅 | 《清文海》第 27 册 |

续表

| 序号 | 篇名 | 作者 | 文献出处 |
| --- | --- | --- | --- |
| 36 | 东皋园记 | 邵长蘅 | 《清文海》第 23 册 |
| 37 | 问津园记 | 邵长蘅 | 《清文海》第 23 册 |
| 38 | 游惠山秦园记 | 邵长蘅 | 《清文海》第 23 册 |
| 39 | 客山园记 | 邵长蘅 | 《清文海》第 23 册 |
| 40 | 卧云草堂图记 | 梁清远 | 《清文海》第 4 册 |
| 41 | 拙尊园记 | 黎庶昌 | 《清文海》第 93 册 |
| 42 | 非园记 | 袁谷芳 | 《清文海》第 44 册 |
| 43 | 金溪别业记 | 沈修 | 《清文海》第 103 册 |
| 44 | 泊鸥庄记 | 陶元藻 | 《清文海》第 41 册 |
| 45 | 柳衣园记 | 史震林 | 《清文海》第 34 册 |
| 46 | 矩园记 | 刘青芝 | 《清文海》第 31 册 |
| 47 | 香雪草堂记 | 张英 | 《清文海》第 23 册 |
| 48 | 涉园图记 | 张英 | 《园综》 |
| 49 | 秋夜游东园记 | 陶必铨 | 《清文海》第 57 册 |
| 50 | 秋绿园补记 | 吴嘉洤 | 《清文海》第 71 册 |
| 51 | 保园记 | 杨彝珍 | 《清文海》第 79 册 |
| 52 | 晏然阁记 | 杨彝珍 | 《清文海》第 79 册 |
| 53 | 后乐园记 | 龙汝霖 | 《清文海》第 90 册 |
| 54 | 哀故园赋 | 钱澄之 | 《清文海》第 7 册 |
| 55 | 停云轩赋序 | 钱澄之 | 《清文海》第 7 册 |
| 56 | 桂宧藏书序 | 程晋芳 | 《清文海》第 42 册 |
| 57 | 桃李园记 | 杨鸾 | 《清文海》第 38 册 |
| 58 | 倦圃记 | 黄与坚 | 《清文海》第 12 册 |
| 59 | 息耕草堂记 | 黄安涛 | 《清文海》第 67 册 |
| 60 | 留春别业题语 | 李道平 | 《清文海》第 70 册 |
| 61 | 涉园修禊记 | 吴骞 | 《清文海》第 48 册 |
| 62 | 拙政园、狮子林 | 吴骞 | 《尖阳丛笔》 |
| 63 | 菊坡精舍记 | 陈澧 | 《清文海》第 81 册 |
| 64 | 梧竹轩记 | 吴直 | 《清文海》第 38 册 |
| 65 | 赍趾堂记 | 吴直 | 《清文海》第 38 册 |
| 66 | 梅庄记 | 谢济世 | 《清文海》第 33 册 |
| 67 | 赐金园记 | 徐乾学 | 《清文海》第 20 册 |
| 68 | 雪园六子社序 | 侯方域 | 《清文海》第 10 册 |
| 69 | 鄂不草堂图记 | 张惠言 | 《清文海》第 60 册 |
| 70 | 逸老园记 | 蒲松龄 | 《清文海》第 25 册 |
| 71 | 惜阴书舍记 | 汪士铎 | 《清文海》第 77 册 |
| 72 | 清心园说 | 李福 | 《清文海》第 64 册 |
| 73 | 清凉山庄图记 | 程廷祚 | 《清文海》第 33 册 |
| 74 | 清响园泛舟记 | 张符骧 | 《清文海》第 28 册 |
| 75 | 万山茅屋记 | 杨端本 | 《清文海》第 16 册 |
| 76 | 万松园记 | 郑乔迁 | 《清文海》第 68 册 |
| 77 | 万柳堂记 | 毛际可 | 《清文海》第 21 册 |
| 78 | 游王氏园记 | 彭端淑 | 《清文海》第 36 册 |

续表

| 序号 | 篇名 | 作者 | 文献出处 |
|---|---|---|---|
| 79 | 游李氏松园记 | 徐侃 | 《清文海》第 52 册 |
| 80 | 游息机园遗址记 | 王崇简 | 《清文海》第 3 册 |
| 81 | 游野圃记 | 廖燕 | 《清文海》第 24 册 |
| 82 | 游晚甘园记 | 黄达 | 《清文海》第 40 册 |
| 83 | 游习家池记 | 俞长城 | 《清文海》第 27 册 |
| 84 | 游喜雨亭记 | 徐文驹 | 《清文海》第 26 册 |
| 85 | 游万柳堂记 | 刘大櫆 | 《清文海》第 35 册 |
| 86 | 游遯圃记 | 贺贻孙 | 《清文海》第 4 册 |
| 87 | 游歙西徐氏园记 | 王灼 | 《清文海》第 56 册 |
| 88 | 湖山泉石志序 | 查揆 | 《清文海》第 64 册 |
| 89 | 篔谷记 | 查揆 | 《清文海》第 64 册 |
| 90 | 游金陵废园记 | 张洲 | 《清文海》第 44 册 |
| 91 | 寒香书屋记 | 程襄龙 | 《清文海》第 36 册 |
| 92 | 补史亭记 | 杭世骏 | 《清文海》第 34 册 |
| 93 | 巽斋记 | 翁方纲 | 《清文海》第 48 册 |
| 94 | 蝶梦园记 | 阮元 | 《研经室三集》卷二 |
| 95 | 想想园记 | 计东 | 《清文海》第 15 册 |
| 96 | 憺园记 | 计东 | 《清文海》第 15 册 |
| 97 | 澹园记 | 王龙文 | 《清文海》第 103 册 |
| 98 | 雷园记 | 康乃心 | 《清文海》第 24 册 |
| 99 | 蜀原看昙花记 | 胡长庚 | 《清文海》第 35 册 |
| 100 | 蜀原看昙花后记 | 胡长庚 | 《清文海》第 35 册 |
| 101 | 攻玉山堂记 | 胡长庚 | 《清文海》第 35 册 |
| 102 | 烟霞楼记 | 张鹄 | 《清文海》第 64 册 |
| 103 | 箬帽园记 | 陈立 | 《清文海》第 80 册 |
| 104 | 漱泉草堂记 | 柯振岳 | 《清文海》第 72 册 |
| 105 | 撮园记 | 朱琦 | 《清文海》第 64 册 |
| 106 | 半亩营园 | 麟庆 | 《鸿雪因缘图记》 |
| 107 | 阆园影赋 | 嵇宗孟 | 《清文海》第 21 册 |
| 108 | 余芳园雅集图记 | 余集 | 《清文海》第 50 册 |
| 109 | 乐园记 | 严如熤 | 《清文海》第 59 册 |
| 110 | 静得斋记 | 华文漪 | 《清文海》第 72 册 |
| 111 | 静观草堂图记 | 姚永朴 | 《清文海》第 102 册 |
| 112 | 朴园记 | 韩锡胙 | 《清文海》第 40 册 |
| 113 | 醒园花谱序 | 李调元 | 《清文海》第 48 册 |
| 114 | 醒园图记 | 李调元 | 《清文海》第 48 册 |
| 115 | 醒园录序 | 李调元 | 《清文海》第 48 册 |
| 116 | 濯江堂记 | 刘岩 | 《清文海》第 27 册 |
| 117 | 藤花唫馆记 | 程恩泽 | 《清文海》第 70 册 |
| 118 | 藤笑书屋记 | 袁翼 | 《清文海》第 71 册 |
| 119 | 双桂小圃记 | 臧庸 | 《清文海》第 62 册 |
| 120 | 归洁园记 | 熊赐履 | 《清文海》第 22 册 |
| 121 | 朴园记 | 熊赐履 | 《清文海》第 22 册 |

续表

| 序号 | 篇名 | 作者 | 文献出处 |
|---|---|---|---|
| 122 | 麓山园记 | 郭棻 | 《清文海》第 11 册 |
| 123 | 梦溪老屋图记 | 樊增祥 | 《清文海》第 98 册 |
| 124 | 清华园 | 佚名 | 《古今图书集成》卷一一八 |
| 125 | 岵园记 | 申涵光 | 《园综》 |
| 126 | 岵园记 | 申涵盼 | 《园综》 |
| 127 | 古朴园记 | 查继佐 | 《园综》 |
| 128 | 清漪园 | 郭嵩焘 | 《园综》 |
| 129 | 勺园等 | 桐西漫士 | 《听雨闲谈》 |
| 130 | 小辋川记略 | 屠隆 | 《苏州园林历代文钞》 |
| 131 | 寄畅园闻歌记 | 余怀 | 《虞初新志》卷四 |
| 132 | 万柳园、杏花园、英有园、荣杏园、梁园、勺园、李园 | 孙承泽 | 《春明梦余录》 |
| 133 | 安澜园记 | 陈瑾卿 | 《海昌胜迹志·城池》卷一 |
| 134 | 将就园记 | 黄周星 | 《园综》 |
| 135 | 重修秀谷园记 | 严虞惇 | 《民国吴县志》卷三九 |
| 136 | 东园记 | 严虞惇 | 即王时敏乐郊园，王时敏孙王原祁携《东园图》请严作记 |
| 137 | 复园记 | 张文虎 | 《舒艺室杂著乙编》卷下 |
| 138 | 惠荫园八景序 | 王凯泰 | 《民国吴县志》卷三九 |
| 139 | 止园记 | 史梦兰 | 止园碑刻（参见董宝瑞《止园觅踪》） |
| 140 | 游张氏涉园废址记 | 谈文灯 | 《园综》 |
| 141 | 新修环碧园记 | 钱仪吉 | 《衎石斋记事续稿》卷一 |
| 142 | 潜芳园 | 王韬 | 《瓮牖余谈》卷三 |
| 143 | 增修云泉山馆记 | 黄培芳 | 同治十年《广东番禺县志·古迹志》卷二三 |
| 144 | 澄台记 | 高拱乾 | 《重修台湾府志·艺文三》卷二二 |
| 145 | 依水园记 | 张缙彦 | 《域外集》 |
| 146 | 怡怡园记 | 田兰芳 | 《考城县志》卷一〇 |
| 147 | 寿春园 | 常茂徕 | 《如梦录·周藩记第三》 |
| 148 | 匡山草堂记 | 易顺鼎 | 《谈艺瑮录》卷三 |
| 149 | 游歙西徐氏园记 | 王灼 | 《续古文辞类纂》 |
| 150 | 怡园记 | 王源 | 《居业堂文集》卷一九 |
| 151 | 东园记 | 王源 | 《居业堂文集》卷一九 |
| 152 | 涛园记 | 王源 | 《居业堂文集》卷一九 |
| 153 | 陟园 | 孟安世 | 《怀宁县志·风景志》卷四（1915 年） |
| 154 | 偶园纪略 | 冯时基 | 《益都县图志·古迹志上》卷一二 |
| 155 | 四松园记 | 毛永柏 | 《园综》 |
| 156 | 十笏园记 | 丁宝善 | 《园综》 |
| 157 | 十笏园记 | 张昭潜 | 《园综》 |
| 158 | 原麓山庄记 | 高凤翰 | 《南阜山人斅文存稿·记》卷三 |
| 159 | 人境园腹稿记 | 高凤翰 | 《南阜山人斅文存稿·记》卷三 |
| 160 | 晓园记 | 马世俊 | 《乾隆镇江府志》卷四六 |
| 161 | 白鹤园自记 | 冯皋谟 | 《海盐县志·舆地考·古迹》卷七 |

续表

| 序号 | 篇名 | 作者 | 文献出处 |
|---|---|---|---|
| 162 | 余霞阁记 | 管同 | 《金陵园墅志》 |
| 163 | 薛庐记 | 顾云 | 《盋山志·园墅》卷三 |
| 164 | 重修曝书亭记 | 蒋学坚 | 《园综》 |
| 165 | 兰州节署园池记 | 左宗棠 | 《清文海》第 82 册 |
| 166 | 扬州东园记 | 张云章 | 《清代园林图录》 |
| 167 | 水绘庵记 | 佚名 | 《同人集》卷三 |
| 168 | 文园绿净两园图记 | 汪承镛 | 《汪氏两园图咏合刻》 |
| 169 | 绿荫斋古桂记 | 戴名世 | 《名人佳作与金闻》 |
| 170 | 小有天园记 | 全祖望 | 《鲒埼亭集外编》卷二〇 |
| 171 | 水云亭记 | 全祖望 | 《鲒埼亭集外编》卷一八 |
| 172 | 张相国寓生居记 | 全祖望 | 《鲒埼亭集外编》卷二〇 |
| 173 | 旷亭记 | 全祖望 | 《鲒埼亭集外编》卷二〇 |
| 174 | 缓斋记 | 汪琬 | 《清文海》第 13 册 |
| 175 | 游京师郭南废园记 | 汪琬 | 《清文海》第 13 册 |
| 176 | 游香雪海记 | 汪琬 | 《清文海》第 70 册 |
| 177 | 嗜退轩记 | 汪琬 | 《清文海》第 13 册 |
| 178 | 御书阁记 | 汪琬 | 《苏州历代名园记》 |
| 179 | 尧峰山庄记 | 汪琬 | 《苏州历代名园记》 |
| 180 | 姜氏艺圃记 | 汪琬 | 《民国吴县志》卷三九 |
| 181 | 艺圃后记 | 汪琬 | 《苏州历代名园记》 |
| 182 | 南垞草堂记 | 汪琬 | 《民国吴县志》卷三九 |
| 183 | 石坞山房记 | 汪琬 | 《民国吴县志》卷三九 |
| 184 | 苕华书屋记 | 汪琬 | 《苏州历代名园记》 |
| 185 | 江村草堂记 | 高士奇 | 《园综》 |
| 186 | 二耕草堂记 | 汪缙 | 《苏州历代名园记》 |
| 187 | 石坞山房图记 | 汤斌 | 《民国吴县志》卷三九 |
| 188 | 念祖堂记 | 黄宗羲 | 《苏州历代名园记》 |
| 189 | 重修桃花庵碑记 | 孙星衍 | 《苏州历代名园记》 |
| 190 | 辟疆亭志 | 桂超万 | 《苏州历代名园记》 |
| 191 | 小玲珑山馆图记 | 马曰璐 | 《园综》 |
| 192 | 小玲珑山馆图跋 | 包世臣 | 《园综》 |
| 193 | 小玲珑山馆图跋 | 汪鋆 | 《园综》 |
| 194 | 小玲珑山馆 | 梁章钜 | 《浪迹丛谈》卷二 |
| 195 | 金衙庄 | 梁章钜 | 《浪迹丛谈》卷一 |
| 196 | 重修沧浪亭记 | 梁章钜 | 《民国吴县志》卷三九 |
| 197 | 重修沧浪亭记 | 吴存礼 | 《苏州历代名园记》 |
| 198 | 重修沧浪亭记 | 宋荦 | 《民国吴县志》卷三九 |
| 199 | 东园记 | 宋荦 | 《清代园林图录》 |
| 200 | 重建沧浪亭记 | 张树声 | 《民国吴县志》卷三九 |
| 201 | 沧浪亭 | 陈其元 | 《庸闲斋笔记》 |
| 202 | 重修沧浪亭记 | 颜文樑 | 《沧浪亭志稿》 |
| 203 | 重建平山堂记 | 汪懋麟 | 《扬州揽胜录》 |
| 204 | 重葺休园记 | 方象瑛 | 《扬州休园志》 |

续表

| 序号 | 篇名 | 作者 | 文献出处 |
|---|---|---|---|
| 205 | 五砚楼记 | 钱大昕 | 《苏州历代名园记》 |
| 206 | 网师园记 | 钱大昕 | 《民国吴县志》卷三九 |
| 207 | 涉园图记 | 王熙 | 《园综》 |
| 208 | 西溪别墅记 | 钱大昕 | 《民国吴县志》卷三九 |
| 209 | 渔隐小圃记 | 袁枚 | 《小仓山房文集》卷一三 |
| 210 | 榆庄记 | 袁枚 | 《小仓山房文集》卷二九 |
| 211 | 西碛山庄记 | 袁枚 | 《民国吴县志》卷三九 |
| 212 | 随园记 | 袁枚 | 《小仓山房文集》卷一二 |
| 213 | 随园图说 | 袁起 | 《园综》 |
| 214 | 随园 | 袁祖志 | 《随园琐记》 |
| 215 | 春草园小记 | 赵昱 | 《武林掌故丛编》第8集 |
| 216 | 《春草园小记》跋 | 赵一清 | 《武林掌故丛编》第8集 |
| 217 | 个园记 | 刘凤诰 | 《园综》 |
| 218 | 半茧园赋 | 陈维崧 | 《清文海》第18册 |
| 219 | 憺园赋 | 陈维崧 | 《清文海》第18册 |
| 220 | 依园游记 | 陈维崧 | 《清文海》第18册 |
| 221 | 水绘园记 | 陈维崧 | 《嘉庆如皋县志》卷二一 |
| 222 | 蛰园记 | 吴文锡 | 《芜城怀旧录》卷二 |
| 223 | 三峰园四面景图题记 | 周庠 | 《园综》 |
| 224 | 纵棹园记 | 潘耒 | 《遂初堂集》 |
| 225 | 聊且园记 | 钱谦益 | 《初学集》卷四三 |
| 226 | 竹溪草堂记 | 钱谦益 | 《牧斋有学集》卷二六 |
| 227 | 西田记 | 钱谦益 | 《牧斋有学集》卷二六 |
| 228 | 耦耕堂记 | 钱谦益 | 《初学集》卷四五 |
| 229 | 朝阳榭记 | 钱谦益 | 《初学集》卷四五 |
| 230 | 明发堂记 | 钱谦益 | 《初学集》卷四五 |
| 231 | 花信楼记 | 钱谦益 | 《初学集》卷四五 |
| 232 | 留仙馆记 | 钱谦益 | 《初学集》卷四五 |
| 233 | 玉蕊轩记 | 钱谦益 | 《初学集》卷四五 |
| 234 | 小有堂记 | 姜宸英 | 《昆新两县续修合志·第宅园亭二》卷一二 |
| 235 | 嘉树园记 | 姜宸英 | 《清文海》第17册 |
| 236 | 春及轩记 | 施闰章 | 《昆新两县续修合志·第宅园亭二》卷一三 |
| 237 | 三友园记 | 李良年 | 《昆新两县续修合志·第宅园亭二》卷一三 |
| 238 | 娄东园林志 | 佚名 | 《古今图书集成·经济汇编·考工典》卷一一八“园林部” |
| 239 | 乐郊园分业记 | 王时敏 | 《园综》 |
| 240 | 陶氏复园记 | 李兆洛 | 《园综》 |
| 241 | 近园记 | 杨兆鲁 | 《园综》 |
| 242 | 春暮游陶园序 | 方履篯 | 《万善花室文稿》卷三 |
| 243 | 梅皋别墅图记 | 黄廷鉴 | 《第六弦溪文钞》卷二 |

续表

| 序号 | 篇名 | 作者 | 文献出处 |
| --- | --- | --- | --- |
| 244 | 愚园记 | 邓嘉缉 | 《扁善斋文存》 |
| 245 | 瞻园记 | 黄建筦 | 《瞻园志·艺文一》 |
| 246 | 瞻园记 | 李佳继昌 | 《瞻园志·艺文一》 |
| 247 | 侍御龚蘅圃瞻园忆旧诗跋 | 章藻功 | 《瞻园志·艺文一》 |
| 248 | 江宁布政使署重建记 | 李宗羲 | 《瞻园志·艺文一》 |
| 249 | 凤池园记 | 顾汧 | 《民国吴县志》卷三九 |
| 250 | 凤池园记 | 蒋元益 | 《民国吴县志》卷三九 |
| 251 | 临顿新居图记 | 石韫玉 | 《民国吴县志》卷三九 |
| 252 | 城南老屋记 | 石韫玉 | 《民国吴县志》卷三九 |
| 253 | 静寄阁记 | 石韫玉 | 《苏州历代名园记》 |
| 254 | 东斋记 | 吴翌凤 | 《苏州历代名园记》 |
| 255 | 见南山斋诗序 | 黄中坚 | 《民国吴县志》卷三九 |
| 256 | 申园 | 黄协埙 | 《湘南梦影录》卷一 |
| 257 | 耕渔轩记 | 冯桂芬 | 《显志堂稿》卷三 |
| 258 | 日涉园赋 | 冯桂芬 | 《清文海》第80册 |
| 259 | 跋文待诏《拙政园记》石刻 | 张履谦 | 《园综》 |
| 260 | 补园记 | 张履谦 | 《苏州历代名园记》 |
| 261 | 游平川汪氏园记 | 李果 | 《清文海》第31册 |
| 262 | 葑湄草堂记 | 李果 | 《民国吴县志》卷三九 |
| 263 | 补筑白云亭记 | 李果 | 《民国吴县志》卷三九 |
| 264 | 莱圃记 | 李果 | 《民国吴县志》卷三九 |
| 265 | 墨庄记 | 李果 | 《民国吴县志》卷三九 |
| 266 | 青芝山堂饮酒记 | 李果 | 《苏州历代名园记》 |
| 267 | 古柏轩记 | 李果 | 《苏州历代名园记》 |
| 268 | 瑞云峰 | 徐树丕 | 《东斋脞语》 |
| 269 | 含青楼记 | 刘恕 | 《苏州历代名园记》 |
| 270 | 石林小院说 | 刘恕 | 《苏州历代名园记》 |
| 271 | 网师园记 | 褚廷璋 | 《民国吴县志》卷三九 |
| 272 | 网师园说 | 彭启丰 | 《民国吴县志》卷三九 |
| 273 | 庙园记 | 毛祥麟 | 《墨余录》卷二 |
| 274 | 露香园 | 毛祥麟 | 《墨余录·露香园顾绣》卷三 |
| 275 | 狮子林 | 龚炜 | 《苏州历代名园记》 |
| 276 | 怡园记 | 陶正靖 | 《民国吴县志》卷三九 |
| 277 | 重修狮子林记 | 贝仁元 | 《苏州历代名园记》 |
| 278 | 重修狮子林记 | 包锡成 | 《苏州历代名园记》 |
| 279 | 后乐堂记 | 江盈科 | 《苏州历代名园记》 |
| 280 | 瑞云峰 | 徐树丕 | 《苏州历代名园记》 |
| 281 | 寒碧庄记 | 范来宗 | 《苏州历代名园记》 |
| 282 | 含青楼记 | 刘恕 | 《苏州历代名园记》 |
| 283 | 石林小院说 | 刘恕 | 《苏州历代名园记》 |
| 284 | 六浮阁考 | 汪份 | 《苏州历代名园记》 |
| 285 | 怡老园图记 | 王芑孙 | 《民国吴县志》卷三九 |
| 286 | 楞伽山房记 | 王芑孙 | 《清文海》第57册 |

续表

| 序号 | 篇名 | 作者 | 文献出处 |
| --- | --- | --- | --- |
| 287 | 袁又恺渔隐小圃记 | 王昶 | 《民国吴县志》卷三九 |
| 288 | 浣雪山房记 | 韩菼 | 《苏州历代名园记》 |
| 289 | 二弃草堂记 | 叶燮 | 《苏州历代名园记》 |
| 290 | 已畦记 | 叶燮 | 《苏州历代名园记》 |
| 291 | 二取亭记 | 叶燮 | 《苏州历代名园记》 |
| 292 | 独立苍茫室记 | 叶燮 | 《苏州历代名园记》 |
| 293 | 海盐张氏涉园记 | 叶燮 | 《园综》 |
| 294 | 滋园记 | 叶燮 | 《清文海》第16册 |
| 295 | 秀野堂记 | 叶燮 | 《清文海》第16册 |
| 296 | 逸园纪略 | 蒋恭棐 | 《民国吴县志》卷三九 |
| 297 | 飞雪泉记 | 蒋恭棐 | 《苏州历代名园记》 |
| 298 | 凫溪渔舍记 | 蒋恭棐 | 《民国吴县志》卷三九 |
| 299 | 范氏赐山旧庐记 | 蒋恭棐 | 《苏州历代名园记》 |
| 300 | 依绿园记 | 徐乾学 | 《民国吴县志》卷三九 |
| 301 | 午园记 | 徐乾学 | 《清文海》第20册 |
| 302 | 佚圃记 | 徐乾学 | 《清文海》第20册 |
| 303 | 题潭上书屋记 | 何焯 | 《民国吴县志》卷三九 |
| 304 | 题九峰庐 | 何焯 | 《民国吴县志》卷三九 |
| 305 | 六浮阁记 | 朱彝尊 | 《曝书亭集》卷六六 |
| 306 | 水木明瑟园赋并序 | 朱彝尊 | 《民国吴县志》卷三九 |
| 307 | 秀野堂记 | 朱彝尊 | 《曝书亭集》卷六六 |
| 308 | 倦圃图记 | 朱彝尊 | 《曝书亭集》卷六六 |
| 309 | 西陂记 | 朱彝尊 | 《曝书亭集》卷六六 |
| 310 | 万柳堂记 | 朱彝尊 | 《曝书亭集》卷六六 |
| 311 | 东皋 | 朱彝尊 | 《风庭扫叶录》 |
| 312 | 木渎桂隐园记 | 沈钦韩 | 《民国吴县志》卷三九 |
| 313 | 揖青亭记 | 尤侗 | 《苏州历代名园记》 |
| 314 | 水哉轩记 | 尤侗 | 《苏州历代名园记》 |
| 315 | 题秀野草堂图 | 查慎行 | 《苏州历代名园记》 |
| 316 | 春草园记 | 沈德潜 | 《清文海》第30册 |
| 317 | 清华园记 | 沈德潜 | 《民国吴县志》卷三九 |
| 318 | 方氏勺湖记 | 沈德潜 | 《民国吴县志》卷三九 |
| 319 | 塔影园记 | 沈德潜 | 《民国吴县志》卷三九 |
| 320 | 遂初园记 | 沈德潜 | 《木渎小志》 |
| 321 | 网师园图记 | 沈德潜 | 《苏州历代名园记》 |
| 322 | 檗隐草堂记 | 沈德潜 | 《苏州历代名园记》 |
| 323 | 复园记 | 沈德潜 | 《苏州历代名园记》 |
| 324 | 兰雪堂图记 | 沈德潜 | 《民国吴县志》卷三九 |
| 325 | 遂初园序 | 徐陶璋 | 《苏州历代名园记》 |
| 326 | 虎丘塔影园记 | 顾苓 | 《民国吴县志》卷三九 |
| 327 | 松风寝记 | 顾苓 | 《苏州历代名园记》 |
| 328 | 照怀亭记 | 顾苓 | 《苏州历代名园记》 |
| 329 | 倚竹山房记 | 顾苓 | 《苏州历代名园记》 |

**续表**

| 序号 | 篇名 | 作者 | 文献出处 |
| --- | --- | --- | --- |
| 330 | 晚香林记略 | 顾天叙 | 《民国吴县志》卷三九 |
| 331 | 绣谷记 | 蒋垓 | 《民国吴县志》卷三九 |
| 332 | 重修绣谷园记 | 严虞惇 | 《民国吴县志》卷三九 |
| 333 | 西畴阁记 | 孙天寅 | 《民国吴县志》卷三九 |
| 334 | 小林屋记 | 韩是升 | 《民国吴县志》卷三九 |
| 335 | 乐饥园记 | 韩是升 | 《清文海》第51册 |
| 336 | 宝树园记 | 李雯 | 《民国吴县志》卷三九 |
| 337 | 安时堂记 | 韩骐 | 《民国吴县志》卷三九 |
| 338 | 双塔影园记 | 袁学澜 | 《民国吴县志》卷三九 |
| 339 | 邓尉山庄记 | 张问陶 | 《民国吴县志》卷三九 |
| 340 | 可园记 | 朱珔 | 《民国吴县志》卷三九 |
| 341 | 半园记 | 俞樾 | 《民国吴县志》卷三九 |
| 342 | 曲园记 | 俞樾 | 《民国吴县志》卷三九 |
| 343 | 留园记 | 俞樾 | 《民国吴县志》卷三九 |
| 344 | 潘简缘香雪草堂记 | 俞樾 | 《苏州历代名园记》 |
| 345 | 冠云峰赞有序 | 俞樾 | 《苏州历代名园记》 |
| 346 | 依园记 | 褚篆 | 《苏州历代名园记》 |
| 347 | 四梅阁记 | 亢树滋 | 《苏州历代名园记》 |
| 348 | 香禅精舍记 | 亢树滋 | 《苏州历代名园记》 |
| 349 | 挹秀楼记 | 亢树滋 | 《苏州历代名园记》 |
| 350 | 退园补记 | 吴嘉洤 | 《苏州历代名园记》 |
| 351 | 退园续记 | 吴嘉洤 | 《苏州历代名园记》 |
| 352 | 广居记 | 戈宙襄 | 《苏州历代名园记》 |
| 353 | 平山堂西园 | 赵之壁 | 《平山堂图志》卷二 |
| 354 | 西园记 | 乔钟吴 | 《清代园林图录》 |
| 355 | 古猗园记 | 沈元禄 | 《南翔镇志》卷一一 |
| 356 | 爱园记 | 陈方海 | 《不朽的林泉：中国古代园林绘画》 |
| 357 | 文待诏葵阳草堂图跋 | 钱载 | 《清文海》第38册 |
| 358 | 五亩园记 | 谢家福 | 《五亩园小志》 |
| 359 | 范湖草堂记 | 周闲 | 《范湖草堂图》后附 |
| 360 | 梅庄记 | 郑燮 | 《郑板桥集·杂著卷》 |
| 361 | 增旧园记 | 醴丞氏 | 《燕都丛考》 |
| 362 | 平山堂记 | 全祖望 | 《小方壶斋舆地丛书》 |
| 363 | 圆明园记 | 黄凯钧 | 《花近楼丛书》 |
| 364 | 圆明园词序 | 徐树钧 | 《清人说荟初集》 |
| 365 | 素景园记 | 李塨 | 《园综》 |

## （二）按地域划分

因一些园记所记园林的所在地无法确定，此部分只占所收录园记总数的 40%。

**附表 1–9　北京园记目录**

| 序号 | 篇名 | 作者 | 时代 |
|---|---|---|---|
| 1 | 临锦堂记 | 元好问 | 金 |
| 2 | 遂初园记 | 赵秉文 | 金 |
| 3 | 游高氏园记 | 刘因 | 元 |
| 4 | 后乐园记 | 杨守陈 | 明 |
| 5 | 月河梵苑记 | 程敏政 | 明 |
| 6 | 游梁氏园记 | 刘定之 | 明 |
| 7 | 游勺园记 | 孙国光 | 明 |
| 8 | 勺园 | 蒋一葵 | 明 |
| 9 | 清华园 | 佚名 | 清 |
| 10 | 畅春园记 | 玄烨 | 清 |
| 11 | 避暑山庄记 | 玄烨 | 清 |
| 12 | 避暑山庄三十六景图咏 | 玄烨 | 清 |
| 13 | 圆明园记 | 胤禛 | 清 |
| 14 | 圆明园后记 | 弘历 | 清 |
| 15 | 万寿山清漪园记 | 弘历 | 清 |
| 16 | 安澜园记 | 弘历 | 清 |
| 17 | 圆明园四十景小序 | 弘历 | 清 |
| 18 | 绮春园记 | 颙琰 | 清 |
| 19 | 重修如园记 | 颙琰 | 清 |
| 20 | 赐园纪事八首诗序 | 张廷玉 | 清 |
| 21 | 清漪园 | 于敏中 | 清 |
| 22 | 圆明园记 | 黄凯钧 | 清 |
| 23 | 怡园记 | 王源 | 清 |
| 24 | 蝶梦园记 | 阮元 | 清 |
| 25 | 万柳堂记 | 朱彝尊 | 清 |
| 26 | 东皋 | 朱彝尊 | 清 |
| 27 | 半亩营园 | 麟庆 | 清 |
| 28 | 清漪园 | 郭嵩焘 | 清 |
| 29 | 勺园等 | 桐西漫士 | 清 |
| 30 | 万柳园、杏花园、英有园、荣杏园、梁园、勺园、李园 | 孙承泽 | 清 |
| 31 | 游京师郭南废园记 | 汪琬 | 清 |
| 32 | 增旧园记 | 醴丞氏 | 清 |

**附表 1-10　河北园记目录**

| 序号 | 篇名 | 作者 | 时代 |
| --- | --- | --- | --- |
| 1 | 游冀州韩家园序 | 王勃 | 唐 |
| 2 | 相州昼锦堂记 | 欧阳修 | 宋 |
| 3 | 定州众春园记 | 韩琦 | 宋 |
| 4 | 相州新修园池记 | 韩琦 | 宋 |
| 5 | 临漪亭记略 | 郝经 | 元 |
| 6 | 归来园记 | 姚燧 | 元 |
| 7 | 陶庄记 | 戴表元 | 元 |
| 8 | 狮子林菩提正宗记 | 欧阳玄 | 元 |
| 9 | 隐趣园记 | 胡助 | 元 |
| 10 | 元大都宫苑 | 陶宗仪 | 元 |
| 11 | 耕鱼轩记 | 高巽志 | 元 |
| 12 | 且园记 | 章闓 | 明 |
| 13 | 天游园记 | 朱长春 | 明 |
| 14 | 避暑山庄记 | 玄烨 | 清 |
| 15 | 避暑山庄三十六景图咏 | 玄烨 | 清 |
| 16 | 避暑山庄后序 | 弘历 | 清 |
| 17 | 赐游热河后苑记 | 张玉书 | 清 |
| 18 | 岵园记 | 申涵光 | 清 |
| 19 | 岵园记 | 申涵盼 | 清 |
| 20 | 止园记 | 史梦兰 | 清 |
| 21 | 素景园记 | 李塨 | 清 |

**附表 1-11　山西园记目录**

| 序号 | 篇名 | 作者 | 时代 |
| --- | --- | --- | --- |
| 1 | 绛守居园池记 | 樊宗师 | 唐 |
| 2 | 山居记 | 司空图 | 唐 |
| 3 | 逸心亭记 | 章詧 | 宋 |
| 4 | 古胜园记 | 李维桢 | 明 |
| 5 | 愚公园记 | 孔天胤 | 明 |

**附表 1-12　陕西、甘肃、宁夏园记目录**

| 序号 | 篇名 | 作者 | 时代 |
| --- | --- | --- | --- |
| 1 | 袁广汉园（陕西） | 葛洪 | 东晋 |
| 2 | 曲江池记（陕西） | 欧阳詹 | 唐 |
| 3 | 辋川集并序（陕西） | 王维 | 唐 |
| 4 | 杜城郊居王处士凿山引泉记（陕西） | 杜佑 | 唐 |
| 5 | 归来园记（陕西） | 姚燧 | 元 |
| 6 | 城南别业图记（陕西） | 于慎行 | 明 |
| 7 | 五岳园记（陕西） | 焦竑 | 明 |
| 8 | 枹罕园记（甘肃） | 苏志皋 | 明 |
| 9 | 后乐园记（宁夏） | 张嘉谟 | 清 |

附表 1–13　贵州、福建、四川、广东、湖南、广西、台湾园记目录

| 序号 | 篇名 | 作者 | 时代 |
| --- | --- | --- | --- |
| 1 | 大田别墅记（贵州） | 梁本之 | 明 |
| 2 | 李郡臣大莫园记（贵州） | 邹维琏 | 明 |
| 3 | 云谷记（福建） | 朱熹 | 宋 |
| 4 | 武夷精舍记（福建） | 韩元吉 | 宋 |
| 5 | 涛园记（福建） | 王源 | 清 |
| 6 | 适适斋记（福建） | 陈玉辉 | 清 |
| 7 | 来同别墅记（福建） | 郑缵祖 | 清 |
| 8 | 快园记（福建） | 许原清 | 清 |
| 9 | 兴泉永道内署记（福建） | 东海德 | 清 |
| 10 | 榕林别墅记（福建） | 薛起凤 | 清 |
| 11 | 梵阁寺常准上人精院记（四川） | 符载 | 唐 |
| 12 | 醒园图记（四川） | 李调元 | 清 |
| 13 | 新修环碧园记（广东） | 钱仪吉 | 清 |
| 14 | 潜芳园（广东） | 王韬 | 清 |
| 15 | 增修云泉山馆记（广东） | 黄培芳 | 清 |
| 16 | 菊圃记（湖南） | 元结 | 唐 |
| 17 | 沱西别业记（湖南） | 何景明 | 明 |
| 18 | 永州韦使君新堂记（广西） | 柳宗元 | 唐 |
| 19 | 钴鉧潭西小丘记（广西） | 柳宗元 | 唐 |
| 20 | 愚溪诗序（广西） | 柳宗元 | 唐 |
| 21 | 水竹居记（广西） | 谢肃 | 明 |
| 22 | 北园记（广西） | 宋仪望 | 明 |
| 23 | 泷园记（广西） | 丁元荐 | 明 |
| 24 | 借园记（广西） | 陈洪绶 | 明 |
| 25 | 乌有园记（广西） | 刘士龙 | 明 |
| 26 | 招隐园记（广西） | 孔天胤 | 明 |
| 27 | 增植苑东树园记（广西） | 孔天胤 | 明 |
| 28 | 寄拙园记（广西） | 孔天胤 | 明 |
| 29 | 澄台记（台湾） | 高拱乾 | 清 |

附表 1–14　河南园记目录

| 序号 | 篇名 | 作者 | 时代 |
| --- | --- | --- | --- |
| 1 | 梁王菟园赋 | 枚乘 | 西汉 |
| 2 | 梁冀园 | 范晔 | 南朝宋 |
| 3 | 金谷诗序 | 石崇 | 西晋 |
| 4 | 思归引序 | 石崇 | 西晋 |
| 5 | 梁王兔园 | 葛洪 | 东晋 |
| 6 | 华林园 | 杨衒之 | 北魏 |
| 7 | 隋西苑 | 杜宝 | 唐 |
| 8 | 池上篇并序 | 白居易 | 唐 |
| 9 | 平泉山居草木记 | 李德裕 | 唐 |
| 10 | 平泉山居诫子孙记 | 李德裕 | 唐 |
| 11 | 汝州薛家竹亭赋 | 王泠然 | 唐 |

续表

| 序号 | 篇名 | 作者 | 时代 |
|---|---|---|---|
| 12 | 艮岳记 | 赵佶 | 宋 |
| 13 | 洛阳名园记 | 李格非 | 宋 |
| 14 | 群玉殿曲宴记 | 蔡襄 | 宋 |
| 15 | 独乐园记 | 司马光 | 宋 |
| 16 | 李秀才东园亭记 | 欧阳修 | 宋 |
| 17 | 画舫斋记 | 欧阳修 | 宋 |
| 18 | 伐树记 | 欧阳修 | 宋 |
| 19 | 养鱼记 | 欧阳修 | 宋 |
| 20 | 非非堂记 | 欧阳修 | 宋 |
| 21 | 洛阳李氏园池诗记 | 苏辙 | 宋 |
| 22 | 华阳宫记 | 祖秀 | 宋 |
| 23 | 艮岳记 | 张淏 | 宋 |
| 24 | 相州新修园池记 | 韩琦 | 宋 |
| 25 | 流杯亭记 | 胡宿 | 宋 |
| 26 | 张氏会隐园记 | 尹洙 | 宋 |
| 27 | 记修苍浦园序 | 王思任 | 明 |
| 28 | 隋炀帝西苑 | 徐应秋 | 明 |
| 29 | 丘园记 | 王祖嫡 | 明 |
| 30 | 依水园记 | 张缙彦 | 清 |
| 31 | 西陂记 | 朱彝尊 | 清 |
| 32 | 怡怡园记 | 田兰芳 | 清 |
| 33 | 寿春园 | 常茂徕 | 清 |
| 34 | 吕介孺翁斗园记 | 李若讷 | 清 |

**附表 1-15　湖北园记目录**

| 序号 | 篇名 | 作者 | 时代 |
|---|---|---|---|
| 1 | 梁元帝萧绎湘东苑 | 余知古 | 唐 |
| 2 | 黄州新建小竹楼记 | 王禹偁 | 宋 |
| 3 | 杜园记 | 袁中道 | 明 |
| 4 | 筼筜谷记 | 袁中道 | 明 |
| 5 | 石首城内山园记 | 袁中道 | 明 |
| 6 | 金粟园记 | 袁中道 | 明 |
| 7 | 楮亭记 | 袁中道 | 明 |
| 8 | 自得园记 | 张绍棨 | 明 |
| 9 | 松石园记 | 李维桢 | 明 |
| 10 | 隚洲园记 | 李维桢 | 明 |
| 11 | 海内名山园记 | 李维桢 | 明 |
| 12 | 甘露园记 | 陈文烛 | 明 |
| 13 | 三洲记 | 杨锡亿 | 明 |
| 14 | 苏山记 | 陈柏 | 明 |
| 15 | 余乐园记 | 陈文烛 | 明 |
| 16 | 二酉园记序 | 王世懋 | 明 |

附表 1–16　江西园记目录

| 序号 | 篇名 | 作者 | 时代 |
| --- | --- | --- | --- |
| 1 | 卢郎中浔阳竹亭记 | 独孤及 | 唐 |
| 2 | 草堂记 | 白居易 | 唐 |
| 3 | 盘洲记 | 洪适 | 宋 |
| 4 | 东皋记 | 韩元吉 | 宋 |
| 5 | 南康军新修白鹿书院记 | 黄榦 | 宋 |
| 6 | 袁州东湖记 | 祖无择 | 宋 |
| 7 | 泉石膏肓记 | 杨万里 | 宋 |
| 8 | 陶庄记 | 戴表元 | 元 |
| 9 | 春浮园记 | 萧士玮 | 明 |
| 10 | 西园菊隐记 | 周忱 | 明 |
| 11 | 吉水杨氏南园记 | 陈循 | 明 |
| 12 | 倪氏东园记 | 张宇初 | 明 |
| 13 | 兰隐亭记 | 宋濂 | 明 |
| 14 | 环翠亭记 | 宋濂 | 明 |
| 15 | 偶园记 | 康范生 | 明 |
| 16 | 玉版居记 | 黄汝亨 | 明 |
| 17 | 花捧阁记 | 朱徽 | 明 |
| 18 | 北园记 | 吴国伦 | 明 |
| 19 | 吴氏西庄记 | 金幼孜 | 明 |
| 20 | 匡山草堂记 | 易顺鼎 | 清 |

附表 1–17　安徽园记目录

| 序号 | 篇名 | 作者 | 时代 |
| --- | --- | --- | --- |
| 1 | 四望亭记 | 李绅 | 唐 |
| 2 | 泾县小厅记 | 薛文美 | 南唐 |
| 3 | 醉翁亭记 | 欧阳修 | 宋 |
| 4 | 丰乐亭记 | 欧阳修 | 宋 |
| 5 | 菱溪石记 | 欧阳修 | 宋 |
| 6 | 灵壁张氏园亭记 | 苏轼 | 宋 |
| 7 | 北园记 | 蔡确 | 宋 |
| 8 | 奕园记 | 李维桢 | 明 |
| 9 | 雅园记 | 李维桢 | 明 |
| 10 | 素园记 | 李维桢 | 明 |
| 11 | 季园记 | 汪道昆 | 明 |
| 12 | 遂园记 | 汪道昆 | 明 |
| 13 | 遵晦园记 | 吴瑞谷 | 明 |
| 14 | 荪园记 | 吴文奎 | 明 |
| 15 | 适园记 | 吴文奎 | 明 |
| 16 | 小百万湖记 | 吴廷翰 | 明 |
| 17 | 甕园记 | 吴廷翰 | 明 |
| 18 | 暂园记 | 吴应箕 | 明 |
| 19 | 竹安园记 | 郑二阳 | 明 |

续表

| 序号 | 篇名 | 作者 | 时代 |
| --- | --- | --- | --- |
| 20 | 含清园记 | 李若讷 | 明 |
| 21 | 游歙西徐氏园记 | 王灼 | 清 |
| 22 | 鄂不草堂图记 | 张惠言 | 清 |
| 23 | 东园记 | 王源 | 清 |

**附表 1–18　山东园记目录**

| 序号 | 篇名 | 作者 | 时代 |
| --- | --- | --- | --- |
| 1 | 东平乐郊池亭记 | 刘敞 | 宋 |
| 2 | 兖州美章园记 | 刘攽 | 宋 |
| 3 | 待月亭记 | 刘牧 | 宋 |
| 4 | 申申堂记 | 祖无择 | 宋 |
| 5 | 金乡张氏重修园亭记 | 晁补之 | 宋 |
| 6 | 归来子名缗城所居记 | 晁补之 | 宋 |
| 7 | 免柴记 | 董其昌 | 明 |
| 8 | 后知轩记 | 李开先 | 明 |
| 9 | 绎幕园记 | 李维桢 | 明 |
| 10 | 绎幕园记 | 黄汝亨 | 明 |
| 11 | 葛太学百可园记 | 程可中 | 明 |
| 12 | 偶园纪略 | 冯时基 | 清 |
| 13 | 四松园记 | 毛永柏 | 清 |
| 14 | 游四松园记 | 有树来 | 清 |
| 15 | 十笏园记 | 丁宝善 | 清 |
| 16 | 十笏园记 | 张昭潜 | 清 |
| 17 | 聊且园记 | 钱谦益 | 清 |
| 18 | 原麓山庄记 | 高凤翰 | 清 |

**附表 1–19　江苏园记目录**

| 序号 | 篇名 | 作者 | 时代 |
| --- | --- | --- | --- |
| 1 | 尉迟长史草堂记 | 李翰 | 唐 |
| 2 | 送周先生住山记 | 令狐楚 | 唐 |
| 3 | 毗陵郡公南原亭馆记 | 徐铉 | 南唐 |
| 4 | 沧浪亭记 | 苏舜钦 | 宋 |
| 5 | 苏州洞庭山水月禅院记 | 苏舜钦 | 宋 |
| 6 | 浩然堂记 | 苏舜钦 | 宋 |
| 7 | 千顷云记 | 家之巽 | 宋 |
| 8 | 贤行斋记 | 朱长文 | 宋 |
| 9 | 乐圃记 | 朱长文 | 宋 |
| 10 | 范氏义宅记 | 楼钥 | 宋 |
| 11 | 道隐园记 | 李弥大 | 宋 |
| 12 | 梦溪自记 | 沈括 | 宋 |
| 13 | 研山园记 | 冯多福 | 宋 |

续表

| 序号 | 篇名 | 作者 | 时代 |
|---|---|---|---|
| 14 | 扬州新园亭记 | 王安石 | 宋 |
| 15 | 扬州重修平山堂记 | 沈括 | 宋 |
| 16 | 海陵许氏南园记 | 欧阳修 | 宋 |
| 17 | 真州东园记 | 欧阳修 | 宋 |
| 18 | 泰州玩芳亭记 | 刘攽 | 宋 |
| 19 | 狮子林菩提正宗记 | 欧阳玄 | 元 |
| 20 | 狮子林记 | 危素 | 元 |
| 21 | 读易楼记 | 陈刚 | 元 |
| 22 | 小丹丘记 | 戴良 | 元 |
| 23 | 玉山佳处记 | 杨维桢 | 元 |
| 24 | 玉山佳处后记 | 陈基 | 元 |
| 25 | 碧梧翠竹堂后记 | 高明 | 元 |
| 26 | 耕渔轩记 | 高巽志 | 元 |
| 27 | 耕渔轩图并题 | 倪瓒 | 元 |
| 28 | 止园记 | 吴亮 | 明 |
| 29 | 遁园记 | 顾起元 | 明 |
| 30 | 衎园小记 | 范景文 | 明 |
| 31 | 冶麓园记 | 焦竑 | 明 |
| 32 | 题尔遐园居序 | 张鼐 | 明 |
| 33 | 遂初园记 | 郑若庸 | 明 |
| 34 | 乐志园记 | 张凤翼 | 明 |
| 35 | 小西园记 | 孙承恩 | 明 |
| 36 | 沧屿园记 | 汤宾尹 | 明 |
| 37 | 逸圃记 | 汤宾尹 | 明 |
| 38 | 玉女潭山居记 | 文徵明 | 明 |
| 39 | 游溧阳彭氏园记 | 王世懋 | 明 |
| 40 | 独秀山房记 | 解缙 | 明 |
| 41 | 先伯父静庵公山园记 | 王世贞 | 明 |
| 42 | 弇山园记 | 王世贞 | 明 |
| 43 | 题弇园八记后 | 王世贞 | 明 |
| 44 | 太仓诸园小记 | 王世贞 | 明 |
| 45 | 离薋园记 | 王世贞 | 明 |
| 46 | 澹圃记 | 王世贞 | 明 |
| 47 | 游慧山东西二王园记 | 王世贞 | 明 |
| 48 | 游吴城徐少参园记 | 王世贞 | 明 |
| 49 | 日涉园记 | 王世贞 | 明 |
| 50 | 安氏西林记 | 王世贞 | 明 |
| 51 | 游金陵诸园记 | 王世贞 | 明 |
| 52 | 养余园记 | 王世贞 | 明 |
| 53 | 求志园记 | 王世贞 | 明 |
| 54 | 越溪庄图记 | 王世贞 | 明 |
| 55 | 兰墅记 | 王穉登 | 明 |
| 56 | 兰墅后记 | 王穉登 | 明 |

续表

| 序号 | 篇名 | 作者 | 时代 |
| --- | --- | --- | --- |
| 57 | 寄畅园记 | 王稚登 | 明 |
| 58 | 任光禄竹溪记 | 唐顺之 | 明 |
| 59 | 巢筠别业记 | 金幼孜 | 明 |
| 60 | 愚公谷记 | 邹迪光 | 明 |
| 61 | 游东亭园小记 | 王永积 | 明 |
| 62 | 学园记 | 张师绎 | 明 |
| 63 | 王氏拙政园记 | 文徵明 | 明 |
| 64 | 许秘书园记 | 陈继儒 | 明 |
| 65 | 归田园居记 | 王心一 | 明 |
| 66 | 东庄记 | 李东阳 | 明 |
| 67 | 郭园记 | 刘凤 | 明 |
| 68 | 吴氏园池记 | 刘凤 | 明 |
| 69 | 吴园记 | 刘凤 | 明 |
| 70 | 逸我园记 | 方鹏 | 明 |
| 71 | 徐氏园亭图记 | 张凤翼 | 明 |
| 72 | 颐圃记 | 姜埰 | 明 |
| 73 | 南园书屋记 | 宋仪望 | 明 |
| 74 | 何氏园林记 | 王行 | 明 |
| 75 | 建悟石轩序言 | 郑之文 | 明 |
| 76 | 重建悟石轩记 | 史应选 | 明 |
| 77 | 三泉亭记 | 陈继儒 | 明 |
| 78 | 雪屋记 | 杜琼 | 明 |
| 79 | 芝庭记 | 祝允明 | 明 |
| 80 | 梦墨亭记 | 祝允明 | 明 |
| 81 | 芝秀堂铭 | 李东阳 | 明 |
| 82 | 芝秀堂记 | 王鏊 | 明 |
| 83 | 且适园记 | 王鏊 | 明 |
| 84 | 从适园记 | 王鏊 | 明 |
| 85 | 鳌舟记 | 王鏊 | 明 |
| 86 | 静观楼记 | 王鏊 | 明 |
| 87 | 谢鸥草堂记 | 归庄 | 明 |
| 88 | 辟疆馆记 | 况钟 | 明 |
| 89 | 先春堂记 | 徐有贞 | 明 |
| 90 | 影园自记 | 郑元勋 | 明 |
| 91 | 沧浪亭记 | 归有光 | 明 |
| 92 | 息园记 | 顾璘 | 明 |
| 93 | 王文恪公怡老园记 | 文震亨 | 明 |
| 94 | 集贤圃记 | 陈宗之 | 明 |
| 95 | 梅花墅记 | 钟惺 | 明 |
| 96 | 谐赏园记 | 顾大典 | 明 |
| 97 | 耕学斋图记 | 张洪 | 明 |
| 98 | 如意堂记 | 徐有贞 | 明 |
| 99 | 重建延绿亭记 | 吴宽 | 明 |

续表

| 序号 | 篇名 | 作者 | 时代 |
| --- | --- | --- | --- |
| 100 | 冷庵记 | 吴宽 | 明 |
| 101 | 敬亭山房记 | 魏禧 | 明 |
| 102 | 蘧园双鹤记 | 魏禧 | 明 |
| 103 | 晚香林记 | 顾天叙 | 明 |
| 104 | 荒荒斋记 | 汤卿谋 | 明 |
| 105 | 游石步亭记 | 徐学谟 | 明 |
| 106 | 可赋亭记 | 唐汝询 | 明 |
| 107 | 咏春斋记 | 俞贞木 | 明 |
| 108 | 影园记 | 茅元仪 | 明 |
| 109 | 瑞云峰 | 徐树丕 | 清 |
| 110 | 晓园记 | 马世俊 | 清 |
| 111 | 怡老园图记 | 王芑孙 | 清 |
| 112 | 余霞阁记 | 管同 | 清 |
| 113 | 薜庐记 | 顾云 | 清 |
| 114 | 美树轩记 | 左宗棠 | 清 |
| 115 | 扬州东园记 | 张云章 | 清 |
| 116 | 水绘庵记 | 佚名 | 清 |
| 117 | 文园绿净两园图记 | 汪承镛 | 清 |
| 118 | 绿荫斋古桂记 | 戴名世 | 清 |
| 119 | 狮子林 | 龚炜 | 清 |
| 120 | 重建狮子林 | 彭启丰 | 清 |
| 121 | 春草闲房记 | 彭启丰 | 清 |
| 122 | 月满楼记 | 顾宗泰 | 清 |
| 123 | 平山堂西园 | 赵之璧 | 清 |
| 124 | 落木庵记 | 徐波 | 清 |
| 125 | 卧龙山房记 | 葛芝 | 清 |
| 126 | 御书阁记 | 汪琬 | 清 |
| 127 | 尧峰山庄记 | 汪琬 | 清 |
| 128 | 姜氏艺圃记 | 汪琬 | 清 |
| 129 | 艺圃后记 | 汪琬 | 清 |
| 130 | 南垞草堂记 | 汪琬 | 清 |
| 131 | 石坞山房记 | 汪琬 | 清 |
| 132 | 苕华书屋记 | 汪琬 | 清 |
| 133 | 竹柏楼居图叙 | 汪缙 | 清 |
| 134 | 二耕草堂记 | 汪缙 | 清 |
| 135 | 石坞山房图记 | 汤斌 | 清 |
| 136 | 念祖堂记 | 黄宗羲 | 清 |
| 137 | 重修桃花庵碑记 | 孙星衍 | 清 |
| 138 | 辟疆亭志 | 桂超万 | 清 |
| 139 | 重修沧浪亭记 | 吴存礼 | 清 |
| 140 | 重修沧浪亭记 | 梁章钜 | 清 |
| 141 | 重修沧浪亭记 | 宋荦 | 清 |
| 142 | 重建沧浪亭记 | 张树声 | 清 |

续表

| 序号 | 篇名 | 作者 | 时代 |
| --- | --- | --- | --- |
| 143 | 沧浪亭 | 陈其元 | 清 |
| 144 | 重修沧浪亭记 | 颜文樑 | 清 |
| 145 | 五亩园记 | 谢家福 | 清 |
| 146 | 水绘园记 | 陈维崧 | 清 |
| 147 | 重建平山堂记 | 汪懋麟 | 清 |
| 148 | 重葺休园记 | 方象瑛 | 清 |
| 149 | 五砚楼记 | 钱大昕 | 清 |
| 150 | 网师园记 | 钱大昕 | 清 |
| 151 | 半研斋记 | 钱大昕 | 清 |
| 152 | 西溪别墅记 | 钱大昕 | 清 |
| 153 | 题九峰庐 | 何焯 | 清 |
| 154 | 逸园纪略 | 蒋恭棐 | 清 |
| 155 | 渔隐小圃记 | 袁枚 | 清 |
| 156 | 榆庄记 | 袁枚 | 清 |
| 157 | 西碛山庄记 | 袁枚 | 清 |
| 158 | 随园记 | 袁枚 | 清 |
| 159 | 随园图说 | 袁起 | 清 |
| 160 | 随园琐记 | 袁祖志 | 清 |
| 161 | 题随园雅集图歌 | 李锴 | 清 |
| 162 | 小玲珑山馆图记 | 马曰璐 | 清 |
| 163 | 小玲珑山馆图跋 | 包世臣 | 清 |
| 164 | 小玲珑山馆图跋 | 汪鋆 | 清 |
| 165 | 小玲珑山馆 | 梁章钜 | 清 |
| 166 | 个园记 | 刘凤诰 | 清 |
| 167 | 依园游记 | 陈维崧 | 清 |
| 168 | 蛰园记 | 吴文锡 | 清 |
| 169 | 三峰园四面景图题记 | 周庠 | 清 |
| 170 | 纵棹园记 | 潘耒 | 清 |
| 171 | 竹溪草堂记 | 钱谦益 | 清 |
| 172 | 西田记 | 钱谦益 | 清 |
| 173 | 耦耕堂记 | 钱谦益 | 清 |
| 174 | 朝阳榭记 | 钱谦益 | 清 |
| 175 | 明发堂记 | 钱谦益 | 清 |
| 176 | 花信楼记 | 钱谦益 | 清 |
| 177 | 留仙馆记 | 钱谦益 | 清 |
| 178 | 玉蕊轩记 | 钱谦益 | 清 |
| 179 | 小有堂记 | 姜宸英 | 清 |
| 180 | 春及轩记 | 施闰章 | 清 |
| 181 | 三友园记 | 李良年 | 清 |
| 182 | 娄东园林志 | 佚名 | 清（一说写于明崇祯年间） |
| 183 | 乐郊园分业记 | 王时敏 | 清 |
| 184 | 陶氏复园记 | 李兆洛 | 清 |

续表

| 序号 | 篇名 | 作者 | 时代 |
|---|---|---|---|
| 185 | 近园记 | 杨兆鲁 | 清 |
| 186 | 春暮游陶园序 | 方履筏 | 清 |
| 187 | 梅皋别墅图记 | 黄廷鉴 | 清 |
| 188 | 愚园记 | 邓嘉缉 | 清 |
| 189 | 瞻园记 | 黄建笎 | 清 |
| 190 | 瞻园记 | 李佳继昌 | 清 |
| 191 | 侍御龚蘅圃瞻园忆旧诗跋 | 章藻功 | 清 |
| 192 | 江宁布政使署重建记 | 李宗羲 | 清 |
| 193 | 凤池园记 | 顾汧 | 清 |
| 194 | 凤池园记 | 蒋元益 | 清 |
| 195 | 临顿新居图记 | 石韫玉 | 清 |
| 196 | 东斋记 | 吴翌凤 | 清 |
| 197 | 蓄斋记 | 黄中坚 | 清 |
| 198 | 澄波皓月楼藏书记 | 张鉴 | 清 |
| 199 | 耕渔轩记 | 冯桂芬 | 清 |
| 200 | 跋文待诏《拙政园记》石刻 | 张履谦 | 清 |
| 201 | 补园记 | 张履谦 | 清 |
| 202 | 复园记 | 沈德潜 | 清 |
| 203 | 兰雪堂图记 | 沈德潜 | 清 |
| 204 | 葤湄草堂记 | 李果 | 清 |
| 205 | 补筑白云亭记 | 李果 | 清 |
| 206 | 莱圃记 | 李果 | 清 |
| 207 | 墨庄记 | 李果 | 清 |
| 208 | 青芝山堂饮酒记 | 李果 | 清 |
| 209 | 古柏轩记 | 李果 | 清 |
| 210 | 后乐堂记 | 江盈科 | 清 |
| 211 | 寒碧庄记 | 范来宗 | 清 |
| 212 | 含青楼记 | 刘恕 | 清 |
| 213 | 石林小院说 | 刘恕 | 清 |
| 214 | 网师园记 | 褚廷璋 | 清 |
| 215 | 网师园说 | 彭启丰 | 清 |
| 216 | 寒碧庄记 | 范来宗 | 清 |
| 217 | 含青楼记 | 刘恕 | 清 |
| 218 | 石林小院说 | 刘恕 | 清 |
| 219 | 写韵轩记 | 王芑孙 | 清 |
| 220 | 袁又恺渔隐小圃记 | 王昶 | 清 |
| 221 | 松鹤堂记 | 叶燮 | 清 |
| 222 | 二弃草堂记 | 叶燮 | 清 |
| 223 | 已畦记 | 叶燮 | 清 |
| 224 | 二取亭记 | 叶燮 | 清 |
| 225 | 独立苍茫室记 | 叶燮 | 清 |
| 226 | 扫叶庄记 | 沈德潜 | 清 |
| 227 | 槃隐草堂记 | 沈德潜 | 清 |

**续表**

| 序号 | 篇名 | 作者 | 时代 |
| --- | --- | --- | --- |
| 228 | 六浮阁记 | 朱彝尊 | 清 |
| 229 | 六浮阁考 | 汪份 | 清 |
| 230 | 浣雪山房记 | 韩菼 | 清 |
| 231 | 志矩斋读书图记 | 韩菼 | 清 |
| 232 | 飞雪泉记 | 蒋恭棐 | 清 |
| 233 | 凫溪渔舍记 | 蒋恭棐 | 清 |
| 234 | 范氏赐山旧庐记 | 蒋恭棐 | 清 |
| 235 | 依绿园记 | 徐乾学 | 清 |
| 236 | 佚圃记 | 徐乾学 | 清 |
| 237 | 妙严台用坡公海州石室韵有序 | 徐柯 | 清 |
| 238 | 怡园记 | 陶正靖 | 清 |
| 239 | 题潭上书屋记 | 何焯 | 清 |
| 240 | 水木明瑟园赋并序 | 朱彝尊 | 清 |
| 241 | 秀野堂记 | 朱彝尊 | 清 |
| 242 | 木渎桂隐园记 | 沈钦韩 | 清 |
| 243 | 揖青亭记 | 尤侗 | 清 |
| 244 | 水哉轩记 | 尤侗 | 清 |
| 245 | 树德堂记 | 尤侗 | 清 |
| 246 | 红杏堂记 | 尤侗 | 清 |
| 247 | 读书亭记 | 张大受 | 清 |
| 248 | 题秀野草堂图 | 查慎行 | 清 |
| 249 | 清华园记 | 沈德潜 | 清 |
| 250 | 方氏勺湖记 | 沈德潜 | 清 |
| 251 | 塔影园记 | 沈德潜 | 清 |
| 252 | 遂初园记 | 沈德潜 | 清 |
| 253 | 网师园图记 | 沈德潜 | 清 |
| 254 | 遂初园序 | 徐陶璋 | 清 |
| 255 | 虎丘塔影园记 | 顾苓 | 清 |
| 256 | 松风寝记 | 顾苓 | 清 |
| 257 | 照怀亭记 | 顾苓 | 清 |
| 258 | 倚竹山房记 | 顾苓 | 清 |
| 259 | 城南老屋记 | 石韫玉 | 清 |
| 260 | 静寄阁记 | 石韫玉 | 清 |
| 261 | 广居记 | 戈宙襄 | 清 |
| 262 | 乐饥园记 | 韩是升 | 清 |
| 263 | 绣谷记 | 蒋 垓 | 清 |
| 264 | 重修绣谷园记 | 严虞惇 | 清 |
| 265 | 西畴阁记 | 孙天寅 | 清 |
| 266 | 小林屋记 | 韩是升 | 清 |
| 267 | 宝树园记 | 李雯 | 清 |
| 268 | 安时堂记 | 韩骐 | 清 |
| 269 | 双塔影园记 | 袁学澜 | 清 |
| 270 | 邓尉山庄记 | 张问陶 | 清 |

续表

| 序号 | 篇名 | 作者 | 时代 |
|---|---|---|---|
| 271 | 可园记 | 朱琦 | 清 |
| 272 | 半园记 | 俞樾 | 清 |
| 273 | 怡园记 | 俞樾 | 清 |
| 274 | 曲园记 | 俞樾 | 清 |
| 275 | 留园记 | 俞樾 | 清 |
| 276 | 潘简缘香雪草堂记 | 俞樾 | 清 |
| 277 | 依园记 | 褚篆 | 清 |
| 278 | 四梅阁记 | 亢树滋 | 清 |
| 279 | 香禅精舍记 | 亢树滋 | 清 |
| 280 | 挹秀楼记 | 亢树滋 | 清 |
| 281 | 退园补记 | 吴嘉洤 | 清 |
| 282 | 退园续记 | 吴嘉洤 | 清 |
| 283 | 游金陵废园记 | 张洲 | 清 |
| 284 | 游惠山秦园记 | 邵长蘅 | 清 |
| 285 | 爱园记 | 陈方海 | 清 |
| 286 | 梅庄记 | 郑燮 | 清 |
| 287 | 小辋川记略 | 屠隆 | 清 |
| 288 | 寄畅园闻歌记 | 余怀 | 清 |

附表 1–20　上海园记目录

| 序号 | 篇名 | 作者 | 时代 |
|---|---|---|---|
| 1 | 竹西草堂记 | 杨维桢 | 元 |
| 2 | 畏垒亭记 | 归有光 | 明 |
| 3 | 游练川云间松陵诸园记 | 王世贞 | 明 |
| 4 | 豫园记 | 潘允端 | 明 |
| 5 | 露香园记 | 朱察卿 | 明 |
| 6 | 日涉园记 | 陈所蕴 | 明 |
| 7 | 适园记 | 陆树声 | 明 |
| 8 | 熙园记 | 张宝臣 | 明 |
| 9 | 偕老园记 | 唐汝询 | 明 |
| 10 | 西佘山居记 | 施绍莘 | 明 |
| 11 | 鸰适园记 | 徐学谟 | 明 |
| 12 | 归有园记 | 徐学谟 | 明 |
| 13 | 草堂记略 | 邵亨贞 | 明 |
| 14 | 南村记 | 全节 | 明 |
| 15 | 南村草堂记 | 胡俨 | 明 |
| 16 | 归有园后记 | 徐学谟 | 明 |
| 17 | 双莲记 | 徐学谟 | 明 |
| 18 | 棠溪书院记 | 胡居仁 | 明 |
| 19 | 西园记 | 乔钟吴 | 清 |
| 20 | 古猗园记 | 沈元禄 | 清 |
| 21 | 申园 | 黄协埙 | 清 |

续表

| 序号 | 篇名 | 作者 | 时代 |
|---|---|---|---|
| 22 | 庙园记 | 毛祥麟 | 清 |
| 23 | 露香园 | 毛祥麟 | 清 |

**附表 1-21　浙江园记目录**

| 序号 | 篇名 | 作者 | 时代 |
|---|---|---|---|
| 1 | 山居赋 | 谢灵运 | 南朝宋 |
| 2 | 许氏吴兴溪亭记 | 权德舆 | 唐 |
| 3 | 冷泉亭记 | 白居易 | 唐 |
| 4 | 白蘋洲五亭记 | 白居易 | 唐 |
| 5 | 杭州清暑堂记 | 蔡襄 | 宋 |
| 6 | 有美堂记 | 欧阳修 | 宋 |
| 7 | 南渡行宫记 | 陈随应 | 宋 |
| 8 | 俞子清园池记 | 周密 | 宋 |
| 9 | 北村记 | 叶适 | 宋 |
| 10 | 可庵记 | 俞烈 | 宋 |
| 11 | 阅古泉记 | 陆游 | 宋 |
| 12 | 南园记 | 陆游 | 宋 |
| 13 | 凤山别业记 | 马秩 | 元 |
| 14 | 隐趣园记 | 胡助 | 元 |
| 15 | 静寄轩记 | 冯梦桢 | 明 |
| 16 | 结庐孤山记 | 冯梦桢 | 明 |
| 17 | 竹深亭记 | 张羽 | 明 |
| 18 | 横山草堂记 | 江元祚 | 明 |
| 19 | 怡怡山堂记 | 刘基 | 明 |
| 20 | 苦斋记 | 刘基 | 明 |
| 21 | 毗山别业记 | 李维桢 | 明 |
| 22 | 桑苎园述 | 朱国桢 | 明 |
| 23 | 自记淳朴园状 | 沈祏 | 明 |
| 24 | 两垞记略 | 许令典 | 明 |
| 25 | 游寓园记 | 王思任 | 明 |
| 26 | 淇园序 | 王思任 | 明 |
| 27 | 名园咏序 | 王思任 | 明 |
| 28 | 寓山注 | 祁彪佳 | 明 |
| 29 | 越中园亭记 | 祁彪佳 | 明 |
| 30 | 《越中园亭记》序 | 胡恒 | 明 |
| 31 | 越园纪略自序 | 吕天成 | 明 |
| 32 | 蕺山文园记 | 屠隆 | 明 |
| 33 | 快园记 | 张岱 | 明 |
| 34 | 翠屏轩记 | 贝琼 | 明 |
| 35 | 皆可园记 | 茅坤 | 明 |
| 36 | 曲水园记 | 汪道昆 | 明 |
| 37 | 荆园记 | 汪道昆 | 明 |

续表

| 序号 | 篇名 | 作者 | 时代 |
| --- | --- | --- | --- |
| 38 | 梅花庄记 | 谢肃 | 明 |
| 39 | 灵洞山房记 | 王世贞 | 明 |
| 40 | 复清容轩记 | 王世贞 | 明 |
| 41 | 聚芳亭卷 | 王世贞 | 明 |
| 42 | 吕氏秀远庄记 | 朱祚 | 明 |
| 43 | 悔园记 | 朱一是 | 明 |
| 44 | 借园记 | 黄汝亨 | 明 |
| 45 | 亦园记 | 谈迁 | 明 |
| 46 | 泷园记 | 丁元荐 | 明 |
| 47 | 借园记 | 陈洪绶 | 明 |
| 48 | 春草园小记 | 赵昱 | 清 |
| 49 | 《春草园小记》跋 | 赵一清 | 清 |
| 50 | 小有天园记 | 全祖望 | 清 |
| 51 | 水云亭记 | 全祖望 | 清 |
| 52 | 倦圃图记 | 朱彝尊 | 清 |
| 53 | 重修曝书亭记 | 蒋学坚 | 清 |
| 54 | 江村草堂记 | 高士奇 | 清 |
| 55 | 海盐张氏涉园记 | 叶燮 | 清 |
| 56 | 涉园图记 | 王熙 | 清 |
| 57 | 涉园图记 | 张英 | 清 |
| 58 | 白鹤园自记 | 冯皋谟 | 清 |
| 59 | 游张氏涉园废址记 | 谈文灯 | 清 |
| 60 | 古朴园记 | 查继佐 | 清 |
| 61 | 安澜园记 | 陈瑛卿 | 清 |
| 62 | 金衙庄 | 梁章钜 | 清 |

## 二、园画目录

此目录的编制主要参考了国内外各大博物馆（院）等收藏单位的收藏目录。还参考了《不朽的林泉：中国古代园林绘画》《宋画中的南宋建筑》《中国文人画与文人写意园林》《中国历代园林图文精选》《中国美术全集·绘画编》《中国历代艺术·绘画编》等书。

**附表 2–1 卷轴画目录**

| 序号 | 图名 | 作者 | 时代 | 备注 |
|---|---|---|---|---|
| 1 | 宫苑图 | （传）李思训 | 唐 | 故宫博物院藏 |
| 2 | 草堂十志图 | 卢鸿 | 唐 | 台北故宫博物院藏 |
| 3 | 江帆楼阁图 | 李思训 | 唐 | 台北故宫博物院藏 |
| 4 | 湖亭游骑图 | （传）李昭道 | 唐 | 台北故宫博物院藏 |
| 5 | 阆苑女仙图 | 阮郜 | 五代 | 故宫博物院藏 |
| 6 | 蕉阴击球图 | 佚名 | 宋 | 故宫博物院藏 |
| 7 | 文苑图 | 周文矩 | 五代 | 故宫博物院藏 |
| 8 | 高士图 | 卫贤 | 五代 | 故宫博物院藏 |
| 9 | 临王维辋川图 | （传）郭忠恕 | 宋 | 台北故宫博物院藏 |
| 10 | 明皇避暑宫图 | （传）郭忠恕 | 宋 | 日本大阪市立美术馆藏 |
| 11 | 文会图 | 赵佶 | 宋 | 台北故宫博物院藏 |
| 12 | 听琴图 | 赵佶 | 宋 | 故宫博物院藏 |
| 13 | 金明池争标图 | 张择端 | 宋 | 天津博物馆藏 |
| 14 | 绣栊晓镜图 | 王诜 | 宋 | 台北故宫博物院藏 |
| 15 | 杰阁婴春图 | （传）王诜 | 宋 | 台北故宫博物院藏 |
| 16 | 西园雅集图 | （传）李公麟 | 宋 | 私人藏 |
| 17 | 龙眠山庄图 | 李公麟 | 宋 | 台北故宫博物院藏 |
| 18 | 湖庄清夏图 | 赵令穰 | 宋 | 美国波士顿艺术博物馆藏 |
| 19 | 秋庭戏婴图 | 苏汉臣 | 宋 | 台北故宫博物院藏 |
| 20 | 薇亭小憩图 | 赵大亨 | 宋 | 辽宁省博物馆藏 |
| 21 | 柳风水榭图 | 朱光普 | 宋 | 台北故宫博物院藏 |
| 22 | 四景山水图 | 刘松年 | 宋 | 故宫博物院藏 |
| 23 | 秋窗读易图 | 刘松年 | 宋 | 辽宁省博物馆藏 |
| 24 | 傀儡婴戏图 | 刘松年 | 宋 | 台北故宫博物院藏 |
| 25 | 会昌九老图 | 佚名 | 宋 | 故宫博物院藏 |
| 26 | 雪窗读书图 | 佚名 | 宋 | 中国国家博物馆藏 |
| 27 | 秉烛夜游图 | 马麟 | 宋 | 台北故宫博物院藏 |
| 28 | 松阁游艇图 | 马麟 | 宋 | 日本京都南禅寺藏 |
| 29 | 楼台夜月图 | 马麟 | 宋 | 故宫博物院藏 |
| 30 | 深堂琴趣图 | 佚名 | 宋 | 故宫博物院藏 |
| 31 | 荷香清夏图 | 马麟 | 宋 | 辽宁省博物馆藏 |
| 32 | 静听松风图 | 马麟 | 宋 | 台北故宫博物院藏 |
| 33 | 汉宫图 | （传）赵伯驹 | 宋 | 台北故宫博物院藏 |
| 34 | 阿阁图 | （传）赵伯驹 | 宋 | 台北故宫博物院藏 |
| 35 | 江山秋色图 | 赵伯驹 | 宋 | 故宫博物院藏 |
| 36 | 风檐展卷图 | （传）赵伯骕 | 宋 | 台北故宫博物院藏 |
| 37 | 溪山楼观图 | 燕文贵 | 宋 | 台北故宫博物院藏 |
| 38 | 湖畔幽居图 | 夏圭 | 宋 | 日本大阪市立美术馆藏 |
| 39 | 雪堂客话图 | 夏圭 | 宋 | 故宫博物院藏 |
| 40 | 西湖柳艇图 | 夏圭 | 宋 | 台北故宫博物院藏 |
| 41 | 梧竹溪堂图 | 夏圭 | 宋 | 故宫博物院藏 |
| 42 | 观瀑图 | 夏圭 | 宋 | 台北故宫博物院藏 |
| 43 | 瑶台步月图 | （传）刘宗古 | 宋 | 故宫博物院藏 |

续表

| 序号 | 图名 | 作者 | 时代 | 备注 |
|---|---|---|---|---|
| 44 | 高阁侍读图 | 佚名 | 宋 | 浙江省博物馆藏 |
| 45 | 雕台望云图 | 马远 | 宋 | 美国波士顿艺术博物馆藏 |
| 46 | 雪中水阁图 | 马远 | 宋 | 美国波士顿艺术博物馆藏 |
| 47 | 华灯侍宴图 | 马远 | 宋 | 台北故宫博物院藏 |
| 48 | 楼台夜月图 | 马麟 | 宋 | 上海博物馆藏 |
| 49 | 草堂客话图 | 何筌 | 宋 | 故宫博物院藏 |
| 50 | 江亭揽胜图 | 朱惟德 | 宋 | 辽宁省博物馆藏 |
| 51 | 听阮图 | 李嵩 | 宋 | 台北故宫博物院藏 |
| 52 | 夜月看湖图 | 李嵩 | 宋 | 台北故宫博物院藏 |
| 53 | 高阁焚香图 | 李嵩 | 宋 | 见傅伯星《宋画中的南宋建筑》 |
| 54 | 汉宫乞巧图 | 李嵩 | 宋 | 故宫博物院藏 |
| 55 | 水殿招凉图 | 李嵩 | 宋 | 台北故宫博物院藏 |
| 56 | 西湖图 | 李嵩 | 宋 | 上海博物馆藏 |
| 57 | 明皇观斗鸡图 | 李嵩 | 宋 | 美国纳尔逊－阿特金斯艺术博物馆藏 |
| 58 | 湖山春晓图 | 陈清波 | 宋 | 故宫博物院藏 |
| 59 | 荷亭消夏图 | 赵士雷 | 宋 | 见傅伯星《宋画中的南宋建筑》 |
| 60 | 北齐校书图卷（摹本） | 佚名 | 宋 | 美国波士顿艺术博物馆藏 |
| 61 | 玉楼春思图 | 佚名 | 宋 | 辽宁省博物馆藏 |
| 62 | 桐阴玩月图 | 佚名 | 宋 | 故宫博物院藏 |
| 63 | 朱云折槛图 | 佚名 | 宋 | 台北故宫博物院藏 |
| 64 | 荷汀水阁图 | 佚名 | 宋 | 台北故宫博物院藏 |
| 65 | 柳塘钓隐图 | 佚名 | 宋 | 台北故宫博物院藏 |
| 66 | 寒林楼观图 | 佚名 | 宋 | 台北故宫博物院藏 |
| 67 | 宫中行乐图 | （传）郭忠恕 | 宋 | 台北故宫博物院藏 |
| 68 | 柳阁风帆图 | 佚名 | 宋 | 故宫博物院藏 |
| 69 | 水阁纳凉图 | 佚名 | 宋 | 上海博物馆藏 |
| 70 | 江楼卧雪图 | 佚名 | 宋 | 台北故宫博物院藏 |
| 71 | 水阁泉声图 | 佚名 | 宋 | 河北省博物馆藏 |
| 72 | 荷亭消夏图 | 佚名 | 宋 | 台北故宫博物院藏 |
| 73 | 莲塘泛舟图 | 佚名 | 宋 | 故宫博物院藏 |
| 74 | 杨柳溪塘图 | 佚名 | 宋 | 故宫博物院藏 |
| 75 | 杨贵妃上马图 | 佚名 | 元 | 美国华盛顿弗利尔美术馆藏 |
| 76 | 山堂客话图 | 佚名 | 宋 | 上海博物馆藏 |
| 77 | 松堂访友图 | 佚名 | 宋 | 上海朵云轩藏 |
| 78 | 江山殿阁图 | 佚名 | 宋 | 故宫博物院藏 |
| 79 | 会昌九老图 | 佚名 | 宋 | 故宫博物院藏 |
| 80 | 临辋川图卷 | 佚名 | 宋 | 台北故宫博物院藏 |
| 81 | 汉宫图页 | 佚名 | 宋 | 台北故宫博物院藏 |
| 82 | 水榭看凫图 | 佚名 | 宋 | 见傅伯星《宋画中的南宋建筑》 |
| 83 | 荷塘按乐图页 | 佚名 | 宋 | 上海博物馆藏 |
| 84 | 高阁迎凉图 | 佚名 | 宋 | 故宫博物院藏 |
| 85 | 高阁观荷图 | 佚名 | 宋 | 上海朵云轩藏 |
| 86 | 曲院莲香图 | 佚名 | 宋 | 上海博物馆藏 |

**续表**

| 序号 | 图名 | 作者 | 时代 | 备注 |
| --- | --- | --- | --- | --- |
| 87 | 蓬莱仙馆图 | 佚名 | 宋 | 故宫博物院藏 |
| 88 | 层楼春眺图 | 佚名 | 宋 | 故宫博物院藏 |
| 89 | 飞阁延风图 | 佚名 | 宋 | 故宫博物院藏 |
| 90 | 荷亭对弈图 | 佚名 | 元 | 故宫博物院藏 |
| 91 | 松林亭子图 | 倪瓒 | 元 | 台北故宫博物院藏 |
| 92 | 浮玉山居图 | 钱选 | 元 | 上海博物馆藏 |
| 93 | 江山楼阁图 | 佚名 | 元 | 故宫博物院藏 |
| 94 | 山居纳凉图 | 盛懋 | 元 | 美国纳尔逊－阿特金斯艺术博物馆藏 |
| 95 | 山水图 | 孙君泽 | 元 | 美国加利福尼亚伯克利景元斋藏 |
| 96 | 百尺梧桐轩图 | （传）赵孟頫 | 元 | 上海博物馆藏 |
| 97 | 有余闲图 | 姚廷美 | 元 | 美国克利夫兰艺术博物馆藏 |
| 98 | 狮子林图 | 倪瓒、赵原 | 元 | 故宫博物院藏 |
| 99 | 梧竹秀石图 | 倪瓒 | 元 | 故宫博物院藏 |
| 100 | 狮林十二景图 | 徐贲 | 元 | 台北故宫博物院藏 |
| 101 | 汉苑图 | 李容瑾 | 元 | 台北故宫博物院藏 |
| 102 | 竹西草堂图 | 张渥 | 元 | 辽宁省博物馆藏 |
| 103 | 归庄图 | 何澄 | 元 | 吉林省博物院藏 |
| 104 | 竹林高士图 | 佚名 | 元 | 辽宁省博物馆藏 |
| 105 | 山殿赏春图 | 佚名 | 元 | 上海博物馆藏 |
| 106 | 翠雨轩图 | 庄麟 | 元 | 台北故宫博物院藏 |
| 107 | 西郊草堂图 | 王蒙 | 元 | 故宫博物院藏 |
| 108 | 竹石集禽图 | 王渊 | 元 | 上海博物馆藏 |
| 109 | 秀野轩图 | 朱德润 | 元 | 故宫博物院藏 |
| 110 | 金明池争标图 | 王振鹏 | 元 | 美国纽约大都会艺术博物馆藏 |
| 111 | 龙池竞渡图 | 王振鹏 | 元 | 台北故宫博物院藏 |
| 112 | 陆羽烹茶图 | 赵原 | 元 | 台北故宫博物院藏 |
| 113 | 合溪草堂图 | 赵原 | 元 | 上海博物馆藏 |
| 114 | 南村别墅图册 | 杜琼 | 明 | 上海博物馆藏 |
| 115 | 湖山书屋图 | 王绂 | 明 | 辽宁省博物馆藏 |
| 116 | 山亭文会图 | 王绂 | 明 | 台北故宫博物院藏 |
| 117 | 北京八景图 | 王绂 | 明 | 中国历史博物馆藏 |
| 118 | 溪堂诗思图 | 戴进 | 明 | 辽宁省博物馆藏 |
| 119 | 词林雅集图 | 吴伟 | 明 | 上海博物馆藏 |
| 120 | 铁笛图卷 | 吴伟 | 明 | 上海博物馆藏 |
| 121 | 盆菊幽赏图 | 沈周 | 明 | 辽宁省博物馆藏 |
| 122 | 魏园雅集图 | 沈周 | 明 | 辽宁省博物馆藏 |
| 123 | 东庄图册 | 沈周 | 明 | 南京博物院藏 |
| 124 | 友松图 | 杜琼 | 明 | 故宫博物院藏 |
| 125 | 天香书屋图 | 杜琼 | 明 | 上海博物馆藏 |
| 126 | 师林图 | 杜琼 | 明 | 台北故宫博物院藏 |
| 127 | 书画合璧图册 | 张瑞图 | 明 | 故宫博物院藏 |
| 128 | 水阁读书图 | 陈铎 | 明 | 常熟博物馆藏 |
| 129 | 岁华纪胜图 | 吴彬 | 明 | 台北故宫博物院藏 |

续表

| 序号 | 图名 | 作者 | 时代 | 备注 |
|---|---|---|---|---|
| 130 | 勺园修禊图 | 米万钟 | 明 | 北京大学图书馆藏 |
| 131 | 勺园纪图 | 米万钟 | 明 | 广州艺术博物院藏 |
| 132 | 金阊名园图 | 文徵明 | 明 | 广州艺术博物院藏 |
| 133 | 停云馆言别图 | 文徵明 | 明 | 上海博物院藏 |
| 134 | 拙政园图册 | 文徵明 | 明 | 美国纽约大都会美术馆藏 |
| 135 | 东园图卷 | 文徵明 | 明 | 台北故宫博物院藏 |
| 136 | 浒溪草堂图 | 文徵明 | 明 | 辽宁博物馆藏 |
| 137 | 高人名园图 | 文徵明 | 明 | 四川省博物院藏 |
| 138 | 影翠轩图 | 文徵明 | 明 | 台北故宫博物院藏 |
| 139 | 独乐园图并书记 | 文徵明 | 明 | 台北故宫博物院藏 |
| 140 | 兰亭修禊图 | 文徵明 | 明 | 故宫博物院藏 |
| 141 | 真赏斋图 | 文徵明 | 明 | 上海博物馆藏 |
| 142 | 林榭煎茶图 | 文徵明 | 明 | 天津博物馆藏 |
| 143 | 绿阴草堂图 | 文徵明 | 明 | 台北故宫博物院藏 |
| 144 | 曲水园图 | 文嘉 | 明 | 上海博物馆藏 |
| 145 | 豁山仙馆图 | 文伯仁 | 明 | 广州艺术博物院藏 |
| 146 | 雪居图 | 文从简 | 明 | 广州艺术博物院藏 |
| 147 | 春夜宴桃李园 | 仇英 | 明 | 北京画院藏 |
| 148 | 园林清课图 | 仇英 | 明 | 台北故宫博物院藏 |
| 149 | 林亭佳趣图 | 仇英 | 明 | 台北故宫博物院藏 |
| 150 | 园居图 | 仇英 | 明 | 台北故宫博物院藏 |
| 151 | 上林图 | 仇英 | 明 | 台北故宫博物院藏 |
| 152 | 莲溪渔隐图 | 仇英 | 明 | 故宫博物院藏 |
| 153 | 松溪横笛图 | 仇英 | 明 | 南京博物院藏 |
| 154 | 清溪横笛图 | 仇英 | 明 | 四川大学博物馆藏 |
| 155 | 松溪高士图 | 仇英 | 明 | 北京荣宝斋藏 |
| 156 | 柳下眠琴图 | 仇英 | 明 | 上海博物馆藏 |
| 157 | 煮茶论画图 | 仇英 | 明 | 吉林省博物院藏 |
| 158 | 桐阴清话图 | 仇英 | 明 | 台北故宫博物院藏 |
| 159 | 人物故事图册·竹园品古 | 仇英 | 明 | 故宫博物院藏 |
| 160 | 人物故事图册·贵妃晓妆 | 仇英 | 明 | 故宫博物院藏 |
| 161 | 桃村草堂图 | 仇英 | 明 | 故宫博物院藏 |
| 162 | 独乐园图 | 仇英 | 明 | 美国克利夫兰艺术博物馆藏 |
| 163 | 仙山楼阁图 | 仇英 | 明 | 台北故宫博物院藏 |
| 164 | 汉宫春晓图 | 仇英 | 明 | 台北故宫博物院藏 |
| 165 | 修竹仕女图 | 仇英 | 明 | 上海博物馆藏 |
| 166 | 松亭试泉图 | 仇英 | 明 | 台北故宫博物院藏 |
| 167 | 郊园十二景图 | 沈士充 | 明 | 台北故宫博物院藏 |
| 168 | 梁园积雪图 | 沈士充 | 明 | 故宫博物院藏 |
| 169 | 寒林读书 | 姚绶 | 明 | 台北故宫博物院藏 |
| 170 | 止园图 | 张宏 | 明 | 德国柏林东方美术馆（八幅）、美国洛杉矶艺术博物馆（六幅）、美国加利福尼亚伯克利景元斋（六幅）藏 |

**续表**

| 序号 | 图名 | 作者 | 时代 | 备注 |
| --- | --- | --- | --- | --- |
| 171 | 溪亭秋意图 | 张宏 | 明 | 故宫博物院藏 |
| 172 | 西山爽气图 | 张宏 | 明 | 浙江省博物馆藏 |
| 173 | 水阁纳凉图 | 张宏 | 明 | 广州市美术馆藏 |
| 174 | 兰亭雅集图 | 张宏 | 明 | 首都博物馆藏 |
| 175 | 秋亭读易图 | 张宏 | 明 | 美国密歇根大学艺术博物馆藏 |
| 176 | 江阁远眺图 | 王谔 | 明 | 故宫博物院藏 |
| 177 | 吴中十景图（之一） | 李流芳 | 明 | 上海博物馆藏 |
| 178 | 秋林茅屋图 | 李流芳 | 明 | 广州市美术馆藏 |
| 179 | 洪崖山房图 | 陈宗渊 | 明 | 故宫博物院藏 |
| 180 | 杜陵诗意图（之一） | 谢时臣 | 明 | 故宫博物院藏 |
| 181 | 水阁消夏图 | 谢时臣 | 明 | 美国密歇根大学艺术博物馆藏 |
| 182 | 梅庄书屋图 | 林垍 | 明 | 故宫博物院藏 |
| 183 | 杏园雅集图 | 谢环 | 明 | 镇江博物馆藏 |
| 184 | 香山九老图 | 谢环 | 明 | 美国克利夫兰艺术博物馆藏 |
| 185 | 杏园宴集图 | 崔子忠 | 明 | 美国加利福尼亚伯克利景元斋藏 |
| 186 | 竹炉山房图 | 沈贞 | 明 | 辽宁省博物馆藏 |
| 187 | 竹林七贤图 | 杜堇 | 明 | 辽宁省博物馆藏 |
| 188 | 题竹图 | 杜堇 | 明 | 故宫博物院藏 |
| 189 | 梅下横琴图 | 杜堇 | 明 | 上海博物馆藏 |
| 190 | 绿蕉当暑图 | 杜堇 | 明 | 扬州博物馆藏 |
| 191 | 祭月图 | 杜堇 | 明 | 中国美术馆藏 |
| 192 | 伏生授经图 | 杜堇 | 明 | 美国纽约大都会艺术博物馆藏 |
| 193 | 林堂秋色图 | 杜堇 | 明 | 广州艺术博物院藏 |
| 194 | 东坡题竹图 | 杜堇 | 明 | 故宫博物院藏 |
| 195 | 寒江草阁图 | 赵左 | 明 | 台北故宫博物院藏 |
| 196 | 潭北草堂图 | 谢缙 | 明 | 浙江省博物馆藏 |
| 197 | 牡丹仕女图 | 唐寅 | 明 | 上海博物馆藏 |
| 198 | 事茗图 | 唐寅 | 明 | 故宫博物院藏 |
| 199 | 仿王蒙拳石图 | 邢侗 | 明 | 故宫博物院藏 |
| 200 | 竹亭对棋图 | 钱榖 | 明 | 辽宁省博物馆藏 |
| 201 | 小祇园图 | 钱榖 | 明 | 台北故宫博物院藏 |
| 202 | 求志园图 | 钱榖 | 明 | 故宫博物院藏 |
| 203 | 清白轩图 | 刘珏 | 明 | 台北故宫博物院藏 |
| 204 | 人物山水册 | 尤求 | 明 | 上海博物馆藏 |
| 205 | 品古图 | 尤求 | 明 | 故宫博物院藏 |
| 206 | 红拂图 | 尤求 | 明 | 故宫博物院藏 |
| 207 | 松泉煮茶图 | 周臣 | 明 | 美国密歇根大学艺术博物馆藏 |
| 208 | 香山九老图 | 周臣 | 明 | 天津博物馆藏 |
| 209 | 辋川图 | 宋旭 | 明 | 无锡博物馆藏 |
| 210 | 一梧轩图 | 卞文瑜 | 明 | 故宫博物院藏 |
| 211 | 何天章行乐图 | 陈洪绶 | 明 | 苏州博物馆藏 |
| 212 | 调梅图 | 陈洪绶 | 明 | 广东省博物馆藏 |
| 213 | 梅石蛱蝶图 | 陈洪绶 | 明 | 故宫博物院藏 |

续表

| 序号 | 图名 | 作者 | 时代 | 备注 |
| --- | --- | --- | --- | --- |
| 214 | 西园雅集图 | 李士达 | 明 | 苏州博物馆藏 |
| 215 | 渊明赏菊图 | 李士达 | 明 | 美国密歇根大学艺术博物馆藏 |
| 216 | 昼锦堂图 | 董其昌 | 明 | 吉林省博物院藏 |
| 217 | 剪江草堂图 | 董其昌 | 明 | 广州艺术博物院藏 |
| 218 | 长林石几图 | 孙克弘 | 明 | 美国旧金山亚洲美术馆藏 |
| 219 | 辋川图 | 宋旭 | 明 | 美国华盛顿弗利尔美术馆藏 |
| 220 | 西林三十二景图（今存十六景） | 张复 | 明 | 无锡博物馆藏 |
| 221 | 春泉小隐图 | 周臣 | 明 | 故宫博物院藏 |
| 222 | 松院闲吟图 | 朱端 | 明 | 天津艺术博物馆藏 |
| 223 | 幽居乐事图 | 陆治 | 明 | 故宫博物院藏 |
| 224 | 元夜宴集图 | 陆治 | 明 | 上海博物馆藏 |
| 225 | 花溪渔隐图 | 陆治 | 明 | 故宫博物院藏 |
| 226 | 临文徵明吉祥庵图 | 陆师道 | 明 | 台北故宫博物院藏 |
| 227 | 兰亭修禊图 | 盛茂烨 | 明 | 美国密歇根大学艺术博物馆藏 |
| 228 | 春夜宴桃李园图 | 盛茂烨 | 明 | 日本民间收藏 |
| 229 | 仿仇英春庭行乐图 | 佚名 | 明 | 南京博物院藏 |
| 230 | 春夜宴桃李园 | 黄慎 | 清 | 泰州市博物馆藏 |
| 231 | 水阁凭栏图 | 姚宋 | 清 | 南京博物院藏 |
| 232 | 筱园饮酒图 | 罗聘 | 清 | 美国纽约大都会博物馆藏 |
| 233 | 映花书屋图 | 方薰 | 清 | 故宫博物院藏 |
| 234 | 爱园图 | 汤贻汾 | 清 | 英国伦敦大英博物馆藏 |
| 235 | 梅花书屋图 | 蓝孟 | 清 | 浙江省博物馆藏 |
| 236 | 西园雅集图 | 原济 | 清 | 上海博物馆藏 |
| 237 | 拓溪草堂图 | 吴宏 | 清 | 南京博物院藏 |
| 238 | 玉山观画图 | 王概 | 清 | 故宫博物院藏 |
| 239 | 湖天春色图 | 吴历 | 清 | 上海博物馆藏 |
| 240 | 春夜宴桃李园图 | 吕焕成 | 清 | 旅顺博物馆藏 |
| 241 | 西溪图 | 吕焕成 | 清 | 上海博物馆藏 |
| 242 | 西斋图 | 禹之鼎 | 清 | 上海博物馆藏 |
| 243 | 荒园仕女图 | 禹之鼎 | 清 | 上海博物馆藏 |
| 244 | 读书仕女图 | （传）禹之鼎 | 清 | 台北故宫博物院藏 |
| 245 | 豪家佚乐图 | 杨晋 | 清 | 南京博物院藏 |
| 246 | 休园图 | 王云 | 清 | 旅顺博物馆藏 |
| 247 | 仕女图 | 焦秉贞 | 清 | 故宫博物院藏 |
| 248 | 避暑山庄图 | 冷枚 | 清 | 故宫博物院藏 |
| 249 | 梧桐双兔图 | 冷枚 | 清 | 故宫博物院藏 |
| 250 | 汉宫春晓图 | 袁江 | 清 | 美国密歇根大学艺术博物馆藏 |
| 251 | 醉归图 | 袁江 | 清 | 旅顺博物馆藏 |
| 252 | 天香书屋图 | 袁江 | 清 | 上海博物馆藏 |
| 253 | 东园胜概图 | 袁江 | 清 | 上海博物馆藏 |

**续表**

| 序号 | 图名 | 作者 | 时代 | 备注 |
|---|---|---|---|---|
| 254 | 梁园飞雪图 | 袁江 | 清 | 故宫博物院藏 |
| 255 | 沉香亭图 | 袁江 | 清 | 天津博物馆藏 |
| 256 | 瞻园图 | 袁江 | 清 | 天津博物馆藏 |
| 257 | 弘历观画图 | 郎世宁 | 清 | 故宫博物院藏 |
| 258 | 邗江胜览图 | 袁耀 | 清 | 故宫博物院藏 |
| 259 | 阿房宫图 | 袁耀 | 清 | 南京博物院藏 |
| 260 | 月曼清游图 | 陈枚 | 清 | 故宫博物院藏 |
| 261 | 莲塘纳凉图 | 金廷标 | 清 | 上海博物馆藏 |
| 262 | 雍正行乐图 | 佚名 | 清 | 故宫博物院藏 |
| 263 | 弘历行乐图 | 张廷彦 | 清 | 故宫博物院藏 |
| 264 | 四序图 | 姚文瀚 | 清 | 故宫博物院藏 |
| 265 | 范湖草堂图 | 任熊 | 清 | 上海博物馆藏 |
| 266 | 宋儒诗意图 | 华嵒 | 清 | 苏州博物馆藏 |
| 267 | 金谷园图 | 华嵒 | 清 | 上海博物馆藏 |
| 268 | 弹指阁图 | 高翔 | 清 | 扬州博物馆藏 |
| 269 | 盆兰图 | 李方膺 | 清 | 扬州博物馆藏 |
| 270 | 苏斋图 | 罗聘 | 清 | 上海博物馆藏 |
| 271 | 秋夜读书图 | 蔡嘉 | 清 | 故宫博物院藏 |
| 272 | 万卷书楼图 | 朱鹤年 | 清 | 四川省博物馆藏 |
| 273 | 逗秋小阁学书图 | 改琦 | 清 | 上海博物馆藏 |
| 274 | 东山报捷图 | 苏六朋 | 清 | 广州艺术博物院藏 |
| 275 | 曲水流觞图 | 苏六朋 | 清 | 广州艺术博物院藏 |
| 276 | 清平调图 | 苏六朋 | 清 | 广州艺术博物院藏 |
| 277 | 随园馈节图 | 尤荫 | 清 | 南京博物院藏 |
| 278 | 载酒坊随园图 | 袁起 | 清 | 南京博物院藏 |
| 279 | 仕女图（十二开） | 焦秉贞 | 清 | 故宫博物院藏 |
| 280 | 列朝贤后故事 | 焦秉贞 | 清 | 故宫博物院藏 |
| 281 | 怡园图 | 焦秉贞 | 清 | 浙江省博物院藏 |
| 282 | 秀野草堂图 | 黄玢 | 清 | 上海图书馆藏 |
| 283 | 王原祁艺菊图 | 禹之鼎 | 清 | 故宫博物院藏 |
| 284 | 卢鸿草堂十志图 | 王原祁 | 清 | 故宫博物院藏 |
| 285 | 瞻园图卷 | 王翚 | 清 | 天津市文物管理处藏 |
| 286 | 康熙南巡图 | 王翚等 | 清 | 故宫博物院藏 |
| 287 | 三峰草堂图 | 吴允徕 | 清 | 泰州博物馆藏 |
| 288 | 豫园宴集图 | 吴友如 | 清 | 南京博物院藏 |
| 289 | 圆明园四十景图 | 沈源、唐岱 | 清 | 法国巴黎国家图书馆藏 |
| 290 | 携姬赏花图 | 佚名 | 清 | 美国波士顿艺术博物馆藏 |
| 291 | 夫妻携子图 | 佚名 | 清 | 美国波士顿艺术博物馆藏 |
| 292 | 三世同堂图 | 佚名 | 清 | 英国伦敦大英博物馆藏 |
| 293 | 园中行乐图 | 佚名 | 清 | 天津历史博物馆藏 |

附表 2–2　版画目录

| 序号 | 图名 | 作者 | 时代 | 备注 |
| --- | --- | --- | --- | --- |
| 1 | 木刻弇山园图 | 佚名 | 明 | 王世贞《山园杂著》卷首附五幅木刻园图，详细描绘园景，一一标上名称。明万历年间刻本，原图由美国国会图书馆藏 |
| 2 | 环翠堂园景图 | 钱贡绘，黄应祖刻 | 明 | 明新安汪廷讷于南京所建园林，明万历环翠堂汪氏刊本 |
| 3 | 小瀛洲十老社会诗图 | 陈询绘，黄应光刻 | 明 | 明万历四十一年海宁刊本，中国国家图书馆藏 |
| 4 | 沧浪亭版画 | 佚名 | 清 | 见清宋荦《沧浪小志》（清康熙三十五年编） |
| 5 | 文园图（十景）、绿净园图（四景） | 季学耘 | 清 | 《汪氏两园图咏合刻》,《明清珍本版画资料丛刊》本 |
| 6 | 圆明园四十景图 | 孙祜、沈源合绘，清内府刻 | 清 | 《御制圆明园四十景诗》插图（清乾隆十年内府刊本，清光绪十三年石印再版） |
| 7 | 圆明园西洋楼铜版画 | 郎世宁绘，清内府刻 | 清 | 法国国家图书馆藏 |
| 8 | 豫园湖心亭、邑庙内园、也是园、萃秀堂大假山、港北花园、公家花园 | 吴友如 | 清 | 《申江胜景图》插图 |
| 9 | 避暑山庄七十二景图 | 钱维城 | 清 | 避暑山庄藏 |
| 10 | 避暑山庄三十六景图 | 沈嵛绘，朱圭、梅裕风等刻 | 清 | 清康熙五十一年刊本 |
| 11 | 万岁山、（西苑）太液池、南苑、畅春园前门、西花园、圆明园、长春园、静明园、静宜园、昆明湖、玉泉山、清漪园、园囿总图 | 佚名 | 清 | 见日本冈田玉山等编《唐土名胜图绘》插图，日本文化二年（清嘉庆十年）刻成，共六卷 |
| 12 | 大观园图 | 佚名 | 清 | 《金玉缘》（即《红楼梦》）插图，转引自《曹雪芹家世·〈红楼梦〉人物图录》 |
| 13 | 大观园总图 | 佚名 | 清 | 《增评补图石头记》插图，原图由上海图书馆藏 |
| 14 | 莲池书院图咏 | 佚名 | 清 | 中国国家图书馆藏 |
| 15 | 平山堂图志 | 佚名 | 清 | 扬州市博物馆藏 |
| 16 | 悟香亭画稿 | 佚名 | 清 | 中国国家图书馆藏 |
| 17 | 扬州休园图 | 佚名 | 清 | 《江南园林志》木刻插图，转引自《中国历代园林图文精选》第 5 辑 |

**附表 2–3　画像砖(石)、壁画、石刻线画目录**

| 序号 | 图名 | 作者 | 时代 | 备注 |
|---|---|---|---|---|
| 1 | 庭院画像砖(河南郑州出土) | 佚名 | 西汉 | 见《中国历代园林图文精选》第1辑 |
| 2 | 楼阁人物画像(河南唐河出土) | 佚名 | 西汉 | 南阳汉画馆藏 |
| 3 | 荷塘渔猎画像砖 | 佚名 | 东汉 | 四川省博物馆藏 |
| 4 | 桑园画像砖 | 佚名 | 东汉 | 四川省博物馆藏 |
| 5 | 庭院画像砖(四川成都羊子山出土) | 佚名 | 东汉 | 中国历史博物馆藏 |
| 6 | 上林苑斗兽图(砖画，河南洛阳八里台出土) | 佚名 | 东汉 | 美国波士顿艺术博物馆藏 |
| 7 | 水榭人物画像石(山东微山两城镇出土) | 佚名 | 东汉 | 曲阜县文物管理委员会藏 |
| 8 | 兰亭修禊图(石刻线画) | 佚名 | 明 | 见《中国美术全集 20 · 绘画编》 |
| 9 | 辋川图(石刻线画) | 佚名 | 明 | 见《中国美术全集 20 · 绘画编》 |
| 10 | 园林梳妆(明应王殿壁画) | 佚名 | 元 | 山西洪洞广胜寺水神庙，见《中国美术全集 14 · 绘画编》 |
| 11 | 猗园图(石刻线画) | 佚名 | 清 | 见《中国美术全集 20 · 绘画编》 |

# 三、花谱石谱目录

**附表 3–1　综合目录**

| 序号 | 书名 | 作者 | 时代 | 备注 |
|---|---|---|---|---|
| 1 | 夏小正 | 佚名 | 夏 | 曾收入《大戴礼记》，南宋傅嵩卿重新校订。我国现存最早记载植物物候的书，记载了梅、杏、桃、菊花的花期 |
| 2 | 南方草木状 | 嵇含 | 晋 | 我国最早记录岭南植物较为详尽的书，后魏贾思勰《齐民要术》曾引用(未著作者姓名)。今本大约辑于南宋中期，有《百川学海》本、《说郛》本。共收牧草、木、果、竹 80 多种 |
| 3 | 魏王花木志 | 佚名 | 南北朝 | 北魏贾思勰《齐民要术》曾引用，作者可能为齐梁间人，现为残本，经后人补缀，为现存最早记录花木的专著 |
| 4 | 园林草木疏 | 王方庆 | 唐 | 《新唐书 · 艺文志》著录为二十一卷，题名“园庭草木疏”，大概在晚唐五代时已佚，《说郛》(宛委山堂一百二十卷本)卷一〇四下节录《园林草木疏》9条，作者题为王方庆，未注时代，有学者疑其伪书，详见张固也《〈园林草木疏〉辨伪》 |

**续表**

| 序号 | 书名 | 作者 | 时代 | 备注 |
| --- | --- | --- | --- | --- |
| 5 | 平泉山居草木记 | 李德裕 | 唐 | 《说郛》(宛委山堂一百二十卷本)收录,所记为李德裕洛阳城外30里别墅里的奇花异草 |
| 6 | 酉阳杂俎 | 段成式 | 唐 | 成书于唐懿宗咸通四年,前集二十卷,续集十卷,《广动植》卷记载奇花异草 |
| 7 | 花九锡 | 罗虬 | 唐 | 元陶宗仪辑《说郛》(一百二十卷本)前集一〇四卷 |
| 8 | 洛阳花木记 | 周师厚 | 宋 | 成书于宋神宗元丰五年,记载作者元丰四年在洛阳所见牡丹、芍药等花木500余种(曾参考李德裕、欧阳修等人的花木著作) |
| 9 | 桂海虞横志 | 范成大 | 宋 | 成书于宋孝宗淳熙二年,记载作者在广西做官期间所见所闻,其中记载的花草果木有90余种,有《桂海花志》收入《唐宋丛书·载籍》中 |
| 10 | 全芳备祖 | 陈景沂 | 宋 | 成书于宋理宗宝祐四年,分前后两集,前集全部写花,后集卷一〇至卷一九记卉草木 |
| 11 | 种艺必用 | 吴怿(或作欑) | 宋 | 元张福补遗。有《永乐大典》(卷一三一九四"种"字韵)辑本,有中华书局影印本。采用笔记体,不分章节,每事列一条,其中有些是关于花卉的养护、除虫等技术资料 |
| 12 | 花经 | 张翊 | 宋 | 一卷,元陶宗仪辑《说郛》(一百二十卷本)卷一〇四 |
| 13 | 楚辞芳草谱 | 谢翱 | 宋 | 一卷,元陶宗仪辑《说郛》(一百二十卷本)卷一〇四 |
| 14 | 分门琐碎录 | 温革 | 宋 | 《续修四库全书》子部农家类收录,涉及竹、木、花、果的种植法 |
| 15 | 树畜部 | 宋诩 | 明 | 成书于明孝宗弘治十七年,四卷,卷二论种花、竹 |
| 16 | 本草纲目 | 李时珍 | 明 | 成书于明神宗万历六年,五十二卷,部分涉及花卉 |
| 17 | 学圃杂疏 | 王世懋 | 明 | 成书于明神宗万历十五年,三卷,所记多为作者园圃中花木 |
| 18 | 种树书 | 俞宗本(或俞贞木) | 明 | 有《居家必备》本、《说郛》本,其中有相关花木的介绍 |
| 19 | 遵生八笺 | 高濂 | 明 | 成书于明神宗万历十九年,为养生著作,二十卷,分为《清修妙论笺》《四时调摄笺》《却病延年笺》《起居安乐笺》《饮馔服食笺》《灵秘丹药笺》《燕闲清赏笺》《尘外遐举笺》八笺。其中《起居安乐笺》《燕闲清赏笺》均含有对花木的品评鉴赏及栽培养护法 |
| 20 | 瓶史 | 袁宏道 | 明 | 约成书于明神宗万历二十七年,是一部最具系统的插花著作,《续修四库全书》第1116册 |
| 21 | 瓶史索隐 | 屠本畯 | 明 | 隶属于《山林经济籍》(《北京图书馆古籍珍本丛刊》第64册子部杂家类),是对《瓶史》的注释考证之作 |

续表

| 序号 | 书名 | 作者 | 时代 | 备注 |
| --- | --- | --- | --- | --- |
| 22 | 花里活 | 陈诗教 | 明 | 三卷，补遗一卷，文渊阁《四库全书存目》。编辑古今花卉故实，按代分编，然皆因袭陈言，考证尤多疏漏。陈继儒删定为《灌园史》，卷一、卷二为“古献”，即有关花木的掌故；卷三、卷四为“今刑”，即有关花木的栽培 |
| 23 | 花史左编 | 王路 | 明 | 成书于明神宗万历四十五年，二十七卷。辑录各种花木的品目、掌故及栽培，引文多不注出处，《续修四库全书》第1116册 |
| 24 | 汝南圃史 | 周文华 | 明 | 成书于明神宗万历四十八年，将所记花卉分为木本、条刺、草本，栽培方法多为作者亲身经验，《续修四库全书》第1119册 |
| 25 | 二如亭群芳谱 | 王象晋 | 明 | 成书于明熹宗天启元年 |
| 26 | 灌园草木识 | 陈正学 | 明 | 六卷，《续修四库全书》子部谱录类 |
| 27 | 倦还馆培花奥诀录 | 孙知伯（绍吴散人知伯氏） | 明 | 三卷，介绍牡丹、芍药、菊、兰等的花木培植，庭院设计及瓶花蓄养，现藏中国国家图书馆 |
| 28 | 华夷花木鸟兽珍玩考 | 慎懋官 | 明 | 十卷，《四库全书存目丛书》子部杂家类 |
| 29 | 花编 | 蒋以化 | 明 | 明姚宗仪增辑，六卷，《四库未收书辑刊》第3辑第30册 |
| 30 | 药圃同春 | 夏旦 | 明 | 明陶珽《续说郛》卷四〇收录 |
| 31 | 草花谱 | 高濂 | 明 | 明陶珽《续说郛》卷四〇收录 |
| 32 | 艺花谱 | 高濂 | 明 | 一卷，明冯可宾辑，《广百川学海》本第30册 |
| 33 | 瓶花谱 | 张丑（张谦德） | 明 | 明陶珽《续说郛》卷四〇收录 |
| 34 | 瓶史月表 | 屠本畯 | 明 | 明陶珽《续说郛》卷四〇收录 |
| 35 | 盆玩笺 | 屠隆 | 明 | 《考槃余事》中的一则，分盆花、瓶花、拟花荣辱条 |
| 36 | 花小名 | 程羽文 | 明 | 明陶珽《续说郛》卷四〇收录 |
| 37 | 花历 | 程羽文 | 明 | 明陶珽《续说郛》卷四〇收录 |
| 38 | 花史 | 吴彦匡 | 明 | 十卷，《四库全书总目》谱录存目中说其是就蒋养庵的《花编》和曹介人的《花品》两书推而广之，据原书凡例，还参考了陈四可之《灌园史》、吕恒吉之《花政》，著录花卉种类110种 |
| 39 | 花案 | 何仙郎 | 明 | 一卷，明天启间刻本 |
| 40 | 广群芳谱 | 汪灏 | 清 | 汪灏等人增补王象晋《群芳谱》所得，康熙四十七年成书，原名《御定佩文斋广群芳谱》，一百卷，《景印文渊阁四库全书》第845—847册 |
| 41 | 倦圃莳植记 | 曹溶 | 清 | 三卷，《续修四库全书》子部谱录类 |
| 42 | 花傭月令 | 徐石麒 | 清 | 介绍十二个月里的园艺事务，《续修四库全书》第1119册 |
| 43 | 徐园秋花谱 | 吴仪 | 清 | 成书于清康熙二十七年，花卉专著，记录徐园的秋花37种 |

续表

| 序号 | 书名 | 作者 | 时代 | 备注 |
|---|---|---|---|---|
| 44 | 花镜 | 陈淏子 | 清 | 成书于清康熙二十七年，原书六卷，伊钦恒校注时，将原分属于花木类、藤蔓类和花草类的各种果树抽出，单列一卷，共七卷。介绍352种观赏植物的栽培利用 |
| 45 | 北墅抱瓮录 | 高士奇 | 清 | 成书于清康熙二十九年，书中记载花卉、果木等222种，收入《丛书集成初编·自然科学类》 |
| 46 | 植物名实图考 | 吴其濬 | 清 | 刻印于道光二十八年，三十八卷，记植物1700余种，群芳占五类，140余种。物种选择方面逐渐摆脱纯实用的取向，有向纯植物学发展的趋向。作者另有《植物名实图考长编》二十二卷 |
| 47 | 品芳录 | 徐寿基 | 清 | 一卷，《志学斋集》收录 |
| 48 | 花信平章 | 王廷鼎 | 清 | 二卷，《紫薇花馆集·紫薇花馆杂纂》收录 |
| 49 | 花木小志 | 谢堃 | 清 | 一卷，《续修四库全书》子部谱录类。记载亲见花木130余种 |
| 50 | 花木鸟兽集类 | 吴宝芝 | 清 | 三卷，《景印文渊阁四库全书》第1034册 |
| 51 | 花鸟春秋 | 张潮 | 清 | 一卷，《娱萱室小品》本 |

**附表 3–2 花木专谱**

| 序号 | 书名 | 作者 | 时代 | 备注 |
|---|---|---|---|---|
| | | 牡丹 | | |
| 1 | 越中牡丹花品 | 释仲休 | 宋 | 作于宋太宗雍熙三年，原本二卷，已佚，《全宋文》卷一〇七收录 |
| 2 | 洛阳牡丹记 | 欧阳修 | 宋 | 作于宋仁宗景祐元年，三卷：卷一花品序（24种）、卷二花释名、卷三风俗记 |
| 3 | 洛阳牡丹记 | 周师厚 | 宋 | 作于宋神宗元丰五年 |
| 4 | 陈州牡丹记 | 张邦基 | 宋 | 作于北宋政和年间 |
| 5 | 天彭牡丹谱 | 陆游 | 宋 | 作于宋孝宗淳熙五年 |
| 6 | 牡丹荣辱志 | 邱璿 | 宋 | 元陶宗仪辑《说郛》（一百二十卷本）卷一〇四收录 |
| 7 | 牡丹记 | 沈立 | 宋 | 作于北宋熙宁五年之前，十卷，已佚，苏轼所作《牡丹记叙》存（见《苏东坡全集·前集》卷二四） |
| 8 | 亳州牡丹史 | 薛凤翔 | 明 | 作于明万历年间，《四库全书存目丛书》子部第80册 |
| 9 | 亳州牡丹表 | 薛凤翔 | 明 | 明陶珽《续说郛》卷四〇收录 |
| 10 | 牡丹八书 | 薛凤翔 | 明 | 明陶珽《续说郛》卷四〇收录 |
| 11 | 亳州牡丹述 | 钮琇 | 清 | 作于清康熙二十二年 |
| 12 | 曹州牡丹谱 | 余鹏 | 清 | 作于清乾隆五十八年 |
| | | 芍药 | | |
| 1 | 芍药谱 | 刘攽 | 宋 | 作于宋神宗熙宁六年 |
| 2 | 扬州芍药谱 | 王观 | 宋 | 作于宋神宗熙宁八年 |
| 3 | 芍药谱 | 孔武仲 | 宋 | 作于宋神宗熙宁八年左右 |

**续表**

| 序号 | 书名 | 作者 | 时代 | 备注 |
|---|---|---|---|---|
| 菊 | | | | |
| 1 | 刘氏菊谱 | 刘蒙 | 宋 | 作于宋徽宗崇宁三年,《景印文渊阁四库全书》第845册 |
| 2 | 史氏菊谱 | 史正志 | 宋 | 作于宋孝宗淳熙二年，又名《史老圃菊谱》,《景印文渊阁四库全书》第845册 |
| 3 | 范村菊谱 | 范成大 | 宋 | 作于宋孝宗淳熙十三年，又名《石湖菊谱》,《景印文渊阁四库全书》第845册 |
| 4 | 百菊集谱 | 史铸 | 宋 | 作于宋理宗淳祐二年,《景印文渊阁四库全书》第845册 |
| 5 | 艺菊书 | 黄省曾 | 明 | 又名《艺菊谱》 |
| 6 | 菊谱 | 周履靖 | 明 | 《续修四库全书》第1116册 |
| 7 | 种菊法 | 陈继儒 | 明 | 一卷,《古今文艺丛书》第3集第1册 |
| 8 | 渡花居东篱集 | 屠承爋 | 明 | 一卷,《续修四库全书》收，附《东篱中正》后 |
| 9 | 艺菊志 | 陆廷灿 | 清 | 作于康熙五十七年,《四库全书存目丛书》子部第81册 |
| 10 | 菊谱 | 秋明主人 | 清 | 作于乾隆十一年 |
| 11 | 洋菊谱 | 邹一桂 | 清 | 作于乾隆二十一年 |
| 12 | 菊谱 | 叶天培 | 清 | 作于乾隆四十一年,《续修四库全书》第1116册 |
| 13 | 艺菊简易 | 徐京 | 清 | 作于嘉庆四年 |
| 14 | 菊说 | 计楠 | 清 | 作于嘉庆八年,《昭代丛书》收录 |
| 15 | 东篱中正 | 许兆熊 | 清 | 作于嘉庆二十二年,《续修四库全书》第1116册 |
| 16 | 九华新谱 | 吴昇 | 清 | 作于嘉庆二十二年 |
| 17 | 艺菊新编 | 萧清泰 | 清 | 作于道光三年 |
| 18 | 海天秋色谱 | 闵廷楷 | 清 | 作于道光十八年 |
| 19 | 艺菊须知 | 顾禄 | 清 | 作于道光十八年 |
| 20 | 西吴菊略 | 程岱葊 | 清 | 作于道光二十五年 |
| 21 | 菊志 | 何鼎 | 清 | 作于光绪五年，又名《蔬香小圃菊志》 |
| 22 | 问秋馆菊录 | 臧谷 | 清 | 作于光绪十四年，作者另有《霜圃识余》 |
| 23 | 东篱纂要 | 邵承熙 | 清 | 作于光绪十五年 |
| 24 | 艺菊法 | 慕陶居士 | 清 | 作于清末 |
| 25 | 艺菊琐言 | 陈葆善 | 清 | 作于光绪二十八年 |
| 兰 | | | | |
| 1 | 金漳兰谱 | 赵时庚 | 宋 | 作于宋理宗绍定六年 |
| 2 | 王氏兰谱 | 王贵学 | 宋 | 作于宋理宗淳祐七年 |
| 3 | 兰易 | 鹿亭翁 | 宋 | 《艺海一勺》收录 |
| 4 | 兰谱奥法 | 佚名 | 明 | 托名宋赵时庚 |
| 5 | 罗钟斋兰谱 | 张应文 | 明 | 作于明神宗万历二十四年 |
| 6 | 兰易 | 冯京 | 明 | 作者另有《兰史》一卷,《四库全书存目丛书》子部第81册，另《续修四库全书》第1116册作“冯京第” |

**续表**

| 序号 | 书名 | 作者 | 时代 | 备注 |
| --- | --- | --- | --- | --- |
| 7 | 种兰诀 | 李奎 | 明 | 明冯可宾辑《广百川学海》收录 |
| 8 | 兰谱 | 高濂 | 明 | 一卷，明冯可宾辑《广百川学海》收录 |
| 9 | 兰言 | 冒襄 | 清 | 《如皋冒氏丛书》收录 |
| 10 | 第一香笔记 | 朱克柔 | 清 | 作于嘉庆元年，又名《祖香小谱》 |
| 11 | 兰蕙镜 | 屠用宁 | 清 | 作于嘉庆十六年，《艺海一勺》收录 |
| 12 | 树蕙编 | 方时轩 | 清 | 《邈园丛书》收录 |
| 13 | 兴兰谱略 | 张光照 | 清 | 作于嘉庆二十一年 |
| 14 | 艺兰记 | 刘文淇 | 清 | 作于约嘉庆二十四年后 |
| 15 | 兰蕙同心录 | 许鼎龢 | 清 | 作于同治四年 |
| 16 | 艺兰四说 | 杜文澜 | 清 | 作于同治四年前后 |
| 17 | 艺兰述略 | 袁世俊 | 清 | 作于光绪二年 |
| 18 | 艺兰要诀 | 吴传沄 | 清 | 作于清末 |
| 19 | 养兰说 | 岳梁 | 清 | 作于光绪十六年 |
| 梅 | | | | |
| 1 | 梅品 | 张镃 | 宋 | 作于宋孝宗淳熙十二年，《齐东野语》收录 |
| 2 | 范村梅谱 | 范成大 | 宋 | 作于宋孝宗淳熙十三年，《景印文渊阁四库全书》第 845 册 |
| 海棠 | | | | |
| 1 | 海棠记 | 沈立 | 宋 | 已佚，陈思《海棠谱》中采录部分内容 |
| 2 | 海棠谱 | 陈思 | 宋 | 作于宋理宗开庆元年，《景印文渊阁四库全书》第 845 册 |
| 荷 | | | | |
| 1 | 缸荷谱 | 杨钟宝 | 清 | 作于嘉庆十三年，《艺海一勺》收录 |
| 月季 | | | | |
| 1 | 月季新谱 | 陈继儒 | 明 | 作于乾隆二十二年 |
| 2 | 月季花谱 | 评花馆主 | 清 | 作于同治年间 |
| 3 | 月季花谱 | 许光照 | 清 | 作于同治年间，另有《月季续谱》 |
| 4 | 月季花谱 | 陈葆善 | 清 | 作于光绪二十八年左右 |
| 茶花 | | | | |
| 1 | 滇中茶花谱 | 冯时可 | 明 | 作于明穆宗隆庆元年 |
| 2 | 茶花谱 | 朴静子 | 清 | 作于康熙五十八年，《续修四库全书》第 1116 册 |
| 3 | 茶花谱 | 李祖望 | 清 | 作于道光二十六年 |
| 凤仙 | | | | |
| 1 | 凤仙谱 | 赵学敏 | 清 | 作于乾隆三十五年前后 |
| 琼花 | | | | |
| 1 | 琼花谱（扬州琼华集） | 杨端 | 明 | 《四库全书存目丛书》子部第 81 册 |
| 2 | 琼花志 | 朱显祖 | 清 | 《昭代丛书》丙集第八帙收录 |
| 3 | 琼英小录 | 俞樾 | 清 | 一卷，《武林掌故丛编》第 19 集收录 |

**续表**

| 序号 | 书名 | 作者 | 时代 | 备注 |
|---|---|---|---|---|
| 玉蕊 | | | | |
| 1 | 唐昌玉蕊辨证 | 周必大 | 宋 | 《丛书集成初编·自然科学类》收录 |
| 竹 | | | | |
| 1 | 竹谱 | 戴凯之 | 晋 | 《景印文渊阁四库全书》第845册 |
| 2 | 竹谱 | 李衎 | 元 | 《景印文渊阁四库全书》第814册 |
| 3 | 竹谱 | 陈鼎 | 清 | 《四库全书存目丛书》子部第81册 |

**附表 3–3　石谱目录**

| 序号 | 书名 | 作者 | 时代 | 备注 |
|---|---|---|---|---|
| 1 | 云林石谱 | 杜绾 | 宋 | 三卷，元陶宗仪辑《说郛》（一百卷本）卷一六收录 |
| 2 | 太湖石志 | 范成大 | 宋 | 一卷，元陶宗仪辑《说郛》（一百二十卷本）卷六八收录 |
| 3 | 宣和石谱 | 常懋 | 宋 | 一卷，元陶宗仪辑《说郛》（一百卷本）卷一六收录 |
| 4 | 石谱 | 渔阳公 | 宋 | 一卷，元陶宗仪辑《说郛》（一百卷本）卷一六收录 |
| 5 | 石品 | 郁濬 | 明 | 二卷，《四库全书存目丛书补编》收录 |
| 6 | 黄山松石谱 | 闵麟嗣 | 清 | 一卷，《昭代丛书》收录 |
| 7 | 惕庵石谱 | 诸九鼎 | 清 | 一卷，《檀几丛书》收录 |
| 8 | 选石记 | 成性 | 清 | 一卷，《檀几丛书余集》收录 |
| 9 | 后观石录 | 毛奇龄 | 清 | 一卷，《昭代丛书》收录 |
| 10 | 石友赞 | 王晫 | 清 | 一卷，《昭代丛书》收录 |
| 11 | 怪石录 | 沈心 | 清 | 一卷，《昭代丛书》收录 |
| 12 | 绉云石图记 | 马汶 | 清 | 一卷，《丛书集成初编·应用科学类》收录 |
| 13 | 蠡仙石品 | 汤蠡仙 | 清 | 一卷，《续集》一卷，《石交录》一卷 |
| 14 | 石谱 | 蒲松龄 | 清 | 稿本藏辽宁省图书馆 |